U0228052

谨以此书

献给生物塑料诞生40周年(1983～2023)

献给金发科技成立30周年(1993～2023)

献给金发生物材料20周年(2003～2023)

献给所有为生物塑料事业做出贡献的人!

Poly (Butylene Adipate-*co*-Terephthalate)

生物降解塑料 PBAT

李建军 著

科学出版社
北 京

内 容 简 介

脂肪族 - 芳香族共聚酯 PBAT 由聚己二酸丁二醇酯（PBA）链段和聚对苯二甲酸丁二醇酯（PBT）链段构成，生物降解性能优异，力学性能优异，有稳定的耐热性，是目前最大类的商业化完全生物降解塑料。

本书从源头出发，全面系统介绍全生命周期的 PBAT 塑料。全书共分 9 章，分别介绍生物降解塑料的定义与分类，PBAT 树脂合成原料，PBAT 树脂合成机理、工艺路线与控制，PBAT 树脂结构与性能，PBAT/ 生物质塑料、PBAT/ 无机粉体塑料和 PBAT 合金塑料等主要 PBAT 塑料，PBAT 塑料绿色制造，PBAT 制品的成型加工与应用领域，PBAT 生物降解性能评价与认证，以及 PBAT 生命周期评价。

本书可作为生物降解塑料相关专业的教学用书，也可供生物降解塑料行业从业者参考。

图书在版编目（CIP）数据

生物降解塑料 PBAT / 李建军著 . — 北京：科学出版社，2023.10

ISBN 978-7-03-076454-6

Ⅰ . ①生…　Ⅱ . ①李…　Ⅲ . ①生物降解 – 塑料 – 研究　Ⅳ . ① TQ321

中国国家版本馆 CIP 数据核字（2023）第 177973 号

责任编辑：彭　斌　杨　震　刘　冉 / 责任校对：杜子昂

责任印制：赵　博 / 封面设计：北京图阅盛世

科学出版社 出版

北京东黄城根北街 16 号

邮政编码：100717

http://www.sciencep.com

北京建宏印刷有限公司印刷

科学出版社发行　各地新华书店经销

*

2023 年 10 月第　一　版　开本：787 × 1092　1/16

2025 年　1　月第三次印刷　印张：22 1/4

字数：520 000

定价：180.00 元

（如有印装质量问题，我社负责调换）

序　一

塑料等有机高分子材料已广泛应用于国民经济的各个领域，成为不可或缺的重要大类材料。随着一次性使用塑料制品的大量使用，其废弃后因处置不当，导致废弃塑料泄漏到环境中的量越来越多，而因普通塑料在自然环境中很难降解，从而导致在环境中产生大量的塑料固体废弃物，造成对环境的污染。当前，塑料污染治理成为全球公共话题，联合国环境大会也在2022年3月颁布了《终止塑料污染决议（草案）》，联合国环境署的目标是到2040年，削减80%的全球塑料污染。目前各国主张的塑料污染治理路径各有倚重，也不尽相同，有减量使用、循环使用和其他替代（包括纸竹木制品和生物降解塑料等）。我国《“十四五”塑料污染治理行动方案》提出源头减量、回收利用、科学稳妥地推广塑料替代产品的整体方案。

如果仅从节约资源和低碳发展角度考虑，减量或限制甚至禁止使用一次性塑料制品是合理的；但无可否认的是，在某些应用领域，使用一次性塑料制品是必要的，其发挥的作用或意义较其相应的资源节约和碳排放减少更大。比“限”“禁”更重要的是，应该寻求解决一次性塑料制品废弃后科学处置问题的途径，最大限度地实现既不浪费资源，也不增加碳排放，还可减少对环境的污染。例如，用集可循环、易回收和可降解于一体的高分子材料替代普通高分子材料生产一次性塑料制品：在其废弃后，尽量对其进行回收与循环利用（包括通过物理、化学等回收方法进行物质回收以及通过焚烧等方法进行能量回收）；对于不宜/不易/不能回收的应用领域，塑料废弃物泄漏在环境中能够完全生物降解为二氧化碳和水等物质，可减少塑料固体废弃物在环境中的积累，实现塑料污染的有效防治。因此，生物降解塑料所具有的生物降解性，与废弃塑料的循环与回收途径一起，共同构成互为补充的塑料废弃物完整、有效的处置途径。

然而，目前已实现大规模生产并供应市场的生物降解塑料品种较少，脂肪族 - 芳香族共聚酯 PBAT 是其中一个典型的产品。尽管 PBAT 已工业化很多年，但尚未见系统介绍 PBAT 的专著。金发科技是我国最早实现 PBAT 量产的公司之一，已完整掌握共聚酯合成、反应挤出、合金化改性及终端应用核心技术。金发科技首席科学家李建军博士领衔的 PBAT 技术团队，长期致力于生物降解塑料的技术研发工作，编写的《生物降解塑料 PBAT》一书，从上游原料、树脂合成、改性加工、制品加工、机械制造、认证评价等角度，对 PBAT 产业链进行了系统的描述，是目前有关 PBAT 最全面的专著，对塑料科技和降解塑料行业工作者颇有价值，可作为系统学习了解 PBAT 的资料用书。本书的出版，将填补生物降解塑料 PBAT 专著的空白。

生物降解塑料属于塑料的一个类别，除了具有普通塑料的性能外，还具有生物降解特性，特别适合于周期短的某些一次性使用塑料制品。未来，一次性塑料制品应该开发生产和采用成本低、综合性能好、可反复化学循环的完全生物降解高分子材料：具有与相同应用领域的普通高分子材料相当的成本和综合性能（如成形加工性、力学性能等）；可以在温和的条件下以高回收率（例如接近 100%）实现化学回收，获得无需分离的聚合反应单体，并且可以完全重新用于合成该聚合物高分子（化学闭环循环）；可以在自然环境（如土壤、淡水 / 海水等）中完全降解成二氧化碳和水等物质。这样的一次性塑料制品，在其废弃后，可以适用于不同的处置方式，从而既让一次性塑料制品发挥正常的作用，又可以避免其废弃物因难回收循环 / 不可降解而产生负面影响。

我国已经成为全球最大的塑料生产和消费国，并为全球工业化生产做出了巨大的贡献。站在塑料工业高质量可持续发展的高度，去审视塑料污染的问题，我们方能找到适合国情的治理方案。

中国工程院院士

2023 年 9 月于四川大学

序　二

塑料、纤维和橡胶并称为三大合成高分子材料，满足了人类在多个领域的需求。塑料位居三大合成高分子材料之首，因具有质轻、易加工、成本低、综合性能优良以及节能减碳等优势，被广泛应用于汽车制造、现代医学、电子电器、航空航天、现代农业、建筑工程、日用品等领域。

但是塑料的大量使用以及废弃后的不恰当处理方式也带来了很多问题，特别是白色污染问题。作为终结白色污染的主要方案之一，生物降解塑料的开发应用受到越来越多的关注。截至目前，有多种生物降解塑料获得了开发应用，膜类塑料污染是白色污染的最主要方式，PBAT 薄膜由于具有最接近传统聚乙烯薄膜性能，被人们广泛研究。

目前 PBAT 原料主要来自化石基，是己二酸丁二酯和对苯二甲酸丁二酯的无规共聚物，兼具 PBA 和 PBT 的特性，既有较好的延展性和断裂伸长率，又有较好的耐热性和冲击性能；此外，在一定的 BT 链段含量范围内，还具有优良的生物降解性，是生物降解塑料中非常受欢迎和市场应用最广的降解材料之一。PBAT 因其特殊链结构和优异综合性能，广泛应用于一次性塑料消费品，如购物袋、垃圾袋、餐具、农业地膜、运输包材等。

金发科技李建军博士以公司二十载 PBAT 研发历程为基础，开创性地编写首部 PBAT 书籍，综述了 PBAT 的全产业链结构，从 PBAT 原料、生产聚合工艺、产品结构与性能、PBAT 塑料、智能制造和应用开发，对 PBAT 的生物降解性能进行了详细的介绍，并对 PBAT 产品碳足迹进行了初步计算。

该书的出版，将填补生物降解材料 PBAT 类书籍的空白，有利于广大读者快速了解 PBAT 产品制备工艺和产品特点，推动生物降解塑料的研究与应用快速发展。该书集合了珠海金发生物的技术骨干进行编写，经过系统的编辑整理、认真的讨论、详细的修改和审查，有效地保证了本书的内容可靠性、先进性和实用性，相信该书的出版一定会获得行业从业者和相关人员的喜爱，对行业的产业布局、产业升级和技术持续创新发展起到积极的推动作用。

郭宝华

2023 年 8 月于清华园

前　言

塑料是人类百年来最伟大的发明之一，因其质量轻、性能好、价格低、多功能化和高性能化手段丰富、成型方式多样，迅速并大量取代传统无机、有机材料，如钢铁、金属、木材、水泥、玻璃和棉麻纤维材料等，极大地丰富了人类的生产生活。

人们在享受塑料带来的便利的同时，也承受着塑料污染对自然环境和人类健康的负面影响。塑料废弃物造成的环境污染引起社会广泛关注。作为解决白色污染的主要方案之一，完全生物降解塑料是高分子材料发展的重要方向。

生物降解塑料可以解决塑料废弃物的环境污染问题，广泛应用于一次性包装（购物袋、垃圾袋）、农用地膜及一次性餐饮等领域，引起了人们的高度关注，成为世界各国竞相发展的焦点。生物降解塑料自其产生起，便肩负着替代传统塑料性能、解决传统塑料问题的使命，努力诠释着新材料创造新生活的奇迹。

目前，全球已开发了多种基于不同原料的完全生物降解塑料，主要品种包括淀粉基生物降解塑料、聚乳酸（PLA）、脂肪族 - 芳香族共聚酯 PBAT、聚丁二酸丁二醇酯（PBS）、聚羟基脂肪酸酯（PHA）、聚己内酯（PCL）、二氧化碳共聚物脂肪族聚碳酸酯（APC）等。其中，淀粉基生物降解塑料、PLA、PBAT 是当前国内外研究和开发最多、技术相对成熟、产业化规模最大的生物降解塑料，也是最早进入市场和目前市场消费的主要品种，因此，可以认为是当前生物降解塑料发展的三大主流。PBAT 因其特殊二元结构和优异综合性能，广泛应用于一次性塑料消费品，如购物袋、垃圾袋、餐具、农业地膜、运输包材等。

本书全面系统介绍 PBAT 塑料，包括 PBAT 单体、树脂、塑料、智能制造与制品应用，以及生物降解评估和生命周期评价初步数据，详细阐述 PBAT 相关材料的基本理论与实践，并列举了大量实例，希望从事高分子材料尤其是生物降解高分子材料的读者在阅读本书后能有所获益，也希望本书能够成为生物降解塑料相关行业从业人员的专业指导书籍，并让其他非专业人员对生物降解塑料 PBAT 有一个清晰的认识。

焦建博士、欧阳春平博士、陈业中博士、麦开锦博士、吴博博士、刘勤博士、卢昌利高工、李积德高工、杨晖高工、李岩高工、郭志龙工程师、董学腾工程师、王国林工程师、张尔杰工程师、王程工程师、叶利源工程师、熊凯工程师、王超军工程师和林诗松工程师等为本书的编写作出了贡献，特别是欧阳春平博士对书稿编写和校订付出了极大心血，在此一并感谢！

衷心感谢中国工程院王玉忠院士和清华大学郭宝华教授为本书作序。

由于生物降解塑料 PBAT 发展迅速，新应用、新行业也在不断拓展，编写难度巨大，加之时间紧迫，不足之处在所难免，敬请各使用单位及个人对本书提出宝贵意见和建议，以便本书修订时补充更正。

2023 年 8 月于广州

目 录

第1章 绪论

材料是人类社会文明的三大支柱之一，按照主要使用材料的不同可以将人类社会经历的发展阶段分为石器时代、青铜时代、铁器时代和合成材料时代。20 世纪初，第一种合成高分子材料——酚醛树脂实现了工业化生产。至 20 世纪中叶，高分子材料开始快速发展，广泛渗透到人类生产生活的各个方面，成为重要的基础材料，人类社会也由此进入了高分子材料时代。

高分子材料主要包括合成纤维、橡胶和塑料，可满足不同领域、不同性能的需求。塑料位居三大合成高分子材料之首，因具有质轻、易加工、综合性能优良等优势，广泛应用于汽车制造、现代医学、电子电器、航空航天、现代农业、建筑工程、日用品等领域。

塑料工业是中国国民经济的重要组成部分，但随着塑料的大量生产和广泛应用，废弃塑料量也在急剧增加。据统计，1950~2015 年，人类累计生产了 83 亿吨塑料制品，其中 49 亿吨已遭废弃（图 1-1）。绝大部分塑料化学结构稳定，经久耐用，在自然条件下难以降解，易造成垃圾围城、破坏土壤、侵蚀山川、污染大气、危害海洋生物和海洋环境等问题。废弃塑料造成的环境污染问题，主要是人们对其不合理的终端处置造成的。然而在现代社会，禁用塑料制品显然是不符合实际情况的。物理再生、化学回收和加速材料分解均是对废弃塑料终端处理的有效方式。

1950~2015 年，非纤维类塑料制品约生产了 73 亿吨，其中约 42% 作为包装材料被使用。一般来说，包装材料（特别是轻量包装材料）无法大规模回收，因此也就无法通过物理再生或者化学回收的方式进行处理，基本上可以认为是一次性消费品。以中国为例，一次性塑料消费品，如购物袋、垃圾袋、餐具、农业地膜、运输包材等（图 1-2），占塑料制品产量的 35% 左右，该类制品的总产值年增速在 15% 以上，目前主要由聚乙烯（PE）、聚丙烯（PP）、聚氯乙烯（PVC）、聚苯乙烯（PS）等材料制成，使用寿命短，降解时间长，是“白色污染”的主要根源。

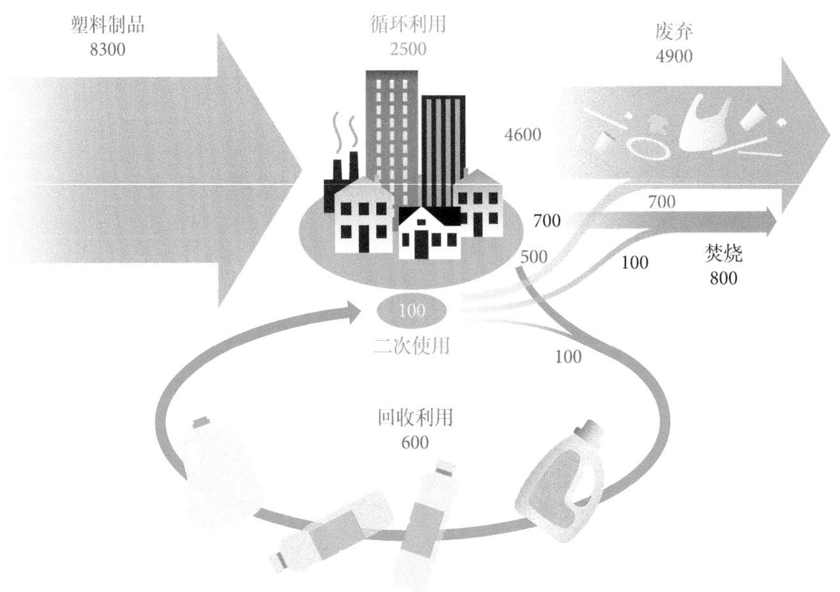

图 1-1　聚合物树脂、合成纤维和添加剂的全球产生量、用途和归宿图（1950~2015 年）
单位：百万吨

图 1-2　一次性塑料包装制品

生物降解塑料的最大特点是较短时间内可在自然条件或者较为温和的工业堆肥条件下降解成二氧化碳及水等小分子。这一特点可有效解决“白色污染”问题，特别适用于一次性塑料消费品行业。

全球各国相继制订和出台了有关法规，通过部分禁用、限用、强制收集以及收取污染税等措施限制不可降解塑料的使用，大力发展可降解塑料材料，解决废弃塑料对环境的污染问题（图 1-3）。

图 1-3　一次性传统塑料包装制品污染

2010年以来，欧洲部分国家在环保政策上持续优化，陆续通过立法、政策鼓励、政府采购、引导消费等方式，对生物降解塑料购物袋等环境友好型产品的使用进行了大力支持和推广[1]。而作为代表性材料的聚对苯二甲酸-己二酸丁二醇酯（PBAT），由于其优异的成膜加工性和接近聚乙烯的膜袋使用性能和力学性能，成为绝大部分市售生物降解塑料购物袋和垃圾袋的主要基材。欧洲国家主要的生物降解推广政策如表1-1所示。

表1-1 欧洲国家主要的生物降解推广政策

国家	政策要点
意大利	2011年1月1日起全国禁塑，使用完全生物降解塑料袋替代普通塑料袋
英国	全国推行厨余垃圾分类及堆肥处理，指定使用完全生物降解塑料袋
德国	传统塑料袋按1.27欧元/千克征收绿点税，完全生物降解塑料袋免税
比利时	完全生物降解塑料袋每千克减税3欧元
荷兰	包装用塑料征税0.4339欧元/千克，完全生物降解塑料减税0.36欧元/千克
罗马尼亚	普通塑料袋每个征税0.04欧元，完全生物降解塑料袋免税

注：因篇幅限制和重复性，更多国家使用完全生物降解塑料袋的信息不再赘述

中国虽然在环保政策上相比于欧洲国家略有滞后，但在2012年之后随着国家对可持续发展以及环境优化材料的调研摸索、消费者环保意识和对生物降解材料的认识逐渐普及以及国内生物降解塑料技术研究和产业建设的蓬勃发展，国内绿水青山的可持续发展政策推广取得了日新月异的进展，特别是在PBAT等生物降解材料和制品产业上取得了突破[2]。中国实行禁塑和生物降解袋使用现状如表1-2所示。

表1-2 中国实行禁塑和生物降解袋使用现状

时间	政策要点
2012年	国内精品商超（华润、永旺等）逐步开始使用生物降解购物袋
2015年	吉林省政府颁布《吉林省禁止生产销售和提供一次性不可降解塑料购物袋、塑料餐具规定》
2016年	阿里巴巴启动菜鸟绿色联盟——绿动计划，推动生物降解快递袋，承诺到2025年替换50%的包装材料，填充物为100%可降解材料
2017年	国家邮政局下文开展快递行业全降解快递袋试点
2017年	京东启动“青流计划”，计划到2025年，京东物流50%以上的塑料包装将使用生物降解材料
2018年	沃尔玛、山姆店、永辉超市、华联超市等陆续开始使用生物降解购物袋
2019年	海南省出台“禁塑令”《海南省全面禁止生产、销售和使用一次性不可降解塑料制品实施方案》
2020年	国家发展改革委、生态环境部《关于进一步加强塑料污染治理的意见》

注：因篇幅限制和重复性，更多国内使用完全生物降解塑料袋的信息不再赘述

1.1 生物降解塑料概述

降解塑料是指在规定环境条件下，经过一段时间和包含一个或更多步骤，导致材料化学结构的显著变化而损失某些性能（如完整性、分子质量、结构或机械强度）和/或发生破碎的塑料。应使用能反映性能变化的标准试验方法进行测试，并按降解方式和使用周期确定其类别。

生物降解是指由于生物活动尤其是酶的作用而引起材料降解，使其被微生物或某些生物作为营养源而逐步消解，导致其分子量下降与质量损失、物理性能下降等，并最终被分解为成分较简单的化合物及所含元素的矿化无机盐、生物死体的过程。

生物降解塑料是指能够在适合的环境条件下经过一定时间跨度后最终分解为二氧化碳、水、无机盐以及新的生物质的一类聚合物材料。首先，生物降解塑料是一类塑料，具有与传统塑料可比的加工使用共性，特别是在一次性消费制品的加工和使用过程中是可以完全替代传统塑料的；此外，更为重要的是，在具有塑料这一共性的基础之上，生物降解塑料还具有可以在短时间内能被最终分解为小分子的这一特性，这使得其可被无害化处理成为可能。生物降解塑料制品在废弃之后可以通过施加一种外界条件而使其快速分解为小分子，这种外界条件最恰当的形式是堆肥。生物降解塑料这些与生俱来的固有特性使其能够替代传统塑料性能，解决传统塑料污染。

生物降解塑料在堆肥条件下的生物降解通常分为两个过程，首先大分子经过水解后分子量变小，其后进一步被微生物消耗掉。这类微生物可能是细菌、真菌、酵母菌、藻类等。它们会侵蚀聚合物的表面，然后由微生物分泌的酶对聚合物进行进一步的分解，微生物以这些微小的聚合物片段作为食物来完成自身的新陈代谢。这种代谢过程中的最终产物二氧化碳和水将会融入到大自然的物质循环中去（图 1-4）。

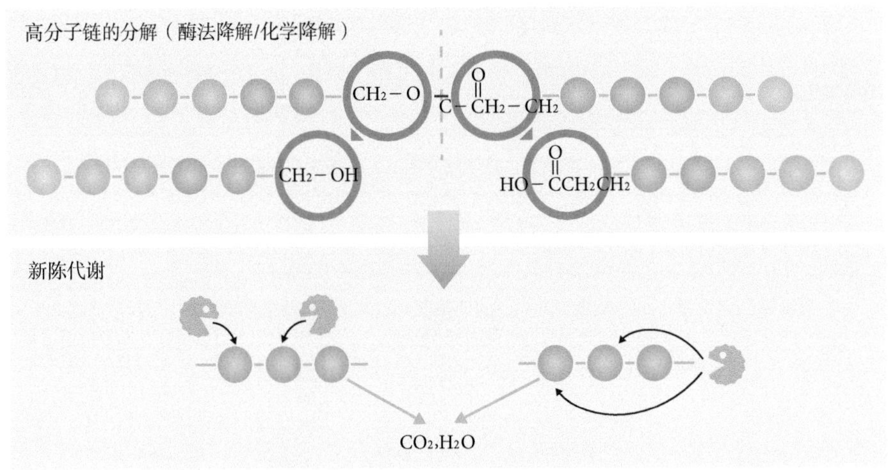

图 1-4 生物降解塑料降解机理示意图

生物降解塑料按照单体来源分类，主要有石油基降解塑料和生物基降解塑料两种。其中，生物基降解塑料（如淀粉基塑料、PLA、PHA 等）是以可再生的天然生物质资源作为原料，如淀粉（如玉米、土豆等）、植物秸秆、甲壳素等；石油基塑料（如 PBAT、PCL、PBS、PGA 等）则是以石化产品为单体形成的。

1.1.1 石油基降解塑料

目前，全球已开发了多种基于不同原料的完全生物降解塑料，主要品种包括淀粉基生物降解塑料、聚乳酸（PLA）、聚丁二酸丁二醇酯（PBS）、聚羟基脂肪酸酯（PHA）、聚己内酯（PCL）、二氧化碳共聚物脂肪族聚碳酸酯（APC）、聚对苯二甲酸-己二酸丁二醇酯（PBAT）等。其中，PBAT 和 PLA 是当前国内外研究和开发最多、技术相对成熟、产业化规模最大的生物降解塑料，也是最早进入市场和目前市场消费的主要品种。

目前公众对生物基塑料和生物可降解塑料的概念还容易混淆，对其认识还存在一定的误区，比如将生物基塑料等同于生物降解塑料，将可降解塑料等同于可完全生物降解塑料，将可工业堆肥塑料等同于可在自然环境下生物降解塑料。生物基塑料是指源自植物或其他生物材质的塑料。生物降解塑料是可以完全降解为自然界中存在的物质的塑料。可生物降解的定义不包括具体的分解时间长度或具体的环境条件。可堆肥塑料在受控条件下分解，变成可使用的无毒堆肥产品或土壤改良剂，其降解时间长度与其他可堆肥材料相当。可堆肥塑料属于生物降解塑料，是生物降解塑料的一个子集，将通过工业堆肥或厌氧消化收集和处理的生物降解塑料称为可堆肥塑料。塑料的减量和再循环利用应优先于可堆肥塑料，并且不可将可堆肥塑料替代回收率高的塑料。图 1-5 可以清晰地阐明生物降解与生物基的区别。

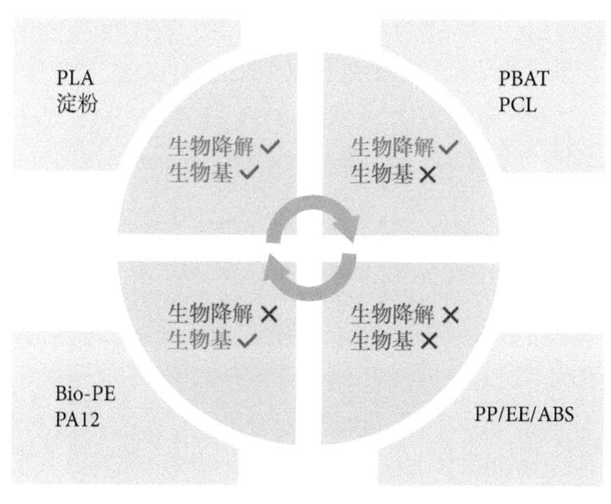

图 1-5 生物基与生物降解分类示意图

生物基降解塑料兼具降解和生物基来源的特点和优势，不仅能使塑料垃圾减容、减量，而且作为不可再生石油资源的补充替代品具有重要意义，有利于可持续发展战略的实施；从更深远意义上讲，可以减少碳排放，应对全球气候变暖，保护人类生存的环境。生物基降解塑料作为一个新兴的、具有巨大经济和低碳生态意义的产业，已经成为全球研发和推广的热点。

石油基降解塑料商业化品种有很多，主要是聚酯或共聚酯类高分子材料，比如 PBS、PBAT、聚己内酯（PCL）、聚丁二酸 - 己二酸丁二醇酯（PBSA）、聚对苯二甲酸 - 丁二酸丁二醇酯（PBST）等，其中又以“PB 树脂”家族系列为主。生物降解“PB 树脂”家族是以 1, 4- 丁二醇为基础单元与不同种类二元酸合成得到的系列聚合物，二元酸包括丁二酸、己二酸和对苯二甲酸等，部分产品如表 1-3 所示，其中以 PBAT 使用最为广泛，目前产能占全部生物降解塑料的 70% 以上。

表 1-3　生物降解“PB 树脂”家族系列

聚合物	单体	丁二醇 BDO	丁二酸 SA	己二酸 AA	癸二酸 Se	对苯二甲酸 PTA	生物降解
PBAT	BAT	+		+		+	√
PBS	BS	+	+				√
PBSA	BSA	+	+	+			√
PBST	BST	+	+			+	√
PBSeT	BSeT	+			+	+	√
PBT	BT	+				+	×

此类生物降解聚酯包括 PBS、PBSA、PBAT、PBST 等[3-8]。PBS、PBSA 及 PBST 虽然开发时间较早，但由于本身性能原因，应用受限。PTT MCC Biochem 及金发科技股份有限公司（金发科技）是全球 PBS 及 PBSA 的主流供应商。最早开发 PBAT 材料的是 BASF，现有产能为 7.4 万吨 / 年。中国在该类产品的产业化发展也很快，其中金发科技是亚太地区最大的 PBAT 生产制造商，现有产能 18 万吨 / 年。其他 PBAT 生产商主要有新疆蓝山屯河、华峰和万华等，产能分别为 12 万吨 / 年、3 万吨 / 年和 6 万吨 / 年，金晖兆隆、亿帆鑫富、莫高等也有万吨级装置。目前全球 PBAT 产能供大于求，但随着全球市场需求量的增加，未来几年有望释放产能。

1.1.2　生物基降解塑料

早在 20 世纪 70 年代的“石油危机”爆发之后，基于对现有煤、石油、天然气等自然能源储量有限的担心，世界各国开始对各种替代能源开展了研究。同时化学工业也开始了材料来源的替代研究，以期摆脱对于石油工业的依赖。无数研究证明，目前生物质材料是化学工业可持续发展的主要方向。

据中国石油和化学工业联合会统计，2022 年中国成为世界第一大炼油国，石油对外依存度 71.2%。基于国家能源产业安全、可持续发展和环境保护等方面的考虑，中国生物基化工产品替代石油化工产品的进程将逐渐加快。

进入 21 世纪 20 年代，中国每年塑料制品的表观消费量在八千万吨左右。若有部分石油基塑料被生物基塑料替代，其对中国“碳达峰碳中和”的目标的达成、环境保护基本国策的推行、国家经济产业安全的实现来讲，都是有利的。

欧盟立法，对部分应用场景的塑料袋有一定的生物基碳含量要求。其中法国在 2015 年通过关于绿色增长的法律，规定从 2017 年 1 月 1 日开始，用于超市果蔬袋及商业邮件的塑料包装必须用生物基材料制成。另外，对可堆肥袋和可降解袋材料中的生物基碳含量也有严格限制，规定其生物基碳含量从 2017 年的 30% 逐渐增长到 2025 年的 60%。意大利也推出相关规定，从 2018 年开始超市购物袋及果蔬袋用塑料包装材料生物基碳含量必须在 40% 以上。这些法规促使市场上石油基生物降解塑料逐步转向生物基降解塑料。

生物基塑料 [9-12] 中不可生物降解的商业化品种有很多，比如生物基聚对苯二甲酸乙二醇酯（Bio-PET）、生物基聚乙烯（Bio-PE）、尼龙 11、尼龙 12、尼龙 1010、尼龙 610、尼龙 10T、生物基聚对苯二甲酸丙二醇酯（Bio-PTT）等；可以生物降解的商业化品种主要是聚酯或共聚酯类高分子材料，比如生物基聚丁二酸丁二醇酯（Bio-PBS）、PLA、生物基聚对苯二甲酸 - 己二酸丁二醇酯（Bio-PBAT）、聚羟基脂肪酸酯（PHA）、生物基聚丁二酸 - 己二酸丁二醇酯（Bio-PBSA）、聚对苯二甲酸 - 癸二酸丁二醇酯（PBSeT）等。根据欧洲生物塑料行业协会分析，2021 年全球生物塑料占塑料年产量（超过 4 亿吨）的约 0.6%，随着新产品新应用的增加，预计到 2026 年，全球生物塑料的生产能力将从 2021 年的 242 万吨增长到 759 万吨，年复合增长率约为 25.7%，生物塑料占塑料总产量的比重将首次超过 2%，其中生物基降解塑料的产能将从 2021 年的 155 万吨增长到 373 万吨，生物降解塑料的产量增长将超过 240%。

目前全球市场上主要商业化使用的生物降解塑料有 PBAT、PLA、PBS 及 PHA。其中 PLA 和 PHA（生物发酵）为 100% 生物基降解塑料，PBAT 和 PBS 为采用部分或全部生物基单体生产的部分或完全生物基降解塑料。

1.1.2.1 PLA

PLA 是以乳酸为主要原料聚合得到的聚合物，原料来源充分而且可以再生。目前 PLA 的工业生产采用“两步法”工艺 [13]，第一步是将乳酸聚合再解聚成丙交酯，第二步是丙交酯通过开环聚合制得 PLA。全球 PLA 树脂产能相对集中，美国 Cargill 与泰国 PTT 的合资公司 NatureWorks 是世界上产能最大的公司，现有产能 15 万吨 / 年，最近正在泰国建设 7.5 万吨产能新工厂。全球最早实现 PLA 产业化的是荷兰 TotalEnergy Corbion 公司，已经在泰国建成 1 套产能为 7.5 万吨 / 年的装置，现在正在欧洲规划建设 10 万吨 / 年工厂。中国安徽丰原集团目前产能为 10 万吨 / 年，后续将逐步扩产至 30 万吨 / 年的产能。海正生物产能 5 万吨 / 年，其也有扩建工厂的计划。吉林中粮已建成 1 万吨 / 年的产能装置。金发科技 3 万吨 / 年 PLA 聚合装置已于 2022 年底投产。

1.1.2.2 PHA

PHA 是聚羟基脂肪酸酯类材料的总称，是由细菌在特定的条件下将淀粉或纤维素等原料合成的细胞内聚酯。从 20 世纪 80 年代开始生产，到现在已产业化的有 4 代产品。PHA 同时具有良好的生物相容性、生物可降解性和塑料的热加工性，同时还具有非线性光学性、压电性、气体阻隔性等高附加值性能，但由于生产工艺及纯化复杂，目前 PHA 价格偏高，主要用于高端的包装、医用植入器械及药物释放传输载体领域，应用范围较窄，这也导致了目前 PHA 总产能较低。

Metabolix 与 ADM 的合资企业 Telles 在美国艾奥瓦州拥有产能为 5 万吨 / 年的 PHA 生产装置，因市场需求不达预期，2012 年 ADM 公司撤资，Metabolix 在美国停止生产，近期有计划重启在美国的生产。Danimer Scientific 前身为 Meredian Holdings Group Inc.，目前为全球最大的 PHA 生物塑料生产企业，在 2007 年，从宝洁公司获得 mcl-PHA 的知识产权，2018 年在美国肯塔基州开工建设世界上第一个 PHA 商业化工厂，2021 年将其产能翻倍。美国宝洁公司有 0.5 万吨 / 年的产能。意大利 Bio-On 以甘油为原料生产 PHA，一期产能为 0.5 万吨 / 年，计划扩产至 1 万吨 / 年。日本 Kaneka 公司成立于 1949 年，2019 年建设完成年产 5000 吨 PHBH 的生产工厂。新加坡 RWDC Industries 公司成立于 2015 年，其宣称所制备的 PHA 主要来自废弃的食用油。

中国 PHA 研究及产业化处于世界的前沿 [14]，天津国韵生物科技拥有 1 万吨 / 年产能，目前已停产，现转型为贸易商。深圳意可曼生物科技在山东的生产基地一期产能为 5000 万吨 / 年，计划二期启用 7.5 万吨 / 年的装置。宁波天安生物材料公司产能 2000 吨 / 年。北京蓝晶微生物科技有限公司于 2016 年成立，专注于完全可降解生物材料 PHA 的开发，经过多年发展，到 2021 年，在江苏建设 PHA 工厂，开始投产万吨级完全生物降解材料 PHA，一期产能 5000 吨 / 年。中粮生化能源（榆树）1000 吨 / 年 PHA 装置在 2022 年 6 月一次性投料试车成功。北京微构工场与安琪酵母组建合资公司“微琪生物”，在湖北宜昌启动建设年产 3 万吨 PHA 生产基地项目。珠海麦得发生物科技股份有限公司成立于 2019 年 3 月，拥有年产 5000 吨产能，技术来自于清华大学。广东荷风生物科技有限公司成立于 2021 年，据全国建设项目环境信息公示平台显示，其在湛江建设年产 1000 吨 PHA 项目一期建设年产 200 吨，二期建设年产 800 吨。

从目前国内外主要 PHA 厂家商业化生产时间来看，基本上都是在 2018 年之后动工建设，说明 PHA 的商业化大规模生产尚处于起步阶段。

1.1.2.3 生物基“PB 树脂”家族

此类生物基降解聚酯包括 Bio-PBS、Bio-PBSA、Bio-PBAT、Bio-PBST 等。目前生物基单体主要有丁二酸（SA）、癸二酸（Se）和丁二醇（BDO），其他单体如对苯二甲酸（PTA）和己二酸（AA）都是来源于石油基，生物基单体产业化进程推进任重道远。

BioPBS™ 是 PTT MCC Biochem 公司开发的一款生物基 PBS 材料。PTT MCC Biochem 由泰国石油公司（PTT）和三菱化学公司（MCC）联合创办，专注于生物化学领域，并在泰国创建了世界上首个生物基 PBS 工厂。基于三菱化学公司的先进技术，PTT MCC Biochem 从甘蔗、木薯、玉米等自然资源中提炼原料，合成 BioPBS™。这使得 BioPBS™ 既是生物降解材料，又是生物基材料，可以在常温（30℃）堆肥条件下降解为二氧化碳、水和其他生物质。

1.2 PBAT 生物降解塑料

PBAT 属于热塑性生物降解塑料，是己二酸丁二醇酯和对苯二甲酸丁二醇酯的共聚物，兼具 PBA 和 PBT 的特性，既有较好的延展性和断裂伸长率，也有较好的耐热性和抗冲击性能；此外，还具有优良的生物降解性，是生物降解塑料研究中非常受欢迎和市场应用最好的降解材料之一。

1.2.1 PBAT 树脂

1.2.1.1 PBAT 树脂的基础性能

PBAT 的典型化学结构如图 1-6 所示，其分子由聚己二酸丁二醇酯（PBA）链段和聚对苯二甲酸丁二醇酯（PBT）链段构成，兼具两者的特点。一方面其分子链中含有大量酯基，对水解敏感，生物降解性能优异；另一方面其分子结构既有刚性的芳香族结构又有柔性的脂肪族结构，力学性能优异，耐热性优良。这种脂肪族 - 芳香族的混合结构奠定了 PBAT 成为综合性能优异的生物降解聚酯的基础[15-19]。

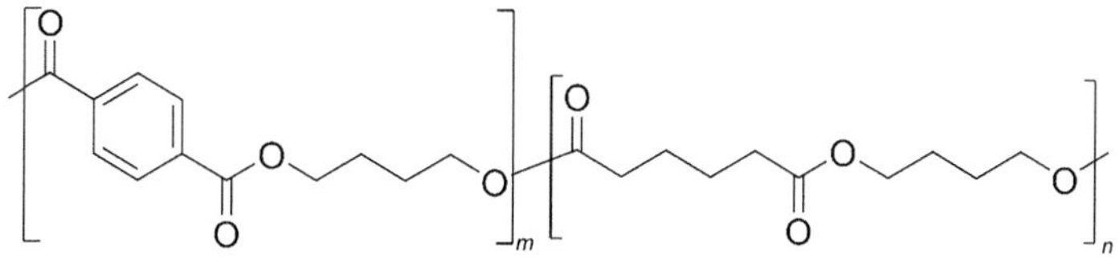

图 1-6 生物降解共聚酯 PBAT 的化学结构

PBAT 具有良好的加工性能，可在多数通用塑料加工设备上进行加工，力学性能介于聚丙烯和聚乙烯之间，可满足日常用品的性能需求。PBAT 是一种半结晶型聚合物，结晶度大约为 30%，熔点在 120℃左右，密度在 1.18 ~1.30 g/cm^3。PBAT 的拉伸强度约 25 MPa，断裂伸长率大于 600%，邵氏硬度在 85~90 A，与聚乙烯（PE）的性能更为接近。相比于低密度聚乙烯（LDPE），PBAT 的拉伸强度与伸长率接近，但氧气及水汽阻隔性能较差。PBAT 与 LDPE 的典型性能对比如表 1-4 所示。

表 1-4 PBAT 与 LDPE 典型性能对比表

性能	单位	PBAT	LDPE
熔点	℃	118	130
拉伸强度	MPa	24	27
断裂伸长率	%	700	600
氧气阻隔性	—	适中	较高
水汽阻隔性	—	差	较高
生物降解性能	—	良好	不可生物降解

PBAT 是一种典型的半结晶聚合物，其结晶程度可以通过单体比例、排列方式和结晶工艺等进行调控。聚合物的结晶度是影响其降解速率的重要原因之一，当聚合物发生生物降解时，首先的位置是无定形区域，之后发生在聚合物的结晶区域。PBAT 的结晶区主要由 PTA 与 BDO 构成的 BT 链段构成，通过堆肥实验发现，当共聚酯 PBAT 中芳香族含量（摩尔含量）不超过 50%，且呈无规则排列时，才能够完全生物降解。

1.2.1.2 PBAT 树脂的发展现状

经过近十年的发展，PBAT 产品已经商业化，例如金发科技的 ECOPOND® 产品、巴斯夫（BASF）公司的 Ecoflex® 产品、诺瓦蒙特（Novamont）公司的 Origo-Bi® 产品等。表 1-5 列举了生物降解共聚酯 PBAT 的主要生产厂家。

表 1-5 PBAT 主要生产厂家

企业	商品名	产能（万吨 / 年）
金发科技	ECOPOND®	18
新疆蓝山屯河	TUNHE®	12
Novamont	Origo-Bi®	10
BASF	Ecoflex®	7.4
万华化学	Waneco®	6
彤程	Ecoave	3
山东睿安	RN®	6
恒力营口康辉	KHB®	3
浙江华峰	HF®	3
中石化仪征	TA®	3
甘肃莫高	MG®	2
山西金晖	Ecoworld®	2

目前，金发科技在 PBAT 系列产品的催化体系及合成工艺方面已取得了突破，形成了具有自主知识产权的核心技术，已建成了年产 18 万吨规模的 PBAT 生产线并顺利投产，形成了 ECOPOND® 品牌产品。经国际权威检测机构检测，产品完全符合

EN 13432 和 ASTM 6400D 国际生物降解标准，同时获得了德国 DIN CERTCO、比利时 TUV AUSTRIA、美国 BPI 和澳大利亚 AS 的权威生物降解认证，产品广泛应用于农用地膜、一次性包装（购物袋、垃圾袋等）及一次性餐饮具，受到了客户的一致好评。

自 2004 年，金发科技自主研发的完全生物降解 ECOPOND® 系列产品投放市场以来，持续地进行全球市场开拓，目前公司已经成为全球规模最大的生物降解塑料供应商。金发科技是全球完全生物降解塑料的积极倡导者之一，位于全球完全生物降解塑料生产商的领跑阵营。此外，国内完全生物降解塑料生产商众多，是全球完全生物降解塑料事业中不可小觑的力量。

无论是可降解塑料袋，还是可降解农用地膜和包装材料，产品多以 PBAT 作为基础树脂。基于市场对生物降解材料的巨大需求，目前各个国家和地区均在建设 PBAT 生产装置。2019~2020 年，全球 PBAT 产能从 22.9 万吨增长至 26.4 万吨；2021 年大幅增长至 61.5 万吨，随着新规划产能的逐步投产，2024 年全球 PBAT 产能将增长至 250 万吨，较 2021 年增长 400%[20]。

就产能和生产装置分布来说，全球 PBAT 生产装置主要集中于欧洲和亚洲。德国巴斯夫自 20 世纪 90 年代就开始研究 PBAT，目前已建成产能 7.4 万吨 / 年的 PBAT 生产装置；意大利 Novamont 公司是世界上较早进行生物降解材料产业化的企业，目前拥有 PBAT 产能 10 万吨 / 年。亚洲地区，经过多年技术积累，形成了以金发科技和蓝山屯河为代表的 PBAT 制造企业，2021 年底，金发科技拥有 18 万吨 / 年的 PBAT 生产装置，蓝山屯河年产能也达到了 12 万吨。基于全球禁塑政策的大趋势及国内禁塑政策的实施，国内生物降解材料项目如雨后春笋般蓬勃发展。

根据欧洲生物塑料协会数据统计，2019 年全球生物降解塑料总产能为 117.4 万吨，其中淀粉基降解塑料产能占比为 38.4%，另外两大生物降解聚酯产品 PLA、PBAT 分别占 25% 和 24.1%，三类产品合计占总产能的比例 > 88%。西欧生物降解塑料消耗量在全球的占比超过一半，消耗量约为 55%，另外北美地区为 19%，亚洲和大洋洲（中国除外）地区的消耗量约占 13%，中国为 12%，其他国家和地区则少于 1%。2019 年全球生物塑料产能合计为 211.5 万吨，其中生物可降解塑料产能为 117.4 万吨，不可生物降解塑料产能为 94.1 万吨。2019 年，亚洲、欧洲、北美和南美生物塑料全球产能占比分别为 45%、 25%、18% 和 12%。2019 ~2020 年，亚洲地区多个国家发布了限塑政策，包括中国、巴基斯坦、印度、菲律宾、泰国等。未来一段时期，亚洲地区特别是中国的生物降解塑料需求量将快速增长，有望取代欧洲成为生物降解塑料最大的消费市场。

PBAT 产业在迅速发展的同时，还存在以下三点问题需要重点关注：

1）降解塑料市场机遇与风险并存

中国出台及实施新“限塑令”、加快发展生物降解塑料，是全民贯彻新发展理念、进一步加强环境保护、推动循环经济发展的重大战略行动，是中国化工行业实现转型升级、加快产品结构上高端、向新材料方向转变的重要举措，生物降解塑料市场的壮大为石化行业高质量发展提供了良好机遇。在众多的生物降解塑料中，PBAT 作为代表性产品，其技术已经成熟，目前国内在建、拟建项目多，经济效益好，成为生物降解塑料中的大宗商品和投资热点，有望催生生物降解塑料市场快速复苏，为中国治理“白色污染”开辟新途径。

2021 年 11 月，全球 PBAT 产能增速 71%（其中，国外产能增速 16%，国内产能增速 117%）。中国国内受政策预期推动，新增、产能扩大规划不断，截至 2021 年底，中国已形成 PBAT 产能 44.1 万吨，在建产能 363.4 万吨，企业规划的总产能超过 1200 万吨。其中，2021 年四季度完工项目 48 万吨、2022 年完工项目达 98.5 万吨。目前中国国内 PBAT 企业产能 62 万吨，开工率不足两成，下游市场不及预期。仅就中国而言，2019 年，中国 PBAT 产能 5.5 万吨，需求 1 万吨；2020 年产能 9 万吨，需求 2 万吨；2021 年产能 44.1 万吨，需求 4 万吨。2022~2024 年，随着新建产能的投产，中国 PBAT 产能将增长至 230 万吨，实际需求量预测为 15 万吨，产能严重过剩。

2）加强 PBAT 共混材料开发弥补性能短板

生物降解树脂大部分不能直接使用，各有相应的性能缺陷，需要共混以后才能使用，因此改性技术在高附加值领域的应用变得极为重要。由于具有不同的性能、不同的应用领域，生物降解塑料产品的共混加工需要企业对其工艺进行频繁测试，来调整加工设备、优化加工条件和加工配方。目前国内成型生物降解塑料制品的加工技术、成型设备、模具、辅助材料、标准及检测等都不完备，跟不上应用市场快速需求，从研究和技术方面完全滞后于传统塑料产业。另一方面，高校及研究机构的科研成果转化率低。这些都在很大程度上限制了生物降解塑料产业的发展。

3）国内回收及堆肥机制缺失

目前，中国还没有建立一套成熟的生物降解塑料产品堆肥和回收机制。以 PBAT 为例，PBAT 废弃物能够通过填埋、化学回收等方法来处置，但是更好的方式是采用好氧堆肥。PBAT 材料不会在普通条件下快速降解，它需要在工业堆肥环境下经过数月才能降解。若没有合适的垃圾收集和分选系统，PBAT 废弃物进入垃圾填埋场后是不能快速降解成堆肥回用的。但是，目前国内生物降解塑料废弃物还没有足够的用量来建立类似聚酯等塑料的回收体系，这将会严重影响生物降解塑料产业的可持续发展。

1.2.2 PBAT 塑料

尽管 PBAT 综合性能优异，但依然很难通过直接使用纯 PBAT 树脂的方式来满足各种应用的需求。与传统塑料相比，PBAT 的生产成本更高，甚至在特定性能上亦存在缺陷，因此，只有当生产成本降低或应用性能改善时，PBAT 的市场发展潜能才能被激发。PBAT 与生物质材料（如淀粉）、低成本填充材料（如无机粉体等）或与增强材料（如 PLA）共混是降低终端成本和改善性能的有效应用方法，同时保持了复合材料的生物降解性能。近年来，PBAT 系列复合材料（塑料）已发展成为商用产品，其中以 PBAT/ 生物质、PBAT/ 粉体和 PBAT 合金的应用最为广泛。

1.2.2.1 PBAT/ 生物质塑料

聚合物 / 生物质生物降解复合材料指的是以聚合物作为基体，并在基体中加入天然生物基降解材料作为分散相，进行共混制备的一类复合材料。生物降解材料中大多为柔性聚合物，为了提高复合材料的机械强度，可以考虑加入天然生物基降解材料（例如淀粉、纤维素、木质素等）作为增强剂。其中 PBAT/ 淀粉塑料研究最多。

淀粉是成本低廉且来源广泛的可再生原材料。天然淀粉以离散颗粒（淀粉团）的形式存在于植物中，作为其营养和能量储备。纯淀粉在塑料加工中的应用相当有限，纯淀粉薄膜或片材易碎且对湿度敏感，在有水的环境中容易崩解。天然淀粉热稳定性较差，加工窗口较窄，通过羟基的部分取代对淀粉进行化学修饰可以显著改善疏水性和流变性。通过淀粉链的交联，可以有效提高耐酸、热处理和剪切稳定性。然而，变性淀粉本身仍然不能满足薄膜应用的较高要求，与生物降解共聚酯 PBAT 进行共混是解决这些问题的有效途径。

生物降解共聚酯 PBAT 是淀粉等可再生原材料加工以及生产高品质生物降解和生物基塑料薄膜的重要组成部分。PBAT/ 热塑性淀粉 [21,22] 共混材料有效结合了生物降解性和可再生资源的优势。在 PBAT/ 热塑性淀粉共混材料中，PBAT 需要形成一定程度的连续相以保障材料性能，可添加的淀粉含量有极限，因此限制了 PBAT/ 淀粉共混材料终端制品的可再生资源含量（通常 <50%）。通过使用（或部分引入）生物基赋能聚酯可以进一步增加生物基含量，助力可再生资源利用，降低碳排放。

1.2.2.2 PBAT/ 无机粉体塑料

PBAT 作为膜袋类的主流生物降解材料，除了生物质的共混复合技术，无机粉体填充的共混复合也在研究与应用领域有着非常重要的影响。无机粉体共混复合可以有效地提升成型稳定性、提升开口性、增加刚性挺度等。主流的无机粉体主要有碳酸钙、滑石粉、蒙脱土、高岭土、碳纳米管、石墨烯等。碳酸钙和滑石粉是常用的无机粉体。

碳酸钙宏观下为白色粉末，从粒径粗细来分则有粗碳酸钙（一般是 1250 目以下）、细碳酸钙（3000 目以上）、超细碳酸钙（5000 目以上）和纳米碳酸钙（至少一个维度为纳米级）。从表面处理来区分可分为非活性碳酸钙与活性碳酸钙。PBAT/ 碳酸钙 [23,24] 共混复合材料是目前无机填充生物降解材料中最为重要的，可用于改变 PBAT 的特性，经过碳酸钙复合后的共混物成本也有所下降，从而能更好地推广 PBAT 的应用。

滑石粉主要来源于天然滑石，主要成分是含水的硅酸镁，在宏观下为白色粉状。滑石粉有很好的增强功能，同时可以降低共混物的成本，使其具有经济性。滑石粉的片状结构有利于增加刚性，但同时滑石粉作为矿物，与树脂的相容性较差，因此拉伸强度、断裂伸长率和撕裂性能等会有明显的下降 [25]。

1.2.2.3　PBAT 合金塑料

PBAT 是一种具有优异的柔韧性、良好的抗冲击性能、一定的热稳定性的生物降解聚合物，且质地柔软，与 LDPE 相近，适用于加工农用、包装等薄膜产品。但由于 PBAT 的结晶度较低，无定形区比例较高，导致材料的强度不高，极大制约了 PBAT 的广泛应用，需要与其他生物降解聚酯进行复合。PBAT 合金塑料主要包括 PBAT 与 PLA、PBS、PHA、PCL、PGA、PPC 等的复合材料，作为“硬塑料”的代表 PLA，其与 PBAT 复合是改善 PBAT 强度最好的手段之一。

生物降解聚酯 PLA 是一种透明的硬质聚酯，可通过多种方式加工制成容器型制品，如杯子、托盘、瓶子、餐具等。PLA 也可以通过双向拉伸制成性能接近于玻璃纸的透明且柔性的薄膜，并且可以纺丝、定向拉伸和固定，从而制作成为纤维。然而，对于大多数情况来说，在柔性薄膜应用领域（如购物袋 / 有机垃圾袋），PLA 的模量（3600 MPa）依然过高，限制了其应用范围。因此，将 PLA 和柔韧的生物降解共聚酯 PBAT 进行共混复合可以降低其刚性，增加韧性，从而对拓展其应用尤其重要。

PLA 是一种由可再生原材料制成的热塑性聚合物，并且可用于工业应用，这一点对全球减碳是极为关键的。控制硬且脆的 PLA 与软且韧的 PBAT 树脂的比例，可以得到性能丰富多样的复合材料，从而可针对性地应用于不同的领域。生物降解聚酯 PBAT/PLA[26,27] 共混材料的另一个优势是其在正常储存条件下的货架期较长，在标准气候条件下的存储周期可达 1 年以上，优于 PBAT/ 淀粉共混材料。

1.2.3　PBAT 制品

以 PBAT 为基础树脂的生物降解材料是一类兼具优异力学性能和良好生物降解性能的环保型材料，它广泛应用于购物袋、厨余垃圾袋、农用地膜、快递袋、淋膜、一次性餐具等领域，图 1-7 展示了 PBAT 基生物降解系列产品目前主要的应用领域[28-33]。

PBAT基生物降解系列产品

商超购物

农用地膜

快递电商

一次性餐具

图 1-7　PBAT 基生物降解系列产品主要应用

1.2.3.1 生物降解购物袋

基于对环境问题的更高敏感性，以及市场终端对环保产品、市场差异化的兴趣增加，生物降解购物袋取代传统的 PE 购物袋成为市场发展方向。欧洲各国积极响应并制定相关法令，意大利从 2011 年 1 月 1 日起超市全面禁售聚乙烯购物袋；法国、西班牙从 2014 年开始全面禁售聚乙烯购物袋；2015 年，英国对超市每个购物袋开征 5 便士环保税；德国对生产与销售生物降解塑料的企业豁免回收义务及税收。2019 年，中央全面深化改革委员会第十次会议审议通过了《关于进一步加强塑料污染治理的意见》，提出有序禁止、限制部分塑料制品的生产、销售和使用，积极推广可循环易回收可降解替代产品。2020 年，国家发展改革委、生态环境部提出推广使用环保布袋、纸袋等非塑制品和可降解购物袋。同年，中国实施史上最强“禁塑令”，如海南从 2020 年 12 月 1 日起全面禁塑。2022 年 3 月 2 日，在内罗毕举行的联合国环境大会续会上，来自 175 个国家的元首、环境部长和其他代表批准了一项历史性决议，旨在 2024 年达成一项具有法律约束力的国际决议，结束塑料污染，全球首个“禁塑令”即将到来。

为了满足客户端的应用需求，生物降解购物袋需满足如下特性：在其自身重量 1000 倍的负载下，购物袋具有良好的机械性能、抗穿刺性、延展性能、印刷性能和高速制袋时的良好的黏结性能。金发科技开发的应用于购物袋的生物降解塑料以淀粉基材料 ECOPOND® C200 S20 为主，产品具有质柔量轻的特点，表 1-6 列出了该产品的典型性能。经过多年的发展，PBAT 基生物降解购物袋已广泛应用于英国乐购、德国麦德龙、法国家乐福和欧尚、美国沃尔玛、日本永旺吉之岛、中国华润等知名连锁超市。

表 1-6 ECOPOND® C200 S20 产品典型性能

项目	测试标准	测试条件	单位	指标
材料性能				
熔体流动速率	ISO 1133	190℃，2.16 kg	g/10min	3.0~8.0
密度	ISO 1183	23℃	g/cm³	1.22~1.39
膜材性能（18 μm）				
纵向拉伸强度	ISO 527	23℃	MPa	≥ 17
横向拉伸强度	ISO 527	23℃	MPa	≥ 15
纵向断裂伸长率	ISO 527	23℃	%	≥ 200
横向断裂伸长率	ISO 527	23℃	%	≥ 380
落镖	ASTM D 1709-04	A 法	g	≥ 185
货架期	自定	23℃，50%RH	Mon	6~8

1.2.3.2 生物降解垃圾袋

欧盟有机垃圾填埋指令要求成员国在 2016 年减少有机垃圾填埋量到 1995 年的 35%，法令实施后，以德国、英国为代表，各国通过建立好氧堆肥、厌氧发酵等工业处理中心处理有机垃圾，达到了垃圾减量化、资源化利用的目的。多年实践证实，可堆肥垃圾袋是收集、处理有机垃圾的最佳选择。

从技术角度来看，根据 EN 13432，垃圾袋必须是可生物降解的。除机械性能外，膜材能够向下延展 15~30 mm，以实现良好的承载性能。对于垃圾袋，通常要求可在室内收集阶段使用至少3~4天，不会因生物降解而形成孔洞。此外，垃圾袋需要具备耐温性，应允许在 60℃下运输和储存；对于透气性而言，即水和气体的低阻隔性，这是一个优势。金发科技开发的 ECOPOND® C200 S21 产品满足堆肥袋的这些基本要求，即使在远低于 50% 相对湿度的低湿度水平，膜材依然保持完好，表 1-7 列出了该产品的典型性能。

表 1-7 ECOPOND® C200 S21 产品典型性能

项目	测试标准	测试条件	单位	指标
材料性能				
熔体流动速率	ISO 1133	190℃, 2.16 kg	g/10min	3.0~8.0
密度	ISO 1183	23℃	g/cm³	1.22~1.39
膜材性能（18 μm）				
纵向拉伸强度	ISO 527	23℃	MPa	≥ 15
横向拉伸强度	ISO 527	23℃	MPa	≥ 13
纵向断裂伸长率	ISO 527	23℃	%	≥ 240
横向断裂伸长率	ISO 527	23℃	%	≥ 410
落镖	ASTM D 1709-04	A 法	g	≥ 225
货架期	自定	23℃，50%RH	Mon	6~8

金发科技积极参与全球各国城市废弃物处理方案的制定与实施，推广可堆肥垃圾袋用以收集、处理有机餐厨垃圾方案，并通过竞标等方式供应英、美等国家市政厅采购的可堆肥垃圾袋。在广州市推广垃圾分类项目中，金发科技配合相关部门完善餐厨垃圾堆肥处理、“按袋计量”方案，通过赠送、投标等方式供应可堆肥垃圾袋。

1.2.3.3 生物降解农用地膜

地膜具有保湿保墒的作用，促进农作物的增产增收。传统聚乙烯（PE）地膜厚度薄，成本低，保湿保墒性能好，但废弃后难以降解，残留在土壤里面的废膜碎片会导致土壤板结，进而污染环境；如采用焚烧方式处理，其一回收成本较高，其二焚烧产生的有毒有害气体会进一步污染环境，生物降解地膜是解决地膜污染重要且不可或缺的手段。针对地膜应用，BASF 公司开发了 Ecovio® M 系列产品，该产品以 PBAT 为基础树脂，同时填充矿物填料，产品推出后，曾在中国、日本等东亚地区开始推广应用，但因成本显著高于 PE 地膜，产品应用范围受限。

金发科技一直以来积极推动使用生物降解地膜替代传统 PE 地膜，以解决农田地膜残膜污染问题。由于地膜材料的生物降解性能与环境紧密相关，金发科技在世界各地进行了相关的应用研究与推广工作。2011 年金发科技与欧洲著名的农机设备供应商合作推广生物降解地膜的实验取得成功，2013年金发科技在中国云南省的烤烟种植以及云南农业技术推广总站主持的系统化生物降解地膜实验中获得了成功，2014年金发科技在中国新疆全面进行生物降解地膜的实验和示范种植。

由于农作物和所使用地区的具体环境要求不同（例如，大蒜与小麦，欧盟与亚洲），必须开发不同的地膜产品以应对不同农作物对温度、湿度、光强的不同需求。例如，在欧洲，要求地膜保持8周以上的完整性能，因此不同组分的降解速度和机械性能必须在配方开发中考虑。经过多年的研发和实地铺膜积累，金发科技开发出了适用不同农作物生长需求的生物降解地膜专用料 ECOPOND® D300 F20系列产品，表1-8列出了该产品的典型性能。依托于生物降解地膜材料技术的沉淀，金发科技牵头承担了中国国家重点研发计划项目“生物降解地膜专用料及产品制备与产业化”，将高透光率、高保湿保墒、减薄作为未来生物降解地膜材料的研究方向。

表1-8 ECOPOND® D300 F20 产品典型性能

性能	检测标准	测试条件	单位	指标
材料性能				
熔体流动速率	ISO 1133	190℃, 2.16 kg	g/10min	2.0~9.0
密度	ISO 1183	23℃；50%RH	g/cm3	1.22~1.29
膜材性能	厚度 12 μm			
纵向拉伸强度	ISO 527	23℃；50%RH	MPa	≥ 20
横向拉伸强度	ISO 527	23℃；50%RH	MPa	≥ 10
纵向断裂伸长率	ISO 527	23℃；50%RH	%	≥ 200
横向断裂伸长率	ISO 527	23℃；50%RH	%	≥ 300
纵向撕裂强度	ISO 6383-2	23℃；50%RH	mN	≥ 300
纵向撕裂强度	ISO 6383-2	23℃；50%RH	mN	≥ 1300
落镖	ISO 7765-1	23℃；50%RH	g	≥ 110
透光率	ASTM D 1003	单层	%	≥ 85
水蒸气透过率	ASTM E 96	40℃, 60%RH	g/(m²·d)	≤ 500

1.2.3.4 生物降解快递包装袋

2016年开始，为了减少“白色污染”，京东推出了全降解塑料包装袋。2017在双十一物流启动会上，菜鸟网络表示将与合作伙伴、商家一起，在全球启用20个“绿仓”。这些绿色仓库使用的都是免胶带的快递箱和100%降解的快递袋。为了响应快递行业的绿色环保措施，金发科技开发的 ECOPOND® D300 M20系列产品，以PBAT作为基础树脂，无机矿粉作为填料，产品同时具备较高的强度和热封性能，表1-9列出了该产品的典型性能。

表 1-9 ECOPOND® D300 M20 产品典型性能

性能	检测标准	测试条件	单位	性能
熔体流动速率	ISO 1133	190℃, 2.16 kg	g/10min	4.8
密度	ISO 1183	23℃	g/cm³	1.36
膜材性能	厚度 60 μm			
拉伸强度 纵向 / 横向	ISO 527	23℃	MPa	22/21
断裂伸长率 纵向 / 横向	ISO 527	23℃	%	600/700
撕裂强度 纵向 / 横向	DIN EN ISO 6383-2	23℃	mN	6825/7324
落镖	ASTM D 1709-04	23℃	g	420
直角撕裂力	QB/T 1130-1991	23℃	N	7.2
抗穿刺强度	GB/T 10004-2008	23℃	N	2.5

1.2.3.5 生物降解淋膜

随着低碳环保理念成为社会发展的主旋律，很多领域都在践行着低碳环保，包装材料领域尤其如此。淋膜纸作为一种新型包装材料，近年来的应用越来越广泛，如在化工类、食品类、纸类、生活类、药包类等一些其他地方都能用到淋膜纸。传统的淋膜纸以尼龙、PVDC、PE 等为材料，使用后材料无法降解，难以满足环保要求。

PBAT 具有较高的黏度，与纸张黏合性能好，已逐步应用在纸张淋膜领域。针对纸张淋膜应用，金发科技推出了 PBAT/PLA 共混复合生物降解材料 ECOPOND® L200 A80 系列产品，加工速度与 PE 材料接近，产品与纸张黏结强度高，性能媲美 PTT MCC 推出的 PBS 淋膜产品，表 1-10 列出了该产品的典型性能。

表 1-10 ECOPOND® L200 A80 产品典型性能

项目	测试标准	测试条件	单位	指标
拉伸强度	ISO527	23℃；50%RH	MPa	≥ 35
断裂伸长率	ISO527	23℃；50%RH	%	≥ 320
缺口冲击强度	ISO180	23℃；50%RH	kJ/m²	≥ 10
弯曲强度	ISO178	23℃；50%RH	MPa	≥ 45
弯曲模量	ISO178	23℃；50%RH	MPa	≥ 1800
熔体流动速率	ISO1133	23℃；50%RH	g/10min	8~15
密度	ISO 1183	23℃；50%RH	g/cm³	1.20~1.26

PBAT 作为生物降解主要产品，性能优异，应用广泛；并且其生物基单体 BDO 等已经开发成功，作为未来生物基降解塑料的主要代表，将会获得更多的应用。

1.2.3.6 一次性餐具

中国快递餐饮行业近几年发展迅速，根据美团 2020 年发布的《2019 年及 2020 年上半年中国外卖产业发展报告》显示，2019年中国即时订单行业规模为182.80亿单，同比增长32.90%，2014~2019年年均复合增速为73.28%。随着外卖用户的逐渐增加以及外卖订单覆盖范围的扩宽，外卖行业将维持高速发展，预计2021~2025年外卖订单年均增速将维持在15%的水平，对应2021~2025年外卖订单数量分别为252.26亿单、290.10亿单、333.62亿单、383.66亿单、441.21亿单。结合上述外卖单数的计算，预计2021~2025年外卖餐具行业塑料消耗量将分别达到140.01万吨、161.01万吨、185.16万吨、212.93万吨、244.87万吨。

外卖餐具涉及的塑料制品主要包括餐盒、勺子、吸管等，这些制品除了对强度和耐热性能有一定要求外，通常还需要满足一定的韧性。PBAT韧性高，与PLA、PBS相容性好，通常作为PLA、PBS复合材料的增韧剂，提高材料的韧性。金发科技开发的ECOPOND® G800 M30系列产品，以PLA、PBS作为基础树脂，以PBAT作为增韧剂，产品同时具备较高的耐热性能和弯曲性能，表1-11列出了该产品的典型性能。

表1-11 ECOPOND® G800 M30产品典型性能

项目	测试标准	测试条件	单位	指标
拉伸强度	ISO527	23℃；50%RH	MPa	≥ 40
断裂伸长率	ISO527	23℃；50%RH	%	≥ 35
缺口冲击强度	ISO180	23℃；50%RH	kJ/m^2	≥ 7
弯曲强度	ISO178	23℃；50%RH	MPa	≥ 60
弯曲模量	ISO178	23℃；50%RH	MPa	≥ 2200
熔体流动速率	ISO1133	23℃；50%RH	g/10min	16~22
密度	ISO 1183	23℃；50%RH	g/cm^3	1.20~1.29

参考文献

[1] NIELSEN T D, HOLMBERG K, STRIPPLE J. Need a bag? A review of public policies on plastic carrier bags—Where, how and to what effect?[J]. Waste Management, 2019, 87:428-440.

[2] 刁晓倩, 翁云宣, 宋鑫宇, 等. 国内外生物降解塑料产业发展现状 [J]. 中国塑料, 2020, 34(5):123-135.

[3] 张维, 季君晖, 赵剑, 等. 生物质基聚丁二酸丁二醇酯 (PBS) 应用研究进展 [J]. 化工新型材料, 2010, 38(7): 1-5.

[4] PARK S S, JUN H W, IM S S. Kinetics of forming poly(butylene succinate) (PBS) oligomer in the presence of MBTO catalyst[J]. Polymer Engineering and Science, 1998, 36(6): 905-931.

[5] 罗胜利. 生物可降解 PBST 纤维的制备及结构性能研究 [D]. 上海: 东华大学, 2010.

[6] 郭宝华, 丁慧鸽, 徐晓琳, 等. 生物可降解共聚物聚丁二酸 / 对苯二甲酸丁二醇酯 (PBST) 的序列结构及结晶性研究 [J]. 高等学校化学学报, 2003, 24(12): 2312-2316.

[7] 李发学. 成纤用生物降解性聚丁二酸丁二醇 - 共 - 对苯二甲酸丁二醇酯 (PBST) 的合成及结构性能研究 [D]. 上海: 东华大学, 2006.

[8] 王颖. 基于直接酯化法制备 PBST 共聚酯及其结构性能研究 [D]. 上海: 东华大学, 2010.

[9] 黄险波, 王伟伟, 曾祥斌. 生物基降解塑料行业现状 [J]. 生物产业技术, 2017(6): 86-91.

[10] 谭天伟 , 苏海佳 , 杨晶 . 生物基材料产业化进展 [J]. 中国材料进展 , 2012, 31(2): 1-6.

[11] 虞小三 , 王鸣义 . 生物基芳香族聚酯的工业化技术及产品应用前景 [J]. 石油化工技术与经济 , 2019, 35(3): 57-61.

[12] 于建荣 , 王跃 , 毛开云 . 生物基产品发展现状及前景分析 [J]. 生物产业技术 , 2017, 4: 7-15.

[13] 甄光明 . 乳酸及聚乳酸的工业发展及市场前景 [J]. 生物产业技术 , 2015, 1: 42-52.

[14] 陈国强 , 王颖 . 中国"生物基材料"研究和产业化进展 [J]. 生物工程学报 , 2015, 31(6): 955-967.

[15] 朱孝恒 , 陈伟 , 祝桂香 , 等 . 稀土 - 钛催化剂上制备的聚 (对苯二甲酸丁二醇酯 -*co*- 丁二酸丁二醇酯) 的结构与性能 [J]. 石油化工 , 2007, 36(3): 293-297.

[16] 马一萍 , 张乃文 , 杨军伟 , 等 . PBAT 的制备与性能 [J]. 塑料 , 2010, 39(4): 98-101.

[17] 苑仁旭 , 徐依斌 , 麦堪成 . 生物降解 PBAT 的合成与表征 [J]. 化工新型材料 , 2012, 40(12): 85-87.

[18] HERRERA R, FRANCO L, RODRIGUEZ A, et al. Characterization and degradation behavior of poly(butylene adipate-*co*-terephthalate)s [J]. Journal of Polymer Science: PartA: Polymer Chemistry, 2010, 40(23): 4141-4157.

[19] BIUNDO A, HROMIC A, PAVKOVKELLER T, et al. Characterization of a poly(butylene adipate-*co*-terephethalate)-hydrolyzing lipase from pelosinus fermentans[J]. Applied Microbiology and Biotechnology, 2015, 96(13): 22-25.

[20] 赵凌云 . 中国生物降解塑料 PBAT 产业化现状与建议 [J]. 聚酯工业 , 2018, 31(5): 9-11.

[21] 卢淦 , 宋佳奇 , 聂羽慧 , 等 . PBAT/ 玉米淀粉增塑改性及可降解性能研究 [J]. 合成材料老化与应用 , 2022, 51(2): 36-38.

[22] 蒋晓威 , 李宗男 , 胡蝶 , 等 . 淀粉含量对 PBAT 复合材料性能的影响 [J]. 山东化工 , 2022 51(7): 26-32.

[23] 周耀文 , 秦增增 , 姚利 . PBAT /$CaCO_3$ 复合材料力学性能的研究 [J]. 盐科学与化工 , 2022, 51(8): 24-26.

[24] 王雪盼 , 李乃祥 , 潘小虎 , 等 . 碳酸钙含量对 PBAT 薄膜性能的影响 [J]. 合成技术及应用 , 2022, 37(1): 12-15.

[25] 孙静 , 黄安荣 , 罗珊珊 , 等 . 扩链剂对 PBAT/Talc 复合材料性能影响研究 [J]. 塑料科技 , 2021, 49(8): 1-6.

[26] 李博 , 李娟 , 周万维 , 等 . 碳酸钙对 PBAT/PLA 复合材料性能的影响 [J]. 工程塑料应用, 2022, 50(3): 136-140.

[27] 杜华 , 葛晨童 , 江晓芬 , 等 . PLA/PBAT 质量配比对 PLA/PBAT/$CaCO_3$ 共混体系的影响 [J]. 山东化工 , 2021, 50(17): 46-52.

[28] 张双双 , 李仁海 , 高甲 , 等 . PBAT 合成方法及其应用的研究现状 [J]. 现代塑料加工应用 , 2018, 30(5): 59-63.

[29] 郭佳 , 张爽 , 黎万丽 . 生物降解树脂 PBAT 地膜应用的研究 [J]. 聚酯工业 , 2021,34(4): 17-20.

[30] 苏海英 , 宝哲 , 刘勤 , 等 . 新疆加工番茄应用 PBAT 生物降解地膜可行性 [J]. 农业资源与环境学报 , 2020, 37(40): 615-622.

[31] 张婷 , 张彩丽 , 宋鑫宇 , 等 . PBAT 薄膜的制备及应用研究进展 [J]. 中国塑料 , 2021, 35(7): 115-125.

[32] 王洋样 , 钱玉娇 , 刘孟禹 , 等 . PBAT/PCL 环保包装袋在樱桃番茄保鲜中的应用 [J]. 包装与食品机械 , 2021, 39(4): 24-30.

[33] 阳范文 , 陈海莲 , 宋佳奇 . PBAT 基 3D 打印材料制备及其在上肢固定器中应用 [J]. 工程塑料应用 , 2021, 49(8): 25-30.

第 2 章

PBAT 树脂合成原料

1, 4- 丁二醇（BDO）、对苯二甲酸（PTA）、己二酸（AA）是合成 PBAT 的主要单体，PBAT 兼具 PBA 和 PBT 的优良特性，既有较好的延展性和断裂伸长率，也有较好的耐热性和抗冲击性能。在 PBAT 合成过程中，除了单体外，通常还会使用催化剂、热稳定剂、支化剂、扩链剂等添加剂。

2.1 丁二醇（BDO）

1,4- 丁二醇（1,4-butanediol，BDO），别名 1,4- 二羟基丁烷、1,4- 亚丁基二醇，分子式为 $C_4H_{10}O_2$，分子结构如图 2-1 所示，分子量是 90.12。BDO 是一种重要的有机化工和精细化工原料，主要用于生产聚对苯二甲酸丁二醇酯（PBT）、聚四亚甲基乙二醇醚（PTMEG）、聚氨酯（PU）、PBAT、PBS 等下游产品 [1-4]。近年来，在国家禁 / 限塑政策的大力推动下，BDO 作为生物降解塑料的重要原料，迎来了新的发展机遇 [5,6]。

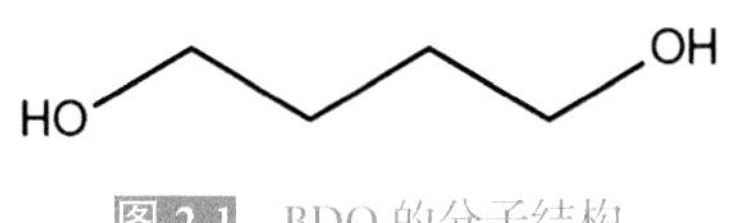

图 2-1 BDO 的分子结构

2.1.1 BDO 的理化性质

2.1.1.1 BDO 的物理性质

BDO 在常温常压下呈无色至淡黄色，是有轻微刺激性气味的油状黏性物质。BDO 的熔点为 20.2℃，沸点为 228℃，相对密度为 1.017，折射率为 1.4460。BDO 具有很强的吸湿性，可与水互溶，易溶于甲醇、酒精、丙酮、乙二醇等，微溶于乙醚，几乎不溶于脂肪烃、芳香烃和氯代烃等溶剂。其主要物理性质如表 2-1。

表 2-1 BDO 的主要物理性质

性质	数值
熔点 /℃	20.2
沸点 /℃	228（101.3 kPa），171（13.3 kPa），123（1.33 kPa），86（0.133 kPa）
密度 /(g/mL)	1.017（20 ℃），1.015（25 ℃）
黏度 /(mPa·s)	91.56（20 ℃），71.5（25 ℃）
折射率	1.4460（20 ℃），1.4446（25 ℃）
开口闪点 /℃	121
临界压力 /bar*	41.2
临界温度 /℃	446
蒸气压 /kPa	0.031（60 ℃），0.43（100 ℃），4.08（140 ℃），21.08（180 ℃），41.5（200 ℃），
燃烧热 /(kJ/mol)	2585
介电常数	31.4（20 ℃）
表面张力 /(mN/m)	44.6（20 ℃）

* 1 bar= 100 kPa

2.1.1.2 BDO 的化学性质

BDO 的分子结构为饱和碳四（C_4）直链二元醇，具有直链二元醇的一般通性，其化学性质主要由位于碳链两端的两个伯羟基决定。

（1）BDO 具有可燃性，能发生氧化反应。例如采用 V_2O_5 作为催化剂，经气相催化氧化可以转化为顺丁烯二酸酐，在水溶液中液相催化氧化可以转化为丁二酸（SA）。

$$\mathrm{HO(CH_2)_4OH} + O_2 \xrightarrow[V_2O_5]{\text{气相}} \text{(顺丁烯二酸酐)} + H_2O$$

$$\mathrm{HO(CH_2)_4OH} + O_2 \xrightarrow[V_2O_5]{\text{液相}} \mathrm{HOOC(CH_2)_2COOH} + H_2O$$

（2）BDO 在高温和酸性催化剂存在条件下，易脱水环化形成四氢呋喃（THF），或脱去两分子水形成 1,3- 丁二烯：

$$\mathrm{HO(CH_2)_4OH} \xrightarrow[\text{催化剂}]{\text{高温}} \text{(四氢呋喃)} + H_2O$$

HO　OH　$\xrightarrow[\text{催化剂}]{\text{高温}}$　+ $2H_2O$

（3）BDO 在 Cu-Zn-Al 等催化剂存在条件下，能脱氢生成重要衍生物 1,4- 丁内酯，别名 *γ*- 丁内酯（GBL）：

HO　OH　$\longrightarrow$　O　O　+ $2H_2$

（4）BDO 在高温、Ni 或 Co 催化剂和氢气存在条件下，能与氨或胺反应生成吡咯烷或其衍生物。例如 BDO 与甲胺反应合成 *N*- 甲基吡咯烷：

HO　OH　+ CH_3NH_2 $\longrightarrow$　N—CH_3 + $2H_2O$

（5）BDO 与羧酸能进行酯化反应生成酯，与二元羧酸也能发生缩聚反应生成聚酯。例如 BDO 与对苯二甲酸在高温环境下缩聚，制备热塑性聚酯的聚对苯二甲酸丁二酯（PBT）：

n HO　OH + *n* HOOC—　—COOH $\longrightarrow$

$\left[\overset{O}{\overset{\|}{C}} — \text{C}_6\text{H}_4 — \overset{O}{\overset{\|}{C}} — O — (CH_2)_4 — O \right]_n$

（6）BDO 与异氰酸酯能发生加聚反应生成聚氨酯（PU）：

n HO　OH　+　*n* NCO—R—NCO $\longrightarrow$

$\left[\overset{O}{\overset{\|}{C}} — NH — R — NH — \overset{O}{\overset{\|}{C}} — O — (CH_2)_4 — O \right]_n$

除以上外，BDO 在酸性催化剂存在下能与硫化氢反应生成四氢噻吩；在汞盐催化剂作用下能与乙炔、醛或醛的衍生物反应生成缩醛；在羰基镍催化剂存在下能与一氧化碳发生加成反应生成己二酸。BDO 的化学性质构成了其一系列衍生物生产和应用的基础。

2.1.2 BDO 的合成工艺

目前已工业化应用的 BDO 合成工艺主要有炔醛法、顺酐法、烯丙醇法、丁二烯法和生物基法五种[7,8]。

2.1.2.1 炔醛法

炔醛法又名 Reppe 法，是生产 BDO 的主要技术。20 世纪 40 年代，炔醛法由德国 Farben 集团（BASF 的前身）的 W. Reppe 等人所发明，并由 BASF 最早用于 BDO 的放大产业化生产，初始生产规模为 5000 吨 / 年。目前炔醛法的生产规模占 BDO 总生产规模的 71.4%，技术专利商主要包括德国 BASF、美国 DuPont、美国 INVISTA、美国 ISP 和山西三维等。炔醛法生产工艺最初为传统炔醛法，逐渐发展为一系列改良炔醛法。

1）传统炔醛法

炔醛法最早的工业化生产装置在德国建立，是以甲醛与乙炔为原料，在 0.2~0.6 MPa 压力、60~90℃温度下，催化加成得到 1,4- 丁炔二醇（催化剂为负载于二氧化硅、氧化铝等载体上的氧化铜）；而 1,4- 丁炔二醇在 30 MPa 压力、70~140℃温度下，加氢得到 BDO（催化剂为负载于二氧化硅载体上的金属镍、铜、镁）。

因乙炔在较高的分压下稳定性差，易发生爆燃或爆炸，传统法工艺路线对产业化反应设备质量的要求极高，相关反应装置设计的安全系数超过 12 倍，从而造成反应设备笨重且造价高昂。另外，炔类易聚集形成聚合物，这样不仅会使催化剂失活，还会阻塞管线，缩短运行周期，降低产能。传统炔醛法在 20 世纪 50 年代后很快被一系列经过改良的炔醛法取代。

2）改良炔醛法

20 世纪 50 年代以后，BASF、GAF（现为 ISP）、DuPont、Linde & SK 等全球主要 BDO 生产企业都相继在原有工艺基础上进行了改良，逐渐形成了三种改良的炔醛法工艺技术，分别为 GAF 工艺、BASF 工艺和 DuPont 工艺。BASF 和 DuPont 公司所采用的都是悬浮床制造技术，而 GAF 公司所采用的是淤浆床制造技术，这两种技术最大区别就是反应催化剂与产物的分离方法不同。BASF 和 DuPont 两家公司工艺流程中产物和催化剂是在反应器内进行分离，而 GAF 公司工艺流程中的产物和催化剂是共同流出反应器后在外部进行分离。由于改良炔醛法具有固定资产投资费用低、设备安全可靠性好、产品线运行周期长的优点，目前全球的 BDO 生产厂家主要采用改良炔醛法。

炔醛法制 BDO 的主要原料为甲醛和乙炔，其中甲醛主要用甲醇经过氧化反应得到，而乙炔则一般通过两种工艺路线获得：一种是电石乙炔法，使用碳化钙与水发生反应制备乙炔；另一种是采用天然气乙炔法。因此，炔醛法按照其使用原料的区别，可分为电石炔醛法和天然气炔醛法。

电石炔醛法使用电石作为原料，是 BDO 的传统生产工艺（图 2-2），目前占中国 BDO 总产量 80% 以上。中国电石资源主要分布在新疆、内蒙古、陕西、宁夏，电石路线的成本优势是此法全面占据市场的主要原因。然而，制备电石属于"高污染、高能耗、高碳排放"的产业，一般配套兰炭、石灰窑、电厂，产生的电石渣需要和水泥厂结合，以综合利用。在能耗双控及双碳政策背景下，此路线新增产能将受到严控。2021 年 10 月 18 日，中国国家发改委发布《石化化工重点行业严格能效约束推动节能降碳行动方案（2021~2025 年）》的文件，要求引导落后产能有序退出，对新增的电石项目逐步进行产能等量或减量替代；推动年产 10 万吨及以下的电石生产装置尽快退出，进一步强化对闲置产能、僵尸产能的处置力度。

图 2-2　电石炔醛法工艺路线

天然气原料路线相对电石路线更加环保清洁（图 2-3）。但是，在 2007 年国家出台的《天然气利用政策》文件中，明确将天然气制乙炔的石化项目归为"限制类"，审批的难度限制了推广。虽然天然气相较于电石路线污染低、能耗低、碳排放低，经济性也不错，但由于国内天然气资源相对贫乏，天然气供应需要优先用于供能，未来天然气炔醛法扩产空间有限。四川天华的 10 万吨 / 年 BDO 装置以及万华化学在四川眉山投产的 10 万吨 / 年 BDO 装置，均采用天然气炔醛法制备。

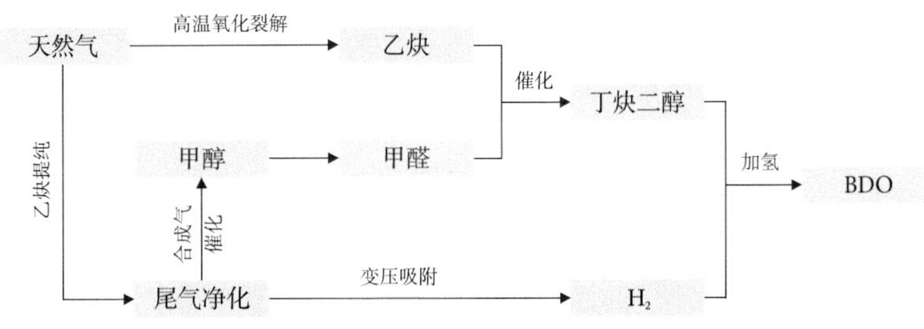

图 2-3　天然气炔醛法工艺路线

2.1.2.2　顺酐法

顺酐，即顺丁烯二酸酐，俗称马来酸酐，可由丁烷、丁烯或苯来制备。20 世纪 80 年代以后，随着采用苯和正丁烷生产顺酐工艺技术的快速发展，马来酸酐生产成本显著下降，顺酐法制 BDO 工艺也得到了迅速发展。顺酐法工艺按照合成工艺步骤可分为直接加氢法和酯化加氢法。

1）直接加氢法

该方法在顺酐直接加氢过程（多数采用液相加氢）中除了生成 BDO 以外，还会有四氢呋喃（THF）和 γ- 丁内酯（GBL）产品生成（图 2-4），通过调整催化剂、温度、压力、空速等条件，可以得到所需的产品组成。直接加氢法的技术专利商主要包括日本三菱化成、英国 BP 和德国 Lurgi。

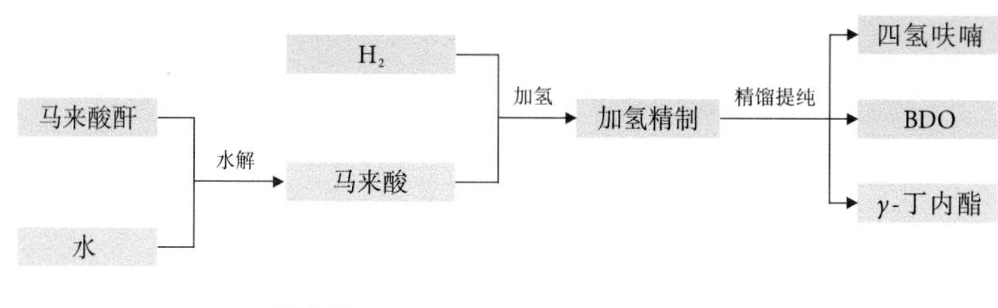

图 2-4　顺酐直接加氢工艺路线

日本三菱化成直接加氢法工艺路线为：采用 Ni- 稀土金属为催化剂，在液相中马来酸酐和氢气进行反应先得到 THF 和 GBL；GBL 在催化剂 Cu-Cr 和 K20 的催化下与氢气发生反应生成 BDO。

德国 Lurgi 与英国 BP 共同研究发明的方法也属于顺酐直接加氢法。该方法以 C_4 为原料生产 BDO，整个生产过程可以分为三步：第一步是采用 C_4 生产出顺酐的水溶液；第二步是顺酐分一步或两步加氢生产 BDO；第三步是产品的精馏分离。该工艺路线生产过程中顺酐水溶液不需要进行脱水，也不需要进行酯化反应，使得生产流程大大简化，装置投资成本较低，生产操作更容易。然而，该技术虽然优点较多，但实际并未建成工业化装置。

2）酯化加氢法

直接加氢法生产工艺要求苛刻，不易控制，而酯化加氢法工艺产品质量高、工程投资低、污染物排放少、技术成熟。酯化加氢法的技术专利商主要包括英国 Davy 和意大利 Conser。

顺酐酯化后再加氢的生产工艺开发者为英国 Davy 公司，因此该方法又称 Davy 法，该方法的加氢过程主要采用纳米铜基类催化剂，以氧化铝或二氧化硅等为填料，可以液相加氢也可以气相加氢，反应工艺控制条件比直接加氢法容易控制。酯化加氢法的工艺路线可分为四个步骤，第一步是顺酐与乙醇在不需要催化剂的条件下进行酯化反应生成马来酸单乙酯；第二步是马来酸单乙酯和乙醇在离子交换树脂催化剂催化作用下进一步酯化生成马来酸二乙酯；第三步为马来酸二乙酯在低压下通过加氢反应生成丁二酸二乙酯，再在高压下继续加氢反应生成 BDO 粗产品；第四步为 BDO 粗产品的精馏分离。

Davy 公司在原来工艺技术的基础上，采用甲醇替代乙醇和顺酐酯化后加氢的工艺路线（图 2-5）。采用甲醇替代乙醇后，产品的生产成本降低，在酯化工艺过程甲醇、酯化水等杂质更容易分离，同时因为马来酸二甲酯沸点较马来酸二乙酯低，因此该改进还增加了酯化产物的挥发度，使得酯化产物进行气相加氢过程中工艺条件控制范围更广；另外采用甲醇替代乙醇后，酯化率超过 99.7%，减少了采用乙醇生产马来酸二乙酯过程需要提纯的过程，减少了未完全酯化的原料分离循环的过程，仅将甲醇进行精馏提纯循环，简化了生产过程，同时使得整体装置的投资大幅度降低。

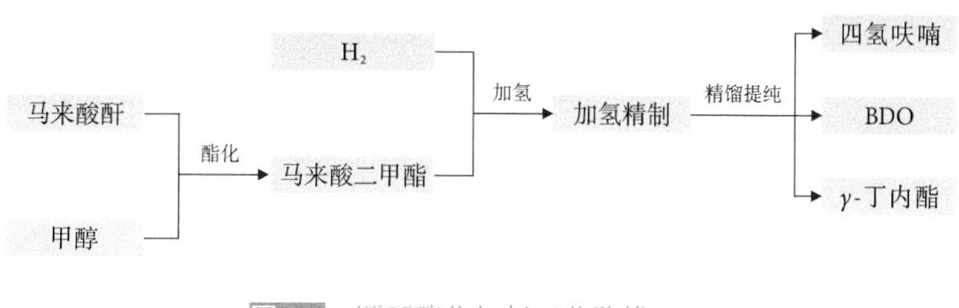

图 2-5　顺酐酯化加氢工艺路线

2.1.2.3　烯丙醇法

烯丙醇法也称环氧丙烷法（图 2-6），由日本的可乐丽公司首先开发成功，之后和美国 Lyondell 化学公司合作完成产业化。该法合成过程可分为四个步骤：第一步为采用环氧丙烷进行异构化反应生成烯丙醇；第二步是采用芳烃类为溶剂，在三苯基膦配体和铑系催化剂的催化下（反应温度 50~80℃），烯丙醇进行液相氢甲酰化反应生成 4- 羟基丁醛溶液；第三步是在 Raney-Ni 催化剂作用下，4- 羟基丁醛溶液通过加氢得到 BDO 粗产品；第四步是 BDO 粗产品的精馏提纯。该法工艺路线生产过程简单，所产生的副产物也有较好的利用价值，对环境的影响较小，产品收率高，并且其催化剂能够循环多次使用，催化寿命较长，能源消耗较低。烯丙醇的氢甲酰化反应和 4- 羟基丁醛的加氢反应都是在液相中进行，工艺条件较为温和，生产负荷可调节性高。

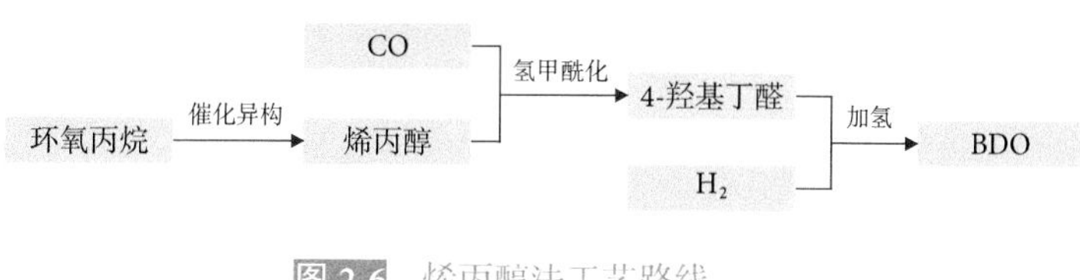

图 2-6　烯丙醇法工艺路线

目前，烯丙醇法生产技术是仅次于炔醛法和顺酐法的第三大 BDO 生产工艺，在丙烯资源丰富的地区具有极强的产品竞争力。目前只有我国台湾大连化学采用此方法；其技术与美国 Lyondell 相似，以丙烯、醋酸、氧气、一氧化碳、氢气为原料合成 BDO。台湾大连化学拥有 70 万吨 / 年的烯丙醇法 BDO 产能，其中在江苏省仪征市建成了 5 万吨 / 年烯丙醇法 BDO 装置。

2.1.2.4 丁二烯法

丁二烯法制备 BDO 的工艺以丁二烯为原料，已经工业化的生产装置有丁二烯乙酰氧基化法（图 2-7）和丁二烯氯化法。

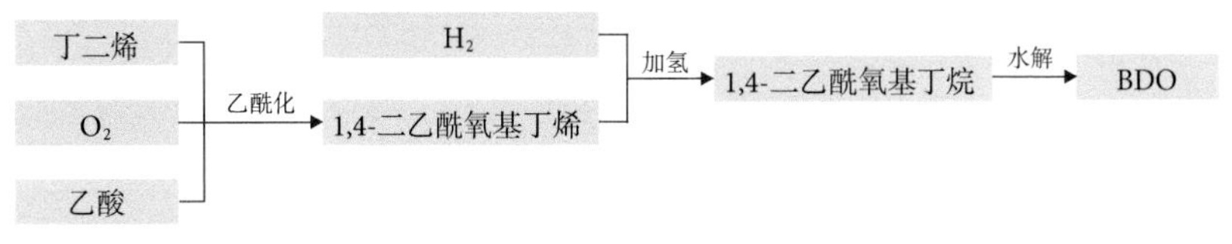

图 2-7 丁二烯乙酰氧基化法工艺路线

丁二烯法是采用丁二烯为原料生产 BDO 的方法，目前已经实现产业化的方法可分为丁二烯乙酰氧基化法和丁二烯氯化法。日本三菱油化和日本三菱化成在 20 世纪 70 年代将该方法开发成功并实现产业化生产。

丁二烯乙酰氧基化法的生产工艺可分为四个步骤：第一，丁二烯、乙酸与氧气三者发生乙酰化反应，生成 1,4- 二乙酰氧基丁烯；第二，在催化剂作用下 1,4- 二乙酰氧基丁烯进行加氢反应得到 1,4- 二乙酰氧基丁烷；第三，将 1,4- 二乙酰氧基丁烷进行水解得到 BDO 粗产品；第四，BDO 粗产品经过精馏提纯得到 BDO。该工艺方法的原料廉价易得，工艺安全性高，技术成熟，污染性小，副产品 THF 也可直接制得，生产过程能耗低，产物 BDO 和 THF 的比例可随意调节。但是该工艺生产过程复杂，设备投资较大，综合经济价值小，不利于大规模工业化生产。另外，丁二烯氯化法的工业应用不多，主要是因为该工艺流程长，且需消耗大量氯气，原料来源受限及配套设施较为困难，经济效益不高。

由于以上两种工艺的原料——丁二烯属于易燃物质，且在常温下为气态，运输成本高，通常需要在产生丁二烯或 C_4 的大型石化企业附近建厂，难以实现远距离建厂。此外，丁二烯价格受国际油价影响，往往大起大落，因此丁二烯法制备 BDO 的工艺受限较多。

2.1.2.5 生物基法

生物基法即利用生物质来制取 BDO，目前主要有三种方法，分别为葡萄糖直接发酵法、间接利用丁二酸加氢法和聚 (4- 羟基丁酸) 热解法，其中葡萄糖直接发酵法和间接利用丁二酸加氢法已实现工业化生产 [9]。

1）葡萄糖直接发酵法

葡萄糖直接发酵法，是指采用生物质的葡萄糖作为主要原料，通过编辑改造后的大肠杆菌进行催化作用，直接发酵生产出 BDO（图 2-8）。制备流程大致包含发酵和分离提纯两个单元。发酵单元生成过程可分为 4 个步骤进行，分别为培养基接种、发酵罐灭菌、发酵罐接种和发酵。反应条件为：大肠杆菌采用葡萄糖水和基因（60%）进行改造，在反应器中控制料液的 pH 值在 6.5~7.5 范围内，搅拌，温度维持在 35~37℃一定时间，90% 左右的葡萄糖可以转化为 BDO，碳效率达到 0.45 g BDO/g 葡萄糖。反应终止后，培养基中的物料需要进行分离提纯：利用超滤、离心、离子交换、蒸馏分离的方法对产物进行回收和提纯[10,11]。

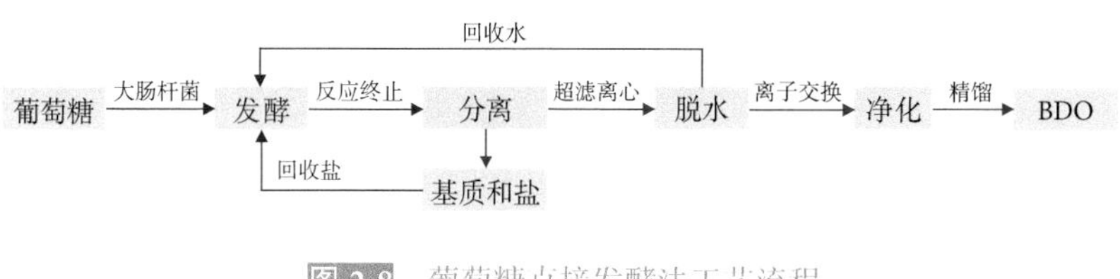

图 2-8　葡萄糖直接发酵法工艺流程

葡萄糖直接发酵法合成 BDO 的技术是由美国 Genomatica 公司首先开发的，在 2012 年进行放大中试验证，该技术被授权给意大利 Novamont、德国 BASF 等多家公司。欧美和日本公司在美国 Genomatica 公司的授权技术基础之上进行优化改进，使其在生物法合成 BDO 的技术研究和产业化方面逐渐成熟。意大利 Novamont 公司已经建成葡萄糖直接发酵法生产 BDO 的工业化装置，美国 Cargill 和德国 Helm 合资成立的 Qore 公司投资 3 亿美元正在建设葡萄糖直接发酵法生产 BDO 的工业化装置，预计 2024 年建成投产。葡萄糖直接发酵法合成 BDO 的生产过程操作简单，所需要的能耗比炔醛法减少了 60%，二氧化碳排放量减少了 70%[12,13]。

2）间接利用丁二酸加氢法

间接利用丁二酸加氢法生产过程分为两部分进行，第一部分是生物发酵，第二部分为化学有机合成（图 2-9）。第一部分利用葡萄糖发酵制备得到生物基丁二酸；第二部分生物基的丁二酸与甲醇在阳离子树脂的催化下发生酯化反应生成丁二酸单甲酯，丁二酸单甲酯在阳离子树脂的催化下进一步与甲醇发生酯化反应生成丁二酸二甲酯，丁二酸二甲酯在铜基催化剂的存在下发生加氢反应生成 BDO。

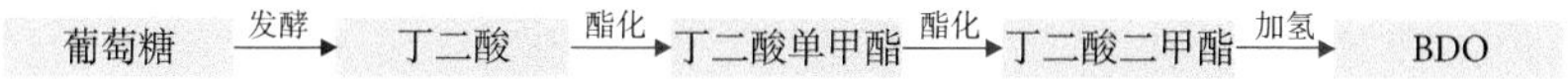

葡萄糖 —发酵→ 丁二酸 —酯化→ 丁二酸单甲酯 —酯化→ 丁二酸二甲酯 —加氢→ BDO

图 2-9　间接利用丁二酸加氢法工艺流程

3）聚 (4- 羟基丁酸) 热解法

聚 (4- 羟基丁酸) 是 PHA 的一种，其热解法生产 BDO 的过程主要包含三个阶段，首先将葡萄糖或其他可再生原料通过特定基因重组编辑的微生物发酵产生聚 (4- 羟基丁酸)，然后将含有聚 (4- 羟基丁酸) 的生物质与催化剂一起受控地加热分解，形成 γ- 丁内酯，最后将分离得到的 γ- 丁内酯催化加氢制得 BDO（图 2-10）。

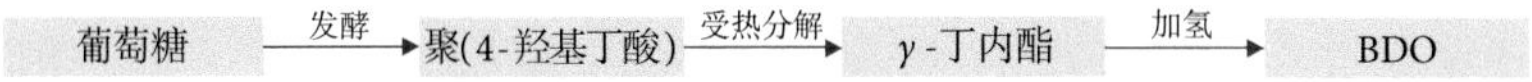

葡萄糖 —发酵→ 聚(4-羟基丁酸) —受热分解→ γ-丁内酯 —加氢→ BDO

图 2-10 聚（4-羟基丁酸）热解法工艺流程

2.1.2.6 不同合成工艺技术的比较和发展

BDO 不同合成工艺技术比较列于表 2-2。在全球 BDO 生产工艺中，炔醛法约占 71.4%、烯丙醇法约占 16.1%、顺酐法约占 8.3%、丁二烯法约占 3.4%、生物基法约占 0.8%。而中国 BDO 生产工艺中，炔醛法约占 93%、烯丙醇法约占 7%。可以看到，工业化生产 BDO 的企业基本以炔醛法合成工艺为主，特别是在中国国内。另外，由于近年来 BDO 价格波动较大，积极拓展和开发其他工艺，因地制宜进行技术开发、技术积累是较好的发展方向。相较而言，炔醛法、顺酐法等石油基法已经进入成熟期，而生物基法制备 BDO 的工艺方法目前正处于起步阶段，在全球碳达峰和碳中和背景下，未来的发展有很大的提升空间。

表 2-2 BDO 不同合成工艺技术比较

生产方法	专利公司	工艺过程	优点	缺点
炔醛法	德国 BASF 美国 Invista 美国 ISP	乙炔甲醛催化合成丁炔二醇，再经两段催化加氢得 BDO	1. 工艺成熟可靠 2. 流程短、收率高 3. 副产少，催化剂廉价、寿命长 4. 建设投资较低	乙炔处理和合成催化剂过程风险大
丁二烯乙酰氧化法	日本三菱化成	丁二烯、醋酸与空气催化氧化，发生乙酰氧基化反应生成 1,4-二乙酰氧基 -2- 丁烯，再经催化剂加氢和水解生成 BDO	1. 原料来源丰富 2. 操作条件温和 3. 中间品和终产品的收率高	1. 一步反应触媒寿命短 2. 水解回收醋酸的蒸汽耗量大 3. 投资成本高
丁二烯氯化法	日本东洋曹达	丁二烯氯化生产 1,4- 二氯丁烯，再水解催化加氢制得 BDO	1. 可与氯丁橡胶联产 2. 原料成本低、来源丰富 3. 工艺简单、产品纯度高	需要配套烧碱装置
顺丁烯二酸酐加氢法	英国 Davy Meck	丁烷氧化制得顺酐，再经醋酸酯化、低压加氢制得 BDO，联产四氢呋喃和 γ- 丁内酯	可按需调整联产产品产量，三废量少	1. 生产工艺流程复杂 2. 建设投资高 3. 成本受原料顺酐的影响大
烯丙醇氢甲醛法	美国 ARCO 日本可乐丽	以丙烯为原料，经烯丙醇和羰基生产 BDO	1. 投资较低 2. 催化剂可长期使用 3. 蒸汽有效利用率高	副反应多，产品收率低
生物基法	美国 Genomatica 美国 Myriant	糖类直接发酵或发酵丁二酸加氢	1. 反应条件较为温和 2. 原料为可再生资源	反应的转化率和产物的选择性相对较低

2.1.3　BDO 的下游应用

BDO 主要应用于生产 PTMEG、PBT 和 GBL（图 2-11）。这三大应用领域占 BDO 总消费量的 89% 左右，其中 PTMEG、PBT、GBL 分别约为 53%、21%、15%。近年来，BDO 在全球的消费量稳步增长，中国是最主要消费国[14]。

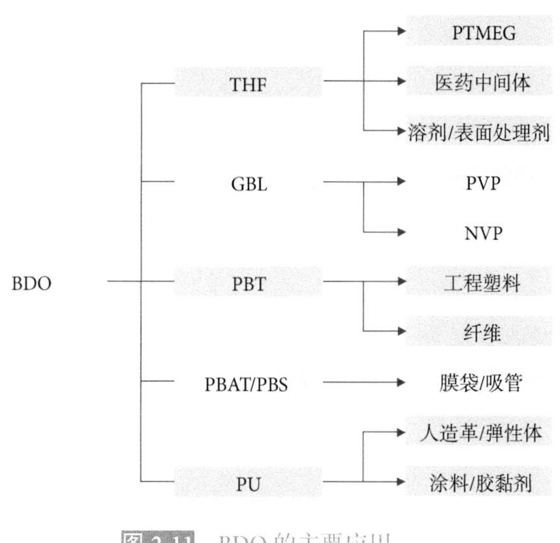

图 2-11　BDO 的主要应用

2.1.3.1　合成四氢呋喃及其衍生物

BDO 在阳离子树脂等催化剂的作用下，可以通过分子内脱水生成 THF。THF 作为一种重要的化工原料，是一种优异的溶剂，尤其适合于溶解丁苯胺、聚偏氯乙烯和 PVC 等，也普遍用于印刷油墨、防腐涂料、胶片带和薄膜涂料等的溶剂。

THF 可在阳离子催化下开环聚合合成聚四氢呋喃（聚四亚甲基醚二醇，PTMEG）。PTMEG 可以与对亚甲基双（4- 苯基）二异氰酸酯反应生成氨纶、特种橡胶；PTMEG、对苯二甲酸和 BDO 三者反应可得到聚醚聚酯弹性材料。

2.1.3.2　合成 GBL 及其衍生物

BDO 与氧化铜等催化剂一起加热，环化生成 GBL，利用 GBL 可以制成 NMP（*N*-甲基吡咯烷酮），是制作可循环使用的锂电池的重要材料之一。作为新能源的重要材料之一，在国家力推碳中和的背景下，相信未来的 GBL 合成也会是消耗 BDO 的大户之一。

2.1.3.3 合成树脂

BDO 可作为单体用于合成 PBT、PBS、PBAT、PU 等高分子材料。

PBT 是五大工程塑料之一，经过添加各种功能助剂进行挤出改性，可以得到各种具有特定性能的复合材料，如高耐热稳定性、阻燃性、电绝缘等性能的塑料材料，广泛用于汽车、家电、电子电器、飞机制造、通信等工业。

PBAT 属于热塑性生物降解塑料，是市面上用途最广和应用效果最好的生物降解塑料之一。BDO 是 PBAT 生产的主要原料，为摆脱上游原料“卡脖子”的窘境，目前多数投产 PBAT 的企业会顺带投产 BDO，打造 PBAT 生产的全产业链。

PBS 也属于热塑性生物降解塑料，其耐热性能较好，热变形温度和制品使用温度可以超过 100℃。

PU 制品包括软泡、硬泡、弹性体、鞋底料、合成革、纤维、胶黏剂、涂料等。软质的聚氨酯主要是具有热塑性的线型结构，它比 PVC 发泡材料有更好的稳定性、耐化学性、回弹性和力学性能，具有更小的压缩变型性，因此主要用于包装、隔音、过滤等材料。硬质的聚氨酯塑料具有质轻、隔音、隔热、耐有机溶剂、易加工等优点，广泛用于建材、交通运输、航空航天等领域。

2.1.4 BDO 的发展现状

BDO 最早在 20 世纪 30 年代实现工业化生产，中国 BDO 产业化在 20 世纪 90 年代才开始起步，当时国内的产业化装置规模都较小、技术发展滞后、质量波动较大，国内的需求主要依赖从国外进口。20 世纪末，由东营胜利油田化工有限责任公司引入了英国 Davy 顺酐酯化加氢工艺路线的 BDO 产业化装置投产，中国才真正实现了 BDO 的工业化生产。下游领域 THF 和 PTMEG 产品的快速成长，也促进了中国 BDO 市场的进一步增长。中国加入 WTO 后，与国外的技术贸易壁垒逐渐消退，在资本的推动下，中国 BDO 投资从此高歌猛进。2001 年，中国 BDO 自给率尚不足 20%。2010 年，随着新增产能的大量释放，自给率攀升至 75%。2012 年之后，中国 BDO 产能爆发式增长，截至 2013 年底，中国 BDO 产能约 126.6 万吨，其中顺酐法产能 42.5 万吨，炔醛法产能 80.5 万吨，烯丙醇法产能 3.6 万吨。但是内外部经济大环境不及预期，对 BDO 行业产生了巨大的冲击。顺酐法 BDO 产品质量较炔醛法好，但是在原材料和生产成本、技术稳定性方面处于明显劣势，中国国内顺酐法装置几乎全部被迫关停；炔醛法因为原料成本低、技术稳定性好等原因获得空前成长机遇，但也由此出现盲目扩张，而与此同时，由于 BDO 下游应用需求增速明显不如预期，因此，造成较为严重的产能过剩。

2020 年，全球 BDO 产能合计 378.4 万吨 / 年，产能占比情况：亚洲占 74%、欧洲占 14%、北美占 10%、中东占 2%。中国大陆 18 家生产企业总产能 220 万吨，其他分布在德国、沙特阿拉伯、日本、美国以及中国台湾地区。

数据显示，未来 5 年中国国内 BDO 工厂扩产和新增总产能将达到 1690 万吨以上，

2023 年将是投产高峰期，有约 130 万吨产能释放。如果这些产能能够实际建成，对 BDO 价格冲击会非常大，并且供应完全充足，甚至供大于求。

从供需环境上分析，全球 BDO 总产能在近些年持续增长，主要增长点来自于中国。随着中国 BDO 生产装置规模区域的大型化，资源同质性竞争愈发激烈，在产能不断扩张过程中，BDO 行业布局将会面临重构，并愈加合理。

2.2　对苯二甲酸（PTA）

对苯二甲酸（*p*-phthalic acid，PTA），别名 1,4- 苯二甲酸、松油苯二甲酸、对酞酸，其分子式为 $C_8H_6O_4$，结构如图 2-12 所示，分子量为 166.1。PTA 是重要的大宗有机化工原料之一，主要用于生产聚酯薄膜、聚酯瓶和涤纶长短丝等，广泛用于化学纤维、轻工、电子、建筑等领域。

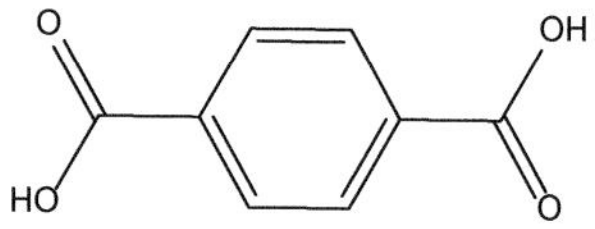

图 2-12　PTA 的分子结构

2.2.1　PTA 的理化性质

2.2.1.1　PTA 的物理性质

PTA 外观为白色晶体性粉末，经加热后不熔化，于 300℃以上升华；不溶于水、醚、乙酸、四氯化碳，微溶于乙醇中，能溶于碱液。若在密闭容器中加热，能在 427℃熔化。主要物理性质见表 2-3。

表 2-3　PTA 的主要物理性质

性质	数值
熔点 /℃	427（封闭管）
密度 /(g/cm³)	1.51
折射率	1.648
等张比容 (90.2 K)	331.5
摩尔体积 /(cm³/mol)	114.4
极化率 /(10⁻²⁴cm³)	15.90
表面张力 /(mN/m)	70.3

2.2.1.2 PTA 的化学性质

PTA 是芳香类二元羧酸，其化学性质主要由分子结构中的苯环、羧基决定。

1）酯化反应

例如 PTA 在酸的催化与加热条件下，与乙醇酯化生成对苯二甲酸乙二醇酯：

$$C_6H_4(COOH)_2 + CH_3CH_2OH \xrightarrow[\text{加热}]{H_2SO_4} C_6H_4(COOC_2H_5)_2 + 2H_2O$$

2）卤化反应

例如在 Lewis 酸催化剂和较高温度下与 CH_3Cl 卤代反应：

$$C_6H_4(COOH)_2 + CH_3Cl \xrightarrow[\text{高温}]{\text{催化剂}} C_6H_3Cl(COOH)_2 + CH_4$$

3）磺化反应

PTA 苯环中的氢能被硫酸分子里的磺酸基（$—SO_3H$）所取代，称为磺化反应，反应式如下：

$$C_6H_4(COOH)_2 + \text{浓}H_2SO_4 \xrightarrow{\text{高温}} C_6H_3(SO_3H)(COOH)_2$$

4）硝化反应

PTA 苯环中的氢也能被硝酸分子里的硝基（$—NO_2$）所取代，称为硝化反应，其反应原理主要是：硝酸的—OH 基被质子化，接着被脱水剂脱去一分子的水形成硝酰正离子中间体，最后和苯环发生亲电芳香取代反应，并脱去一分子的氢。反应式如下：

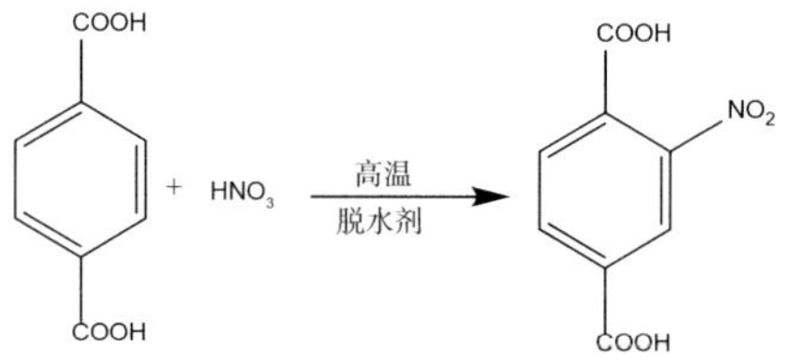

5）加氢反应

PTA 通过优化催化剂及工艺能选择加氢。例如 PTA 与 H_2 在 $RuSn/Al_2O_3$ 催化体系下，在反应温度为 180~ 320℃、压力为 5~10 MPa 条件下选择加氢生成对苯二甲醇[15]：

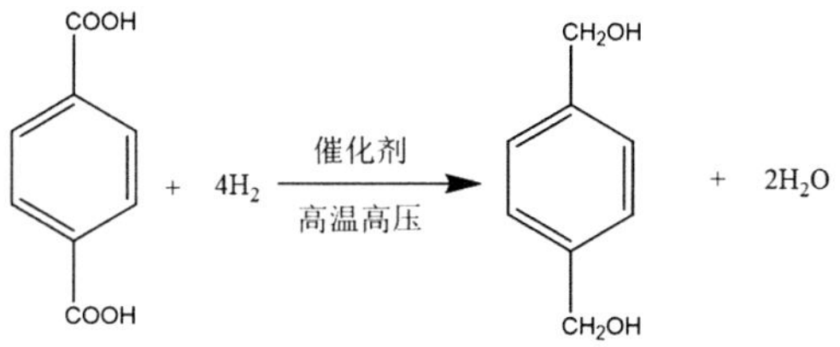

除以上外，PTA 在高温催化作用下还能与丁二醇、乙二醇等发生缩合反应，生成高聚物。该聚合物也被称为热塑性聚酯，广泛应用到人们的日常生活中，这也是 PTA 占比最大的下游应用，超过 90% 以上。PTA 的化学性质即构成了其一系列重要的化学反应以及衍生物，为下游产业的生产和应用的打下理论基础。

2.2.2 PTA 的合成工艺

PTA 最早在 19 世纪初被人们发现，而到 20 世纪中叶，英国帝国化学工业公司（ICI）发现了 PTA 为生产聚酯的主要原料之后，才开始被规模化生产。PTA 的合成经历了复杂的发展和研究过程，其历史可以一直追溯到 20 世纪 20 年代。第一个工业化的合成方法为硝酸氧化法，采用硝酸和高锰酸钾作为氧化剂。随着聚酯产业的蓬勃发展，人类已开发出从多种不同原材料入手、采用不同途径制造 PTA 的工艺。以原料的不同区分，主要有以下三种方法[16-20]。

2.2.2.1 对二甲苯（PX）液相氧化法

PX 液相氧化法是目前最经济、使用最广泛的生产方法，此法收率高，流程短。其反应过程为：在高温高压的反应条件下，使用醋酸为溶剂、PX 为原料，在 Co 与 Mn 为催化剂、Br 为促进剂的作用下，在反应器内和 O_2 发生一系列反应，生成粗 PTA，其反应简式如图 2-13 所示。

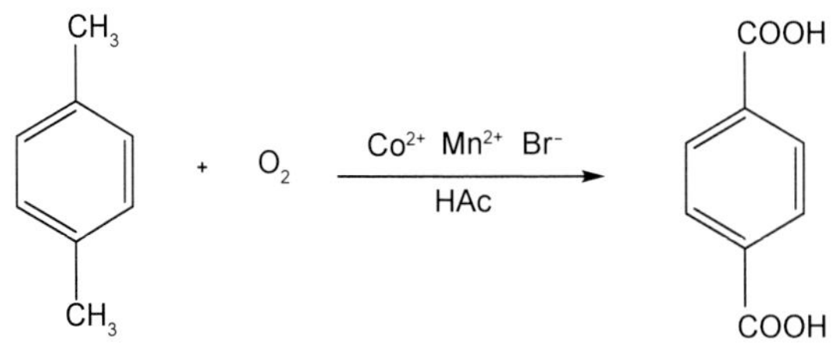

$$CH_3C_6H_4CH_3 + O_2 \xrightarrow[HAc]{Co^{2+}\ Mn^{2+}\ Br^-} HOOCC_6H_4COOH$$

图 2-13 PX（对二甲苯）液相氧化法制备 PTA 合成路线

早在 1954 年，美国 Mid-Century 公司发明了液相氧化工艺，该工艺使用溴化亚锰作催化剂，醋酸作溶剂，能较大提升该反应的转化效率，降低其反应时间。后该公司将此专利出售给了美国阿莫科（Amoco）公司，该公司又经过持续的研究开发，将原有的催化体系改为以 Co 和 Mn 为催化剂、Br 为促进剂的催化体系。此体系能将反应转化率提高至 99% 以上，实现了 PTA 的工业化生产。1958 年，英国帝国化学工业公司（ICI）在 Amoco 的工艺技术基础上，开发出了 ICI 工艺。同时，日本三井油化公司对外引进阿莫科公司的技术，在此工艺上独立研发出 yoMPC 技术。1969 年，美国伊斯曼（Eastman）公司自主研发出以乙醛为氧化活化剂、Co 为催化剂的低温低压氧化技术。后来该公司与德国鲁奇（Lurqi）公司联合改进该工艺，采用 Co-Mn-Br 体系代替了之前催化体系，形成了现有的 Eastman-Lurqi 氧化工艺。这几种工艺目前使用比较广泛，其特点为均采用液相氧化法，并且都使用 Co-Mn-Br 的催化体系。主要差异体现在反应温度的不同，以及由温度导致的水含量、压力、催化剂配比、反应器形式的不同，如表 2-4 所示。

表 2-4　不同氧化工艺对比

氧化工艺	Eastman-Lurqi	yoMPC	Amoco	ICI
温度 /℃	160	185	191	201
压力 /MPa	0.66	1.1	1.26	1.47
停留时间 /min	120	60	83	40~50
水含量 /%	40~60	70~100	> 100	> 100
反应器类型	鼓泡塔	搅拌鼓泡塔	双层浆搅拌釜	三层浆搅拌釜
催化剂配比 Co ： Mn ： Br/(mol/mol)	15 ： 1 ： 12	2 ： 1 ： 2.4	1 ： 2 ： 1.5~2	1 ： 2 ： 3
进料溶剂比 HAc ： PX/(kg/kg)	10 ： 1	5 ： 1	3~3.3 ： 1	4.5 ： 1

液相氧化法的生产过程比较复杂，是高温高压下的固、液、气三相反应，涉及固体的结晶及淤浆悬浮、液相中的自由基催化、气液相中的传热传质等一系列化学工程问题。目前这几种氧化工艺水平不相上下，都广泛应用于 PTA 的生产中，但是其技术保密程度高、专利壁垒全，因此中国在此生产工艺方面较为依赖进口，并且氧化生产的过程一直是各研究院的研究重点。

2.2.2.2　苯酐转位法

20 世纪中期，德国的亨克尔公司开发并申请了苯酐转位法的专利，该方法又称为亨克尔Ⅰ法（Henkel Ⅰ）。之后日本帝人公司在此技术上实现工业化生产。此方法首先将邻苯二甲酸酐催化氧化，生成邻苯二甲酸二钾盐，再通过转位反应可制得对苯二甲酸二钾盐，经酸化即可得 PTA，其反应简式如图 2-14 所示。

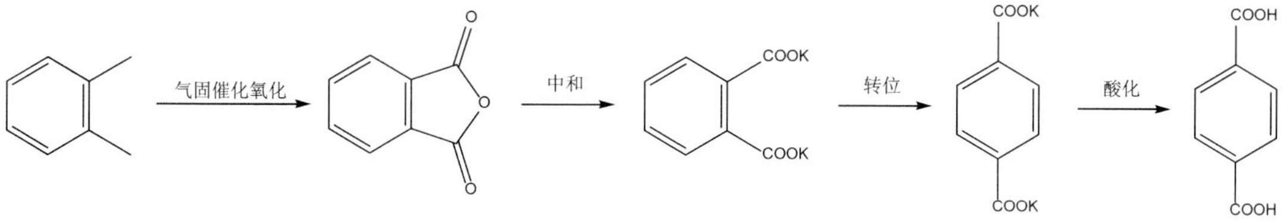

图 2-14　苯酐转位法制备 PTA

相较于其他反应，转位反应在这一系列反应步骤中最为困难，转位反应条件较为苛刻，需要在高温高压条件下，使用锌或镉作为催化剂，反应器的结构设计也很复杂。另外使用无机强酸酸化之后，生成的无机钾盐难以再循环使用，故只能用作钾肥。Henkel Ⅰ法使用的原料邻二甲苯偏贵，合成路线较为复杂，虽然该方法很早已工业化，但市场反应不强，并未获得广泛使用[21]。

2.2.2.3　甲苯氧化歧化法

另外，亨克尔公司又开发出了合成 PTA 的甲苯氧化歧化法，也称亨克尔Ⅱ法（Henkel Ⅱ）。该合成路线使用的原材料为甲苯，首先在催化剂的作用下氧化生成苯甲酸，再用碱中和成盐并将其进行歧化反应，生成对苯二甲酸二钾盐，最后再经过酸析得到粗 PTA[22]。其反应简式如图 2-15 所示。

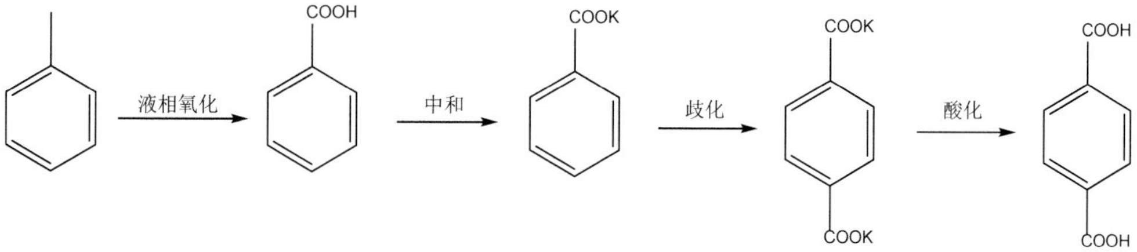

图 2-15　甲苯氧化歧化法制备 PTA

歧化反应在这一系列反应中较为复杂但又比较关键，该反应是在温度约为 400℃、压力约为 2 MPa 和 CO_2 的存在下进行。1963 年，日本的三菱化学工业公司将此法实现工业化。然而因为其生产成本过高，在 1975 年左右就已经停产。但是由于原料甲苯比 PX 便宜得多，目前世界上仍有一些企业在研究改良此合成路线。

2.2.2.4 生物基发酵法

对于传统聚酯行业来说，近年来人们尝试替换掉石化基单体，使用生物基 PX、生物基 PTA 和生物基乙二醇单体来制备生物基 PET（聚对苯二甲酸乙二醇酯），该项研究路线由于低碳、环保、可再生等多种优点而受到广泛关注。目前随全世界国家倡导绿色降解环保的理念越来越强烈，生物基 PET 的研究已经成为聚合研究领域较受欢迎的方向之一[23,24]。

生物基法制备 PTA 简单来说就是以生物质类原料取代石化基 PX 合成 PTA，例如 Virent 公司开发的 BioForm-PX 技术，其目的是能生产 100% 生物基 PET。该技术在研究初始阶段使用甘蔗、玉米等粮食型生物质做原料，之后其原料结构已经转向非粮食型如玉米秸秆和甘蔗渣等，原料的供给已摆脱了农作物生长周期的影响。使用 BioForm-PX 技术制备生物基 PTA 单体的工艺流程如图 2-16 所示。

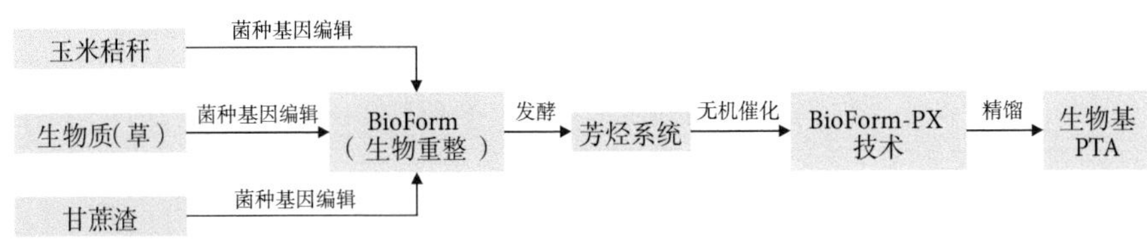

图 2-16 生物法制备生物基 PTA 的工艺过程

BioForm-PX 工艺的技术特点主要包括以下四个方面：一是该工艺采用无机类催化体系，其反应条件较为温和，能效利用高；二是原料适应性强，可使用非粮食生物质，也可使用常规类原料；三是与传统下游聚酯设备的基础性设施兼容较好；四是该技术路线取材于可再生类资源，下游制品 PET 具有可回收再利用等优点。

2.2.2.5 不同合成工艺对比及发展

PTA 不同合成工艺技术的比较见表 2-5。

表 2-5 PTA 不同合成工艺技术比较

生产方法	专利公司	工艺过程	优点	缺点
PX 液相氧化法	美国 Amoco 日本三井 MPC 英国 ICI 美国 Eastman	PX 经催化剂作用下直接和氧气发生一系列反应生成对苯二甲酸	1. 工艺成熟可靠 2. 流程短，收率高 3. 副产物少，寿命长 4. 建设投资相对较低	反应过程稍复杂，为气液固三相反应，产物需配套精制工艺
苯酐转位法	德国 Henkel	邻苯二甲酸酐催化氧化，生成邻苯二甲酸二钾盐，再通过转位反应可制得对苯二甲酸二钾盐，经酸化即可得 PTA	除转位其他反应较为简单，反应条件温和	1. 反应流程较长 2. 原料偏贵 3. 投资成本高，且工业化较少

续表

生产方法	专利公司	工艺过程	优点	缺点
甲苯氧化歧化法	德国 Henkel	甲苯催化生成苯甲酸，碱中和成盐并将其进行歧化反应，生成钾盐，最后再经过酸析成 PTA	原料甲苯价格便宜，来源丰富	1. 路线较为复杂 2. 生产投资成本高 3. 歧化反应条件较为苛刻
生物基法	美国 Virent 美国 Anellotech 荷兰 Avantium	生物质类直接发酵和生物重整生成生物基 PX，再合成生物基 PTA	1. 反应条件较温和 2. 原料为可再生资源，绿色环保	反应转化率及产物的选择性相对较低

在全球 PTA 生产工艺中，PX 液相氧化法是目前主流方法，也是使用最为广泛的方法，占比超 90% 以上。中国从 20 世纪 70 年代就开始从国外引进成套的 PTA 生产工艺，至今国内科研单位、设计院和企业技术人员对精对苯二甲酸生产装置在反应机理、模型以及设备结构等基础方面取得很大发展，拥有自主知识产权，缩短与国外技术的差距。另外生物基法制备 PTA 的工艺方法目前正处于起步阶段，在全球的碳达峰和碳中和背景下，未来的发展有很大的提升空间。

2.2.2.6　PTA 的精制工艺

目前国内外大部分厂商生产 PTA 采用的方法是液相氧化法，该氧化工艺生产的 PTA 含量一般在 99.6%~99.8%，杂质含量约 0.2%~0.4%。杂质主要是氧化过程中形成的中间产物 4-CBA（对羧基苯甲醛）、PT 酸（对甲基苯甲酸）以及副产物，主要是一些有色杂质，影响产品色级，且很难采用传统的分离方法提纯。故 PTA 的生产工艺需要另一套加氢精制工艺配套使用，目的是将大部分的 4-CBA 除去，并制得纤维级的 PTA 产品。1963 年，Amoco 公司开发出一种直接把 PX 氧化生成 PTA 的二步法加工工艺，通过加氢精制反应去除杂质。其他各大厂商的专利技术也经过多年的改进和完善，加氢精制工艺操作条件得到了不断优化，但总的工艺过程基本相同。

加氢精制工艺简单来说，首先粗 PTA 与去离子水在配料罐内混合配制成质量分数为 25%~31% 的浆料，然后浆料通过泵加压、预热器加热，使粗 PTA 在温度为 281~288℃、压力为 6.5~7.6 MPa 下溶解成透明的溶液。之后将其流经填充有 Pd/C 催化剂和注入 H_2 的固定床反应器。此时，在催化剂的作用下粗 PTA 中的杂质 4-CBA 与 H_2 反应生成易溶解于水的 PT 酸，其反应简式如图 2-17 所示。

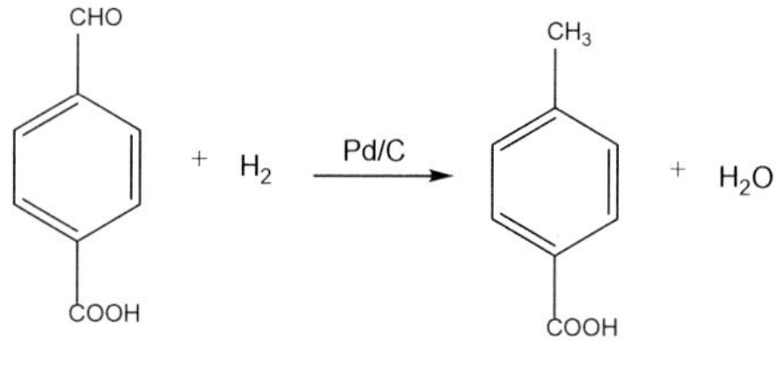

CHO / COOH + H_2 $\xrightarrow{Pd/C}$ CH_3 / COOH + H_2O

图 2-17　4-CBA 加氢生成 PT 酸

加氢反应后的溶液经过四级或五级结晶器连续结晶，逐步闪蒸冷却至 149℃左右，然后进行分离和干燥制得纤维级 PTA 产品。加氢精制后制备的纤维级 PTA 成品中 4-CBA 含量可以降低至 15 ppm*。

2.2.3 PTA 的下游应用

从下游消费领域看，PTA 的应用较为集中，全球用于生产 PET 的 PTA 已超过 90% 以上。大约 0.85~0.86 吨的 PTA 和 0.33~0.34 吨的乙二醇可生产 1 吨 PET。另外少部分 PTA 用于生产包括 PBT、PBAT 和增塑剂等。2021 年中国 PTA 的下游消费结构占比如图 2-18 所示。

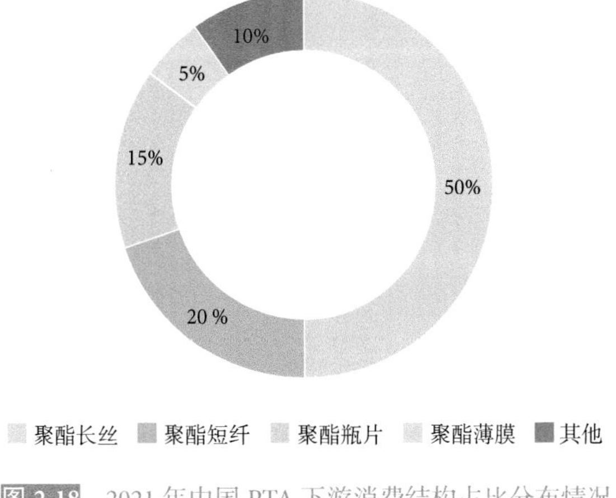

图 2-18 2021 年中国 PTA 下游消费结构占比分布情况

图 2-19 2021 年中国 PET 市场应用占比分布图

* ppm 表示 10^{-6} 量级

PET 与 PBT 统称为热塑性聚酯，或称为饱和聚酯。聚酯一般分为纤维级聚酯切片和非纤维级聚酯切片。①纤维级聚酯用于制造涤纶长丝和涤纶短纤，是供给涤纶纤维企业用于加工纤维级相关产品的原料，且涤纶是化纤中产量最大的品种。②非纤维级聚酯一般主要有瓶类、薄膜等用途，广泛应用于电子电器、医疗卫生、包装业、汽车、建筑等领域，其中包装行业是聚酯最大的非纤维级使用市场，同时也是 PET 增长最快的领域。2021 年国内 PET 的应用市场分布如图 2-19 所示。

PTA 另一个比较重要的需求是用于生产增塑剂，其包括两类：第一类是对苯二甲酸二酯类，它是由 PTA 和 2- 乙基己醇发生酯化反应生成的产物[25]，其反应如图 2-20 所示。

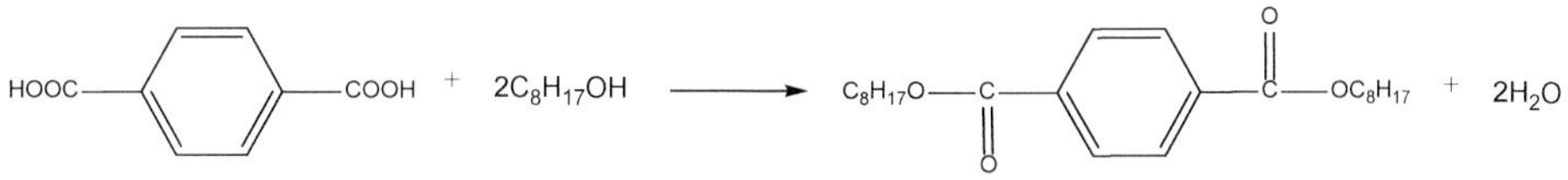

$$HOOC-C_6H_4-COOH + 2C_8H_{17}OH \longrightarrow C_8H_{17}O-\overset{O}{\overset{\|}{C}}-C_6H_4-\overset{O}{\overset{\|}{C}}-OC_8H_{17} + 2H_2O$$

图 2-20　PTA 合成增塑剂 DOTP 反应式

第二类是 PTA 与多元醇（如甘油、丙二醇、二甘醇、三甘醇等）酯化缩聚反应的产物——聚酯型增塑剂。作为聚酯类增塑剂，其分子量一般在 1000~4000 之间，比化纤及包装中应用的聚酯分子量要小得多。由于聚酯类增塑剂具有极强的极性，当它用于聚氯乙烯塑料制品时，能起到固定其他增塑剂的作用，进而阻止它迁移到聚氯乙烯制品表面，因此这种增塑剂被广泛应用于挤出和注塑加工等领域，如制造人造革、凉鞋、薄膜等。它也因此被称为永久性增塑剂。

2.2.4　PTA 的发展现状

自 20 世纪 70 年代以来，中国的 PTA 生产工业从无到有，得到了迅速发展。2000 年初，国内的 PTA 产量仅 200 多万吨，消费量不足 600 万吨。随着社会需求的急剧增加，国内 PTA 的产能迅速扩张，中国开始成为 PTA 的生产大国和消费大国。2004 年中国 PTA 的需求量突破了 1000 万吨的大关。在 2005 年纺织品的配额取消后，其需求量更是随之暴增，造成国内各地企业纷纷扩建新的 PTA 生产装置。在当时中国国内 PTA 的产能远远无法满足需要，长期需要依赖大量进口。从 2001 年到 2006 年，中国 PTA 的进口量逐年递增。随着国内 PTA 产能、产量迅速增长，部分缓解了供不应求的市场矛盾。仅仅在三年内，国内 PTA 的产能从 2005 年年底的近 500 多万吨产量猛增至 2008 年的 1300 多万吨产量，增加了一倍多。从 2007 年起中国 PTA 的进口量总体呈下滑的趋势，PTA 产品的自给率在逐年提高。

2011 年之前，中国国内 PTA 需求旺盛，产能虽快速增长，但依然无法满足市场需求，大量依赖进口。随着金融危机后国家产业振兴政策的不断出台和纺织行业的持续回暖，在 2012 年，大量 PTA 产能予以投放，当年总产能突破 3000 万吨 / 年，年增速高达 57%。产能的爆发式增长使得国内 PTA 进入过剩状态。2013 年产能投放有所缓冲，但在 2014 年再度迎来爆发式增长，一年之内增加了 1000 多万吨，总产能达 4335 万吨 / 年之多。2018 年，中国国内的 PTA 产能约在 5200 万吨 / 年，在产产能 4050 万吨 / 年左右，开工率在 77.7% 左右。至 2019 年，中国国内新增 PTA 产能总计在 1100 万吨 / 年左右。由于纺织行业的景气度对 PTA 的盈利性具有重要影响，随着国内纺织行业的回暖、纺织品出口的持续提升，中国国内涤纶长丝的需求增速回升至 6.10% 以上，这将直接使得 PTA 的需求大大增加。2020~2022 年中国 PTA 处于建设高峰期，扩产幅度较大，2022~2024 年预估新增产能约为 1200~1370 万吨 / 年。中国近些年 PTA 产能、增量、增速和实际产量见表 2-6。

表 2-6　2010~2021 年中国 PTA 产能、增量、增速和实际产量

年度	年底产能 / 万吨	当年增量 / 万吨	当年增速 /%	实际产量 / 万吨	开工率 /%
2010	1673	120	7.72	—	—
2011	2013	340	20.32	—	—
2012	3338	1325	65.83	—	—
2013	3563	225	6.74	—	—
2014	4313	750	21.05	2768.4	64.2
2015	4658	345	8.0	3093.5	66.4
2016	4878	220	4.72	3253.6	66.7
2017	4998	120	2.46	3574.5	71.5
2018	5218	220	4.4	4056.3	77.7
2019	5438	220	4.21	4485.4	82.5
2020	6106	668	12.3	4559.5	74.7
2021	6756	650	10.6	5282.9	78.2

中国目前是全球最大的 PTA 生产国和消费国，拥有全球约 56% 的 PTA 产能，约占亚洲 65% 的 PTA 产能；中国对 PTA 的需求量占全球总量的 50%，对亚洲的需求量更是高达 73%。各企业目前的 PTA 扩产产能达到 3400 万吨 / 年，产能扩大了 60%。随着中国的扩产产能持续增长，未来三年 PTA 或将进入产能过剩阶段。

2.3　己二酸（AA）

己二酸（adipic acid，AA），俗称肥酸，又称己烷二羧酸，其结构式如图 2-21 所示。AA 是一种重要的基础化工中间体，主要用于合成尼龙 66、聚氨酯、增塑剂和润滑剂等，在化工、医药、农药、香料、染料等方面具有广泛的应用。目前，在所有二元羧酸中 AA 的产量居第二位。

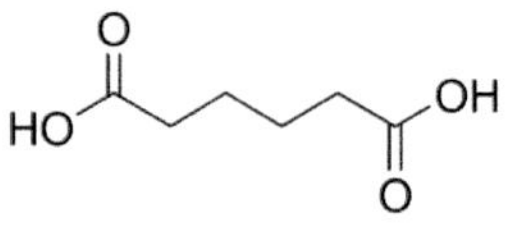

HO　OH　O　O

图 2-21　己二酸的分子结构

2.3.1　AA 的理化性质

2.3.1.1　AA 的物理性质

AA 是一种白色晶体，易溶于乙醇、乙醚、丙酮等大多数有机溶剂，不溶于石油醚、甲苯、苯。AA 在水中的溶解度受温度影响较大，100℃时溶解度为 160 g/100 mL，25℃时溶解度为 2.30 g/100 mL，15℃时溶解度为 1.44 g/100 mL。AA 的主要物理性质如表 2-7 所示 [26,27]。

表 2-7　AA 的主要物理性质

性质	数值
性状	白色结晶体，无臭，微有酸味，有骨头烧焦的气味
分子量	146.14
熔点 /℃	151~154
沸点 /℃	338.5 ± 15.0，760 mmHg
密度 /(g/mL)	1.3 ± 0.1
折射率	1.476
闪点 /℃	196
临界压力 /MPa	3.85
临界温度 /℃	567.8
蒸气压	0.0 ± 1.6 mmHg，25℃
晶相标准燃烧热（焓）/(kJ/mol)	− 2795.87
晶相标准声称热（焓）/(kJ/mol)	− 994.33
晶相标准熵 /[J/(mol·K)]	219.8
晶相标准热熔 /[J/(mol·K)]	196.5

2.3.1.2　AA 的化学性质

AA 作为一种饱和的直链二元酸，具有直链二元酸的一般通性。AA 的化学性质主要由它的两个羧基官能团决定，可以和碱性物质发生成盐反应，和醇发生酯化反应，和氨基发生酰胺化反应，和二元胺发生酰胺化反应，和二元醇发生缩聚反应 [28]。

1）成盐反应

AA 作为一种典型的酸，其 pK_{a1} 为 4.41，pK_{a2} 为 5.41，显酸性，因此可和通常的碱性物质发生成盐反应。

2）酯化反应

在一定条件下，AA 可以和醇类物质发生酯化反应。

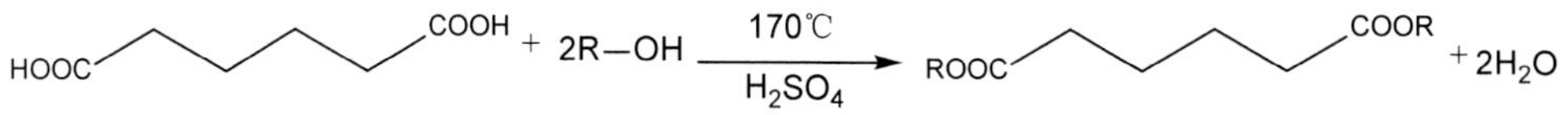

$$\mathrm{HOOC\text{—}\cdots\text{—}COOH + 2R\text{—}OH \xrightarrow[H_2SO_4]{170℃} ROOC\text{—}\cdots\text{—}COOR + 2H_2O}$$

3）酰胺反应

AA 中的羧基可以与氨基发生酰胺化反应。

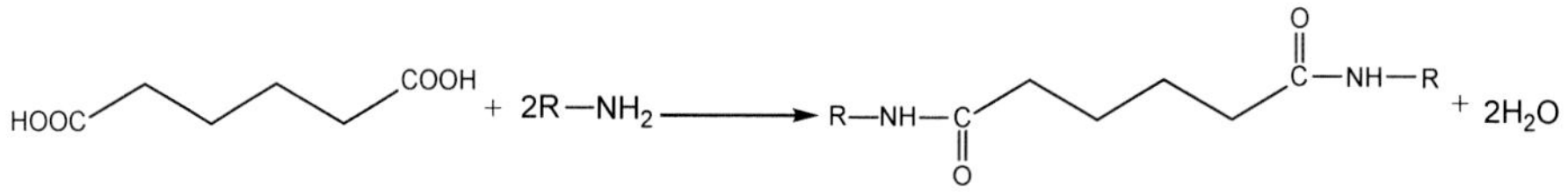

$$\mathrm{HOOC\text{—}\cdots\text{—}COOH + 2R\text{—}NH_2 \longrightarrow R\text{—}NH\text{—}\overset{O}{\overset{\|}{C}}\text{—}\cdots\text{—}\overset{O}{\overset{\|}{C}}\text{—}NH\text{—}R + 2H_2O}$$

2.3.2 AA 的合成工艺

AA 的合成方法按照原料来划分，主要有苯酚法、环己烷法、环己烯法、丁二烯法和生物法，其中，苯酚法、环己烷法和环己烯法的原料均来源于苯，也可以统称苯法[29-31]。

2.3.2.1 苯酚法

苯酚法是最早实现 AA 产业化的方法，1937 年美国 DuPont 公司采用该方法首次完成了 AA 的产业化生产。在一定的温度和压力下，采用 Ni-Al_2O_3 作为催化剂，苯酚和氢气发生反应合成环己醇；环己醇再进行脱氢反应可制备得到环己酮，环己酮在乙酸中与空气中的氧气反应生成 AA。苯酚法的制备反应过程如图 2-22 所示。

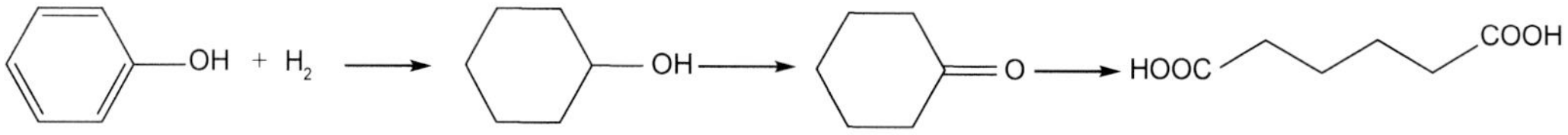

$$\mathrm{C_6H_5\text{—}OH + H_2 \longrightarrow C_6H_{11}\text{—}OH \longrightarrow C_6H_{10}{=}O \longrightarrow HOOC\text{—}\cdots\text{—}COOH}$$

图 2-22 苯酚法制备 AA 反应原理

苯酚法技术成熟，产品纯度高，但是由于原材料苯酚价格昂贵，且反应过程中的氧化工艺中会产生大量的 NO_x 气体污染环境，因此目前一般不采用这种工艺路线。

2.3.2.2 环己烷法

环己烷法作为全球主要工业生产 AA 的方法，在 AA 生产中占主导地位。环己烷法是以苯为原料，在催化剂的作用下和氢气进行反应生成环己烷，环己烷和空气中的氧气发生氧化反应可得到环己醇和环己酮的混合物（俗称 KA 油），然后在催化剂铜和钒存在下，用质量分数为 50%~60% 的硝酸将 KA 油氧化可得到 AA，反应过程如图 2-23 所示。

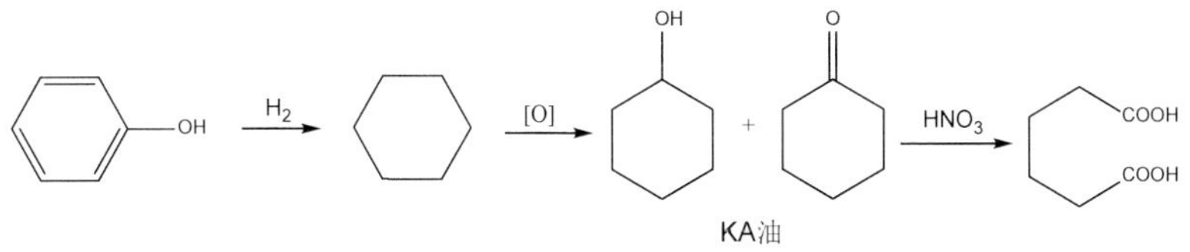

图 2-23 环己烷法制备 AA 反应原理

环己烷法生产技术成熟，原料单一且单耗小，生产过程产生的副产物和 AA 比较容易分离，因此产品纯度高，是目前全球 AA 产业化装置主要的生产工艺。但是该方法生产过程中工艺控制条件要求较为苛刻，由于生产过程能耗高，且使用到大量的硝酸，生产装置的设备对耐腐蚀要求高，同时会有氮氧化合物等环境污染物产生，制约了该工艺的发展。

Iorde 在 1940 年提出不使用硝酸的空气直接氧化法将环己烷一步氧化合成 AA，Zou、Hu 等随后进行了相关研究，主要是采用钴盐、锰盐或钌等作为催化剂，反应温度为 100~140℃，在液相中将环己烷用空气氧化可直接一步得到 AA。该方法也被备受关注，但目前尚未产业化。

2.3.2.3 环己烯法

环己烯法是 1984 年由日本旭化成公司在 KA 油氧化法基础上改进发明的方法。此法分为三步，第一步是以苯和氢气为原料，在钌催化剂存在下，控制一定的温度和压力，苯和氢气发生部分加成反应合成环己烯，该过程中苯的转化率为 40%~50%，环己烯选择性约为 80%；第二步是采用高硅沸石分子筛为催化剂，环己烯与水在一定温度下发生反应合成环己醇，该过程中环己醇的选择性高达 99%，环己烯的转化率约为 10%；第三步是环己醇用硝酸氧化可得到 AA。在生产过程中，环己烯法比环己烷法的能耗更低，且原料转化率更高，同时其生产过程中第二步和第三步都是在水相中进行加氢反应，加氢反应过程比较温和，工艺安全性更高。

1988 年，Sato 等 [31] 在旭化成公司的环己烯法基础之上，开发了由环己烯一步直接合成 AA 的工艺路线，在 $Na_2WO_4·2H_2O$ 催化剂的作用下和相转移催化剂存在下，环己烯可直接被双氧水氧化生成 AA。

一步法中间没有先制备环己醇过程，避免硝酸氧化存在污染的难题，降低成本、节能减排，被称为绿色工业合成方法，吸引了众多学者研究改进，他们以双氧水为氧化剂，钨酸盐为催化剂，AA 的转化率可以达到 90%。但生产过程需要使用大量的双氧水作为氧化剂，双氧水的原料单耗高，生产成本较高，并且产业化技术目前还不够成熟，因此环己烯一步氧化生产 AA 的方法尚未实现产业化。

环己烯的两步法和一步法反应原理如图 2-24 所示。

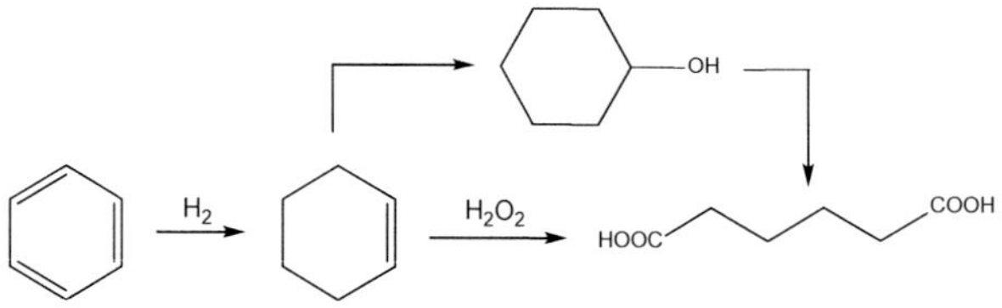

图 2-24 环己烯两步法和一步法制备 AA 反应过程

2.3.2.4 丁二烯法

丁二烯法是在 20 世纪末由德国 BASF 开发出来的一种新的合成 AA 的方法（图 2-25），即丁二烯羰基化法，该方法的工艺路线是采用丁二烯、甲醇和一氧化碳三者发生羰基化反应合成 3- 戊烯酸甲酯，3- 戊烯酸甲酯与甲醇和一氧化碳继续进行化反应可得到己二酸二甲酯，将己二酸二甲酯进行提纯，然后采用八羰基二钴为催化剂，在吡啶存在下进行水解反应生成 AA，该方法收率约为 72%。该方法的产品纯度高，且生产成本较低，但是生产过程较为复杂、反应条件较为严格，目前未能大规模工业生产 [32-34]。

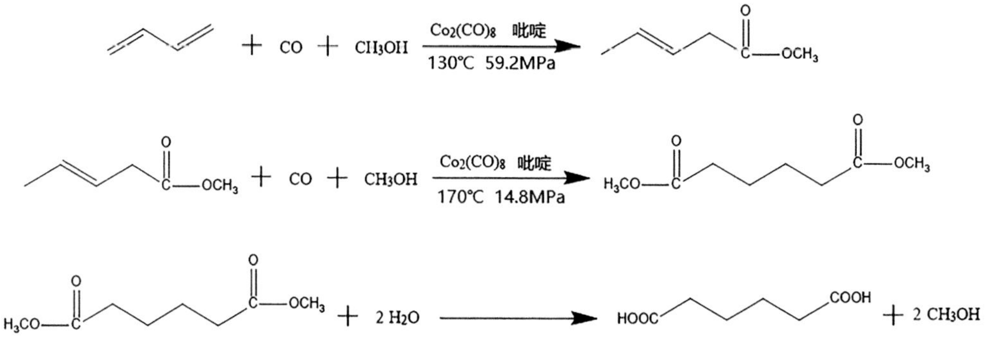

图 2-25 BASF 丁二烯羰基化法制备 AA 技术路线

荷兰壳牌公司、美国孟山都公司也开发了自己的丁二烯法工艺技术，分别是丁二烯羧基化法和丁二烯氰化法。它们的工艺路线相对简单，副产物少，但是收率低，不到 70%，目前都没有进行工业化生产。

Li 等 [35] 利用电催化法，以丁二烯和二氧化碳为原料合成了 AA。该方法分两步合成，第一步是采用 n-Bu_4NBr-DMF 为电解液，Ni 为阴极，Al 为阳极，丁二烯与二氧化碳反应生成 3- 己烯 -1, 6- 二酸；第二步是采用 1 mol/L 的硫酸为电解液，Ni 为阴极，Pt 为阳极，将 3- 己烯 -1, 6- 二酸还原得到 AA（图 2-26）。相对于其他方法而言，电催化法具有无毒无害、绿色环保、可再生的优点，为 AA 的合成开辟了绿色合成新道路。

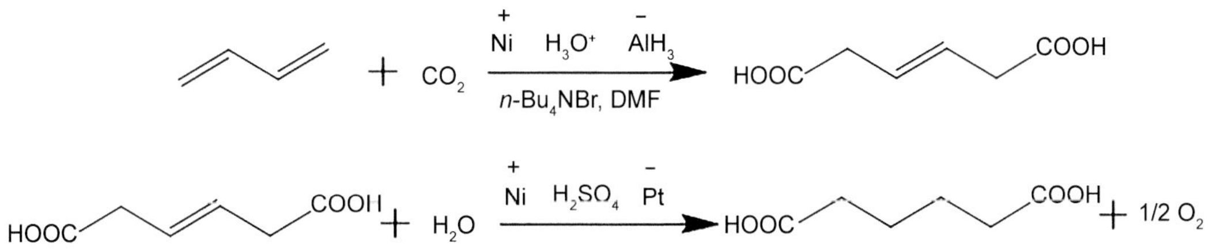

图 2-26 丁二烯电化学催化合成 AA

2.3.2.5 生物法

AA 的生物法是指采用秸秆、木质纤维素等可再生资源的生物质为原料生产 AA 的方法。而采用苯、环己烷、环己烯及丁二烯等为合成 AA 的传统原料，它们均为石油化工产品，属于不可再生资源[36]。

Draths 和 Frost 等[37]的研究中，首先，*D*- 葡萄糖（*D*-glucose）在酶的催化作用下可转化成邻苯二酚(儿茶酚，HOC_6H_4OH)；其次邻苯二酚在催化作用下继续转化生成顺，顺 - 己二烯二酸（HOOC—CH═CH—CH═CH—COOH）；最后，顺，顺 - 己二烯二酸在催化剂作用下进行加氢反应生成 AA。美国 DuPont 公司开发的生物催化工艺技术中，首先采用 *D*- 葡萄糖在大肠杆菌的催化作用下直接转化为顺，顺 - 己二烯二酸，之后顺，顺 - 己二烯二酸在催化剂作用下进行加氢反应生成 AA[38]。

由于生物法以可再生资源的生物质为原材料，符合可持续发展要求，是未来的发展方向，因此生物法制备 AA 是近期的研究热点。但是目前生物法生产 AA 的技术不够成熟，装置投资高，转化率低、提纯困难等导致生产成本对比石油基的 AA 来说没有竞争优势，所以还无法适合大规模产业化。

2.3.2.6 不同合成工艺对比及发展

在不同的 AA 合成工艺中（表 2-8），环己烷法和环己烯法均是以苯为原料合成 AA，也是目前产业化生产最主要的两种方法。在环己烷法的基础上，环己烯法进行了优化改进，降低了原料单耗，提高了产品质量和工艺的可靠性，具有一定的优势。丁二烯法的原材料成本低，但是存目前在合成工艺复杂，反应条件苛刻，在生产过程副反应多等问题，还不适用于产业化生产。生物法目前工艺不成熟，还处于研究阶段，没有产业化生产装置，但是生物法采用可再生资源的生物质作为原材料，在全球的碳达峰和碳中和背景下，是未来的主要发展方向。

表 2-8　AA 不同合成工艺技术比较

生产方法	专利公司	工艺过程	优点	缺点
苯酚法	美国杜邦	苯酚和氢气合成环己醇，再脱氢反应得到环己酮，环己酮再与氧气反应生成 AA	技术成熟，产品纯度高	原材料苯酚价格昂贵，原材料成本高，环境污染性大
环己烷法	美国杜邦 美国孟山都 法国罗那 德国巴斯夫	环己烷与空气中氧气反应得到 KA 油，经硝酸氧化得到 AA	生产技术成熟，原料单一、单耗小，生产过程产生的副产物易分离，产品纯度高	工艺控制条件苛刻，能耗高，设备对耐腐蚀要求高，环境污染性大
环己烯法	日本旭化成	将环己烯氧化得到中间产物，再用硝酸氧化直接制备 AA	较环己烷法的能耗低，原料转化率更高，工艺安全性更高	环境污染性大
丁二烯法	德国巴斯夫 荷兰壳牌 美国孟山都	巴斯夫工艺 壳牌工艺 孟山都工艺	原料成本低，提供新的 AA 原料的合成路线	工艺复杂，反应条件苛刻，副产物多
生物基法	美国杜邦	葡萄糖在大肠杆菌作用下转化为己二烯酸，再经过加氢得到 AA	原料来源可再生资源	成本高，处于研究阶段，工艺不成熟

2.3.3　AA 的下游应用

AA 作为一种重要的化工原料，广泛应用于生产尼龙 66、降解塑料 PBAT、聚氨酯等领域，其下游应用如图 2-27 所示。

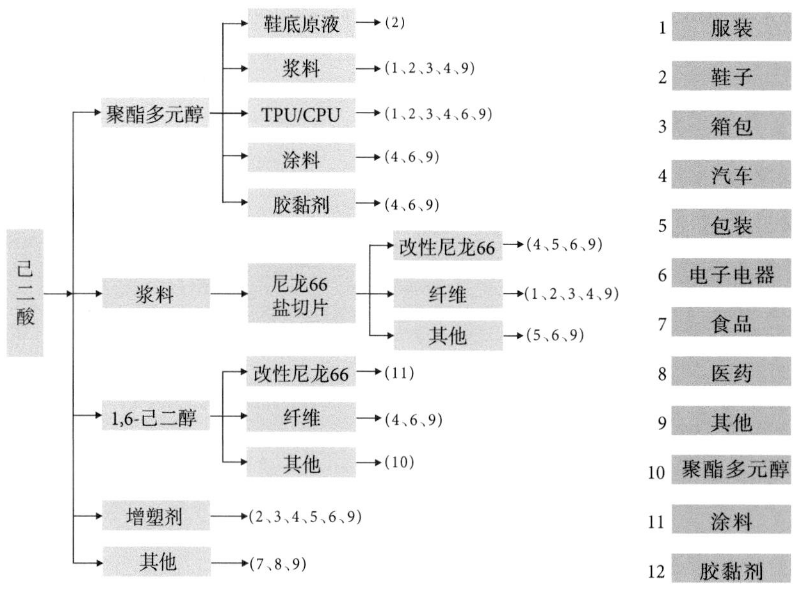

图 2-27　AA 的下游应用

由图 2-27 所示，AA 和多元醇发生酯化反应和缩聚反应可生产聚酯多元醇，聚酯多元醇可用于生产鞋底树脂、合成革用树脂、胶黏剂、热塑性聚氨酯（TPU）、聚氨酯橡胶和聚氨酯泡沫塑料等各种聚氨酯类产品，进而用于服装、鞋子、箱包、汽车、电子电器等领域。AA 还可以和己二胺进行中和反应合成尼龙 66 盐切片，然后进行缩聚反应生产尼龙 66 纤维和尼龙 66 树脂，进而用于汽车、包装、电子电器、服装等行业。除此之外，AA 还可用于润滑剂、增塑剂、医药、黏合剂、染料、香料等领域。

全球 AA 主要用于生产尼龙 66 盐和聚氨酯，用于生产尼龙 66 盐的 AA 消费占比超过 50%，用于生产聚氨酯的消费占比约为 34%。AA 在国内的消费结构与欧美主要国家有所差异，图 2-28 是国内 AA 在各领域 2018~2021 年度消费量及占比图，从图中可以看出国内 AA 消费占比最大的是聚氨酯行业（含鞋底原液、TPU 等），约占国内 AA 总消费量的 66.3%，用于生产尼龙 66 盐的 AA 消费占比约为 21%。随着近几年国内各地限塑令的颁布和实施，用于生产降解塑料 PBAT 的 AA 消费占比快速增长，2021 年消费占比增至 3.7%。

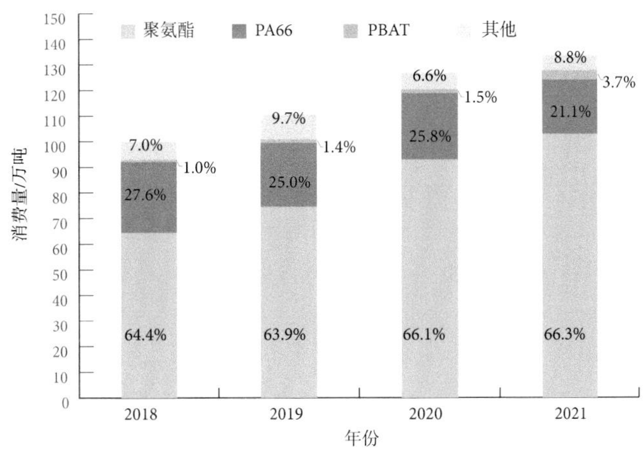

图 2-28　2018~2021 年国内 AA 各领域年度消费量及占比

2.3.4　AA 的发展现状

AA 在 1937 年就已经实现了产业化生产，至今已超过 80 年。20 世纪 70 年代，中国引入国外工艺技术实现了 AA 产业化。至目前，全球范围内 AA 生产工艺和产品应用已进入成熟期。

生产 AA 的方法中，最早实现 AA 产业化的苯酚法因原料成本高的原因已基本被淘汰；丁二烯法还处于研发阶段未能实现产业化；环己烷法和环己烯法因生产技术成熟、生产成本低等原因，被国内外大多数生产厂家采用。环己烷法和环己烯法产业链较为类似，环己烷法因为原料单一、生产技术成熟、原料消耗少能耗低等优点，被大多数厂家采用，其 AA 产量占比一度超过全球总产量的 90%；但随着环己烯法通过不断的技术创新，生产工艺逐渐成熟，其低能耗、转化率高等优点逐渐体现，近年来国内外的环己烯法产能占比也逐渐提升。

20 世纪 80 年代以来，随着中国 AA 生产规模的不断扩大，生产工艺技术水平不断提高，生产成本、规模等优势逐步体现，中国已成为 AA 全球第一大生产国。2021 年，全球 AA 产能约为 573 万吨 / 年，中国 AA 产能约为 294 万吨 / 年，超过全球产能的一半以上。

表 2-9 是国内 AA 主要生产厂家及产能，华峰化学产能居全国之首，也居全球之首，AA 产能达到 94 万吨，占总全球总产能的 16.4%，占全国总产能的 32.0%。另外，华峰化学于 2021 年 5 月发布公告称扩建 115 万吨 / 年 AA 扩建项目（六期），项目建设期预计 24 个月，达产后全球 AA 产能集中度将继续升高。金光集团、神马集团分别拥有产能 52.5 万吨 / 年和 47 万吨 / 年。

表 2-9　中国 AA 主要生产厂家和产能

生产企业	地址	集团归属	产能 / 万吨
重庆华峰化工有限公司	重庆涪陵	华峰集团	94
中国平煤神马能源化工集团有限责任公司	河南平顶山	神马集团	47
山东华鲁恒升集团有限公司	山东德州	华鲁恒升集团	36
江苏海力化工有限公司	江苏盐城	金光集团	30
山东海力化工股份有限公司	山东淄博	金光集团	22.5
唐山中浩化工有限公司	河北唐山		15
中国石油辽阳石油化纤有限公司	辽宁辽阳	中石油集团	14
阳煤集团太原化工新材料有限公司	山西太原	阳煤集团	14
山东洪鼎化工有限公司	山东菏泽	旭阳集团	14
新疆天利高新石化股份有限公司	新疆石河子		7.5
合计			294

国外 AA 主要生产厂家和产能如表 2-10 所示。国外 AA 主要生产厂家有 BASF、Invista、旭化成等，这些企业生产 AA 的规模大，上下游产业链齐全，市场竞争力强。

表 2-10　国外 AA 主要生产厂家和产能

生产厂家名称	厂址	产能 / 万吨
美国英威达公司	美国得州维克托利亚	36.5
	美国得州奥拉吉	22
美国首诺公司	美国帕萨科拉	40
加拿大英威达公司	加拿大梅特兰得	17
巴西罗地亚公司	巴西帕利尼亚	8
法国罗地亚公司	法国恰腊帕	32
韩国罗地亚公司	韩国蔚山	14
德国巴斯夫公司	德国路德维希港	26
德国兰帝奇化学公司	德国蔡尔茨	8
德国朗盛公司	德国乌尔迪根	6.8
意大利兰蒂奇化学公司	意大利诺瓦拉	7
乌克兰北顿涅茨克公司	乌克兰北顿涅茨克	2.8
乌克兰里夫纳佐特公司	乌克兰罗夫诺	2.8

续表

生产厂家名称	厂址	产能 / 万吨
英国英威达公司	英国威尔顿	27
日本旭化成	日本宫崎	17
新加坡英威达公司	新加坡裕廊岛	12
总计		278.9

近年来，随着气候问题逐步成为全球共识，各国纷纷出台措施限制碳排放。生物基 AA 是一种利用可再生生物质资源为原料生产的 AA，与石油基 AA 相比，生物基 AA 具有原料可再生、碳足迹少等优势。在全球碳中和、碳达峰战略背景下，生物基 AA 市场也将迎来良好发展机遇。2022 年 8 月 24 日，日本东丽宣布其研究人员以从不可食用的生物质中提取的糖为原料，结合微生物发酵技术和化学纯化技术，首次成功地生产出 100% 生物基 AA。目前日本东丽正在构建一条生物基 AA 的完整产业链，计划将于 2030 年推动生物基 AA 商业化应用。另外 Asahi Kasei、DuPont、巴斯夫等多家公司也已经投入生物基 AA 研发和生产工作。

2.4　生物基单体

随着塑料的消耗量不断增长，环境污染问题日益显现，发展生物降解材料能够有效治理“白色污染”，生物降解材料迎来了重大发展机遇。目前，以生物质作为来源的生物基塑料相比石油基塑料更具减碳和可再生优势，对生物基塑料的需求正在不断扩张。PBAT 合成单体原料 BDO、PTA 和 AA 均能通过生物发酵法转化形成，获得相应的生物基单体。

除上述 BDO、PTA 和 AA 可由生物法制备得到生物基单体外，其他来源于生物质的生物基单体还有乳酸（LA）、丁二酸（SA）、2,5- 呋喃二甲酸（FDCA）、1,3- 丙二醇（PDO）等。

2.4.1　乳酸（LA）

乳酸（lactic acid，LA），是一种羟基羧酸，又名 α- 羟基丙酸、2- 羟基丙酸，分子量为 90.08。纯净的 *L*- 乳酸是无色晶体，熔点为 53℃，不溶于三氯甲烷，微溶于乙醚，溶于水、乙醇、丙酮和甘油。*D,L*- 乳酸熔点为 18℃，2 kPa 条件下沸点为 122℃，折射率为 1.4392。

乳酸的 α 碳原子连接四个不同的原子和基团，是一个不对称碳原子，因此有两种旋光异构体，即 *D*- 乳酸和 *L*- 乳酸，其结构式如图 2-29 所示。*L*- 乳酸的旋光性呈左旋，*D*- 乳酸的旋光性呈右旋，等量 *L*- 乳酸和 *D*- 乳酸混合而成的乳酸不具备旋光性，被称为外消旋乳酸或 *D,L*- 乳酸。乳酸是人体及其他生物体中常见的天然化合物，以 *L*- 乳酸为主。

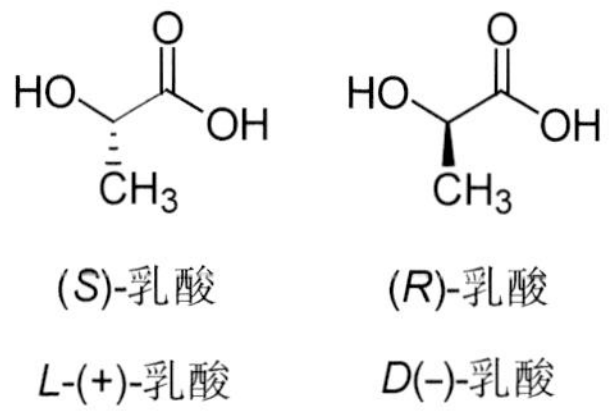

图 2-29 乳酸的分子结构

1780 年瑞典科学家 Arl Wilhelm Scheele 发现了乳酸，1841 年已有关于乳酸生产方法的记载，1881 年美国开始工业化生产乳酸。乳酸广泛被用于食品、化工、皮革、染料、化妆品、电子、农药、医药等领域。20 世纪 90 年代开始乳酸被大量用于聚乳酸这一高分子产品的制备中。

乳酸的工业化生产方法主要有生物发酵法和化学合成法。

生物发酵法生产的生物基乳酸主要以玉米、马铃薯、甜菜等农作物为原料，将其所含淀粉分解成葡萄糖，经发酵、分离、浓缩，精制得到高纯度乳酸。近年来以非粮作物或者有机废弃物为原料的研究方兴未艾，在环境保护和资源化利用方面具有深远意义。实际工业化生产中，采用只生成乳酸的同型乳酸发酵微生物菌种，例如戴化乳酸杆菌属（*Lacrobacillus*）、链球菌属（*Streptococcus*）等，有时候也会采用米根霉菌、地衣芽孢杆菌等。生物发酵法制备的乳酸主要为 *L*- 乳酸。

化学合成法生产乳酸按照原料不同又分为乳腈法和丙烯腈法。乳腈法以乙醛和氢氰酸为原料，制得 2- 羟基丙腈，酸性条件下水解可制得乳酸和硫酸氢铵，可用乙醇精制制得的乳酸。丙烯腈法以丙烯腈为原料，酸性条件下直接水解获得乳酸和硫酸氢铵，可采用甲醇精制得到的乳酸。化学合成法原料剧毒，产品中 *L*- 乳酸和 *D*- 乳酸各占 50%，产品一般只适用于制革工业和化学工业。

乳酸的两种生产方法相比较，生物发酵法生产生物基乳酸的成本低，制得的乳酸纯，因此是国内外生产乳酸的主流方法。

2.4.2 丁二酸（SA）

丁二酸（succinic acid，SA），又名琥珀酸，是一种二羧酸，分子式为 $C_4H_6O_4$，分子量为 118.09，分子结构如图 2-30 所示。纯净的 SA 呈无色晶体，味酸，溶于水、乙醇和乙醚，不溶于氯仿、二氯甲烷。SA 的熔点为 185℃，沸点为 236℃。

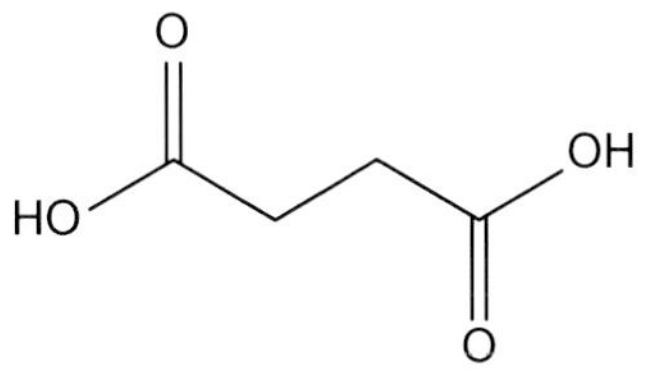

图 2-30 丁二酸分子结构

SA 作为一类基础化工原料，在合成树脂以及生产食品、食品添加剂、药品、涂料、颜料、香料、生物降解塑料等领域应用较为广泛。其中生物降解塑料是 SA 的主要应用领域。SA 是生产 PBS、PBSA 的关键原材料，当前在限塑令持续实施背景下，生物降解塑料市场规模不断扩大，进而带动 SA 需求不断增长。SA 是重要的 C_4 平台化合物，被美国能源部列入“12 大生物基平台化合物”名单。

SA 的工业化生产方法主要有生物发酵法和化学合成法。

生物发酵法生产的生物基 SA 是以可再生资源为原材料，经过微生物发酵法制备而成。目前生物基 SA 主流技术路线是以玉米淀粉为原材料，经过菌种发酵、提纯、精制、分离等环节制备 SA 的过程。

SA 的化学合成法较多，主要有电解氧化法、石蜡氧化法、乙炔法、催化加氢法等。电解氧化法合成的原料为顺丁烯二酸或顺酐，阴、阳极液用稀硫酸，由阳离子膜隔开，阴、阳极一般均用铅板，通常用板框式电解槽合成 SA；石蜡氧化法是石蜡经深度氧化生成各种羧酸的混合物，再经过水蒸气蒸馏和结晶等分离步骤后可得 SA；乙炔法是乙炔与一氧化碳及水在 $[Co(CO)_4]$ 催化剂存在下，于酸性介质中反应可得 SA，反应温度为 80~250℃，压力为 2.94~49.03 MPa；催化加氢法是顺丁烯二酸酐或反丁烯二酸在催化剂作用下加氢反应，生成琥珀酸，然后经分离得到 SA 成品。

微生物发酵法与传统化学方法相比具有诸多优点：生产成本具有竞争力；利用可再生的农业资源包括二氧化碳作为原料，避免了对石化原料的依赖；减少了化学合成工艺对环境的污染；更加适应当下国内大力推行的绿色可持续发展战略，更加符合碳达峰与碳中和目标的要求，行业发展前景广阔。

2.4.3 呋喃二甲酸（FDCA）

2,5- 呋喃二甲酸（furan-2,5-dicarboxylic acid， FDCA），分子式为 $C_6H_4O_5$，分子量为 156.09，分子结构如图 2-31 所示。FDCA 是一种白色或类白色粉末，易溶于碱性水溶液中，在乙酸、乙腈等有机溶剂中有一定的溶解性。

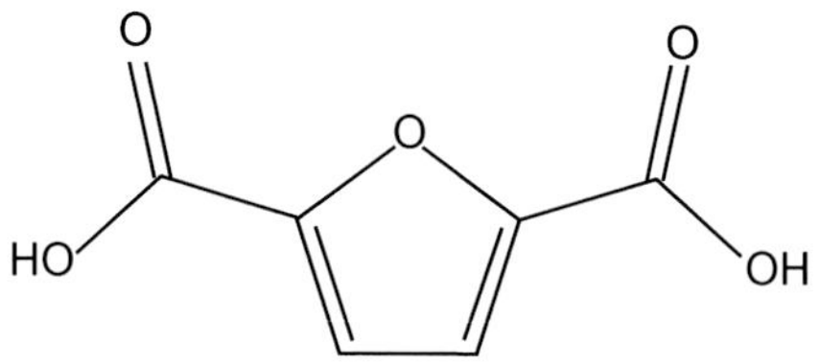

图 2-31 2, 5- 呋喃二甲酸分子结构

FDCA 是由费提希（Fittig）和海因策尔曼（Heinzelmann）在 1876 年首先得到的。FDCA 在 2004 年被美国能源部确认为用于建立未来“绿色”化学工业的 12 种优先化合物之一。

FDCA 可作为生产生物降解塑料、半芳香尼龙、不饱和树脂等的单体，尤其是 FDCA 与乙二醇聚合得到的聚 -2,5- 呋喃二甲酸乙二醇酯（PEF），具有比聚对苯二甲酸乙二醇酯（PET）更优异的力学、耐热及更好的阻气性能，市场潜力巨大。

FDCA 的制备方法主要有生物法和化学合成法。

化学合成法使用较为普遍，通常以 5- 羟甲基糠醛（HMF）、糠酸糠醛、己糖二酸、二甘醇酸等为原料，通过催化剂选择性氧化或脱水环化制备而成，其中 HMF 高效转化是主流方法。

生物法合成 FDCA 多以生物催化酶或者全细胞工程菌株生物催化技术进行，生物催化 HMF 制备 FDCA，合成工艺具备温和的反应条件、产品选择性高、无须有毒溶剂或催化剂等特点，但目前由于较长的反应时间（一般超过 2 天）、复杂的反应过程及 HMF 存在细胞毒性等缺点，生产效率相对较低，因而还有待进一步深入研究。

2.4.4 丙二醇（PDO）

1,3- 丙二醇（1,3-propanediol，PDO），分子式为 $C_3H_8O_2$，分子量为 76.09，分子结构如图 2-32 所示。1,3-PDO 为无色或淡黄色的黏稠液体，略有刺激的咸味，具有吸湿性。1,3-PDO 与水、乙醇、丙酮、氯仿、醚等多种溶剂混溶，难溶于苯。1,3-PDO 的熔点 –27℃，沸点 214℃。

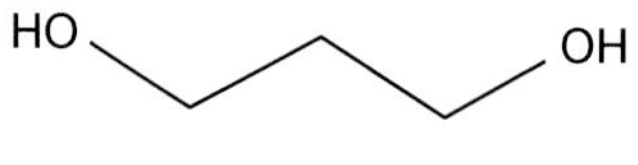

图 2-32 1,3- 丙二醇分子结构

1,3-PDO 主要用于增塑剂、洗涤剂、防腐剂、乳化剂的合成，也可用于食品、化妆品和制药等行业，最主要的用途是作为单体合成新型聚酯材料聚对苯二甲酸丙二醇酯（PTT）。PTT 材料兼具了聚对苯二甲酸乙二醇酯（PET）和聚对苯二甲酸丁二醇酯（PBT）的优良性能，广泛应用于地毯和纺织纤维、单丝、薄膜和无纺布等日用品领域以及工程热塑性塑料领域。

1,3-PDO 的工业化生产方法有生物发酵法和化学合成法。

生物发酵法分为甘油发酵法与葡萄糖转化法两种，由于生物法发酵成本较低，因此受到各大企业的青睐，是目前生产 1,3-PDO 的主流工艺。生产 1,3-PDO 最早出现在杜邦公司的专利中，采用葡萄糖或淀粉等碳水化合物为原料，首先发酵制备甘油，然后通过与单一微生物接触，在适当的发酵条件下制得 1,3-PDO。生物法具有反应条件温和、过程绿色无污染、生产成本低、产物易于分离等优点。

化学法主要有环氧乙烷法和丙烯醛法两种。环氧乙烷法是环氧乙烷、一氧化碳和氢气首先在钴或铑催化剂存在下，通过氢甲酰化反应生成 3- 羟基丙醛，进而加氢得到 1,3-PDO，该方法最早由 Shell 公司实现工业化；丙烯醛法，第一步丙烯醛水合制 3- 羟基丙醛；第二步 3- 羟基丙醛催化加氢制得 1,3-PDO，Degussa 公司最早开发以丙烯醛为原料生产 1,3-PDO 工业化路线，并申请了专利。目前，水合工段使用的催化剂一般为酸性催化剂，Degussa 公司使用的是掺钠酸性离子交换树脂，50℃条件下，4 h 丙烯醛的转化率 89%，选择性 85%。

生物发酵法生产 1,3-PDO 具有反应条件温和、过程绿色无污染、合成的 PTT 色泽较化学合成法更好等优点，显示出比化学合成法更强劲的发展动力，现已成为已经成为生产 1,3-PDO 的主流工艺，目前工业化的 1,3-PDO 已超过 90% 是采用生物法生产。当前杜邦公司以玉米淀粉等廉价物质经生物发酵法生产 1,3-PDO，在生产成本上已经达到或接近化学合成法生产的水平，可以和化学法生产竞争。

2.5 添 加 剂

PBAT 通常采用 PTA、AA 以及 BDO 为原料进行酯化、缩聚反应制备。但是缩聚反应活化能较高，需要添加合适的催化剂来降低活化能提高反应活性。在缩聚的高温下，聚酯容易发生热氧降解与热降解，需要添加适量的热稳定剂来抑制此类副反应。添加少量的多官能团交联剂可以使得到的聚酯产品流变性提高，从而具备更好的加工性能。超高反应活性的扩链剂添加在聚合反应末期能快速提高聚酯分子量，从而降低生产能耗[39-41]。

2.5.1 催化剂

PBAT 树脂主要通过酯化和缩聚两步来进行，在缩聚阶段需要添加适量的酯交换催化剂以进行扩链反应，否则缩聚反应无法进行[42]。众多金属的有机化合物均适用于 PBAT 的聚合反应，例如锌系、锡系、钛系催化剂等[43]。

2.5.1.1 醋酸锌催化剂

Witt 等[44]在 1995 年报道使用醋酸锌作为催化剂合成了不同 PTA/AA 比例的 PBAT 产品，并通过了降解性能测试。醋酸锌（图 2-33）是一种有光泽的六面体鳞片或片晶体，由氧化锌与乙酸作用而得。分子式为 $Zn(Ac)_2$，分子量为 183.48，可溶于水和乙醇，熔点为 237℃。

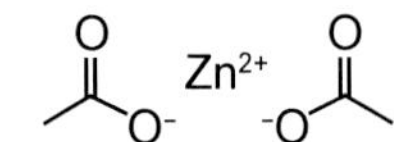

图 2-33 醋酸锌分子结构

2.5.1.2 钛酸四丁酯催化剂

钛系催化剂因其催化活性高、不含重金属、残留对环境污染小，尤其适合生物降解聚酯领域。其中钛酸四丁酯（TNBT）由于与聚酯熔体相容性好，价格相对低廉且易获取，催化活性优于锡、锑、钴、铅催化剂，得到了广泛的应用。

钛酸四丁酯（图 2-34）是一种透明或淡黄色液体，有刺激性气味，置于空气中易固化为透明细片，遇水分解成二氧化钛和丁醇，易燃。不溶于水，可溶于除酮以外的大部分有机溶剂。分子量为 340.32，分子式为 $C_{16}H_{36}O_4Ti$。

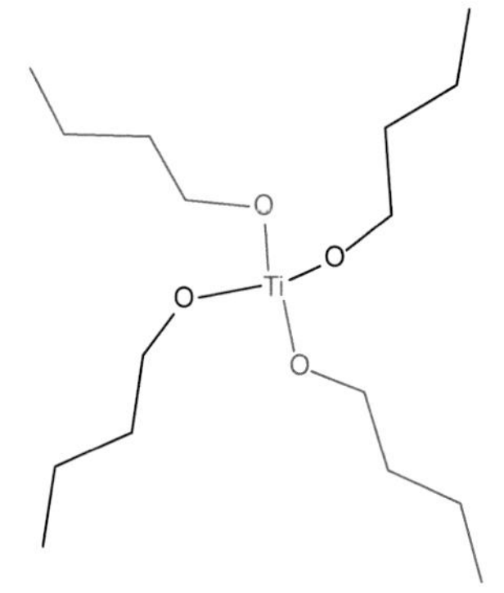

图 2-34 钛酸四丁酯分子结构式

钛酸四丁酯一般通过四氯化钛与正丁醇和氨在甲苯存在的条件下酯化反应制得粗品，随后去除副产物氯化铵，精馏得到纯品。PBAT 生产用钛酸四丁酯的质量要求如表 2-11 所示。

表 2-11 PBAT 生产用钛酸四丁酯质量要求

项目	指标	项目	指标
外观	淡黄色透明液体	Ti 含量 /%	13.7~14.3
色度 /（铂·钴）色号	<250	氯含量 /ppm	<10

2.5.1.3 耐水解催化剂

用钛酸四丁酯作为 PBAT 聚合的催化剂具有较高反应活性，但是其易于水解团聚并沉淀，这会导致催化活性降低，在生产过程中还会堵塞管道影响生产正常运行。提升钛系催化剂的耐水解性能逐渐成为研究重点，吴淼江等以钛酸四丁酯在柠檬酸水溶液中合成了一种柠檬酸与钛离子形成的五元螯合环三配体配合物[45]。这种钛催化剂具有良好的耐水解性能，在 230℃的 BDO 水溶液中能保持稳定，无白色沉淀产生。

2.5.2 热稳定剂

在 PBAT 的聚合反应的过程中，往往存在热降解与热氧降解等副反应，这些副反应不仅会使得到的 PBAT 产品分子量降低，严重时还可能导致产品外观发黄。因此，在 PBAT 聚合反应过程中一般需要添加热稳定剂，以改善产品的分子量以及色值。在 PBAT 聚合工业中最常用到的热稳定剂为磷酸、多磷酸及其衍生物。其中磷酸三甲酯（TMP）、磷酸三苯酯（TPP）与膦酰基乙酸三乙酯（TEPA）均能满足聚酯生产工艺的要求。

2.5.2.1　TMP

TMP 是一种无色透明液体，无刺激性气味，置于空气中容易潮解，不易挥发，不易分解，几乎没有氧化性。分子量为 140.08，分子式为 $C_3H_9O_4P$。分子结构如图 2-35 所示。

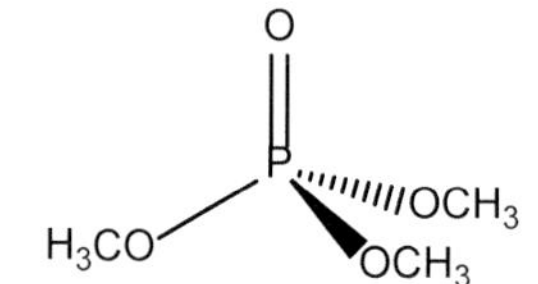

图 2-35　磷酸三甲酯分子结构式

TMP 在工业上常用三氯磷酸与甲醇在碳酸钾的存在下反应制备。PBAT 生产用 TMP 的质量要求如表 2-12 所示。

表 2-12　PBAT 生产用磷酸三甲酯质量要求

项目	指标	项目	指标
外观	无色透明液体	羧基含量 /(mgKOH/g)	<0.2
色度 /（铂-钴）色号	<20	水分 /%	<0.2

2.5.2.2　TPP

TPP 是一种白色结晶体，无刺激性气味，置于空气中微有潮解，不易挥发、不易分解，几乎没有氧化性。不溶于水，微溶于醇，溶于苯、氯仿、丙酮，易溶于乙醚。分子量为 326.28，分子式为 $C_{18}H_{15}O_4P$。分子结构如图 2-36 所示。

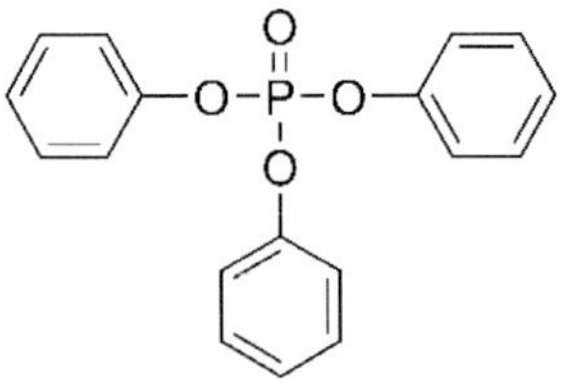

图 2-36　TPP 分子结构式

TPP 主要有冷法与热法两种合成工艺路线，冷法是通过苯酚与三氯化磷在通氯气的条件下进行酯化，随后水解、减压蒸馏制得。热法是通过苯酚与三氯氧磷经过催化反应制得。PBAT 生产用 TPP 的质量要求如表 2-13 所示。

表 2-13　PBAT 生产用磷酸三苯酯质量要求

项目	指标	项目	指标
外观	白色片状结晶体	游离酚 /%	<0.1
含量 /%	>99	羧基含量 /(mgKOH/g)	<0.1
熔点 /℃	>48	色度 /（铂-钴）色号	<40

2.5.2.3　TEPA

TEPA 是一种无色至淡黄色透明液体，无刺激性气味，室温下能稳定存在，不溶于水，易溶于乙酸乙酯、丙酮等。分子量为 224.19，分子式为 $C_8H_{17}O_5P$。分子结构如图 2-37 所示。

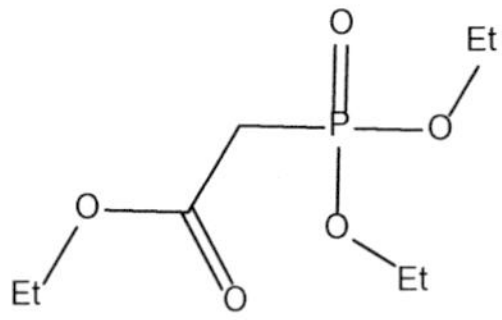

图 2-37　TEPA 分子结构式

TEPA 主要通过亚磷酸三乙酯与卤代乙酸乙酯进行重排反应制得。PBAT 生产用 TEPA 的质量要求如表 2-14 所示。

表 2-14　PBAT 生产用膦酰基乙酸三乙酯（TEPA）质量要求

项目	指标	项目	指标
外观	无色透明液体	羧基含量 / (mgKOH/g)	<2.0
含量 /%	>99	水分 /%	<0.5

2.5.3 支化剂

通过在 PBAT 的聚合过程中添加支化剂可以改善熔体的流变性，增加熔体的剪切稀化效应，构建假塑性生物降解聚酯。常见的多官能团支化剂有酒石酸、柠檬酸、苹果酸，三羟甲基丙烷、三羟甲基乙烷，季戊四醇，聚醚三醇和甘油、均苯三酸、偏苯三酸、偏苯三酸酐、均苯四酸和均苯四酸二酐等。

在合成 PBAT 的过程中加入支化剂可以显著改善 PBAT 膜类产品的强度。BASF 在 2011 年的专利中认为甘油是最优选的支化剂[46]，金发科技在 2021 年的专利中提及 TMP 可作为一种合适的支化剂[47]。Nifant'ev[48] 等使用 7 种不同的支化剂合成了 PBAT，并对其性能进行分析，发现三羟甲基丙烷与 2,2- 二羟甲基丙酸具有最优异的支化性能。如图 2-38 所示，性能越靠右表示越好，不添加支化剂的这 6 个性能均为最差，

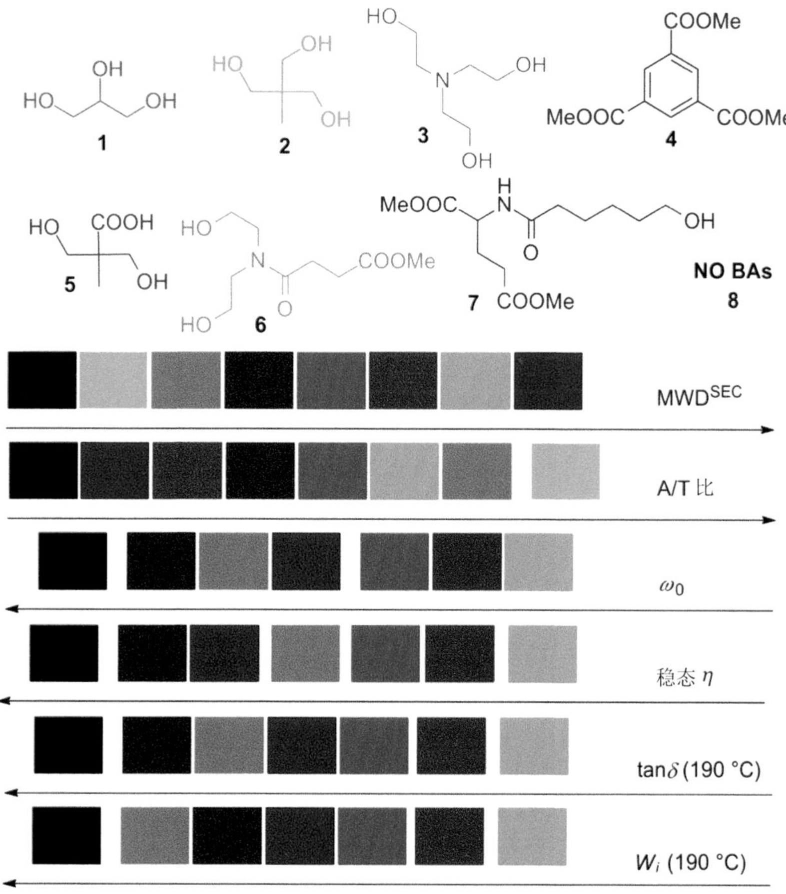

图 2-38　不同支化剂对性能的影响[48]

三羟甲基丙烷作为支化剂可使 4 个性能最优，2,2- 二羟甲基丙酸作为支化剂有 5 个性能均处于仅次于三羟甲基丙烷的位置。

2.5.4 扩链剂

PBAT 的缩聚反应在高温、高真空的条件下进行。聚合过程中由于物料黏度逐渐变大，小分子在熔体内扩散也越来越困难，为了得到高分子量的 PBAT，必须延长反应时间。为了缩短反应时长，需要在反应后期添加扩链剂。常见的多官能团的扩链剂有噁唑啉类化合物、缩水甘油醚类化合物、多官能团异氰酸酯类化合物等。

参 考 文 献

[1] 黄凤兴 . 化工百科全书 [M]. 北京 : 化学工业出版社 , 1995.

[2] 张明森 . 精细有机化工中间体全书 [M]. 北京 : 化学工业出版社 , 2008.

[3] CHADWICK S S. Ullmann's encyclopedia of industrial chemistry[J]. Reference Services Review, 1988.

[4] 白庚辛 . 1, 4- 丁二醇、四氢呋喃及其工业衍生物 [M]. 北京 : 化学工业出版社 , 2013.

[5] 李玉芳 , 伍小明 . 1, 4- 丁二醇生产技术及国内外市场分析 [J]. 上海化工 , 2015:27-33.

[6] 谢君 . 我国 1, 4- 丁二醇生产技术分析及展望 [J]. 广东化工 , 2021:111-113.

[7] 赵巍 . 生物基 1, 4– 丁二醇的研究进展 [J]. 化学推进剂与高分子材料 , 2018:45-50.

[8] BURGARD A, BURK M J, OSTERHOUT R. Development of a commercial scale process for production of 1, 4-butanediol from sugar: Current opinion in biotechnology[J]. Current Opinion in Biotechnology, 2016, 42:118-125.

[9] BURK M J, DIEN S J V, BURGARD A P, et al. Compositions and methods for the biosynthesis of 1, 4-butanediol and its precursors: US20090075351A1[P]. 2009-3-19.

[10] PHARKYA P, BURGARD A P, DIEN S J V, et al. Microorganisms and methods for production of 4-hydroxybutyrate, 1,4-butanediol and related compounds: US20140030779A1[P]. 2014-1-30.

[11] CLARK W, JAPS M, BURK M J. Process of separating components of a fermentation broth: US-20140322777A1[P]. 2014-10-30.

[12] 郑宁来 . 美国生物法 1,4- 丁二醇工业化生产 [J]. 合成纤维 , 2013, 42(5):5.

[13] 巴斯夫 . 巴斯夫首批采用可再生原料生产的丁二醇问世 [J]. 塑料制造 , 2014, Z1:45.

[14] 唐元 , 杨利利 . 1, 4- 丁二醇、聚四氢呋喃及其重点衍生物的开发现状 [J]. 山东化工 , 2015:59-60.

[15] 李筱玲 , 邓寒霜 . 对苯二甲酸催化加氢反应研究 [J]. 石油化工 , 2021, 50(6):517-522.

[16] 朱培玉 , 顾道斌 . 对二甲苯液相氧化技术的研究进展 [J]. 石油化工 , 2001, 30(12):947 951.

[17] PARTENHEIMER W. A chemical model for the Amoco "MC" oxygenation process to produce terephthalic acid[J]. Catalysis of Organic Reactions, 1990, 40:321.

[18] RAGHAVENDRACHAR P, RAMACHANDRAN S. Raghavendrachar P, Ramachandran S. Liquid-phase catalytic oxidation of p-xylene[J]. Industrial & Engineering Chemistry Research, 1992, 31(2):453-462.

[19] HASHIZUME H, HARADA S. Process for preparing terephthalic acid: US4286101. 1981-8-25.

[20] MOLLY H. Axial piston type motor: US5094146[P]. 1992-3-10.

[21] SHELDON R A, KOCHI J K, RICHARDSON J. Metal-catalyzed oxidations of organic compounds: mechanistic principle and synthetic methodology including biochemical processes[M]. New York:Academic Press, 1981.

[22] 区灿棋 , 吕德伟 . 石油化工氧化反应工程与工艺 [M]. 北京 : 中国石化出版社 , 1992.

[23] 芦长椿 . 生物基聚酯的技术现状与趋势 [J]. 纺织导报 , 2020, (9):57-60.
[24] STORZ H, VORLOPK D. Bio-basedplastics：Status，challenges and trends[J]. Landbauforschung Volkenrode, 2013, 63(4):321-332.
[25] 韦建国 . 对苯二甲酸二异辛酯合成的反应机理和动力学 [D]. 郑州 : 郑州大学 , 2004.
[26] 吴世敏 , 印德麟 , 刘铁生 , 等 . 简明精细化工大辞典 [M]. 沈阳 : 辽宁科学技术出版社 , 1999.
[27] 化工百科全书编写组 . 化工百科全书 [M]. 北京 : 科学出版社 , 2001.
[28] CASTELLAN A, BART J C J, CAVALLARO S. Industrial production and use of adipic acid[J]. Catalysis Today, 1991, 9(3):237-254.
[29] HU B Y, YUAN Y J, XIAO J, et al. Rational oxidation of cyclohexane to cyclohexanol, cyclohexanone and adipic acid with air over metalloporphyrin and cobalt salt[J]. Journal of Porphyrins and Phthalocyanines, 2012, 12(1):27-34.
[30] ZOU G, ZHONG W, XU Q, et al. Oxidation of cyclohexane to adipic acid catalyzed by Mn-doped titanosilicate with hollow structure[J]. Catalysis Communications, 2015, 58:46-52.
[31] SATO, KAZUHIKO, AOKI, et al. A “green” route to adipic acid: Direct oxidation of cyclohexenes with 30 percent hydrogen peroxide[J]. Science, 1998, 281:1646-1647.
[32] SCHNEIDER H W, KUMMER R, LEMAN O, et al. Obtaining C.sub.1 -C.sub.4 -alkyl pentenoates by distillation: US4586987A[P]. 1985-4-10.
[33] BUNEL E E, CHIANG C C, D’AMORE M B, et al. Preparation of 3-pentenoic acid and a catalyst therefore: US5288903A[P]. 1993-7-26.
[34] RAPOPORT M. Hydrocyanation of Butadiene: US4714744[P]. 1986-6-23.
[35] LI C H, YUAN G Q, JI X C, et al. Highly regioselective electrochemical synthesis of dioic acids from dienes and carbon dioxide[J]. Electrochimica Acta, 2011, 56(3): 1529-1534.
[36] DRATHS K M, FROST J W. Environmentally compatible synthesis of adipic acid from D-glucose[J]. Journal of the American Chemical Society, 1994, 116(1): 399-400.
[37] DRATHS K M, FROST J W. Improving the Enviroment Through Process Changes and Product Subtitutions, Green Chemistry[M]. Oxford:Oxford University Press, 1998.
[38] DIETRICH B, SIEGENTHALER K O, SKUPIN G. Aliphatic-aromatic polyester: US13121535[P]. 2009-9-22.
[39] 王余伟 , 王金堂 . 聚酯 PET 稳定剂应用现状 [J]. 合成技术及应用 , 2007, (4):32-7.
[40] U. 威特 , 山本基仪 . 连续生产生物降解聚酯的方法 : CN102007160A. 2009-4-7.
[41] 赵巍 , 苑仁旭 , 焦建 . 一种生物降解脂肪族 - 芳香族共聚酯及其制备方法 : CN103665777A[P]. 2013-11-21.
[42] TSAI H B, LI H C, YU F H. Synthesis and characterization of block copolymers of poly (butylenes terephthalate-*co*-adipate)[J]. Journal of the Chinese Chemical Society, 1992, 39(3):239-243.
[43] JIAN J, XIANGBIN Z, XIANBO H. An overview on synthesis, properties and applications of poly (butylene-adipate-co-terephthalate)–PBAT[J]. Advanced Industrial and Engineering Polymer Research, 2020, 3(1):19-26.
[44] WITT U, MüLLER R-J, DECKWER W-D. New biodegradable polyester-copolymers from commodity chemicals with favorable use properties[J]. Journal of Environmental Polymer Degradation, 1995, 3:215-223.
[45] 吴森江 , 王庆印 , 张华 , 等 . 耐水钛系催化剂的合成及其在聚对苯二甲酸丁二醇酯合成中的应用 [J]. 合成化学 , 2020, 28(9):815-819.
[46] WITT U, YAMAMOTO M. Method for the continuous production of biodegradable polyesters[P]. Google Patents, 2013.
[47] 张传辉 , 陈平绪 , 叶南飚 , 等 . 一种半芳香族聚酯及其制备方法和应用 . CN1036657771[P]. 2021-11-30.
[48] NIFANT’EV I E, BAGROV V V, KOMAROV P D, et al. The use of branching agents in the synthesis of PBAT[J]. Polymers, 2022, 14(9):1720.

第3章 PBAT树脂合成

PBAT树脂是在催化剂的作用下，以BDO、AA、PTA为单体原料，按照一定单体比例经过酯化、缩聚等系列反应合成得到的聚酯。PBAT属于热塑性生物降解塑料，兼具PBA和PBT的特性，既有较好的延展性和断裂伸长率，也有较好的耐热性和抗冲击性能；此外，还具有优良的生物降解性，是生物降解塑料研究中非常受欢迎的降解材料之一。

PBAT树脂合成涉及多种反应类型和工艺路线，选择不同的反应类型及优化工艺可以影响PBAT的结构、性能、合成效率以及成本，从而影响PBAT的应用范围、市场占有率和经济效益。因此，对PBAT的合成制备过程进行深入研究，提高其生产效率和质量稳定性对于规模化生产和应用推广具有重要意义。在具体的工艺过程中，需要考虑酯化/聚合的反应方式、反应温度、反应时间、反应物比例、催化剂种类及用量等因素。此外，还需要对各个工艺环节进行优化，提高合成效率和产品质量。

本章将系统地介绍PBAT的合成反应类型、工艺路线、工艺控制，以及国内外生产工艺技术发展情况。

3.1 PBAT合成反应

PBAT树脂的合成生产一般分为间歇式和连续式两种。间歇式生产具有生产灵活、生产品种多、品种变换容易、设备简单、操作方便等优点，但质量不够稳定，批次间存在质量差异且生产单耗较高。连续式生产的生产能力大，产品质量稳定，设备的生产效率高，原料消耗低；在生产中，反应器连续进出料，理论上其中任何一点的状态都不随时间变化；但对设备的可靠性要求高，对管理要求高，产品单一。目前国内外PBAT树脂合成生产都是以连续式为主。

不管是间歇式生产还是连续式生产，PBAT树脂合成都必须经过酯化反应和缩聚反应的反应过程，过程中还会发生一系列的副反应。下面以连续式生产为基础介绍PBAT树脂的合成反应。

3.1.1　酯化反应

PBAT 树脂制备过程中的小分子酯化反应，一般是指在反应最初阶段，原料分子间羧基与羟基发生的酯化反应，产生副产物水。PTA 与 BDO，以及 AA 与 BDO 分别发生酯化反应。前者生成对苯二甲酸双羟丁酯，后者生成 AA 双羟丁酯。具体如图 3-1 所示。

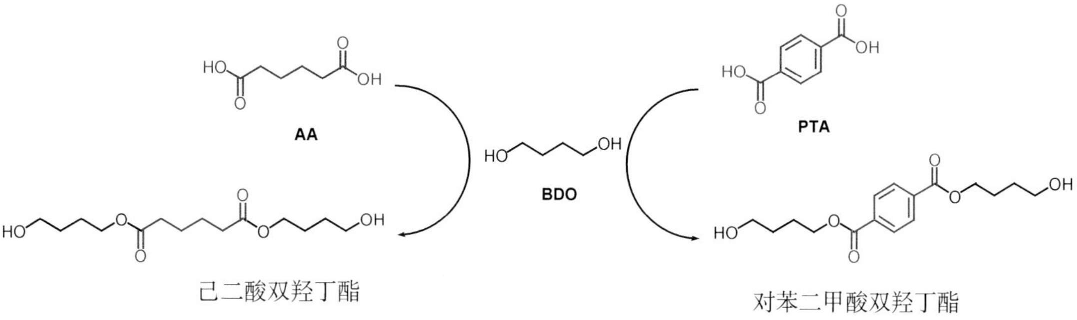

AA　BDO　PTA

己二酸双羟丁酯　对苯二甲酸双羟丁酯

图 3-1　PTA/AA 的酯化反应

酯化反应为可逆反应，为了使反应向正方向进行，需及时脱除生成的副产物水。另外，醇酸比对反应的进行也有一定影响，为了确保较高的酯化率，通常需使用过量的 BDO。在实际生产过程中，酯化反应先生成的酯化物又会与其本身缩合成为二聚体、三聚体等，因而在酯化反应结束时，反应物料大部分为对苯二甲酸双羟丁酯 /AA 双羟丁酯的四聚体或五聚体。在高温及醇浓度较高的条件下，还将发生 BDO 环化产生副产物 THF 的反应。为减少副产物 THF 的生成，尤其是 PTA 的酯化反应，需要在一定的真空条件下进行。

3.1.2　缩聚反应

缩聚存在如下四种反应：

一是对苯二甲酸双羟丁酯分子间发生缩聚反应，脱除 BDO 分子，生成对苯二甲酸双羟丁酯多聚体（图 3-2）。

二是己二酸双羟丁酯分子间发生缩聚反应，脱除 BDO 分子，生成对 AA 双羟丁酯多聚体（图 3-3）。

三是己二酸双羟丁酯与对苯二甲酸双羟丁酯分子间发生缩聚反应，脱除 BDO 分子，生成混合酸丁二醇酯多聚体（图 3-4）。

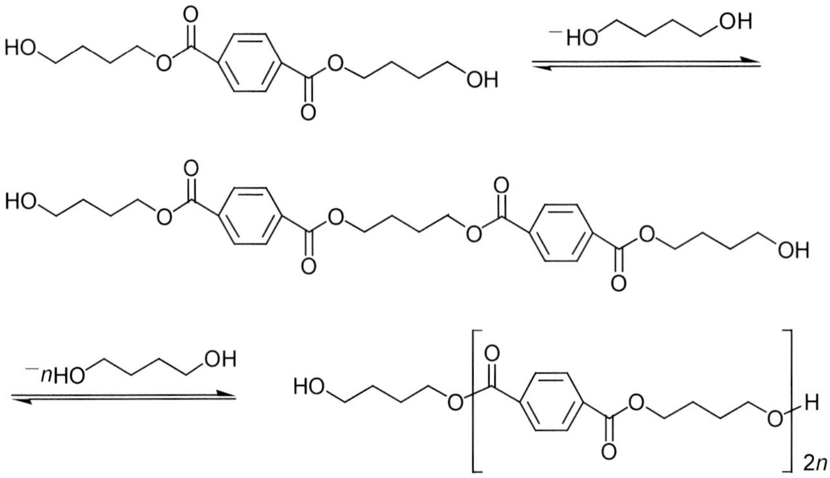

图 3-2　对苯二甲酸双羟丁酯分子间缩聚反应

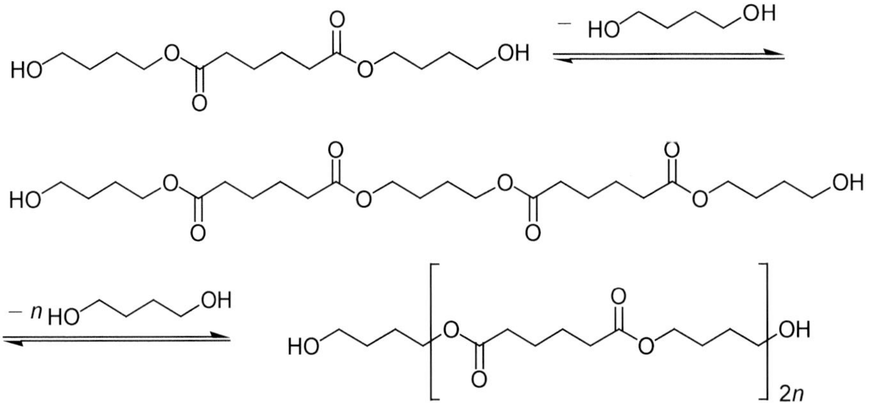

图 3-3　己二酸双羟丁酯分子间缩聚反应

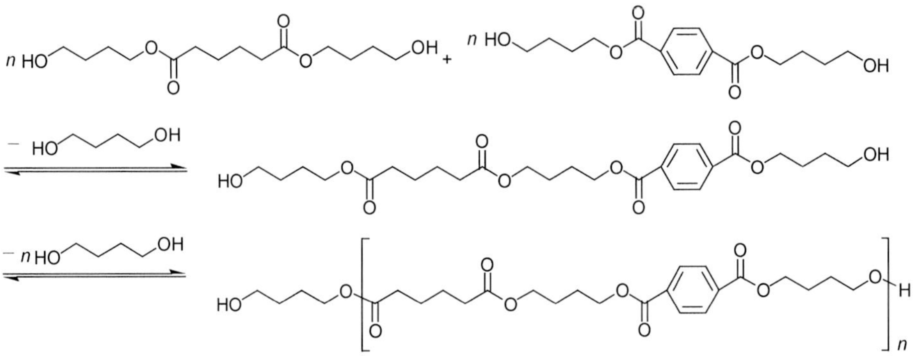

图 3-4　己二酸双羟丁酯与对苯二甲酸双羟丁酯分子间缩聚反应

四是多聚体之间的酯交换反应（图 3-5）。

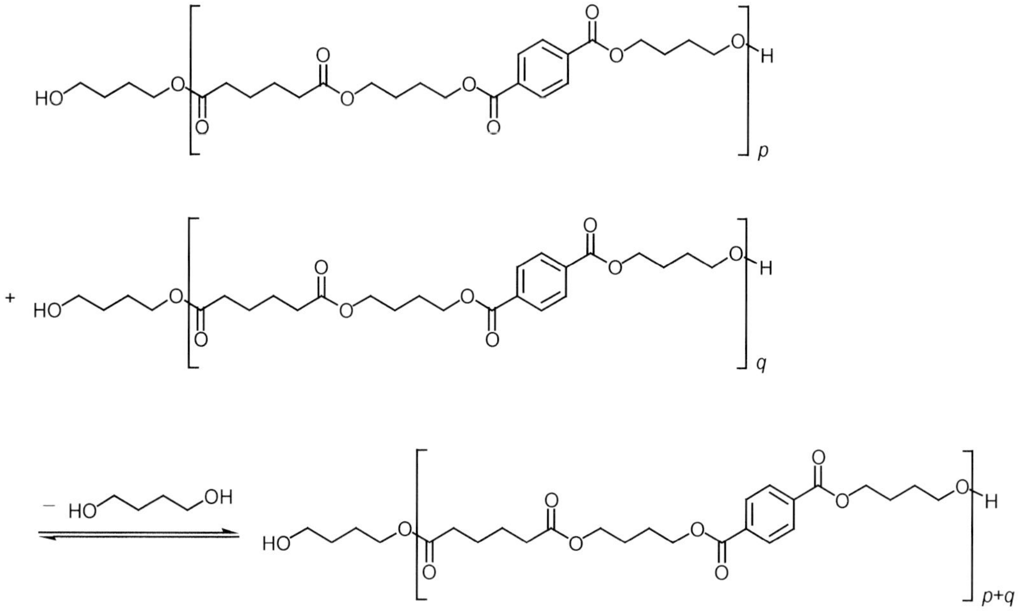

图 3-5　多聚体之间酯交换反应

缩聚反应是可逆平衡反应，反应平衡常数较小。因此在反应 / 生产过程中，为了获得高分子量的 PBAT 树脂，必须尽快地脱除聚合过程中生成的 BDO，确保逆反应程度尽可能低。高真空和较大的脱挥面积是保证缩聚反应进行的主要手段。

3.1.3　副反应

在 PBAT 树脂制备过程中，因为高温催化等条件，体系会发生一些副反应，产生一些不期望存在的副产物，例如内醚化反应生成了 THF、β- 氢转移反应生成了端基为羧基和烯丁基的分子、脱羧反应生成了环戊酮等。

3.1.3.1　生成 THF 的副反应

在生产 PBAT 的不同阶段，均有生成 THF 的副反应发生[1]，其机理和发生概率各不相同。特别是在 PTA 酯化阶段，BDO 醚化产生的四氢呋喃最多。

1）酯化阶段 THF 的生成

酯化阶段，反应体系内存在大量的 AA 与 PTA，易形成酸性环境，能催化 BDO 内醚化生成的副反应（图 3-6）。

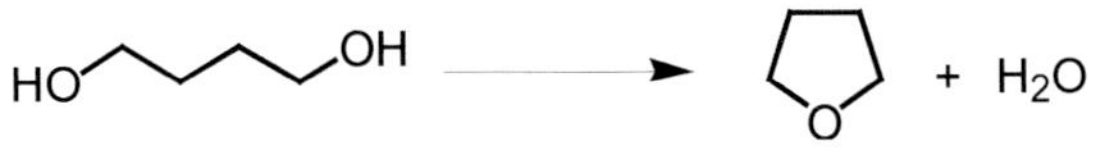
HO
OH
+ H_2O
O

图 3-6 酯化阶段 THF 生成反应

2）缩聚阶段 THF 的生成

缩聚阶段往往温度较高，链端的丁羟基可能发生回咬反应，生成 THF 以及端羧基（图 3-7）[2]。

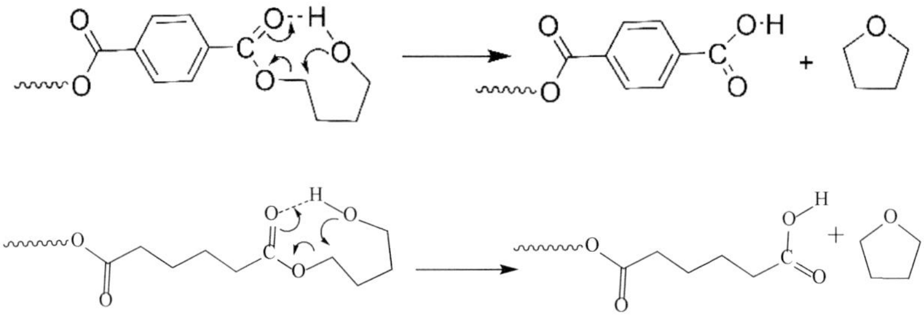

图 3-7 缩聚阶段 THF 生成反应

生成 THF 的副反应不仅会增加 BDO 的单耗和增大真空系统的负荷，而且高含量的 THF、水及其他气体的混合物经真空系统抽出冷凝后，需要经过 THF 回收装置集中分离处理后才能达到排放要求，大大增加了尾气处理成本。

3.1.3.2 生成端羧基和端丁烯基的副反应

受热条件下，聚酯分子链间也会发生 β-C—H 转移的副反应，从而形成端丁烯基和端羧基。其可能的反应机理如图 3-8 所示。

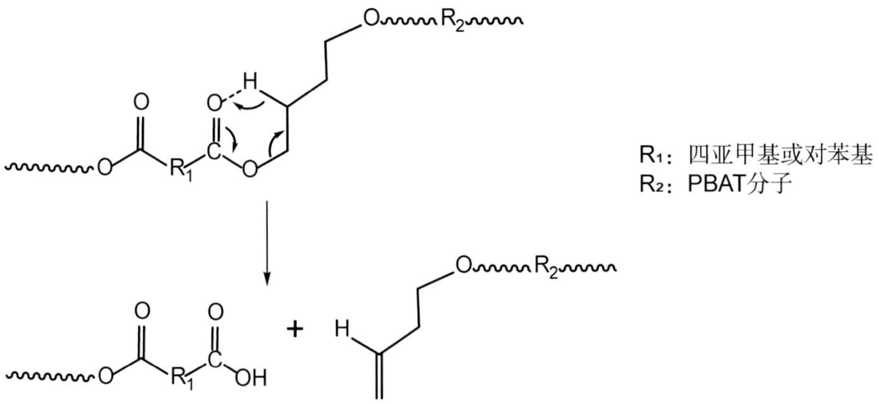
R1：四亚甲基或对苯基
R2：PBAT分子

图 3-8 生成端丁烯基和端羧基的副反应机理

端羧基和端丁烯基含量不仅影响了产品的热稳定性，也影响了产品的降解性能。而且通常情况下高端羧基含量也会导致 PBAT 聚酯的耐水解性变差。端羧基含量越高的 PBAT 聚酯，其老化速度也会越高，尤其是在高温高湿的环境下；因此端羧基含量已经成为衡量聚酯老化性能的重要指标之一，也是 PBAT 聚酯生产中严控的指标之一。

3.1.3.3　生成环戊酮的副反应

AA 在高温条件下，容易发生脱羧反应，并进一步脱水，生成环戊酮副产物。具体反应如图 3-9 所示。

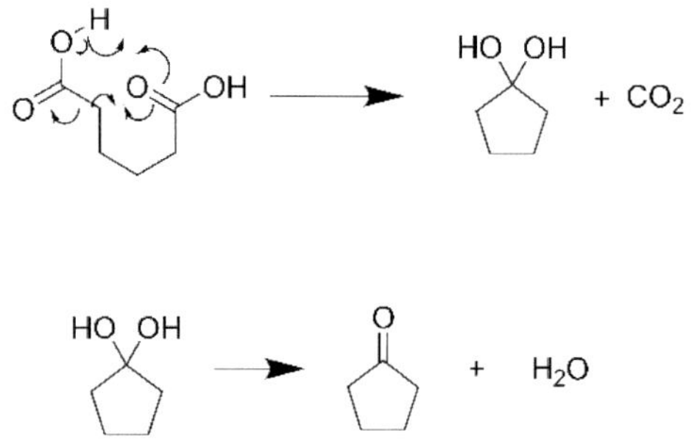

图 3-9　生成环戊酮的副反应

副反应生成的环戊酮会残留在 PBAT 树脂产品中，高含量环戊酮会影响制品的表观性能和印刷性能。PBAT 在吹塑制备薄膜的过程中，通常需要过墨，从而在薄膜上印刷需求的标签及标识，而高含量环戊酮会使薄膜在印刷过程中出现印刷不牢（油墨未完全黏附在薄膜上，或黏附强度不够），导致薄膜的印刷性能较差。

从以上反应可以看出，PBAT 反应体系物质复杂，反应生成物也各种各样 [3]。如何有效降低副反应，减少副产物对产品各项性能的影响，一直是国内外研究机构和企业的重点研究内容之一。

3.2　PBAT 合成工艺路线

技术发展初期，根据原料的不同，PBAT 的酯化工艺路线分为两种。一种是对苯二甲酸二甲酯（DMT）法，以 DMT、AA 和 BDO 为原料，直接进行酯化、缩聚反应制得 PBAT。另一种是对苯二甲酸（PTA）法，以 PTA、BDO 为原料，先合成对苯二甲酸双羟丁酯，再与 AA 酯化物进行酯交换，最后缩聚制得 PBAT。

DMT 法具有反应时间短、流程简易、原料损失率低等优点，但也存在产品分子量难以提高和分子量分布难以控制以及副反应多且副产物不好处理等不足；PTA 法的酯化过程中，BDO 在高温、高羧基含量体系催化作用下非常容易环化脱水生成 THF，增加

BDO 单耗和生产成本，所以工业初期一般均采用 DMT 法。但到了 20 世纪 90 年代初，随着吉玛公司成功开发直接酯化生产工艺，工业化生产也开始淘汰 DMT 法而使用PTA 法。PTA 法具有工艺流程短，产品质量稳定的特点。随着 THF 回收工艺的成熟，副产物经回收可以得到高纯度的 THF 产品。回收的 THF 可应用于医药、涂料和树脂合成等领域，拥有可观的经济效益。因此 PTA 法逐渐替代 DMT 法，成为 PBAT 酯化的主要工艺路线。

下文以 PTA 法为例对 PBAT 的合成工艺路线进行阐述。

3.2.1 酯化工艺路线

在 PTA 法的基础上，根据 PTA 与 AA 混合方式的不同可将 PBAT 酯化工艺分为混合酯化法（直接酯化）、分开酯化法和串联酯化法[4]。

3.2.1.1 混合酯化法

混合酯化法为三种聚合单体经过酯化、缩聚反应合成 PBAT，工艺流程示意图如图 3-10 所示，该工艺具有原料损失率低、工艺流程相对简易、反应时间较短且易控、生产效率更高等优点，成为主流的 PBAT 生产工艺[5]。其缺点是反应体系组成物质较多且复杂、分子量分布较宽且酯化反应程度不易控制、对反应过程中的条件(如温度、真空度、反应时间等) 要求更严格。

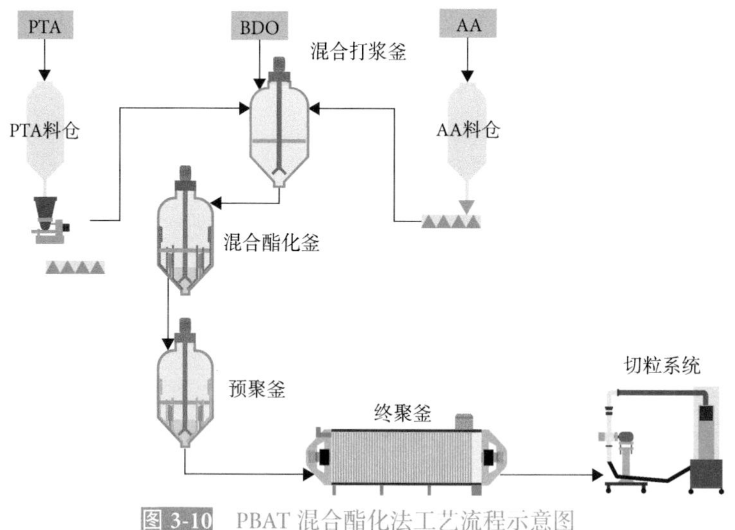

图 3-10 PBAT 混合酯化法工艺流程示意图

3.2.1.2 分开酯化法

分开酯化工艺通过聚合单体在一定催化剂作用下，分开进行酯化反应，或者通过酯交换反应的方式，最终聚合合成 PBAT，工艺流程示意图如图 3-11 所示。该方法的优点是酯化反应体系的中间物质较少（副反应也较少）、分子链更容易增长、产品分子量分布较窄、工艺设备更加简单、废弃物 / 副产物可以被再次利用或（THF）纯化后出售；缺点是各批次产品质量稳定性较差，但连续线生产可解决此问题。

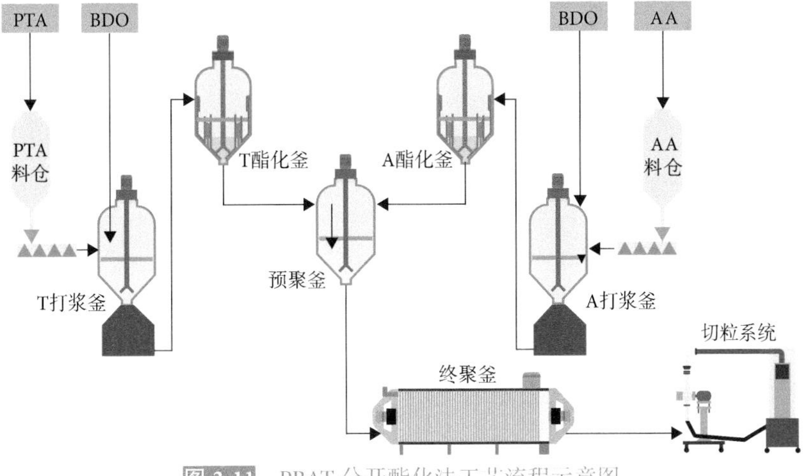

图 3-11　PBAT 分开酯化法工艺流程示意图

3.2.1.3　串联酯化法

串联酯化法和分开酯化法的最大不同是把 AA 先熔融，然后与 PTA 酯化物混合并继续酯化。酯化后的步骤与分开酯化法相同。工艺流程示意图如图 3-12 所示。

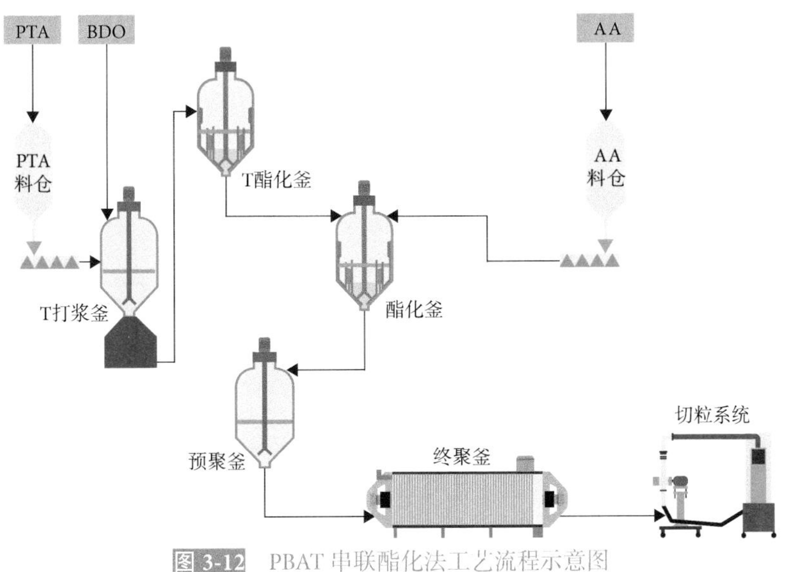

图 3-12　PBAT 串联酯化法工艺流程示意图

分开 / 串联酯化法由于体系中存在两种不同的二元酸 AA 和 PTA，在较低温度下，AA 与 BDO 就能发生酯化反应，而 PTA 与 BDO 的酯化反应需要更高的温度才能发生。

为保证酯化反应的高效且顺利进行，分开酯化和串联酯化可能更适合 PBAT 的合成，但需要两个酯化釜，而共酯化工艺操作更便捷，对设备的投入少。总的来说，从控制要求角度看，分开 / 串联酯化法生产 PBAT 比直接酯化法要求低。

庞道双等[6]研究了相关酯化条件对工艺和产品的影响。结果表明不同酯化方式得到的产品，熔点基本一致，且 PTA/AA 比例基本一致。但不同的方式，所需的酯化时间不同，串联酯化时间较长；分酯化中，不同的酯化釜的反应温度不同，有利于各自酯化反应和后续聚合反应的进行。针对小釜试验，混合酯化方式合成出来的产品性能基本达到要求，操作相对简单。

还有研究报道了一些特殊的 PBAT 工艺，例如苑仁旭等[7]利用酯交换法，将废弃的 PET 与 BDO 在催化条件下发生醇解制备聚对苯二甲酸双羟丁酯的二、三、四多聚物，和 PBA 混合一起缩聚合成 PBAT。结果表明，采用废弃 PET 能够制备具有良好降解性能和良好力学性能的 PBAT。制备 PBAT 用于塑料制品行业，为回收利用废弃 PET 提供了一个可行性高的方法。但该方法存在端羧基偏高、制品货架期短和颜色偏黄等缺点。

3.2.2 缩聚工艺路线

从缩聚步骤的角度分类，PBAT 的合成可分为一步法和两步法。

一步法：以意大利 Novamont 公司为代表，原料经酯化后直接缩聚成高分子量的 PBAT，其优点是工艺操作相对简单，设备投入较低。

两步法：以德国巴斯夫为代表，与一步法的反应过程是一样的，区别在于缩聚的时间长短及后续是否通过扩链剂来提高分子量。

一步法是直接缩聚合成高分子量的 PBAT，两步法则是先缩聚合成低分子量的 PBAT，再加入扩链剂，最终制成高分子量的 PBAT，两步法在缩聚阶段所需时间更短。

扩链增黏是一种有效且较为成熟的合成高分子量聚酯的方法，该方法在聚酯中加入能与其端基反应的、具有较高活性的双官能团物质（即扩链增黏剂），聚酯的黏度在短时间内迅速增长。与扩链增黏剂发生反应的 PBAT 分子链，作为长支链提高聚酯 PBAT 的支化程度，还可以进一步使支链末端的羟基 / 羧基发生酯化反应，加强了链间的缠结，同时增大分子链间化学和物理交联度，提高扩链增黏 PBAT 的熔体强度。增黏法具有操作便捷、高效，对设备要求低等优点，因此近年来在国内外很受重视。

扩链反应根据聚酯端基的类型选择不同的扩链增黏剂[8]。端羟基聚酯的扩链增黏常用二异氰酸酯类、二酰氯、二酸酐等。二异氰酸酯反应活性强，但扩链增黏反应期间容易产生较多的副产物，同时二异氰酸酯扩链增黏后降解的最终产物是有较高生物毒性的芳香二胺，正在被严格管控和限制使用。二元酰氯中的酰氯与聚酯羟基反应活性极强，降解性能不会因为扩链增黏而受影响，降解后产物无害，但在扩链增黏过程中产生 HCl 气体，提高了加工环境和设备的防护要求。端羧基聚酯则较多使用噁唑啉和双环氧化合物来扩链增黏。噁唑啉类扩链增黏剂的优势是扩链增黏过程不易产生交联凝胶，也不产生小分子，但原始制备单体较难取得。环氧类扩链增黏剂成本较低且相对安全。目前国外生产生物降解聚酯材料主要采用两步法，即合成之后，引入扩链增黏剂来提高其分子量，达到增黏的效果，但加入扩链增黏剂会对产品的性能、质量等产生相应的影响。

王有超[9]在无扩链增黏剂的条件下采用连续直接酯化的工艺方法合成了高分子量的 PBAT 聚酯。其工艺过程主要是在终聚后增加增黏釜的增黏过程，合成具有一定黏度的 PBAT 共聚酯。其缺点是在反应釜中会发生较多副反应；在预聚和终聚反应过程中易产生低聚物，真空系统会把低聚物带入喷淋系统，进而堵塞喷淋系统真空管线，必须有装置或设备将其低聚物及时除去，以保证平稳生产。宋敬思等[10]以 PBAT 为基体，加入不同含量的扩链增黏剂，制备了高熔体强度高分子量的 PBAT；结果表明，随着扩链增黏剂含量的增加，熔体强度上升以及树脂性能得到提高。苑仁旭等[11]以六亚甲基二异氰酸酯（HDI）为扩链增黏剂，通过熔融扩链增黏反应制备了高分子量的 PBAT；研究表明 HDI 可以显著提高 PBAT 的分子量，产物无交联；扩链增黏过程中，相比端羧基与异氰酸酯反应，端羟基与异氰酸酯的反应更快，且扩链增黏后大大提高了 PBAT 的拉伸强度等力学性能。

3.3　PBAT 合成工艺控制

PBAT 比较主流的合成工艺流程如图 3-13 所示。

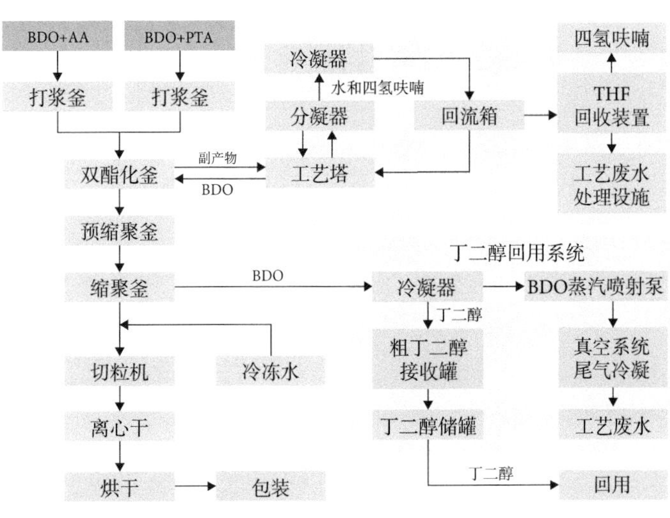

图 3-13　PBAT 合成工艺流程图

生产过程中涉及浆料系统、酯化系统、缩聚系统、熔体造粒系统、BDO 回收系统、THF 回收系统等重要系统的工艺控制。温度、压力、反应时间、添加剂等条件需要精确控制，以保证 PBAT 的质量和产量。此外，BDO 和 THF 的回收也是重要的控制环节，对单耗、能耗和成本控制以及生产安全性有重要的影响。

3.3.1 浆料系统工艺控制

浆料配制工艺流程如图 3-14 所示。原料 PTA 和 AA 粉末送到料仓中，PTA/AA 通过计量设备进入浆料配制罐中[12]。计量的形式有计量秤或固体流量计，也有直接用回转阀或输送螺杆来计算的[13]。BDO 从罐区的储罐经输送泵送至 BDO 计量罐。浆料配制的 BDO 供给要有一定的供应压力，由管道和计量泵投加。BDO 的计量大多采用椭圆齿轮流量计或质量流量计。BDO 经过计量送到浆料配制槽中配制成一定醇酸比的浆料，在常温常压下打浆。配置好的浆料由浆料输送计量泵连续送入酯化反应釜中。

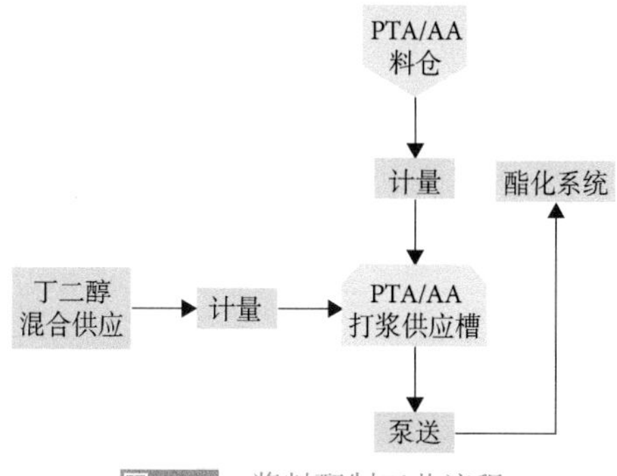

图 3-14 浆料配制工艺流程

浆料槽的液位在生产过程中应当保持稳定，浆料槽液位高时需要通过降低 PTA/AA 粉末的投入速度来调低液位。反之，浆料槽液位低时，需要通过提高 PTA 和 AA 粉末的投入速度来调高液位。同时需要保证三种合成单体比例能严格按照工艺要求持续的调配。还需要注意粉末原料 PTA/AA 的平均颗粒直径，因为粉末颗粒直径的大小对浆料性能有显著影响，平均粒径大的原料反应速度相对较慢。

在浆料调制槽配制好的浆料，连续向酯化工序输送，所以浆料调制槽也是浆料供应槽。部分装置配备有另一个独立的浆料供应槽，这样可以增加浆料的缓冲供应能力并提高浆料的均匀性，但也增加了设备投资和动力消耗。

3.3.2 酯化系统工艺控制

酯化系统的任务是将配制好的浆料升温进行酯化反应，供给下一道工序使用[12]，如图 3-15 所示。

酯化反应采用连续进料、连续酯化的工艺方式。常温的浆料由输送泵连续打入到酯化釜中，在大量的热媒加热条件下，升温到工艺设定值温度，进行酯化反应。其进料速度根据酯化温度的设定值，自动调节浆料泵频率来控制原料浆液的进料速度，确保酯化反应稳定进行。PTA 酯化反应的反应压力一般为负压，AA 酯化反应的反应压力一般为常压，酯化的反应平均停留时间都在 2~4 h 之间。酯化反应得到的酯化物经输送泵输送至预聚反应釜继续反应[13]。

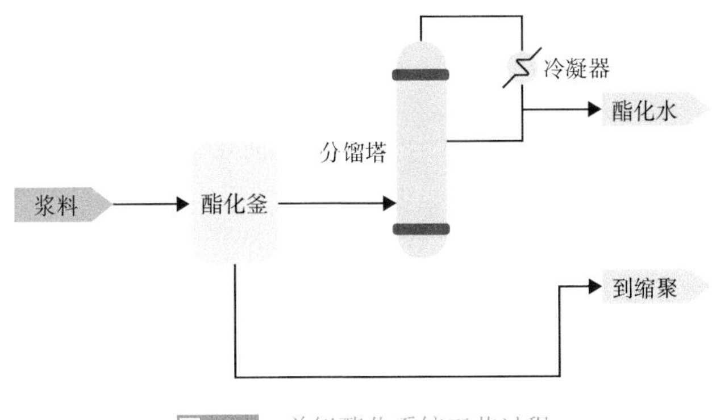

图 3-15　单级酯化系统工艺过程

酯化釜配有水分离塔系统。水分离塔用来分离酯化反应生成的水，使酯化反应能向正方向不断进行。酯化过程中，未反应的 BDO 及各类小分子杂质在高温下一般呈气态，可通过真空抽出送至工艺回收塔进行分馏、冷凝、精馏、加热、回收等一系列处理。其过程中，THF、水蒸气与呈气态的 BDO 经分馏系统分离处理后，从酯化釜中蒸发出的 BDO 冷凝回流至反应釜内继续反应，THF 和水则进一步冷凝至液态后进入 THF 回收系统进行 THF 副产物回收，废水送至废水处理系统进行处理。

在酯化反应的初期，PTA 不能完全溶解在 BDO 溶液中，所以酯化的反应速率只与温度、压力相关。提高温度能提升 PTA 在 BDO 溶液中的溶解度，加快反应速率。酯化反应持续进行一段时间后，PTA 逐步反应完全，溶液转变为单一的液相，即达到“清晰点”。但是较高的反应温度也会加快 BDO 环化生成 THF 的副反应，导致 BDO 的单耗增加。反应温度过低的时候，反应速率将会变慢，浆料的“清晰点”也来得较晚，不仅会减缓酯化和缩聚的反应速率，同时也会导致 PBAT 成品的色泽变差。

酯化阶段应当在适当的压力下进行，压力过低会导致 BDO 大量蒸发，造成能量损失，严重时更会造成单体比例失衡。压力过高又会造成酯化生成的水脱除变缓，造成酯化反应速率变慢。

酯化阶段的反应程度一般通过调节浆料停留时间来控制，浆料的停留时间即为反应时间，当停留时间过短时，酯化反应的酯化率达不到要求。在停留时间延长至一定时长后，酯化率随时间增长放缓，再增加停留时间会导致副产物 THF 生成量的增加。

在酯化系统中，必须严格控制 PTA/AA 浆料的供料量保持恒定，同时必须保持反应条件的稳定，从而获得稳定的酯化率。一般经过酯化并在进入缩聚阶段之前，酯化率能够达到 90% 以上。

3.3.3　缩聚系统工艺控制

缩聚系统的任务是将酯化物在真空条件下进行缩聚反应，使聚合物的特性黏度达到产品的要求值[12]。

缩聚反应是可逆反应，其原理是通过酯交换脱除 BDO 分子使 PBAT 链增长。该反应的平衡常数很小，需要及时脱除缩聚反应过程中生成的小分子（脱挥过程），使缩聚反应持续向正向进行，PBAT 分子链持续增长。缩聚常被分为“预缩聚”与“终缩聚”，其中“预缩聚”是受反应速率控制的过程，“终缩聚”是受反应速率和脱挥速率共同控制的过程。工业生产中，PBAT 的缩聚通常由 2~3 个单级缩聚单元串接而成，最后一个缩聚单元被称为“终缩聚”，前面的都被叫做“预缩聚”。单级缩聚系统工艺过程见图 3-16。

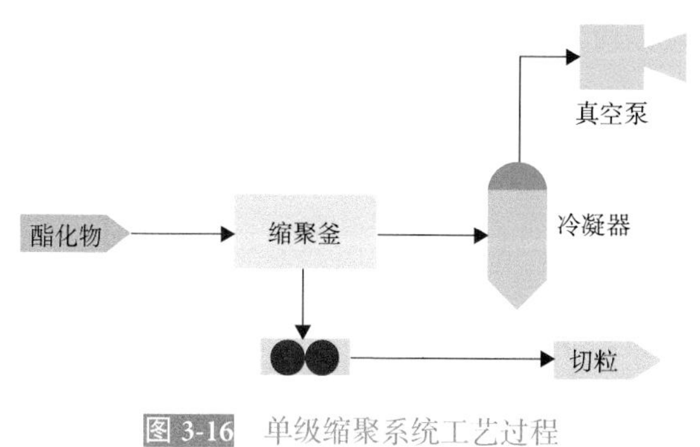

图 3-16 单级缩聚系统工艺过程

预缩聚反应[12, 13]：

酯化物导入预聚釜后，可根据工艺要求自动调节预缩聚反应的温度和真空度，以确保高温使反应生成的 BDO 及其他低分子有机物呈气态，在负压条件下完全抽出送入 BDO 回收系统进行回收利用。BDO 回收系统采用 BDO 喷淋的方式来捕集预聚釜抽出的 BDO 气体及其他气体，然后经刮板式冷凝器降温。回收的 BDO 部分作为喷淋液循环使用，部分送至储罐回用做原料进行浆料配置。

预缩聚阶段的缩聚反应比较激烈，由于预缩聚阶段物料的黏度比较低，缩聚反应产生的小分子 BDO 能够比较容易地从物料中排出反应体系，所以预缩聚反应器可以采用立式。在预缩聚阶段，停留时间延长会使聚合物黏度升高，但是，如果停留时间过长，由于反应料位高，BDO 蒸发困难，反而加快了逆反应和分解反应。

理论上缩聚是放热反应，降低温度有利于反应向正向进行。但是实际上 PBAT 的缩聚反应热效应并不高，温度对分子量的影响并不大。从反应动力学的角度来看，提升缩聚的反应温度，能提升反应速率，温度越高，反应进行的速度越快。在实际生产过程中往往需要更高的反应温度来使反应更快趋向平衡，在工艺上会将第二预聚反应釜的温度控制得比第一预聚反应釜高。另一方面，反应所处的压力越低即反应体系的真空度越高，越有利于小分子脱除，有利于反应向正向进行。在生产工艺上会逐步降低反应体系的压力，以得到高聚合度的 PBAT 产品。

终缩聚反应[12]：

预缩聚的物料进入到终缩聚釜中，终缩聚反应的温度和真空度进一步提高。终缩聚阶段由于物料的黏度很高，缩聚反应产生的小分子 BDO 从物料中难以逸出，所以及时更新物料表面是缩聚后期反应能正常进行的关键。因此终缩聚反应器都采用具有较大空间的、带有圆盘式或鼠笼式搅拌器的卧式反应器。

在终缩聚阶段，提高温度、停留时间和真空度均可提高聚合物黏度。终缩聚阶段会使物料端羧基含量升高，主要影响因素是温度和停留时间。温度和停留时间的增加都会导致端羧基含量的增加。终缩聚阶段的副产物含量主要是由预缩聚产物带来的，受温度、压力、停留时间的影响也会略有增加。最终产品颜色不但受原料的影响，而且受温度与停留时间的影响。考虑到对端羧基、颜色的影响，通过温度、真空度、停留时间三者的综合调节，可以保证最终聚合物的产品质量。

1）缩聚真空度的控制

每个缩聚釜单元都配有 BDO 喷淋冷凝系统，用于喷淋冷凝吸收缩聚反应放出的 BDO，并配置有真空发生系统，为缩聚反应提供所需的真空动力。在缩聚的过程中，不断有小分子被抽入真空系统，当小分子挥发量过大时，会产生雾沫夹带。这些雾沫夹带容易造成真空系统管路堵塞，进一步会造成 PBAT 生产装置稳定性变差。为了减少雾沫夹带的发生或者减少雾沫夹带的量，需要根据物料黏度高低、反应器中气相空间体积大小来适当调节真空度。同时也需要调节各个缩聚反应器之间的负荷分配，使 PBAT 生产装置能长期稳定运行。

在缩聚反应的最初阶段，反应比较激烈，过高的真空度容易造成雾沫夹带，应当将真空设置为低真空状态。在缩聚反应的后期，主要依赖持续脱除缩聚酯交换反应产生的小分子来使 PBAT 发生链增长反应。此时应当将真空设置为高真空状态，从而有利于小分子的脱除，使链增长的反应速度增快。当真空度达不到要求时，还会造成 PBAT 产品的分子量达不到设计要求，同时也会造成产品端羧基含量增高。

为了让反应生成的低分子物从高黏度的物料中及时抽出，促进缩聚反应顺利进行，要求反应器能提供尽可能大的物料比表面积，使物料能达到产品所要求的高黏度。因此这时决定过程速率控制步骤是以脱挥速率大小而作为关键参数。有实验数据表明聚合物长时间处于高温，热降解速率明显加剧。理想的真空度可降低反应温度，减少热降解，提高 PBAT 色值。事实证明在真空系统堵塞或系统泄漏时，制得的 PBAT 色泽灰暗、发黄。在生产过程中出现瞬间失真空时，就直接影响 PBAT 产品的质量。

2）缩聚温度的控制

PBAT 为生物降解聚酯，其自身热稳定性一般，所以缩聚温度的工艺窗口较 PET、PBT 聚酯窄。在温度较高时，PBAT 的热降解较为严重，会形成色相发黄的问题，并且会发生 AA 的脱羧反应，形成红色副产物，最终导致 PBAT 产品颜色发红的问题。需要结合实际情况对缩聚反应的温度进行全面摸索，再结合共酯化的方式进行缩聚。

3）催化剂的控制

在聚酯合成工艺中的缩聚阶段都需要加入催化剂金属化合物[14]。聚酯合成体系中的关键步骤是反应中的缩聚阶段，为了能够在较大程度上提高聚酯产物的质量，缩短反应时间，提高生产效率，需要高效的催化剂体系。聚酯缩聚反应是根据螯合配位机理进行的链增长反应，在反应过程中金属原子能提供空轨道和羰基氧上的孤电子对进行配位。配位聚合过程可分为四个步骤：①活性中心快速形成；②开始吸附单体进行定向配位；③络合活化；④模板似的进行插入增长的定向聚合，最终达到催化目的。目前脂肪族 - 芳香族共聚酯生产中使用较多的催化剂分别为锑系催化剂如三氧化二锑（Sb_2O_3）、醋酸锑（$Sb(OAc)_3$），钛系催化剂如正钛酸丁酯（TBOT）、钛酸四异丙酯，以及锗系催化剂。锑系催化剂中的 Sb_2O_3 副反应较少，催化活性较高，价格较低，但是部分情况下 Sb_2O_3 会在缩聚过程中被还原成金属锑，使得产品呈现“灰雾”色，严重影响产品品质。而 $Sb(OAc)_3$ 虽然催化活性较高，制备的聚酯产物色相较好，但是其具有一定的酸性，对反应设备要求较高；活性高且反应速度快的钛系催化剂极易与水反应产生较多的副产物，致使制备的聚酯产物热稳定性和色泽较差；锗系催化剂在聚酯合成反应中虽然产生的副反应较少，聚酯质量高和色泽好，但是它的催化活性低，价格较高。为了使催化剂和聚酯产品性能达到最佳，用于共聚酯合成中的新型催化剂及复合型催化剂的研究开发工作一直在进行。李鑫[14]以 PTA、AA、BDO 为原料，通过直接熔融聚合法合成PBAT。首先探究催化剂种类对PBAT的影响，确定合适的催化剂种类；之后，进一步研究催化剂用量对PBAT分子量、力学性能等的影响，确定最佳催化剂添加。

3.3.4 其他系统工艺控制

除了浆料系统，酯化系统和缩聚系统工艺控制外，还有熔体造粒系统、BDO 回收系统、THF 回收系统等重要的系统工艺控制。

1）熔体造粒系统[13]

熔体造粒工序首先要利用氮气将缩聚釜内反应生成的物料趁热压出，然后经水槽冷却后，进行水下切粒。造粒切片后的PBAT粒子含有一定的水分，需经离心机脱去水分，再通过隧道床利用切片余热自然干燥，最后在料仓对产品进行计量包装。

2）BDO 回收系统

BDO 回收系统由 BDO 冷凝器、粗 BDO 接收罐、BDO 储罐、蒸汽喷射泵、废水储罐、BDO 输送泵组成。蒸汽喷射泵产生负压，将缩聚釜中的气体抽出，该气体主要成分为 BDO 及微量的 THF，冷凝后，主成分 BDO 液体纯度可达 95% 以上，可回用至打浆釜，喷射的蒸汽冷凝废水排至废水站处理，不凝的气体经喷淋吸收后排放。BDO 的沸点较高，同时饱和蒸汽压很低，经系统回收、冷却、处理后，废气中 BDO 成分很低，可达标排放。

3）THF 回收系统[13]

THF 回收系统利用 THF 水溶液的共沸点可随压力改变的特性，采用常压塔 - 加压塔 - 常压精制塔双效三塔提纯工艺进行 THF 提纯，提纯后 THF 浓度可达 99.5% 以上。

酯化反应产生的 THF 经分馏、冷凝后回流进入 THF 原料储罐，然后经泵送入常压塔。在常压塔塔顶分离的 THF 气体冷凝后进入常压塔回流罐成为一级粗制 THF，然后根据工艺要求，一部分重回常压塔继续分馏，一部分进入加压塔进行进一步精制，剩余的常压塔釜底废液则进入废水站进行处理。加压塔分馏组分自塔顶侧采出，经冷凝后部分回到塔内继续分馏，部分送至热媒炉，与天然气混烧。加压塔釜底液为较纯净 THF，需泵压送至常压精制塔进行进一步的精制。常压精制塔塔顶馏出组分冷凝后可得到高纯度的 THF 副产品，精制塔釜底液则为纯度较低的 THF，经泵压送至原料储罐，再次进行分离提纯。

为了收集 PBAT 生产过程中产生的 THF 副产物以及避免 THF 的危害性，PBAT 生产装置内设计了轴流风机以加强装置通风能力。在生产现场还会设置可燃有害气体检测和报警装置。对生产操作工会要求佩戴个人防护面具。在 THF 的回收装置采用全敞开式混凝土框架结构，使 THF 气体不容易聚集。

3.3.5　小结

综上所述，影响 PBAT 反应的主要因素有：反应温度、反应压力、物料停留时间、PTA/AA 与 BDO 摩尔比、催化剂等。在不同反应阶段，各项影响因素对最终产品各项指标的影响程度不同，应找出最主要的影响因素加以调整。对于最终产品质量的影响因素，应综合不同反应阶段一起调整。酯化反应主要受温度、压力、停留时间的影响，仅在初期受 BDO / PTA（AA）摩尔比的影响。THF 的生成主要是在酯化阶段，控制 THF 生成应主要从酯化阶段入手。预缩聚阶段端羧基含量高的主要原因与酯化反应的酯化率有很大关系。因此，酯化反应的优化非常重要。在参数优化过程中，各影响参数也应综合考虑，在调整某一项参数的同时，可以适当调整其他参数，以补偿因调整该项参数对其他指标造成的影响。

3.4　国内外生产工艺技术发展现状

国外 PBAT 工艺发展较早，生产工艺最初由 BASF 开发[15]。BASF 公司于 1998 年推出全生物降解塑料 PBAT 产品，并得到迅速推广。其生产 PBAT 的工艺主要采用直接酯化和侧线扩链的两步法工艺技术，即合成之后再通过引入扩链剂来提高其分子量。意大利 Novamont 公司是世界上最早进行生物降解塑料产业化的企业，2004 年 Novamont 公司收购了美国 Eastman 公司的“Eastar-Bio”共聚酯系生物降解塑料业务，从而迅速拥有和掌握了 PBAT 的生产能力和工艺。国外技术代表还有吉玛技术，采用直接酯化以及圆盘式终聚釜在线增黏的生产工艺[16]。

中国 PBAT 生产技术起步较晚但水平并不落后，应用较为广泛的技术主要来自金发科技、聚友化工、扬州惠通、中国科学院理化技术研究所等企业或科研院所。

金发科技早在 2004 年便启动了全生物降解树脂的自主研发项目，于 2011 年建成国内首套年产 3 万吨全生物降解塑料 PBAT 的连续生产线，填补了国内空白。截至 2021 年底实现 PBAT 树脂产能达 18 万吨 / 年，成为全球规模最大的生物降解材料供应商。

聚友化工采用的技术是隆流塔式预缩聚反应器与笼筐式终缩聚反应器及双轴齿轮式增黏釜高效组合，装置灵活，适应不同聚酯产品生产要求。聚友化工技术采用 3 座填料塔对 PBAT 生产过程中的副产物 THF 进行分离提纯。所得的 THF 纯度高，可进一步回收利用。惠通公司采用独家专利技术的立式液相增黏釜，可以合成高分子量的 PBAT。上海聚友、扬州惠通两家公司均采取捆绑销售的方式，同时提供工艺包、主工艺设计以及专利设备，以上技术均不单独提供。中国科学院理化技术研究所开发的 PBS 生产工艺切换生产 PBAT，其 PBAT 合成主要流程与聚友化工工艺流程类似，不同的是通过开发并使用新型 Ti-Si 纳米复合高效聚酯合成催化体系，取消了在生产线中加入扩链添加剂的步骤，可生产分子量超过 20 万的 PBAT 产品。通过引入深冷装置和低温深冷技术，对反应副产物 THF 进行回收利用，减少对设备的腐蚀，实现了整套装置的 THF 零排放，形成了具有自主知识产权的 PBAT 生产工艺包及成套生产及应用专利技术。在针对现有装置改造方面，仪征化纤通过对现有 15 万吨 / 年 PBT 生产装置进行改造，可根据市场需求灵活切换生产 PBAT 等生物降解聚酯，于 2020 年成功实现了 PBAT 工业化生产。扬州普立特科技发展有限公司开发了由立式酯化釜和卧式缩聚釜组成的直接酯化、连续缩聚工艺和设备。缩聚釜内的两根搅拌轴上安装了多个成膜圆盘，形成双轴圆盘搅拌系统，便于调节 PBAT 产品的黏度。中国五环工程有限公司在 PBAT 和 PBS 的产品上拥有丰富的设计建设和总承包经验，先后承接了望京龙、旭科、宇新等多个项目的设计工作 [17]。

参 考 文 献

[1] 赵庆章，姜凯，李秀玲，等. PBT 聚合过程中四氢呋喃生成机理的探讨 [J]. 合成纤维工业，1988, (2): 45-49.

[2] DEVROEDE J, DUCHATEAU R, KONING C E, et al. The synthesis of poly(butylene terephthalate) from terephthalic acid, part I: The influence of terephthalic acid on the tetrahydrofuran formation[J]. Journal of Applied Polymer Science, 2009, 114(4): 2435-2444.

[3] 张小兵 . 中国生物可降解高分子新材料 PBAT 市场和产能分析 [J]. 四川化工 , 2021, 24(4): 5.

[4] 欧阳春平 , 卢昌利 , 郭志龙 , 等 . 聚对苯二甲酸 - 己二酸丁二醇酯 (PBAT) 合成工艺技术研究进展与应用展望 [J]. 广东化工 , 2021.

[5] 张双双 , 李仁海 , 高甲 , 等 . PBAT 合成方法及其应用的研究现状 [J]. 现代塑料加工应用 , 2018, 30(5): 5.

[6] 庞道双 , 潘小虎 , 李乃祥 , 等 . PBAT 合成工艺研究 [J]. 合成技术及应用 , 2019, 34(2): 5.

[7] 苑仁旭 , 徐依斌 , 麦堪成 . 生物降解 PBAT 的合成与表征 [J]. 化工新型材料 , 2012, 40(12): 85-87+93.

[8] 纪晓寰 , 孙宾 , 王鸣义 . 生物可降解聚酯的技术进展和应用前景 [J]. 纺织导报 , 2021, (2): 14.

[9] 王有超 . 新型生物降解材料——PBAT 的连续生产工艺 [J]. 聚酯工业 , 2016, 29(01): 28-29.

[10] 宋敬思 , 王贤增 , 周洪福 , 等 . PBAT 的扩链反应及其微孔发泡行为研究 [J]. 中国塑料 , 2018, 32(11): 42-48.

[11] 苑仁旭 , 陈颖华 , 徐依斌 , 等 . 扩链聚对苯二甲酸丁二醇 -*co*- 聚己二酸丁二醇酯的合成及表征 [J]. 聚酯工业 , 2013, 26(1): 16-20.

[12] 中国石油化工集团公司职工技能鉴定指导中心 . 聚酯装置操作工 [M]. 北京 : 中国石化出版社 , 2006.

[13] 黄回阳 , 汤小琪 . PBAT 合成工艺探究 [J]. 聚酯工业 , 2022, 35(5): 11-14.

[14]　李鑫 . 聚己二酸 / 对苯二甲酸丁二酯的合成与表征 [D]. 镇江 : 江苏科技大学 , 2018.
[15]　万和江 . 可降解塑料的研发与应用 [J]. 中氮肥 , 2021.
[16]　付凯妹 , 王红秋 , 慕彦君 , 等 . 聚 (己二酸丁二醇酯 - 对苯二甲酸丁二醇酯) 生产技术现状及其研究进展 [J]. 化工进展 , 2021.
[17]　张宗飞 , 王锦玉 , 谢鸿洲 , 等 . 可降解塑料的发展现状及趋势 [J]. 化肥设计 , 2021, 59(6): 6.

第 4 章

PBAT 树脂结构与性能

材料的微观结构决定其宏观性能。对 PBAT 树脂微观结构的分析和认识有助于改进其生产方法，帮助建立可靠的质量标准，保持树脂产品品质的稳定。本章将主要介绍 PBAT 树脂的化学结构与晶体结构，并对目前 PBAT 树脂产品质量标准及相应检测方法进行简要介绍。

4.1 PBAT 树脂的结构

PBAT 树脂是一种三元共聚物，其分子结构中的三种构造单元分别来自 BDO、PTA 和 AA，其中 BDO 是二元醇，PTA 和 AA 均为二元酸。因此，PTA 和 AA 之间必然存在与 BDO 酯化反应的竞争，其竞争结果对于分子链中的序列结构及树脂性能有决定性影响。另一方面，由于 PTA 与 AA 在价格、生物降解性能与力学性能贡献等方面存在实际差异，不同投料比条件对 PBAT 树脂分子结构的影响也值得探究。

PBAT 树脂一般是半结晶化合物，其结晶状态如何、是否受到化学结构的影响，也是研究热点之一。

4.1.1 PBAT 树脂的化学结构

PBAT 树脂的化学结构研究始于 20 世纪 80 年代，其中核磁共振（NMR）仪是极其重要的研究工具。

Chen 等[1]最先利用核磁共振氢谱（^{1}H NMR）对 PBAT 分子链中的序列分布完成了解析工作。PBAT 分子链中 BDO、PTA 和 AA 这三种构造单元可分别记作 B、T 和 A 单元。理论上 B 单元存在于四种序列结构中，分别是 TBT、TBA、ABT 和 ABA（图 4-1）。相连的 T 单元或者 A 单元对 B 单元中亚甲基上的氢原子的影响较为显著，使得这些氢原子在 ^{1}H NMR 谱图中的化学位移表现出较大差异，具体数据如表 4-1 所示。由于不同序列结构中 B 单元 α 位亚甲基（即与 O 原子相连的亚甲基）上的氢原子的化学位移差异显著，可以通过其积分面积来计算分子中不同序列结构的摩尔分数，继而计算 PBAT 的平均序列长度及随机程度。最终得到的结论是 PBAT 树脂是一种无规共聚物。

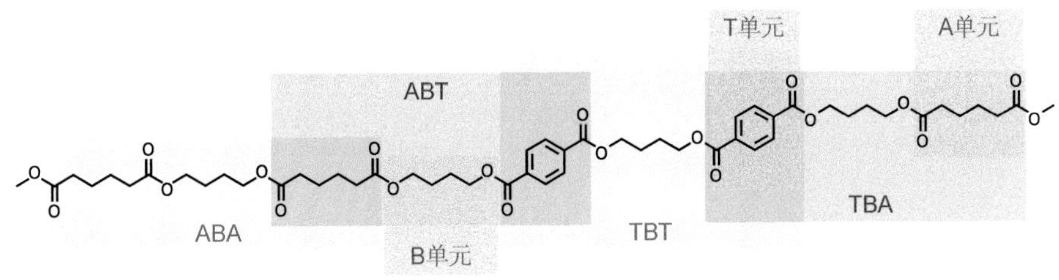

图 4-1 PBAT 分子链的不同序列结构

表 4-1 PBAT 中 B 单元四个亚甲基上氢原子信号的归属

序列结构	化学位移 / ppm
T–$OCH_2CH_2CH_2CH_2O$–T	5.09
T–$OCH_2CH_2CH_2CH_2O$–A	5.02
A–$OCH_2CH_2CH_2CH_2O$–T	4.82
A–$OCH_2CH_2CH_2CH_2O$–A	4.77
T–$OCH_2CH_2CH_2CH_2O$–T	2.59
T–$OCH_2CH_2CH_2CH_2O$–A	2.45
A–$OCH_2CH_2CH_2CH_2O$–T	2.45
A–$OCH_2CH_2CH_2CH_2O$–A	2.32

由于 A 单元和 T 单元不仅改变了相邻 B 单元中氢原子的化学环境，同时也对 B 单元中碳原子的化学环境产生了影响，因此 Witt 等 [2] 采用高分辨率的核磁共振碳谱（^{13}C NMR）对 PBAT 的序列结构进行了研究。采用高分辨率仪器的原因在于不同序列结构中 B 单元中位于中间的 2 个亚甲基碳原子信号的化学位移之间的差距非常小，仅有 0.02 ppm（表 4-2）。通过类似的计算方法，Witt 等进一步考察了不同 T/A 单元摩尔比例下的序列长度，最终结果是与 Chen 等的结果一致。

表 4-2 PBAT 中 B 单元中心亚甲基信号的归属 [2]

序列结构	化学位移 / ppm
A–$OCH_2CH_2CH_2CH_2O$–A	25.31
A–$OCH_2CH_2CH_2CH_2O$–T	25.39
T–$OCH_2CH_2CH_2CH_2O$–A	25.41
T–$OCH_2CH_2CH_2CH_2O$–T	25.48

Herrera 等 [3] 同时测试了 PBAT 树脂的 ^1H NMR 及 ^{13}C NMR 谱图，并且利用二维谱对质子进行了归属，通过原子核的耦合 / 去耦保证了峰位归属的正确性。与前面工作的不同是，Herrera 等是采用 T 单元芳环上氢原子（8.1 ppm）和 A 单元中与羰基相连的

亚甲基上的氢原子（2.33 ppm）的信号来作为 T 单元和 A 单元含量的标定信号（表 4-3），这种方法在投料比例的计算上更为简便。

表 4-3 PBAT（T/A=50/50）的 ^{1}H NMR 及 ^{13}C NMR 谱图中化学位移和归属 [3]

序列结构	化学位移 /ppm	
	^{1}H NMR	^{13}C NMR
$CO-C_4H_8-$	—	173.3
$CO-C_6H_4-$	—	165.7
$-C_6H_4-$	8.10 s	134.08, 134.02
$T-OCH_2CH_2CH_2CH_2O-T$	4.44 t	64.85
$T-OCH_2CH_2CH_2CH_2O-A$	4.38 t	64.88
$A-OCH_2CH_2CH_2CH_2O-T$	4.15 t	63.82
$A-OCH_2CH_2CH_2CH_2O-A$	4.09 t	
$-OCOCH_2-$	2.34 t	33.85
$T-OCH_2CH_2CH_2CH_2O-T$	1.97 m	25.48
$T-OCH_2CH_2CH_2CH_2O-A$	1.87 m	25.4
$A-OCH_2CH_2CH_2CH_2O-T$	1.81 m	
$A-OCH_2CH_2CH_2CH_2O-A$	1.68 m	25.31
$COCH_2CH_2-$	1.66 m	24.38

注：s 代表单峰，t 代表三重峰，m 代表多重峰

Gan 等 [4] 将 PBAT 树脂中 T 单元与 A 单元的摩尔分数所考察的范围进一步扩大，T 单元占总二元酸的摩尔分数（mol%）从 0 到 100 mol% 均有涉及，最终结果与已有工作成果基本一致。该研究说明二元酸 PTA 与 AA 的投料比变化并不能影响 PBAT 为无规共聚物的事实，而且即使在生物降解过程中，PBAT 树脂仍然能保持着无规共聚物的特性。

对 PBAT 化学结构的分析，除了液态核磁共振方法会被使用，固态核磁共振方法也会被用到。例如 Gan 等 [4] 和 Cranston 等 [5] 就采用固态 ^{13}C NMR 方法进行研究，结果与前人工作结论相符。

4.1.2 PBAT 树脂的晶体结构

PBAT 树脂的晶体结构对其加工、应用以及降解性能有着重要的影响。目前对于 PBAT 树脂晶体结构的表征主要采用差示扫描量热仪（DSC）、X 射线衍射仪（XRD）、广角 X 射线衍射仪（WAXD）、NMR 等设备。

4.1.2.1 PBAT 树脂的结晶组成及形貌

通过 DSC 可以获知 PBAT 树脂的玻璃化转变温度（T_g）、熔融温度（T_m）、结晶度等信息。Herrera 等 [3] 发现 PBAT 分子结构中 T 单元含量增多会导致树脂的 T_g、T_m

和结晶度均有较为明显的提高，晶区尺寸也会有所增大。

Gan 等[4]的研究则表明，同一 PBAT 样品在不同温度下结晶，其 T_m 相同。利用交叉极化 / 魔角旋转（cross-polarization/magic angle spinning，CP/MAS）^{13}C NMR 设备，Gan 等还观察到 PBAT 树脂中存在不同的 PBT 和聚 AA 丁二醇酯（PBA）晶型，包括 PBT 的 α 晶型、β 晶型和非晶型，以及 PBA 的晶型和非晶型。Gan 等认为 PBAT 树脂含有 BT 单元（即 B 单元和 T 单元相连的链段）的 α 晶与非晶结构，以及 BA 单元（即 B 单元和 A 单元相连的链段）的非晶结构，也就是说在 PBAT 中 BA 单元是无法进入晶体结构中的。但是 Cranston 等[5]的研究结果并非如此，PBAT 应该被视为共晶结构。XRD 及计算机模拟的结果表明，A 单元与 T 单元具有相似的长度（图 4-2），其形状、体积和链构象均满足共晶形成的前提。

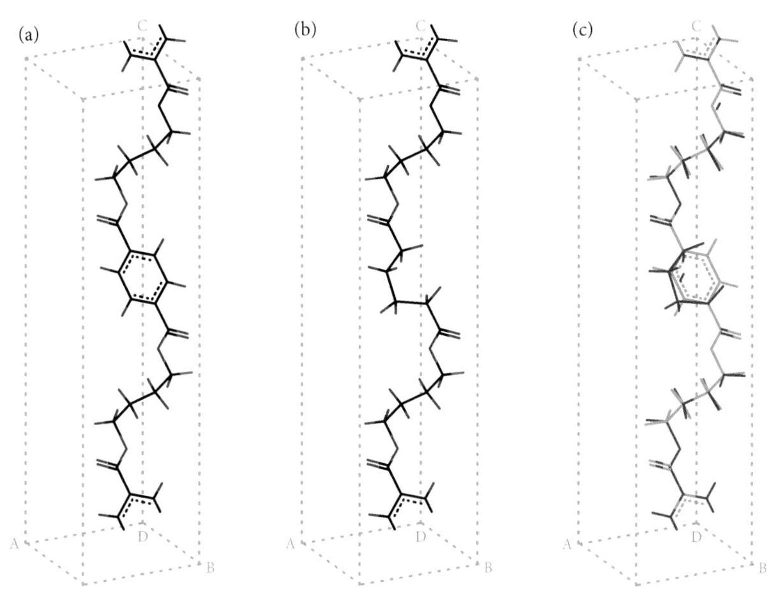

图 4-2 分子模型图

（a）PBT 分子；（b）PBAT 分子；（c）PBAT（粉色）与 PBT（绿色）模型叠加图

Shi 等[6]采用广角 X 射线衍射仪（WAXD）去表征 PBAT，结果表明总二元酸中 T 单元含量较少时（1~25 mol%），树脂中含有 PBA 晶体；而 T 单元含量较多时（27.5~80 mol%），树脂中含有 PBT 晶区。固体 ^{13}C NMR 谱图揭示 T 单元含量在 20~30 mol% 时，树脂中同时存在 PBA 和 PBT 晶区，只不过由于尺寸和含量太小而无法被 XRD 所监测到。其中含有 25 mol%T 单元时，T_m 和结晶度数值最小，此时是 PBA 晶区特征向 PBT 晶区特征转变的那个点（图 4-3）。Shi 等的工作相当于是对 PBAT 的晶体结构提出了全新的理论解释。

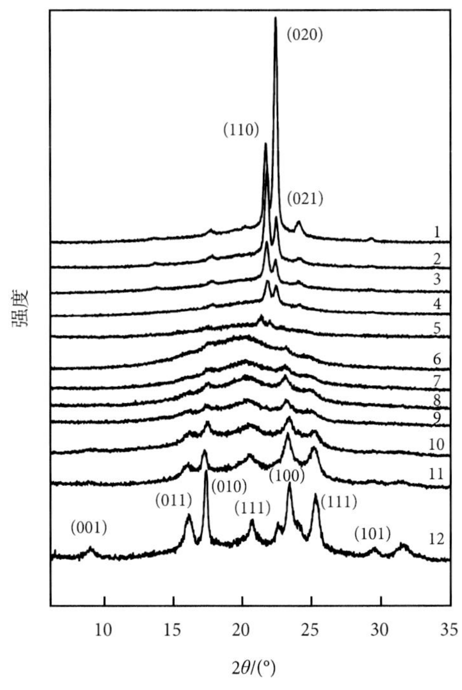

图 4-3 熔融结晶 PBAT 薄膜的 WAXD 谱图[6]

1. PBA，35℃；2. PBAT（10 mol%），30℃；3. PBAT（20 mol%），25℃；4. PBAT（22.5 mol%），25℃；5. PBAT（25 mol%），25℃；6. PBAT（27.5 mol%），25℃；7. PBAT（30 mol%），25℃；8. PBAT（40 mol%），25℃；9. PBAT（44 mol%），40℃；10. PBAT（60 mol%），100℃；11. PBAT（80 mol%），160℃；12. PBT，190℃

温度指结晶温度

PBAT 树脂的晶体形貌主要是球粒状。

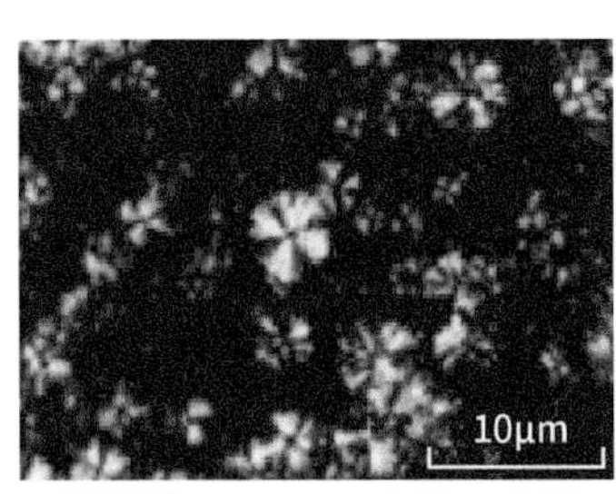

图 4-4 PBAT 的球晶形貌[5]

Cranston 等[5] 利用偏光显微镜研究了 PBAT 的晶体形貌（图 4-4），结果表明 PBAT 树脂晶体是以球晶的状态存在的。

Shi 等[6] 采用原子力显微镜（AFM）研究了 PBAT 晶体的形貌。结果显示所有样品都是球粒状。PBAT 树脂中 T 单元含量的不同造成了形貌中所显示的纹理也不同。在图 4-5 中，编号从 1 到 12 的样品中 T 单元占二元酸总含量中的份数从 0 至 100 mol% 逐渐增加。T 单元较少时，样品展现出径向板条状晶体；当 T 含量处于 20~22.5 mol% 时，样品是边缘不规则的单个的球粒，尺寸小，表面粗糙，分布在非晶区域中；T 含量进一步增大时，径向板条状结构越来越清晰和精细，球粒尺寸也在变大。

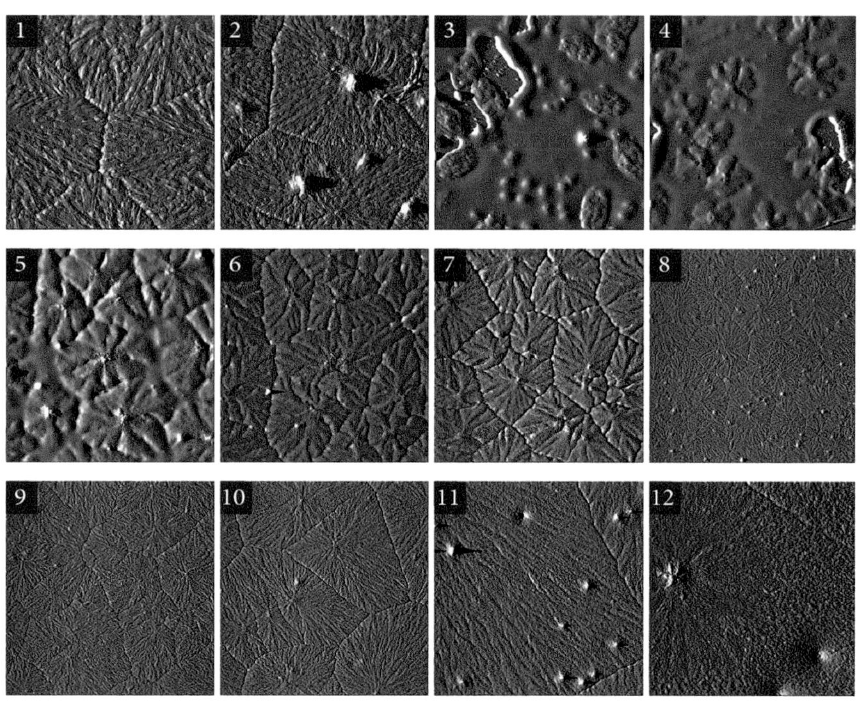

图 4-5　PBAT 熔融结晶薄膜的 AFM 影像[6]

每张图尺寸都是 24 μm × 24 μm。所有样品都经过相同的热处理

4.1.2.2　PBAT 树脂的结晶取向

高分子作为一类软物质，对外界微小的作用具有敏感性，其结构和性质可在很小的力、电、磁、热、化学扰动等外界作用下发生很大的变化。因此，通过调控外场的类型、性质和强度，可制造出满足不同目的和要求的、具有特殊结构和性能的高分子材料。

目前人们发现，PBAT 树脂在拉伸及剪切作用下会形成不同的结晶结构。

Shi 等[6] 仔细研究了熔融纺丝时 PBAT 纤维中的晶体结构构成，发现 PBAT 纤维的结晶度、晶体取向因子和晶体尺寸是卷取速率的函数（图 4-6），增加卷取速率可以提高结晶。Shi 等还用 WAXD 研究了晶胞尺寸，发现 PBAT 的晶胞尺寸与 PBT 的很相似，但是无法用于判断是否有 A 单元进入晶体结构中。然而通过数学模型的推导和计算，Shi 等最终认为：在 PBAT 纤维中，柔性 BA 单元被引入 BT 晶格中，形成了混合结晶。这与 Cranston 等[5] 的研究结果是一致的。

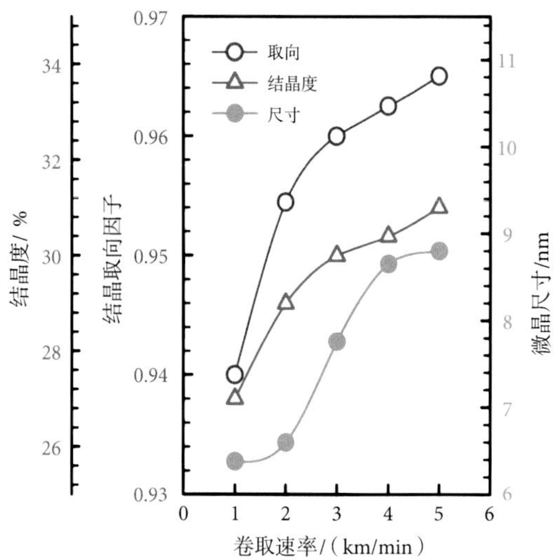

图 4-6　不同卷取速率制备的 PBAT 纤维的晶体结构的定量分析结果[6]

Zhou 等[7]研究了拉伸对 PBAT 的诱导晶型转变现象（图 4-7）。PBAT 在拉伸过程中经历了多态晶体转变和片层结构的变化；由于原始晶体的稳定性和聚合链的迁移率的协同作用，结晶温度（T_c）和变形温度（T_d）对拉伸诱导的多能级微观结构演化有很强的影响。PBAT 的晶片在拉伸过程中经历了旋转、滑移、原始晶片的破碎和新形成晶片的再结晶等多步结构变化。由于晶体稳定性增强，在高 T_c 时这一过程被推迟。PBAT 的 α 晶型在塑性区拉伸过程中转变为 β 晶型。晶体的转变受取向度的影响，在低 T_c 和

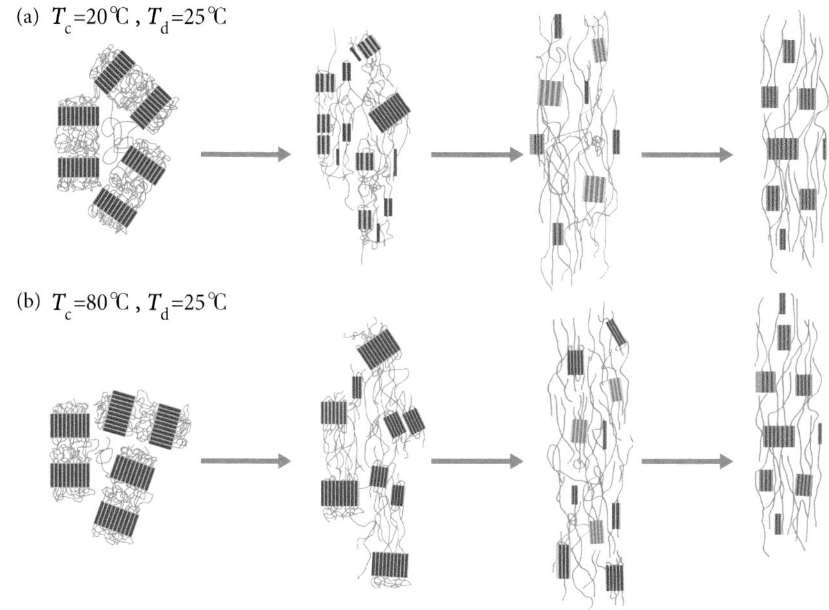

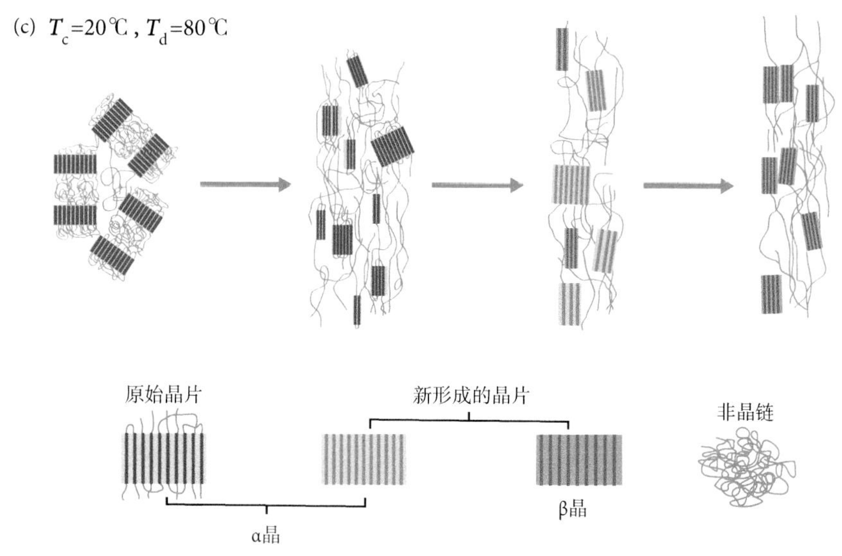

图 4-7　拉伸作用下 PBAT 晶体结构转变的示意图[7]

T_d 时更易发生转变。认为 α 晶型到 β 晶型转变主要发生在新形成的扩链晶体中，而不是在原始晶体中。在无应力条件下高温退火，β 晶型会转变成热稳定性较好的 α 晶型。本研究明确了 PBAT 的含拉伸多态晶体跃迁和片层演化。

Bojda 等[8]研究了剪切对 PBAT 非等温结晶过程的影响。结果表明所研究的 PBAT 的结晶和结构取决于共聚物链中芳香族和脂肪族单元的含量和分布。因此，虽然剪切诱导取向增强了点状形核，使结晶在冷却过程中向更高的温度移动，并导致晶粒尺寸减小，但它对结晶度和晶体厚度的影响不大。

上述研究结果表明在外力的作用下，PBAT 的晶体结构会发生显著的变化，对其耐热性、力学性能等产生显著的影响。在 PBAT 产品的实际生产过程中或许可利用此特性获得较好的应用效果。

4.1.2.3　PBAT 树脂的结晶动力学

聚合物从非晶态转变到晶态，一般来说动力学控制占主导。因此对于晶体研究来说，研究聚合物的动力学问题就显得至关重要。

针对 DSC 测试中 PBAT 的 T_g 不明显的问题，Herrera 等[3]通过流变性能研究确定了 PBAT 的 T_g 在 −50℃左右。Herrera 等还利用不同降温速率的动力学 DSC 曲线研究了 PBAT 的非等温结晶行为，如图 4-8 所示，采用经典的 Avrami 方程进行结晶动力学研究。结果显示降温速率越快，结晶峰越尖锐，结晶温度越小。

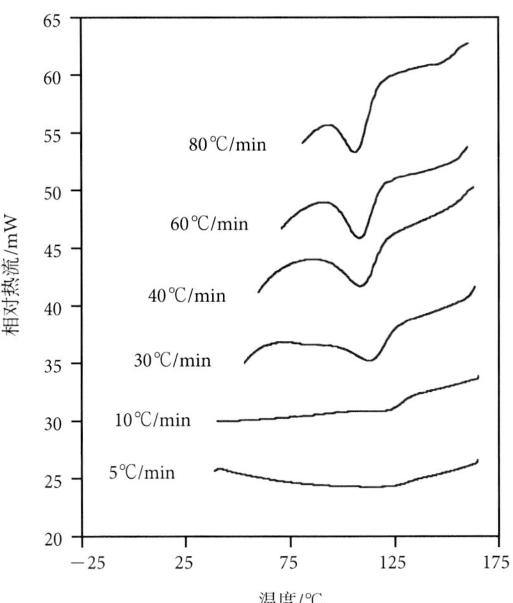

图 4-8 不同冷却速率下 PBAT（50/50）的动力学 DSC 曲线[3]

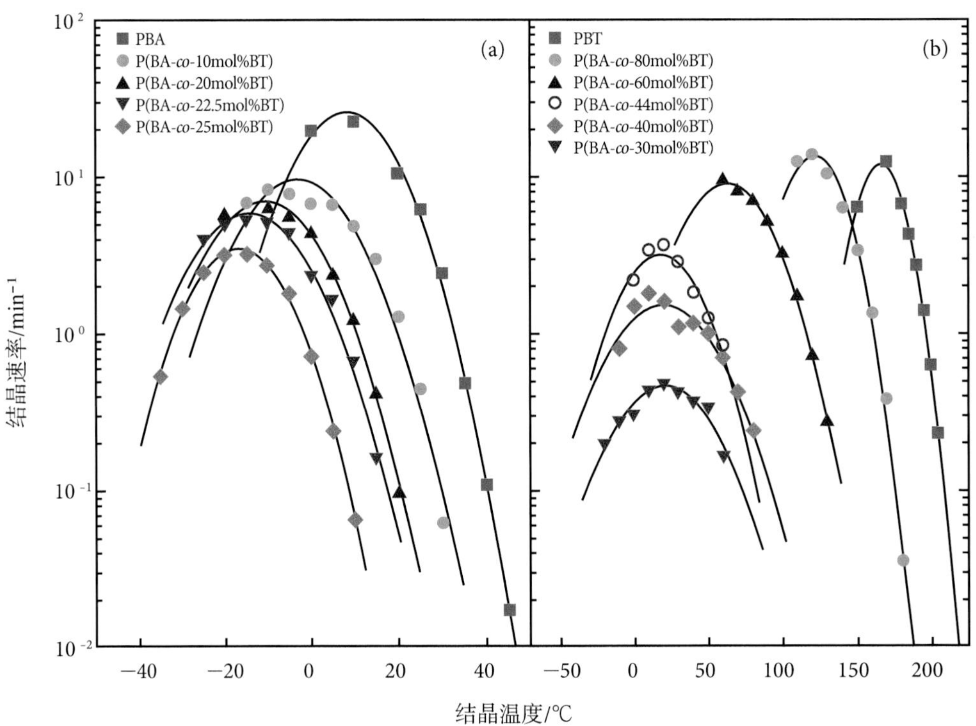

图 4-9 PBAT 的结晶速率是结晶温度的函数[6]

Shi 等[6] 也采用 DSC 研究了 PBAT 的结晶速率与结晶温度。结果表明 A 单元含量多少影响了 PBAT 的结晶速率和结晶温度。柔性的 A 单元，一方面提高了共聚酯骨架链的柔性，使得刚性的 T 单元更容易去扩散和规则地堆叠在晶体结构单元上，另一方面，又降低了结晶 T 单元的浓度。链上的 A 单元阻止了 T 单元形成大的晶体，降低了熔融温度，因此在更低的温度下可实现最大的结晶速率，如图 4-9 所示。

4.2　PBAT 树脂性能表征及其质量标准

PBAT 树脂产品的品质是否合格，能否满足下游客户基本的使用需求，一般通过相应的国家标准、行业标准等来评判。从专业角度而言，需要对材料的关键性能参数进行实验测试，从而判定该性能能否满足生产或使用的需求。2015 年 12 月，中国生物基材料及降解制品标准化技术委员会（SAC/TC 380）联合金发科技、清华大学、四川大学等企业院校发布了 PBAT 树脂国家标准《生物降解聚对苯二甲酸 - 己二酸丁二酯（PBAT）》（GB/T 32366—2015）。标准中规定了 PBAT 树脂基础通用的性能要求及其检测方法。本节后续对所涉及主要质量标准及通用的控制方法进行展开叙述。

标准 GB/T 32366—2015[9] 中对 PBAT 产品的技术要求如表 4-4。

表 4-4　生物降解 PBAT 技术要求

序号	项目	单位	要求
1	外观		乳白色或浅黄色等本色颗粒
2	熔体质量流动速率（MFR）	g/10 min	M_1 ± 10%
3	羧基含量	mol/t	≤ 50
4	熔点，T_{pm}	℃	110~145
5	色值 L 值 标称值		≥ 70
6	色值 a 值 标称值		≤ 5，且偏差≤ ±1
7	色值 b 值 标称值		≤ 10，且偏差≤ ±1
8	断裂拉伸强度	MPa	≥ 15
9	断裂拉伸应变	%	≥ 500
10	弯曲强度	MPa	3
11	弯曲模量	MPa	30
12	维卡软化点 A_{50}	℃	M_2 ± 2
13	灰分	%	≤ 0.1
14	降解性能要求	生物分解率	≥ 60
15	宣称可堆肥*		符合 GB/T 28206—2011

注：M_1、M_2 均为每牌号产品该项指标的标称值

* 详见第 8 章

其中聚酯反应程度与熔体加工流动性用熔体质量流动速率来表征，端羧基含量与色值的高低能反映出生产过程中副反应发生的多少，力学性能的测试结果能反映出聚

酯产品能否达到应用需求，生物分解率能反映出该PBAT产品能否符合可生物降解要求。

4.2.1 熔体质量流动速率

熔体质量流动速率（MFR），一般可以简称为熔融指数，或者熔指。其是树脂在规定的温度与负荷下，在一定时间内流过标准毛细管的质量，单位一般为 g/10 min，测试条件 190℃ /2.16 kg。熔指的测试方法简单、快速，并且能在一定程度上反映实际加工过程中熔体的流动性好坏，是 PBAT 聚酯的一项重要指标。

PBAT 产品一般是根据熔指的大小来进行分类，不同熔指的 PBAT 产品的物理化学性质不同、应用领域不同。常见的应用分类如表 4-5 所示。

表 4-5 常见的 PBAT 产品分类表（以金发 PBAT 为例）

序号	PBAT 商品牌号	熔指范围	加工方法	典型应用领域
1	KB100 LF	1.0~2.5	吹膜	膜袋类商品
2	KB100	3.0~5.0	吹膜	膜袋类商品
3	KB100 HF	7.0~9.0	吹膜	膜袋类商品
4	KB100 SF	17.0~23.0	注塑	可降解餐具增韧
5	A400 CF	25.0~32.0	吹膜	母粒类产品

4.2.1.1 测定原理

当塑料高分子聚合物在足够的温度下受热，会熔融成具有流动性的熔体，记录固定时间内熔体在规定的温度、压力下通过标准毛细管（口模）的质量，可以直观地反映高分子聚合物流动性的大小 [10]。需要注意的是 PBAT 在湿热条件下非常容易降解，其流变行为对湿度更敏感，在高温下容易和水发生水解反应，从而降低分子量，导致熔体流动性变强，使得熔指异常升高 [11]。

PBAT 的酯键在高温下与水相遇易发生的水解反应机理如图 4-10 所示。

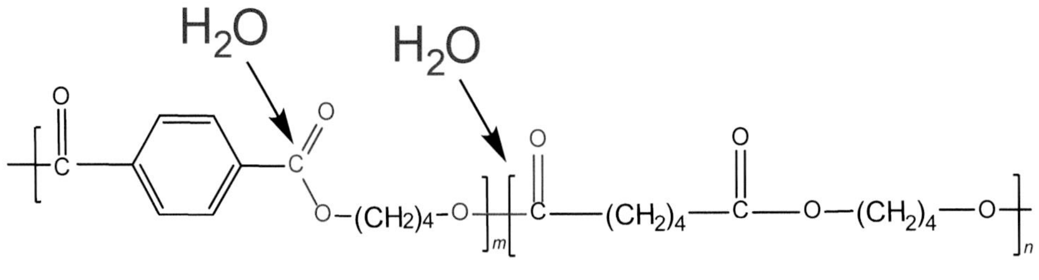

图 4-10 PBAT 的水解反应方程式

所以 PBAT 在 MFR 的测定过程中需要对温度、时间、样品用量以及预处理进行严格要求，以得到更准确的测试结果 [12]。

4.2.1.2 测定方法

PBAT 聚酯的熔指按照《热塑性塑料熔体质量流动速率（MFR）和熔体体积流动速率（MVR）的测定 第 2 部分：对时间 - 温度历史和（或）湿度敏感的材料的试验方法》（GB/T 3682.2—2000）中的 A 法进行，试验条件为 D（温度 190℃，负荷 2.16 kg）。

1）样品预处理

由于 PBAT 聚酯的熔指受其水分影响，在测试前应对样品进行干燥。

标准并没有对 PBAT 样品的预处理程序进行规定，需要由供需双方共同协商规定。一般而言，在 100℃鼓风干燥箱中烘干 30 分钟，可以将树脂水分降至约 300 ppm，从而不显著影响测试结果。随后将其转入干燥器中冷却 30 分钟至室温待测。

2）MFR 的测定

将熔指仪设定至 190℃并稳定至少 15 min，取适量干燥的 PBAT 树脂颗粒装填入熔指仪中，预热 4 min 后将活塞总负荷增加至 2.16 kg，让活塞在重力的作用下下降，直到挤出没有气泡的细条，在活塞杆上标线到达料筒上缘前收集在设定时间内切出长度为 10~20 mm 的 PBAT 细条，最好有 3 根或以上，待冷却后分别单独称量，精确至 1 mg，计算平均质量为测试结果。若细条长度不在 10~20 mm 的范围内，则需要调整切断间隔时间，重新进行测试。

3）计算

试样的 PBAT 熔体质量流动速率通过下式计算：

$$\mathrm{MFR}(190℃, 2.16\ \mathrm{kg})=\frac{600\times m}{t}$$

式中：MFR——熔指，g/10 min；m——收集的单个 PBAT 细条的质量，g；t——切断时间间隔，s。

4.2.2 羧基含量

羧基含量是另一个能反映 PBAT 聚酯产品质量的重要指标，一般以 mol/t 为单位。在聚酯合成的过程中，未反应完全的 PTA 或者 AA 端链可能形成羧基，在聚合过程中的热降解，热氧降解也均可能生成羧基。对生物降解聚酯 PBAT 而言，羧基含量不仅影响了产品的热稳定性而且影响了产品的降解性能[13]。通常情况下羧基含量越高，PBAT 聚酯的耐水解性就越差[14]。

4.2.2.1 容量法

标准 GB/T 32366—2015 中规定了羧基含量按照《纤维级聚酯切片（PET）试验方法》（GB/T 14190—2008）中 5.4 羧基含量的测试方法的 A 法进行，混合溶剂选用体积比为

2 ∶ 3 的苯酚 - 三氯甲烷混合溶液。选用 0.01 mol/L 氢氧化钾的苯甲醇溶液为标准滴定溶液，选用 0.2% 的溴酚蓝为指示剂。

1）测定原理

羧基含量测定本质上是酸碱滴定，利用已知浓度的强碱溶液逐滴加入溶解了 PBAT 的待测溶液中，待酸碱指示剂溴酚蓝从黄色变为蓝色为滴定终点。用滴入 OH^- 的摩尔数等于待测液中 H^+ 的摩尔数，从而计算出待测液中 H^+ 摩尔数，进而计算出 PBAT 的羧基含量 [15]。其反应式如图 4-11 所示。

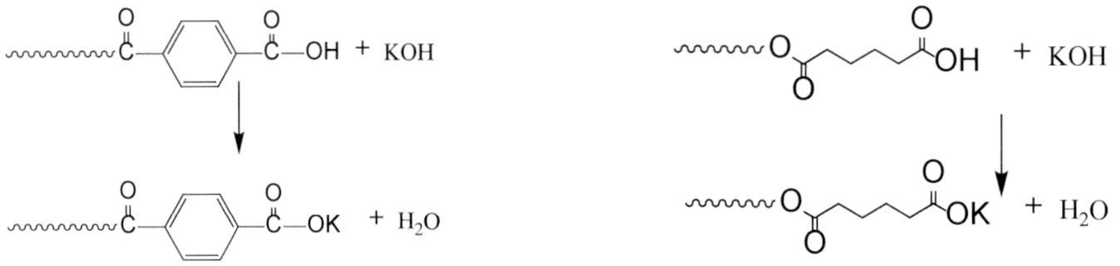

图 4-11 PBAT 羧基与碱液反应式

其计算原理为质子平衡：

$$n_{OH^-} = n_{H^+}$$

$$AN_{PBAT羧基} = \frac{c_{已知浓度碱} \times V_{碱消耗}}{m_{PBAT溶解质量}} \times 1000$$

式中：AN——PBAT 聚酯的羧基含量，mol/t；$c_{已知浓度碱}$——滴定用碱液的浓度，mol/L；$V_{碱消耗}$——滴定用碱液消耗的体积，mL；$m_{PBAT溶解质量}$——溶解于溶剂的 PBAT 质量，g。

溴酚蓝指示剂在 pH<3.0 时显黄色，pH>4.6 时显蓝色，理论上变色时并非滴定的等当点，但一般而言，指示剂变色时滴定剂消耗体积与理论等当点消耗体积十分接近，测试时可视为两者相等。

2）测定方法

称取 0.5 g 试样，精确到 0.1 mg，放入三角烧瓶中，加入 25 mL 体积比为 2 ∶ 3 的苯酚 - 三氯甲烷溶液，将三角烧瓶于 100℃热台上加热回流至样品完全溶解。待冷却后滴入 5~6 滴 0.2% 的溴酚蓝指示剂，用已经标定过的氢氧化钾的苯甲醇溶液进行滴定，当溶液由黄色变成蓝色即为滴定终点 [16]。记录消耗的碱液体积。

需要在同样的条件下进行空白试验，记录空白消耗碱液的体积。

根据以下公式计算得出 PBAT 树脂的羧基含量：

$$AN = \frac{(V - V_0)c \times 10^3}{m}$$

式中：AN——试样的羧基含量，mol/t；V——试样溶液消耗的碱液体积，mL；V_0——空白试验所消耗的碱液体积，mL；c——氢氧化钾的苯甲醇溶液的浓度，mol/L；m——试样的质量，g。

计算结果以两次测试的平均值标识，保留三位有效数字。

4.2.2.2　电位滴定法

容量滴定法本质是以溴酚蓝为指示剂的酸碱滴定，存在滴定终点颜色变化不明显的缺陷。在日常操作中，检测员容易误判终点，导致测试结果的可靠性降低。实际生产过程中一般采用自动电位滴定仪滴定的方法，它利用计算机记录氢离子电位活度的变化来自动判断滴定终点，比指示剂更为灵敏。

1）测定原理

它利用计算机记录氢离子电位活度的变化来自动判断滴定终点，比指示剂更为灵敏。自动电位滴定在操作上也较为便捷，能自动逐滴滴入碱液并判断滴定终点，能自动根据输入的碱液浓度、样品质量结合滴定终点碱液消耗量，计算并显示 PBAT 的羧基含量。

2）测定方法

称取2.5 g试样，精确至0.1 mg，放入三角烧瓶中，加入125 mL体积比为2 ∶ 3的苯酚-三氯甲烷溶液，将三角烧瓶于热台上加热回流至样品完全溶解并冷却至室温。将溶液转移至 150 mL 烧杯中并置于滴定台合适的位置，将电极的下半部浸入液面以下。在滴定仪中输入试样质量与标定的氢氧化钾苯甲醇溶液浓度，点击“开始滴定”[17]。

同时进行同样条件下的空白试验，将结果输入电位滴定仪中。电位滴定仪将根据设定的公式自动计算出 PBAT 树脂的羧基含量。电位滴定仪的外部结构及测试曲线如图 4-12 所示。

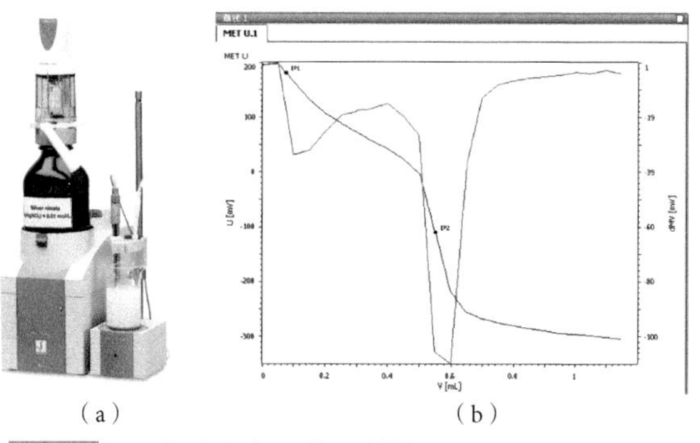

（a）　（b）

图 4-12　电位滴定仪的外部结构（a）及测试曲线（b）

4.2.3　熔点

PBAT 的熔点指的是聚合物从固态向不同黏度液态转变的温度，一般通过差示扫描量热仪（DSC）进行测试，在 DSC 曲线上表现为吸热峰[18]。PBAT 拥有丁二醇己二酸酯（BA）与丁二醇对苯二甲酸酯（BT）两种结构单元，这两种结构单元 BT 与 BA 的摩尔比例对 PBAT 聚酯的熔点影响巨大。

PBAT 质量标准 GB/T 32366—2015 中规定了熔点的测试方法按《塑料 差示扫描量热法（DSC）第 3 部分：熔融和结晶温度及热焓的测定》（GB/T 19466.3—2004）中的规定进行，升温速率选用 10℃ /min。

4.2.3.1 测定原理

PBAT 从室温升至一定的温度下能向液态转变，在该温度下会有吸热效应。通过电热片对 PBAT 样品和参比加热，记录为保持样品和参比保持相同温度所需的能量差，并输出为 ΔQ。DSC 设备能记录这种补偿热流随温度与时间变化的曲线，通过观察曲线能得到一个试样最大吸热峰，此峰对应的温度即为 PBAT 聚酯的熔点。

DSC 的内部结构及测试曲线如图 4-13 所示。

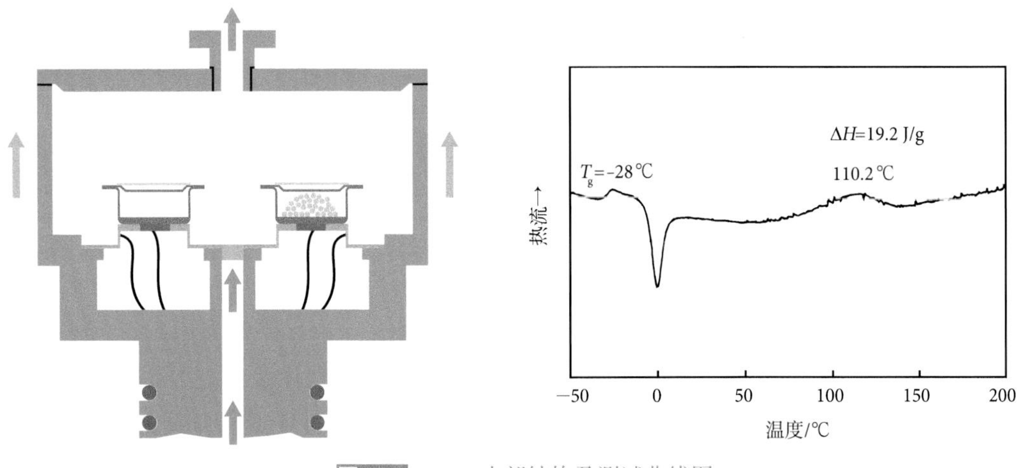

图 4-13 DSC 内部结构及测试曲线图

4.2.3.2 PBAT 熔点测定方法

称取 5~10 mg PBAT 试样到样品皿中，精确到 0.1 mg。将样品皿与参比皿放入 DSC 仪器中。设定 10℃ /min 的速率从室温升至 160℃，恒温 2 min 后以 10℃ /min 降至 20℃并恒温 2 min，温度曲线循环 2.5 次。试验结束后处理数据得到 PBAT 的熔点。

4.2.4 色值

PBAT 制品主要为膜类材料，对外观有着严苛的要求，所以 PBAT 聚酯的色值也必须严格控制在标准范围内。通常认为色值 L 值越高，色值 a、b 值越接近 0 的 PBAT 树脂色相越好，越有利于后续加工制品的颜色控制。

标准GB/T 32366—2015规定了PBAT的色值通过《纤维级聚酯切片(PET)试验方法》(GB/T 14190—2009)中5.5色度的测定方法的B法(干燥法)规定进行测试，测试条件为树脂颗粒在D65光源以及10°视场下参照CIE 1976 $L^*a^*b^*$色彩空间输出L、a、b的测试结果。

4.2.4.1 测定原理

CIE(国际标准照明委员会)在1976年规定了一个理论上包括所有人眼可见的颜色转变为数值的体系，即CIE 1976 $L^*a^*b^*$色彩空间。将样品置于D65(用来模拟日光照射)光源下，以10°观察视角安装的复合传感器观察并记录三种光源反射的红、绿、蓝刺激值，记为X、Y、Z。再通过数学方法将X、Y、Z换算为CIE 1976 $L^*a^*b^*$色彩空间的L、a、b值。其换算公式如下：

$$L = 116\left(\frac{Y}{Y_0}\right)^{\frac{1}{3}} - 16$$

$$a = 500\left[\left(\frac{X}{X_0}\right)^{\frac{1}{3}} - \left(\frac{Y}{Y_0}\right)^{\frac{1}{3}}\right]$$

$$b = 200\left[\left(\frac{Y}{Y_0}\right)^{\frac{1}{3}} - \left(\frac{Z}{Z_0}\right)^{\frac{1}{3}}\right]$$

式中：X，Y，Z——试样的三刺激值；X_0，Y_0，Z_0——全反射漫射体的三刺激值。

L值越大，代表PBAT的亮度越高。

$a>0$时，表示测定的PBAT偏红相，a的数值越大，表明PBAT颜色越红，a的数值负的越多，代表PBAT绿色越深。

$b>0$时，表示测定的PBAT呈黄色，b的数值越大，表明PBAT颜色越偏黄，b的数值负的越多，代表PBAT越偏蓝。

一般而言，两种PBAT材料的色差$\Delta E^*_{ab}>1$时，肉眼能分辨出颜色的区别，$\Delta E^*_{ab}>3$时色差就非常明显，$\Delta E^*_{ab}>5$时看起来就是两种颜色了。ΔE^*_{ab}的计算方法如下所示：

$$\Delta E^*_{ab} = \sqrt{(\Delta L^*)^2 + (\Delta a^*)^2 + (\Delta b^*)^2}$$

4.2.4.2 测定方法

将色差仪设定至 10° 视角，D65 光源，CIE 1976 $L^*a^*b^*$ 色彩空间。将 PBAT 颗粒放入样品杯中，轻轻震动样品杯，使 PBAT 样品堆积紧密。将样品杯置于色差仪测量孔上，测定 PBAT 的色值，每转动 120° 测试一次，共测试三个测量值。取三个测试值的平均值作为测试结果，L 值保留三位有效数字，a 值和 b 值保留两位有效数字。

需要同时测试一个平行样品，两个样品测试结果的平均值作为测试结果。PBAT 色值测试可使用的分光测色计及典型测试结果如图 4-14 所示。

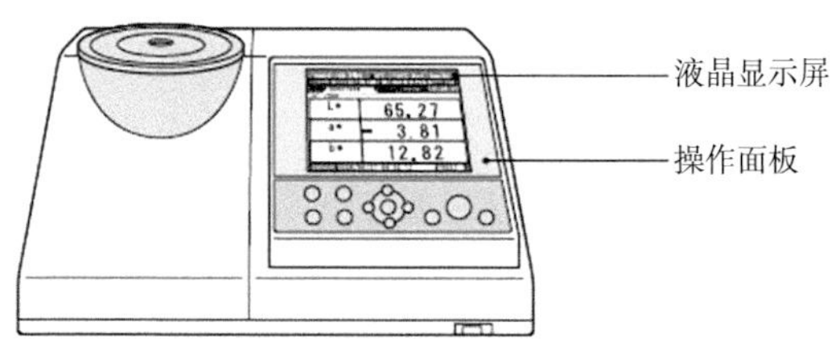

图 4-14 PBAT 色值测试使用的分光测色计图

4.2.5 力学性能

PBAT 产品主要关注的力学性能有断裂拉伸强度、断裂拉伸应变、弯曲强度、弯曲模量、维卡软化点这几个指标。断裂拉伸强度与断裂拉伸应变的测试需要符合《塑料 拉伸性能的测定 第 1 部分：总则》（GB / T 1040.1—2018）的要求，弯曲强度与弯曲模量的测试需要符合《塑料 弯曲性能的测定》（GB/T 9341—2008）的要求，维卡软化点则需要符合《热塑性塑料维卡软化温度（VST）的测定》（GB/T 1633—2000）的要求。

4.2.5.1 拉伸

1）试验原理

拉伸强度表示 PBAT 成品能够抵抗拉伸破坏力的极限能力，通过测试试样的屈服力、破坏力和试样标距间的伸长来求得试样的拉伸强度和拉伸应变。将样条的两端用固定器具固定好，施加轴方向的拉伸荷重，直到遭到破坏时的应力与变形的计算方法即为拉伸试验，如图 4-15 所示。

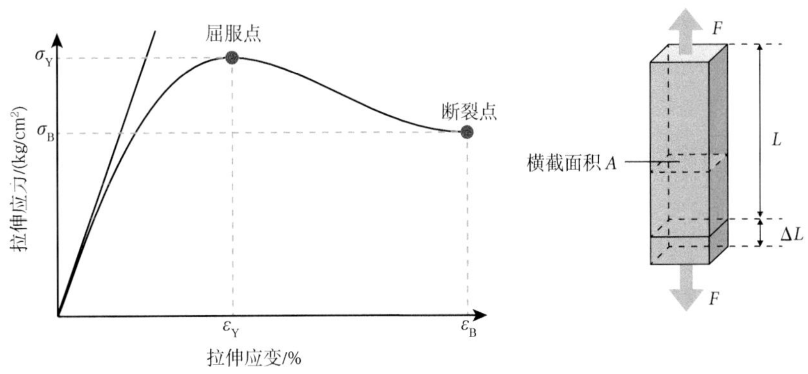

图 4-15　塑料材料的拉伸应力变化曲线

2）测试方法

A. 试样的制备

将预先干燥的 PBAT 树脂颗粒通过注塑机制成不少于 5 个如下尺寸的样条。试样应无扭曲，表面和边缘无划痕、空洞、凹陷或者毛刺，若试样有任一项不满足要求时，应舍弃或在实验前加工至合适的尺寸和形状 [19]。

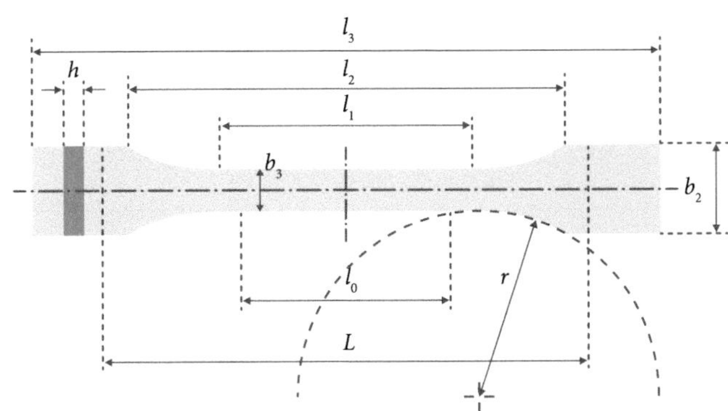

符号	名称	尺寸 /mm	符号	名称	尺寸 /mm
l_3	总长度	170	b_2	端部宽度	20.0 ± 2
l_1	窄平行部分的长度	80.0 ± 2	b_1	窄部分宽度	10.0 ± 0.2
r	半径	24 ± 1	h	优选厚度	4.0 ± 0.2
l_2	宽平行部分的距离	109.3 ± 3.2	l_0	优选标距	75
L	夹具间的初始距离	115 ± 1			

B. 试样的应力松弛

将制备好的样条放置在温度为 23℃ ±2℃，相对湿度为 50%±10% 的环境中 40~96 h，从而消除试样的内应力。

C. 测试与记录

记录好每个试样的宽度和厚度并确保样条尺寸在标准范围内，宽度精确到 0.1 mm，厚度精确到 0.02 mm。

将试样夹持在试验机夹具中，并确保试样的长轴线与试验机的轴线保持一致。于试验机电脑上选定试验速度为 50 mm/min，输入试样的厚度和宽度，开始拉伸试验。

记录各个试样断裂拉伸强度与断裂拉伸应变，以至少 5 个试样的平均值作为试验结果。

4.2.5.2 弯曲

1）试验原理

把试样制成横梁，使其在跨度中心以恒定速度弯曲，直到试样的断裂或变化到预定值，测量该过程中试样施加的力（图 4-16）。

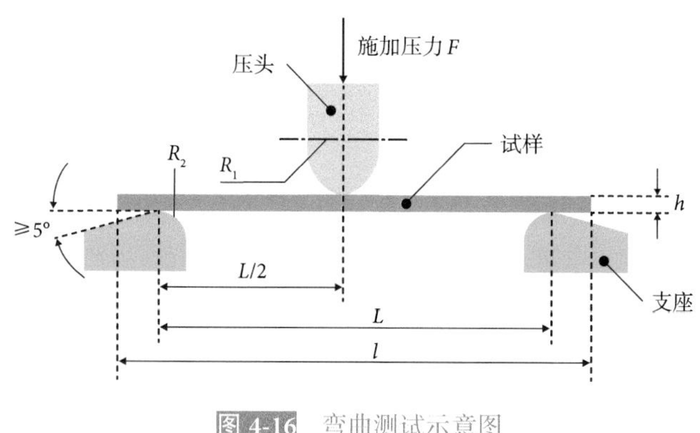

图 4-16　弯曲测试示意图

2）测试方法

A. 试样的制备

将预先干燥的 PBAT 树脂颗粒通过注塑机制成不少于 5 个如下尺寸的样条。试样应无扭曲，表面和边缘无划痕、空洞、凹陷或者毛刺，若试样有任一项不满足要求，应舍弃或在实验前加工至合适的尺寸和形状[20]。

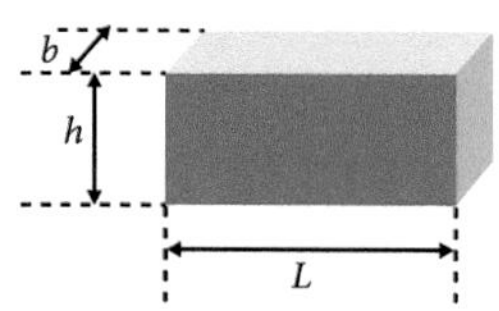

符号	名称	尺寸 /mm
L	长度	80 ± 2
b	宽度	10.0 ± 0.2
h	厚度	4.0 ± 0.2

B. 试样应力松弛

将制备好的样条放置在温度为 23℃ ±2℃，相对湿度为 50% ± 10% 的环境中 40~96 h，从而消除试样的内应力。

C. 测试与记录

记录好每个试样的宽度和厚度并确保样条尺寸在标准范围内，宽度精确到 0.1 mm，厚度精确到 0.01 mm。

根据样品的厚度，对测试的跨度进行调节，使跨度符合下式：

$$L=(16 \pm 1)h$$

将试样平放在试验机支座上，并于跨度中心施加压力。

于试验机电脑上选定试验速度为 2 mm/min，输入试样的厚度和宽度，开始弯曲试验。

记录各个试样断裂拉伸强度与断裂拉伸应变，以至少 5 个试样的算术平均值作为试验结果。

4.2.5.3 维卡软化点（VST）

1）测试原理

维卡软化点（VST）是在一定升温条件下，以截面积为 1 mm^2 的压针头在规定负荷下刺入塑料试样 1 mm 深度时的温度（图 4-17）。PBAT 是一种高分子聚合物，随着温度的提高，PBAT 试样分子链段热运动能力增大，在外力作用下因其定向运动导致形变的能力也在增大，也即材料抵抗外力的能力——模量随温度升高而降低。因此随着温度的升高，固定负荷下的聚酯产生的形变量将随之增加，在恒定外力作用下压针刺入试样的深度也逐步加深。

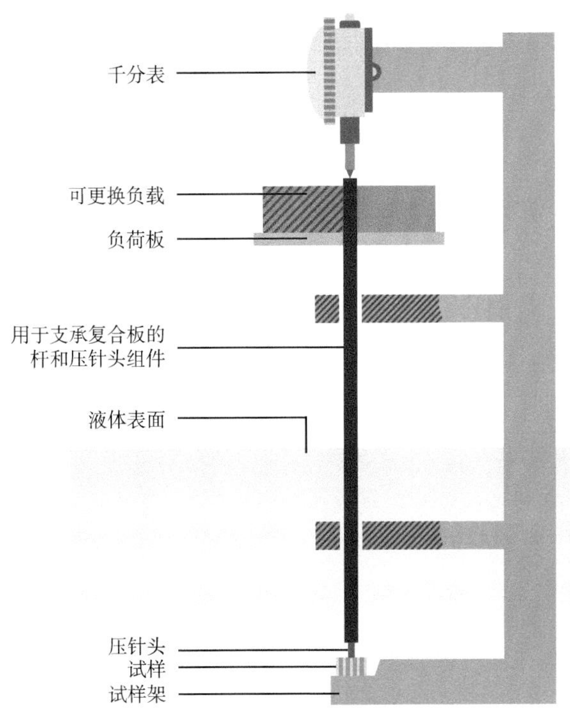

图 4-17 维卡软化点测试示意图

2）测试方法

制备不少于 2 个厚度为 3~6.5 mm，宽度为 10 mm 的正方形或直径 10 mm 的圆形试样。试样应表面平整、平行、无飞边，若试样有任一项不满足要求，应舍弃或在实验前加工至合适的尺寸和形状。

将试样水平放在未加负荷的压针下并将组合件放入加热装置，开启搅拌。5 分钟后将产生总推力为 10 N ± 0.2 N 的砝码放置到负荷板上，将仪器调零。

以 50℃ /h ± 5℃ /h 的速度均匀升高加热装置的温度。

当刺针刺入试样的深度超过起始位置 1 mm ± 0.1 mm 时，记录传感器测得的温度，此温度即为维卡软化点（VST）。

4.3 PBAT 树脂品质控制方法

PBAT 树脂的生产是一个非常复杂的过程，其中包含酯化、缩聚等化学反应，也涉及造粒、烘干等物理过程。可以通过配方调整以及生产过程的工艺控制来调节这些化学、物理的变化，从而产出质量符合国家标准的 PBAT 树脂产品。本节讨论了如何调节生产工艺来控制 PBAT 树脂的产品质量。

4.3.1 熔体质量流动速率的控制方法

PBAT 成品的熔体质量流动速率（MFR）与 PBAT 的分子量大小直接相关[21]，合成制造时受到众多因素影响，包括原料的品质、催化剂的加入量，缩聚系统的真空度，缩聚时长，缩聚反应温度以及缩聚搅拌器转速等。

1）原料 PTA、AA 的品质

PTA 原料中可能含有 PX 氧化产生的副产物甲基苯甲酸（PT 酸）。PT 酸是一种单官能团酸，在聚合过程中会造成分子链封端，导致 PBAT 的分子链无法增长。当原料中有较多的 PT 酸会导致无法获得低 MFR 的 PBAT 产品。

2）催化剂加入量

催化剂浓度越高，反应速度越快，在一定范围内增加催化剂的用量可以提升聚合度，降低 PBAT 的 MFR 值。但是过多的催化剂会导致副反应加剧，造成 PBAT 成品色值变差的同时升高 PBAT 成品的 MFR 值。

3）缩聚系统的真空度

缩聚反应机理为酯交换，高真空有利于酯交换产物丁二醇（BDO）的脱除从而有利于反应正向进行，使得 PBAT 能持续链增长。当缩聚真空度较差时，小分子脱除较慢甚至无法脱除，容易造成 PBAT 的 MFR 值无法降低至指定区间。

4）缩聚时长

众所周知，缩聚时间越长，反应越充分，PBAT 的分子量越大，MFR 越小。一般在连续生产线的生产过程中通过调控缩聚釜的液位，调整缩聚时长，比如，增大缩聚反应釜的液位能增加 PBAT 熔体在缩聚釜的停留时间，从而降低 MFR。

5）缩聚搅拌器转速

缩聚一般使用圆盘式搅拌器，随着搅拌器转动，PBAT 聚酯能在圆盘上形成薄膜，从而使脱挥面积增大，有利于小分子在反应过程中被脱除，使反应朝正向进行。搅拌器转速越快，越有利于形成的薄膜表面积增大，从而有利于小分子脱除，从而使 PBAT 的 MFR 值下降。但是过快的搅拌速率也会使搅拌器上物料来不及下垂形成薄膜，并不利于增快反应速度。一般确定最佳搅拌器转速后就不再进行大量调整。

4.3.2 端羧基含量的控制方法

1）PBAT 成品中端羧基的来源

PBAT 成品中的端羧基一方面来自于酯化反应中未反应完全的 PTA、AA 端羧基，另一方面是来自缩聚中热降解、热氧降解副反应生成的端羧基。缩聚时的高真空环境使得热氧降解发生的可能性极小；而且 PBAT 生产至终聚阶段已经有一定的聚合度，使得链端热降解发生的概率远小于链间热降解，所以缩聚阶段最主要的副反应为链间热降解 [22]。其反应机理如图 4-18 所示 [23]。

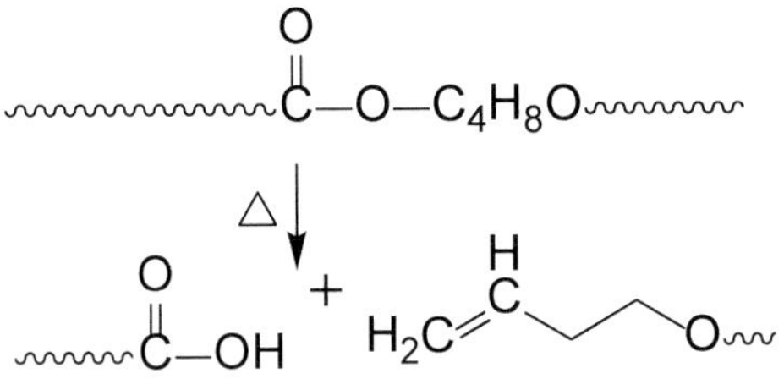

$$\sim\sim\mathrm{C(=O)-O-C_4H_8O}\sim\sim \xrightarrow{\triangle} \sim\sim\mathrm{C(=O)-OH} + \mathrm{H_2C{=}CH-CH_2-CH_2-O}\sim\sim$$

图 4-18 PBAT 链间副反应反应机理图

2）酯化未反应完全的端羧基控制

PBAT 的生产一般使用分步酯化即 PTA 与 AA 分别在两个酯化反应釜中与 BDO 发生酯化反应。在酯化反应釜中，一般两种酯化反应都需要控制酯化率在 95% 以上。要降低 PBAT 聚酯成品的端羧基含量，提高酯化反应的酯化率，降低进入预聚釜的酯化物端羧基值至关重要。一般通过提高浆料的醇酸比，提高酯化反应釜液位来降低酯化物端羧基含量；较少选择通过升高酯化温度来控制端羧基，因为升高酯化温度容易造成副反应增加，不利于聚酯色相 [24]。

3）热降解控制

热降解一般发生在高温的终聚反应釜中，为了抑制缩聚反应过程中端羧基的生成，必须控制反应温度不超过 250℃，缩聚反应时间控制在 2~4 小时 [25]。钛金属催化剂也会催化 PBAT 聚酯的热降解，可以通过降低钛系催化剂的活性来降低其对热降解的催化能力。例如可以通过钛系催化剂复配锑类催化剂，降低钛系催化剂用量来实现。或者使钛酸酯类催化剂与乙二胺四乙酸在碱性条件下配位，实现降低钛系催化剂的活性[26]。

4）热氧降解的控制

热氧降解的发生必须存在氧气的条件下。需要通过定期的焊缝检测保证反应釜不漏气来防止空气进入反应釜中，避免热氧降解的发生。同时也要避免因真空系统泄漏造成氧气进入反应系统。

5）添加羧基消除剂

当端羧基较高且无法通过工艺调整控制时，可以选择在酯化反应结束后额外添加缩水甘油醚类化合物来消除端羧基。对 PBAT 而言，可以添加 1,4- 丁二醇二缩水甘油醚以减少化合物的种类，也可以通过在聚合反应后添加碳化二亚胺类化合物消除端羧基[27]。

4.3.3 熔点的控制方法

控制 PBAT 的熔点的重要途径是控制 PTA 酯化釜和 AA 酯化釜浆料去预聚反应釜的比例。需要严格控制酯化反应釜后的熔体输送泵流量，保证 PBA 酯化物与 PBT 酯化物流量稳定在设定的范围内从而控制 PBAT 产品中 BA 单元与 BT 单元的比例，控制 PBAT 成品的熔点。

不同于 PET 或 PBT 聚酯，PBAT 由两种有机二元酸单体共聚而成。这两种有机二元酸在 PBAT 聚合物中的不同比例将造成 PBAT 的熔点有巨大区别，AA 占比越高，PBAT 的熔点越低。不同 PTA 与 AA 占比的 PBAT 熔点如表 4-6 所示[3,28,29]。对 BA 链段的比例与 PBAT 熔点作图（图 4-19）可发现，熔点的下降与 BA 链段含量的上升几乎成正比关系。BA 链段的摩尔分数每上升 1%，PBAT 树脂的熔点将下降约 2.67℃。

表 4-6　不同 AA 与 PTA 摩尔比的 PBAT 的熔点

BA/BT 链段摩尔比	熔点 /℃	BA/BT 链段摩尔比	熔点 /℃
78.3/21.7	36	56/44	119
69/31	79	55/45	122
66/34	89	53/47	129
64/36	93	52/48	137
62/38	106	37.4/62.6	157
58/42	115	24.7/75.3	188

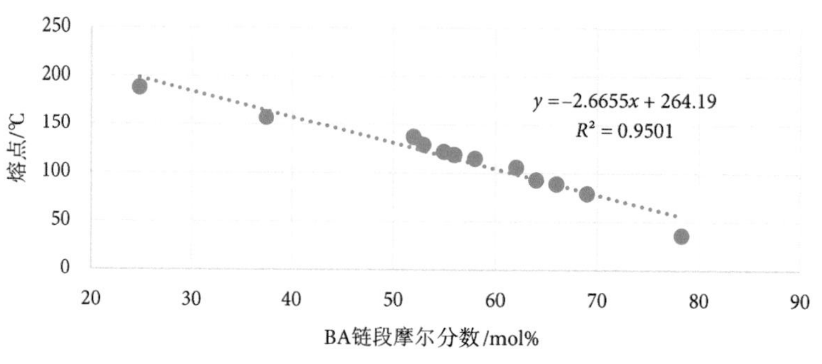

图 4-19　BA 链段摩尔分数对熔点的影响

4.3.4　色值的控制方法

PBAT 色值是产品的一个综合性指标，受到众多因素的影响。原材料的品质与加工助剂的加入量，生产工艺条件均能影响 PBAT 的色值。聚合过程中发生的热氧降解与热降解均能导致 PBAT 产品颜色发黄，*b* 值升高。在高温的缩聚环境中，AA 还可能会发生脱羧环化反应，生成环戊酮，会使 PBAT 产品的颜色发红，色值 *a* 升高。

1）控制原料杂质含量

需要对来料 PTA 中的对羧基苯甲醛（4-CBA）的含量进行严格控制。羧基苯甲醛（4-CBA）造成聚酯中醛基含量增高，容易形成长链共轭双键从而使 PBAT 产品颜色发黄（表 4-7）。通常要求 PTA 原料中 4-CBA 含量小于 25 ppm[30]。可以借鉴 PTA 中对羧基苯甲醛（4-CBA）含量对 PET 产品色值的影响[31]。

表 4-7　PTA 中 4-CBA 含量对 PET 产品色值 *b* 值的影响

PTA 中 4-CBA 含量 /ppm	PET 成品色值 *b* 值
10.2	−1.0
15.8	0.1
25.1	1.5
35.2	3.0
45.5	4.9

2）控制催化剂活性

在之前端羧基的控制中也提到了钛金属催化剂也会催化 PBAT 聚酯的热降解，可以通过降低钛系催化剂的活性来降低其对热降解的催化能力。例如可以通过钛系催化剂复配锑类催化剂降低钛催化剂的用量。使钛酸酯类催化剂与乙二胺四乙酸在碱性条件下配位，或者使用四氯化钛在脂肪族烷基溴化铵条件下与磷酸复配成钛磷化合物[32]，实现降低钛系催化剂催化副反应的活性。

3）加入调色剂

也可以在聚合阶段加入蓝色或者紫色调色剂，在熔体中混合均匀从而使 PBAT 聚酯色差 *b* 值降低，但是这些调色剂的加入通常会造成 PBAT 膜材的透明度略有下降。也可以加入醋酸钴作为调色剂。

4）其他色值调节剂

可以在 PBAT 的聚合过程中添加还原剂，4,4,4- 三氨基三苯甲烷或 *L*- 多聚赖氨酸，抑制 AA 脱羧或者环化生成环戊酮的副反应，从而改善 PBAT 聚酯的色值 *a* 值[26]。

通过加大热稳定剂磷酸三甲酯（TMP）[33] 的用量，可以使 PBAT 颜色变得更亮，从而达到提升色值 *L* 值的目的。

5）工艺调节

在工艺控制上，可以通过降低缩聚温度，避免熔体在高温下的热降解。也需要通过定期的焊缝检测保证反应釜的气密性，避免因真空系统泄漏造成的氧气进入反应系统，同时也要加强对氮封系统的检查，避免热氧降解的发生。

4.3.5 降解性能的控制方法

PBAT 由两种有机二元酸单体共聚而成。这两种有机二元酸在 PBAT 聚合物中的不同比例将造成 PBAT 的降解性能有巨大区别，PTA 占比越高，PBAT 的降解性能越差。Witt 等的研究表明[29]，PTA 含量为 31% 的 PBAT 薄膜降解速度为 10 μm/ 周，当 PTA 含量上升至 48% 时，薄膜降解速度降低到仅有 5 μm/ 周。如图 4-20 所示。

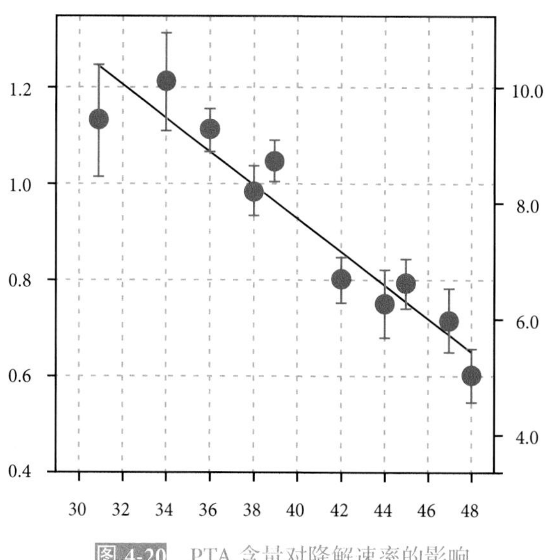

图 4-20　PTA 含量对降解速率的影响

他们的研究也发现 PBAT 聚酯制造过程中，扩链剂添加与否并不影响 PBAT 的降解速率，并以 HDMI 扩链的 PBAT 为例[29]。如图 4-21 所示。

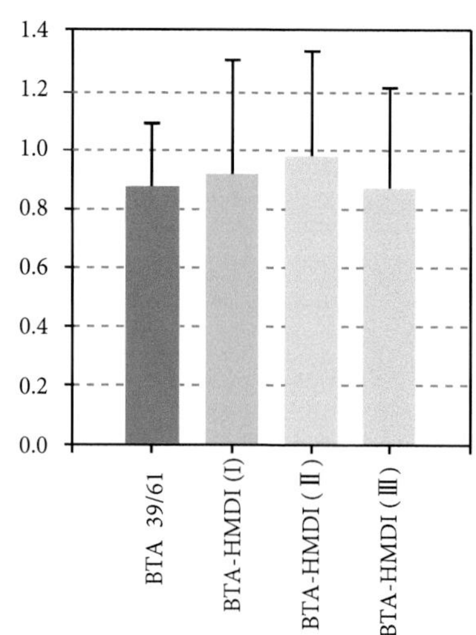

图 4-21　扩链剂 HDMI 对降解速率的影响

所以控制 PBAT 产品降解速率的关键在于控制两种单体的含量比，此方法已在熔点部分介绍，在此不再重复。

参考文献

[1] CHEN M, CHANG S, CHANG R, et al. Copolyesters. I. Sequence distribution of poly (butylene terephthalate - co - adipate) copolyesters determined by 400 MHz NMR[J]. Journal of Applied Polymer Science, 1990, 40(5 - 6):1053-1057.

[2] WITT U, MüLLER R J, DECKWER W D. Studies on sequence distribution of aliphatic/aromatic copolyesters by high - resolution 13C nuclear magnetic resonance spectroscopy for evaluation of biodegradability[J]. Macromolecular Chemistry and Physics, 1996, 197(4):1525-1535.

[3] HERRERA R, FRANCO L, RODRíGUEZ - GALáN A, et al. Characterization and degradation behavior of poly (butylene adipate - co - terephthalate) s[J]. Journal of Polymer Science Part A: Polymer Chemistry, 2002, 40(23):4141-4157.

[4] GAN Z, KUWABARA K, YAMAMOTO M, et al. Solid-state structures and thermal properties of aliphatic–aromatic poly (butylene adipate-co-butylene terephthalate) copolyesters[J]. Polymer Degradation and Stability, 2004, 83(2):289-300.

[5] CRANSTON E, KAWADA J, RAYMOND S, et al. Cocrystallization model for synthetic biodegradable poly (butylene adipate-co-butylene terephthalate)[J]. Biomacromolecules, 2003, 4(4):995-999.

[6] SHI X, ITO H, KIKUTANI T. Characterization on mixed-crystal structure and properties of poly (butylene adipate-co-terephthalate) biodegradable fibers[J]. Polymer, 2005, 46(25):11442-11450.

[7] ZHOU J, ZHENG Y, SHAN G, et al. Stretch-induced α-to-β crystal transition and lamellae structural evolution of poly (butylene adipate-ran-terephthalate) aliphatic–aromatic copolyester[J]. Macromolecules, 2019, 52(3):1334-1347.

[8] BOJDA J, PIORKOWSKA E, PLUTA M. Shear-induced non-isothermal crystallization of poly (butylene adipate-co-terephthalate)[J]. Polymer Testing, 2020, 85:106420.

[9] 亿帆鑫富药业股份有限公司 , 山东汇盈新材料科技有限公司 , 北京工商大学 , 等 . 生物降解聚对苯二甲酸 - 己二酸丁二酯 (PBAT)[S]. 中华人民共和国国家质量监督检验检疫总局 ; 中国国家标准化管理委员会 , 2015:12.

[10] 中国石化北京燕山分公司树脂应用研究所 , 中蓝晨光化工研究设计院有限公司 , 广州合成材料研究院有限公司 , 等 . 塑料　热塑性塑料熔体质量流动速率 (MFR) 和熔体体积流动速率 (MVR) 的测定　第 1 部分：标准方法 [S]. 中华人民共和国国家质量监督检验检疫总局 ; 中国国家标准化管理委员会 , 2018:32.

[11] MUTHURAJ R, MISRA M, MOHANTY A. Hydrolytic degradation of biodegradable polyesters under simulated environmental conditions[J]. Journal of Applied Polymer Science, 2015, 132(27).

[12] 中蓝晨光成都检测技术有限公司 , 中国蓝星股份有限公司 , 承德市金建检测仪器有限公司 , 等 . 塑料　热塑性塑料熔体质量流动速率 (MFR) 和熔体体积流动速率 (MVR) 的测定　第 2 部分：对时间 - 温度历史和 (或) 湿度敏感的材料的试验方法 [S]. 中华人民共和国国家质量监督检验检疫总局 ; 中国国家标准化管理委员会 , 2018:20.

[13] 曾祥斌 , 卢昌利 , 张传辉 , 等 . 聚酯酸值测试中有关空白值的探讨 [J]. 广东化工 , 2021, 48(22):59-60.

[14] R·罗斯 , A·金可 , 山本基仪 , 等 . 提高生物降解聚酯耐水解性的方法 :CN102165012A[P]. 2011-08-24.

[15] 胡海萍 . 电位滴定法测聚酯端羧基的测试条件及参数优化 [J]. 合成技术及应用 , 1997, (2):53-56.

[16] 中国石化仪征化纤有限责任公司, 上海市纺织工业技术监督所, 江苏恒力化纤股份有限公司, 等. 纤维级聚酯 (PET) 切片试验方法 . 中华人民共和国国家质量监督检验检疫总局 ; 中国国家标准化管理委员会 , 2017:36.

[17] 中国石油大学 , 中石化石油化工科学研究院 , 中国石油管道分公司科技研究中心 , 等 . 原油酸值的测定　电位滴定法 . 中华人民共和国国家质量监督检验检疫总局 ; 中国国家标准化管理委员会 , 2011:16.

[18] 中国石油天然气股份有限公司大庆石化分公司研究院 . 塑料　差示扫描量热法 (DSC) 第 3 部分: 熔融和结晶温度及热焓的测定 . 中华人民共和国国家质量监督检验检疫总局 ; 中国国家标准化管理委员会 , 2004:12.

[19] 国家合成树脂质量监督检验中心 , 山东道恩高分子材料股份有限公司 , 中国石油天然气股份有限公司石油化工研究院 , 等 . 塑料　拉伸性能的测定　第 1 部分: 总则 . 国家市场监督管理总局 ; 中国国家标准化管理委员会 , 2018:24.

[20] 中石化北化院国家化学建筑材料测试中心 . 塑料　弯曲性能的测定 . 中华人民共和国国家质量监督检验检疫总局 ; 中国国家标准化管理委员会 , 2008:20.

[21] 张超奇 . 瓶级聚酯生产过程中粘度的控制方法综述 [J]. 化工管理 , 2018, (26):101-102.

[22] 王余伟 , 王金堂 . 聚酯 PET 稳定剂应用现状 [J]. 合成技术及应用 , 2007, (4):32-37.

[23] 杨波 , 陈蓝天 . 稳定剂在聚酯生产中的应用 [J]. 聚酯工业 , 2003, (6):5-9.

[24] 陈建业 , 余璀英 , 陈玮 , 等 . PBT 端羧基的影响因素及控制方法 [J]. 聚酯工业 , 2013, 26(5):39-40+43.

[25] 庞买只 , 卢伟 , 李宗华 . 低端羧基含量的生物降解聚酯的制备方法 :CN103497316B[P]. 2015-12-02.

[26] 陈建旭 , 王喜蒙 , 高梦云 , 等 . 一种 PBAT 树脂的制备方法 :CN113667103A[P]. 2021-11-19.

[27] 丁建萍 , 潘哆吉 , 李鹏 , 等 . 低羧基生物降解聚酯及其生产方法 : CN103467713B[P]. 2017-01-25.

[28] WANG H T, WANG J M, WU T M. Synthesis and characterization of biodegradable aliphatic–aromatic nanocomposites fabricated using maleic acid - grafted poly [(butylene adipate) - *co* - terephthalate] and organically modified layered zinc phenylphosphonate[J]. Polymer International, 2019, 68(8):1531-1537.

[29] WITT U, MüLLER R-J, DECKWER W-D. Biodegradation behavior and material properties of aliphatic/aromatic polyesters of commercial importance[J]. Journal of Environmental Polymer Degradation, 1997, 5(2):81-89.

[30] 刘高才 . 聚酯树脂色值的影响因素分析及控制 [J]. 河南化工 , 2003, (1):27-28.

[31] 李华 . 纤维及薄膜级 PET 色相 *b* 值的影响因素分析 [J]. 合成纤维工业 , 2022, 45(1):85-89.

[32] 李圣军 , 唐越超 , 赵晨霞 . 一种用于聚酯合成的钛磷催化剂的制备方法及应用 :CN113321794B[P]. 2022-09-20.

[33] 张承志 . 聚酯生产中色相的控制 [J]. 合成纤维 , 1987, (3):62-64.

第5章 PBAT塑料

PBAT是目前研究最多、应用最为广泛的生物降解聚酯之一，主要来源于单体PTA、BDO和AA的化学合成，现已实现大规模生产。因其结构中含有源自AA的柔性脂肪链段和源自PTA的刚性芳香链段，同时具备良好的生物降解性能和力学性能，并且具有良好的成膜加工性，其物理性能可与传统塑料相媲美。然而，PBAT作为一种半结晶聚合物[1,2]，结晶度较低，材质偏软，纯料直接加工使用具有局限性。近年来，随着生物降解塑料市场扩大，以及上游单体原材料其他应用需求的激增，PBAT价格持续走高，与替代目标价格差进一步拉大，限制了其推广应用。因此有必要对其与其他材料进行共混，改善其综合性能，提高生物基含量并降低成本。

得益于PBAT树脂良好的加工性能，以PBAT为基材可以实现多种形式的共混，获得满足更多应用需求的PBAT塑料，通常的共混方式是填充和合金化复合。填充型PBAT塑料主要是指在PBAT中引入生物质材料或无机粉体。引入生物质材料，制备PBAT/生物质塑料，除了进一步提升PBAT塑料的性能外，往往还可以降低成本，提升生物降解性能，更重要的意义是，通过生物质资源的利用，可以有效地减少共混材料的碳排放。通过无机粉体对PBAT的填充复合，是另一种可以显著降低成本的方式。不同于生物质材料，无机粉体的工业化应用更加成熟，通过选择不同类型的无机矿粉和共混技术，可以使PBAT塑料更具性价比。对PBAT进行合金化改性，即与其他聚合物的共混，特别是与生物降解聚酯的共混，可以大大拓展PBAT塑料的应用范围。PBAT树脂自开发以来，就与PLA等具有悠久研究历史的生物降解聚合物结合在了一起，PBAT合金塑料综合了各种生物降解聚合物的性能特点，不但可以拥有可调控的加工性能，也为生物降解材料的工业化提供了更多选择。

5.1 PBAT/生物质塑料

聚合物/生物质生物降解复合材料指的是以聚合物作为基体，并在基体中加入天然生物基降解材料作为分散相，通过共混制备的一类复合材料。生物降解材料大多为柔性聚合物，为了提高复合材料的机械强度，可以考虑加入天然生物基降解材料（例如淀粉、纤维素、木质素等）作为增强剂。

5.1.1 PBAT/ 淀粉塑料

淀粉是人们最熟悉的生物质来源天然高分子化合物之一，也是世界上应用最广泛的天然降解材料之一。因其丰富、廉价、生物降解性和无毒副作用等特性，食品和非食品行业正表现出对淀粉使用的浓厚兴趣[3]。淀粉基生物降解材料由于利用了天然的可再生资源，具有广阔的应用前景。优化后的淀粉基材料具有良好的生物降解性，可以改善生态环境，减少生化能的消耗。它具有来源广泛、成本低和热力学性能良好等优势。因此，淀粉基生物降解材料已被广泛应用于食品包装、农业生产、造纸、电子器件等各个领域。

淀粉含有两种多糖，即直链淀粉和支链淀粉。这两种多糖的比例取决于淀粉的来源[4]。直链淀粉是由 α-1,4- 糖苷键连接的 d- 葡萄糖单元的线型链。支链淀粉中，葡萄糖分子由 α-1，4- 葡萄糖苷键分开，有由 α-1,6- 葡萄糖苷键连接的分支。根据其资源的不同，直链淀粉在淀粉中的相对比例在 15%~30% 之间，支链淀粉在 70%~80% 之间[5,6]。支链淀粉主要参与淀粉颗粒的外围结晶组织[7]。淀粉在自然界中以半晶颗粒的形式存在。淀粉颗粒由有序的结晶环和无序的非晶态环组成。结晶区和非晶态区之间没有明显的分界线。换句话说，这种变化是逐渐的。结晶片层和非晶片层形成 120~140 nm 的半晶生长环，约有 16 个重复单元[8]。根据植物来源的不同，结晶度从 20% 到 45% 不等。直链淀粉对结晶度有影响，因为它存在于 Blocklets 微结构中，可以通过共结晶扰乱支链淀粉的排列，也可以存在于非晶态片层中或同时存在[9]。支链淀粉结构由几种不同链长的糖链组成。这些链被进一步分类为 A 链、B 链和 C 链。支链淀粉侧链（A 链和 B 链）不是随机连接到 α-1,4- 糖苷主链（C 链），而是成簇[10]。根据 XRD 谱图的特征可对淀粉进行适当的分类，分别为 A 型、B 型、C 型和 V 型谱图，且会随着时间推移而发生变化[11]。淀粉的结构与应用如图 5-1 所示[12]。

由于天然淀粉是多羟基聚合物，相邻的分子通过氢键相互作用形成微晶结构。在低、中水分条件下，其玻璃化转变温度和熔化温度均高于分解温度。因此，它不能被加工和直接作为合成生物降解塑料使用。需要对原淀粉进行物理或化学改性。淀粉颗粒具有半晶结构，在加热过程中伴有晶体的熔化和开裂。淀粉分子经历了从有序结构到无序结构的相变。由于淀粉微观结构的复杂性和特殊性，淀粉在加工过程中可以参与多种类型的相变，包括糊化、再结晶、分解等[13]。提高淀粉基材料的力学性能及其稳定性一直是淀粉基材料研究的主要方向。为了获得更好的机械性能和功能性，天然淀粉需要改性。此外，淀粉基复合材料的制备是改变淀粉材料性能的一种普遍而有效的技术。通过共混两种或多种聚合物，不同共混组分的优点可以结合在一起，获得性能改善的新材料，其中，与 PBAT 等生物降解聚酯复合制备的生物降解材料，是人们关注的热点之一。制备 PBAT/ 淀粉共混材料的关键是对淀粉进行物理或化学预处理实现增容，主要手段有引入偶联剂、无机增容剂和共混工艺优化等。

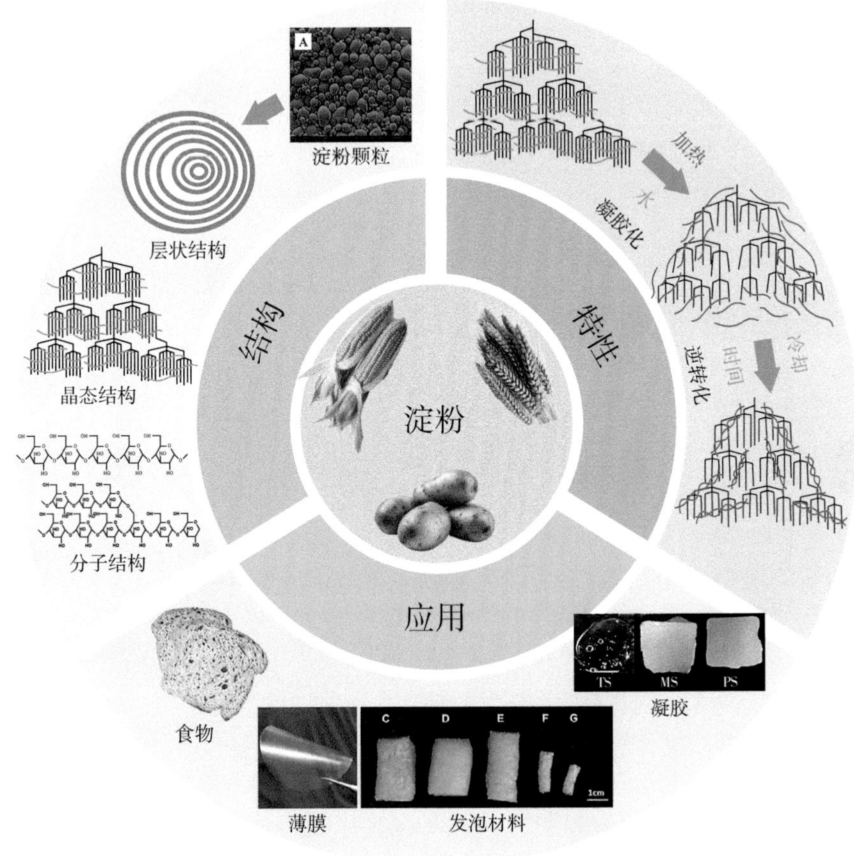

图 5-1 淀粉的结构与应用[12]

通过物理或化学改性实现淀粉在 PBAT 基质中的增容是制备 PBAT/ 淀粉共混材料的重要手段之一。Dammak 等[14] 研究了马来酸酐修饰 PBAT（PBAT-*g*-MA）和马来酸酐（MA）偶联剂对 PBAT/ 热塑性淀粉（TPS）共混物的力学性能、形貌、熔体流变性和生物降解性的影响。结果表明，PBAT-*g*-MA 是一种有效的活性增容剂，能促进 TPS 与 PBAT 相之间的界面黏附，连续相形态与外观形貌通过调整增容剂的种类和含量可实现较大改善，拉伸强度和断裂伸长率都有显著提高。当使用 PBAT-*g*-MA 作为增容剂时，降解率下降。Wang 等[15] 以 MA 和钛酸酯偶联剂（TC）为添加剂制备了 PBAT/TPS 薄膜，如图 5-2 所示，并测试了薄膜的各项性能。MA 和 TC 的加入大大提高了复合材料的相容性和分散性，增强了复合材料的力学性能。PBAT/TPS 薄膜的拉伸强度在机械方向（MD）从 13.1 MPa 增加到 26.7 MPa，在横向（TD）从 8.3 MPa 增加到 17.2 MPa。MD 的杨氏模量从 101.5 MPa 增加到 155.6 MPa，TD 的杨氏模量从 84.3MPa 增加到 120.7 MPa。同时，生物降解试验表明，PBAT/TPS 膜在 MA/TC 存在的情况下具有较高的耐老化性能。

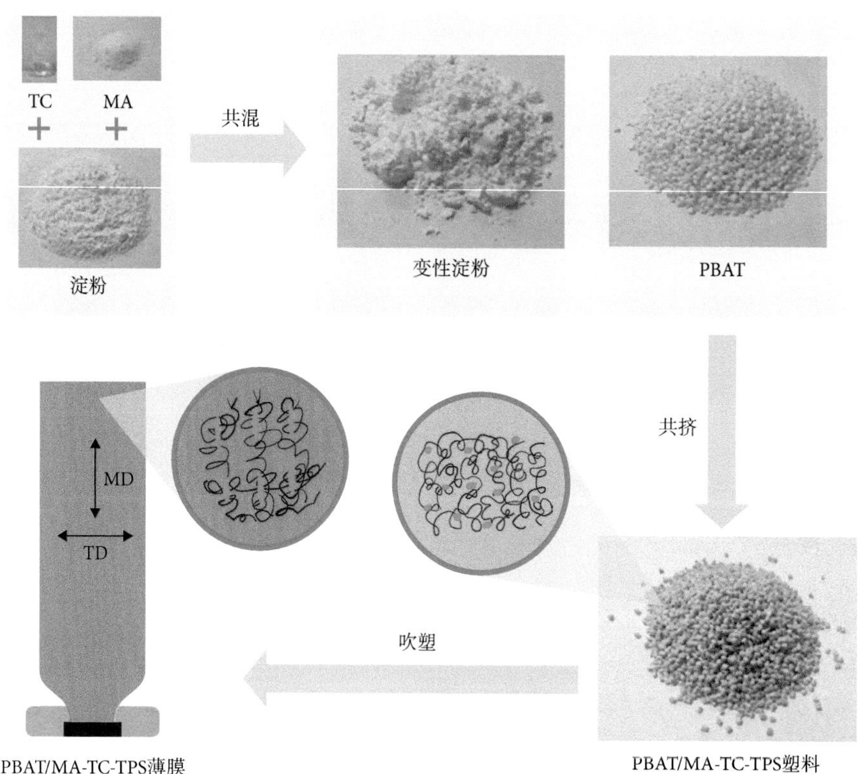

图 5-2 PBAT/MA-TC-TPS 共混膜制备[15]

Liu 等[16]针对淀粉基复合材料性能较差的问题，采用简单的两步熔融共混挤出法制备了具有良好力学性能的淀粉基复合材料。首先在淀粉中引入甘油和纳米 SiO_2，通过第一次挤出制备 TPS/ SiO_2 复合材料，然后在第二次挤出中加入 PBAT 和增容剂，得到改进的复合材料，并对复合材料的力学性能、热性能、形貌和结构进行了表征。结果表明，在淀粉中加入纳米 SiO_2 后，其强度显著提高，断裂伸长率显著提高。加入增容剂后，抗拉强度明显提高。所有复合材料均表现出良好的力学性能。熔体转变、热稳定性和晶体结构不随添加剂的添加而改变，而富淀粉相的玻璃化转变则向较低的温度转移。结果表明，复合增容剂的增容效果优于单独增容剂，如图 5-3 所示。

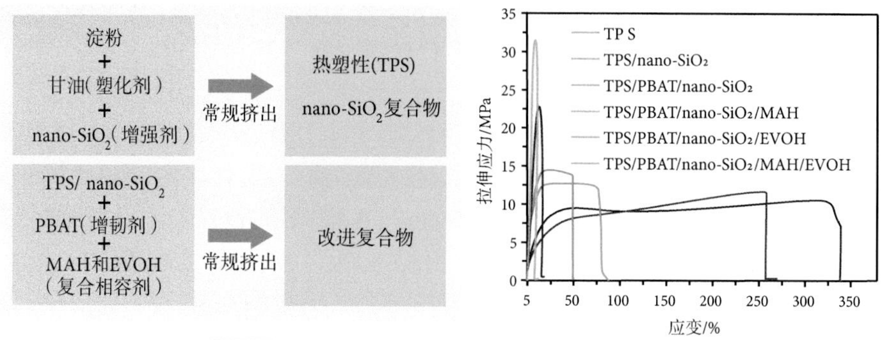

图 5-3 不同方案得到的共混体系性能对比[16]

Li 等[17]以 4,4- 亚甲基二苯基二异氰酸酯（MDI）为双功能交联剂，聚氨酯预聚体（PUP）为淀粉改性剂和物理增容剂，采用原位反应法制备了淀粉含量高、机械强度高的淀粉 / PBAT 复合材料，如图 5-4 所示。研究了不同 MDI 含量对淀粉 /PBAT 复合材料力学性能、形貌、热力学、流变学、吸水性和热封性能的影响。结果表明，MDI 是一种有效的反应交联剂，促进了改性淀粉与 PBAT 之间的界面黏附。随着 MDI 含量的增加，淀粉 /PBAT 复合材料的疏水性、热稳定性、热封性能和力学性能均有所提高。淀粉含量为 60% 的复合材料抗拉强度和断裂伸长率分别达到 10.95 MPa 和 461.23%。淀粉 /PBAT 复合材料的界面相容性主要归功于 MDI 的化学交联和 PUP 的物理增容作用。本研究的物理 - 化学双重增容为制备生物基聚合物复合材料提供了一种有效的策略。

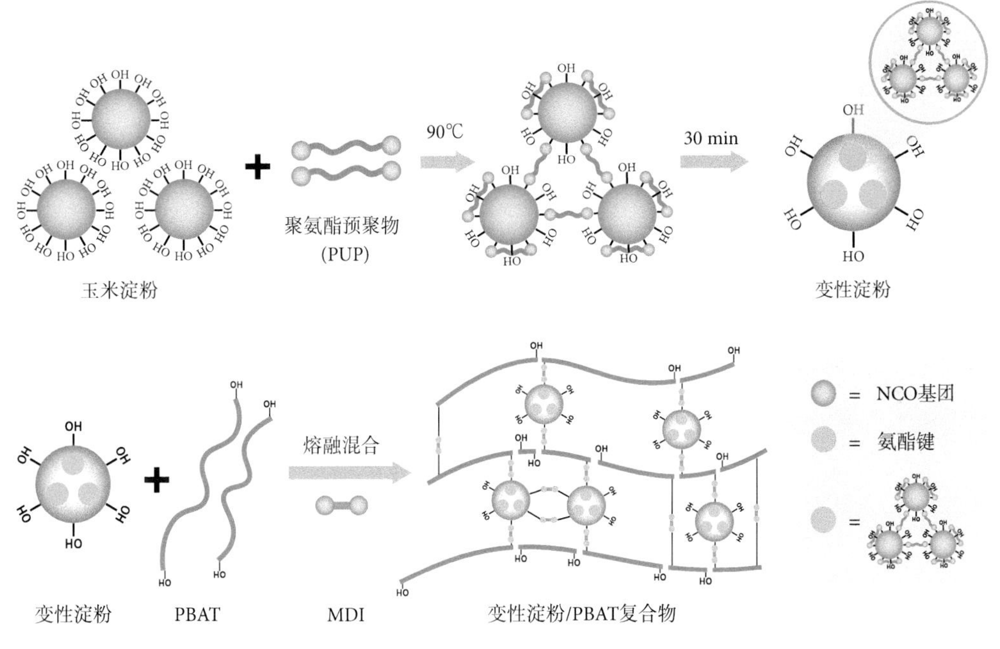

图 5-4 物理 - 化学双重增容制备 PBAT/ 淀粉共混物[17]

近年来，人们发现引入无机成分对 TPS/PBAT 共混体系进行杂化改性，可以获得特殊的效果。Dang 等[18]采用熔融共混法引入高岭土纳米管（HNTs）制备了 TPS/PBAT 共混物和 TPS/PBAT/HNTs 纳米生物复合材料。当 HNTs 含量为 5% 时，TPS/PBAT 共混体系的拉伸强度和杨氏模量分别提高到 150% 和 350%。此外，HNTs 提高了 TPS 与 PBAT 的相容性，且随着 TPS 比例的增加，其增容作用更加明显。TPS 为 TPS80/PBAT20 共混物和 TPS80/PBAT20/HNTs 纳米生物复合材料中的连续相基体，PBAT 为分散相。TPS50/PBAT50 和 TPS20/PBAT80 系统的情况正好相反。Yimnak 等[19]研究了合成顺序和甘油含量对 PBAT/TPS/ 沸石 5A (PBAT/TPS/Z5A) 复合材料的影响。在

PBAT∶TPS 比例为 60∶40、Z5A 添加量为 3 wt%、甘油含量为 35/100 组分淀粉和 40 组分淀粉的条件下，采用挤压法制备复合球团和复合膜。在吹膜挤压之前，复合球团由两个复合序列产生：序列Ⅰ（SⅠ）-混合 PBAT 与 Z5A，然后与 TPS 共混；序列Ⅱ（SⅡ）-TPS 与 Z5A 混合后再与 PBAT 混合。SⅡ复合序列改善了 PBAT 和 TPS 之间的混合，增加了连续相区域，减小了 TPS 分散相尺寸。甘油含量的增加降低了 TPS 分散相的黏度和尺寸，使 TPS 结构域和 Z5A 颗粒的分散更加均匀。将 Z5A 与甘油含量为 40 份的 SⅡ序列进行复合，有效地改善了 PBAT/TPS 共混物的混合效果和性能。Phothisarattana 等[20]开发并表征了具有增强渗透性和增强强度的生物塑料纳米复合膜。将 TPS 与 SiO_2 复合，并与 PBAT 共混，通过吹膜挤压法制备生物塑料 PBAT/TPS 共混膜。不同含量的 SiO_2（0.5% ~ 1%）分散在基质中，与 TPS 相形成氢键相互作用。1% 的 SiO_2 显著提高了共混物的混合效果，增加了聚合物薄膜的非晶态比例。微观结构和表面形貌表明，不相容组分之间存在空隙，孔隙结构提高了渗透性。增加 SiO_2 含量可使氧气和水蒸气渗透性分别提高 39% 和 16%，拉伸强度提高了 40%，断裂伸长率降低了 32%，表明添加 1% 固体纳米颗粒增加了刚性。薄膜组分，即具有二醇结构的分子和硅化合物的迁移现象取决于模拟剂的类型和诱导化合物膨胀和释放的微结构。薄膜的渗透性增加，从而促进了包装的空气和水蒸气透过率。

工艺对 PBAT/ 淀粉共混改性效果同样重要。Liu 等[21]采用简单的两段熔融共混挤出和增强增容相结合的方法制备了力学性能优良的 PBAT/TPS 复合材料。结果表明，增强双相容复合材料的抗拉强度显著提高了 50%，断裂伸长率提高了 18%。机械性能的提高表明相容性有改善，扫描电镜（SEM）证实了这一点。添加剂的存在对复合材料的热稳定性和晶体结构没有显著影响。此外，复合熔体是一种典型的假塑性流体，具有易加工性的特点。通过简单的熔融挤压工艺，制备出性能优良、成本较低的 PBAT 基复合材料，具有广阔的应用前景。Lopes 等[22]采用一种新型的固态剪切粉碎技术（SSSP）来生产 TPS/PBAT 薄膜，以提高加工性能并生产分散良好的共混物，如图 5-5 所示。采用两种不同的生产路线加工了四种不同的组分（TPS 质量分数为 50~80 wt%）。在一种情况下，组合物在熔融挤压（SSSPE）前经过 SSSP 预处理。其次，先将淀粉塑化，然后用熔融挤出（EXT）法与 PBAT 混合。平板薄膜的生产采用了两种路线和可加工性、视觉和战术方面、机械和光学性能、结晶度和吸水行为进行了评估。以 SSSP 掺入制备的淀粉含量高（70 wt% 和 80 wt%）的薄膜比 EXT 薄膜更易加工，具有更好的外观和机械完整性。而当淀粉含量为 50 wt% 和 60 wt% 时，由于 TPS 的分散性较好，淀粉的塑化效果较好，EXT 薄膜的断裂伸长率较高，吸水率较低。

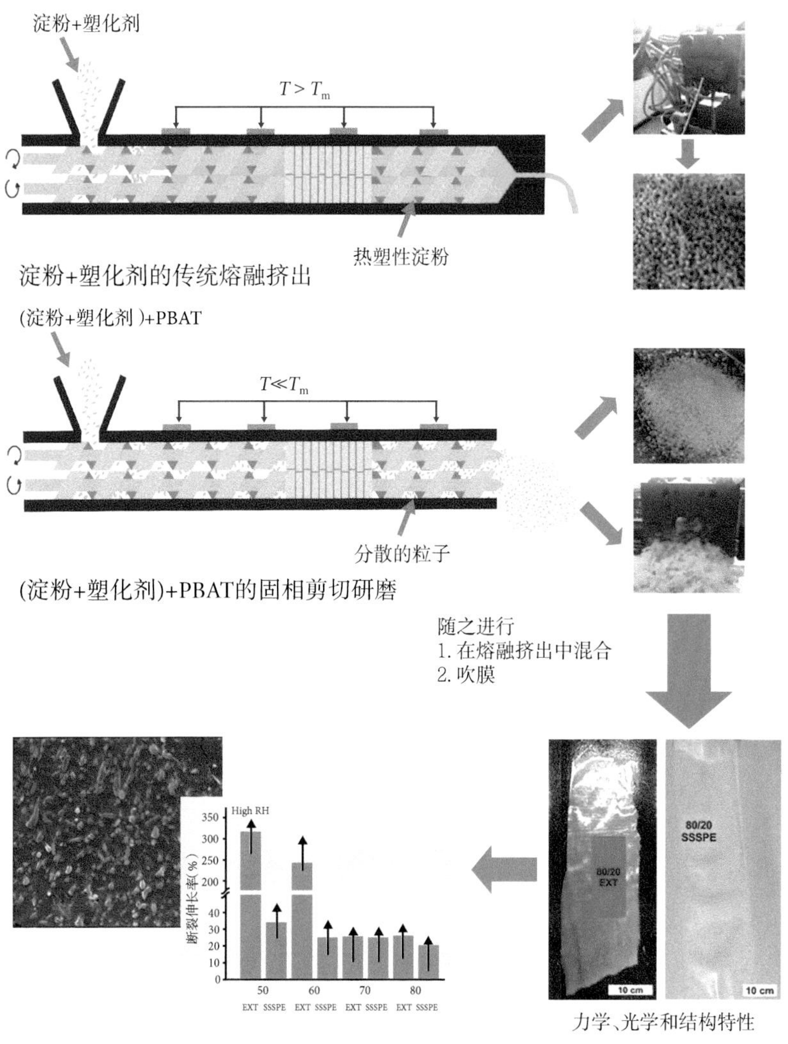

图 5-5 固态剪切粉碎技术制备 PBAT/TPS 共混物 [22]

5.1.2 PBAT/ 纤维素塑料

纤维素是地球上最丰富的生物高分子之一，全球每年产生约 1.5×10^{12} 吨。因此，它提供了大量可再生和生物降解的原料资源 [23]。尽管纤维素在开发应用方面仍充满挑战，但其在环保复合材料中的适用性经学者大量研究，已被广泛认可。如图 5-6 所示，纤维素主要可从植物细胞壁分离得到，除植物外，一些藻类、真菌和细菌也会产生纤维素。纤维素是一种线性聚合物，由葡萄糖单元组成，*D*- 脱水吡喃葡萄糖单元（$C_6H_{11}O_5$）组装成的两个单元为“纤维二糖”单元。一个葡萄糖单元是一个己糖，根据羟基的位置有两种连接形式（α 或 β）。由于存在大量的羟基，单个纤维素链是高度亲水的。原生纤维素或纤维素 I 是结晶性最强的类型，晶型有两种形式：I_α 和 I_β。纤维素 I_α 晶体具有三斜单胞，而纤维素 I_β 晶体具有单斜单胞。纤维素 I_α 和 I_β 都存在于天然纤维素结构中，但它们的比例取决于纤维素的来源。纤维素的其他异晶也可能存在，其中最常见的是纤维素Ⅱ、Ⅲ和Ⅳ。纤维素Ⅱ可以通过纤维素Ⅰ的丝光化或再生形成[23,24]。通过液氨处理，纤维素Ⅰ或纤维素Ⅱ都可以形成纤维素$Ⅲ_1$或纤维素$Ⅲ_2$。通过在甘油中加热[25]，可以制备出相应形式的纤维素$Ⅳ_1$或纤维素$Ⅳ_2$。

单分子纤维素链通过氢键相互连接形成纤维素微原纤维，呈现结晶、旁结晶和非晶态区域[26]。这些微纤维存在于所有植物的次生细胞壁中，通常嵌入由半纤维素和木质素组成的基质。纤维素的聚合度因不同来源而存在一定差异，从木纤维的 300 到植物纤维和细菌纤维素的 10000 不等。纤维素含量、聚合度和微纤维的横向排列决定了植物纤维的拉伸性能。由于微纤维的横向尺寸在 5~50 nm 范围内[23,24]，纤维素微纤维可被归类为纳米材料。

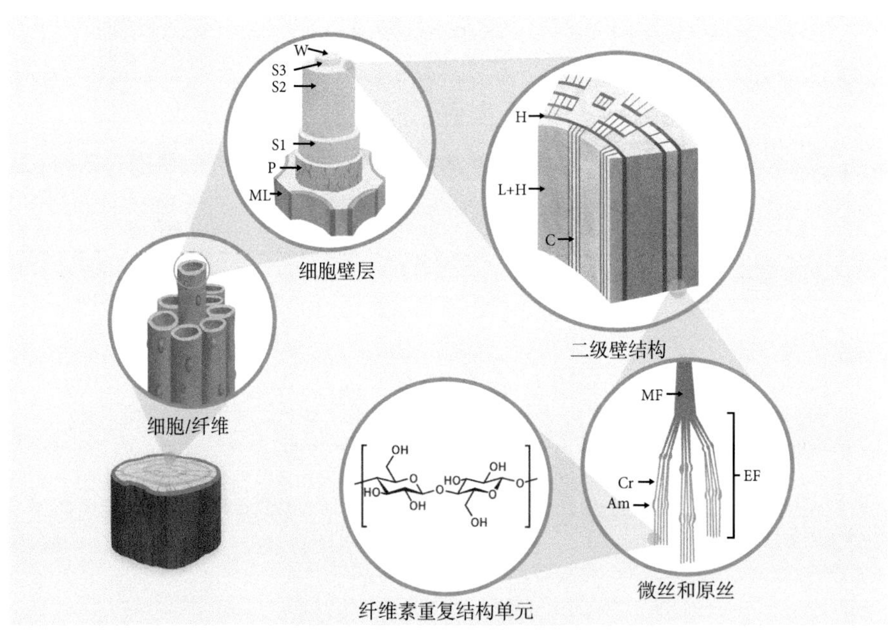

图 5-6 纤维素的来源与结构[27]

纤维素分子内和分子间的氢键一方面赋予其优良的机械性能，但另一方面，在与 PBAT 等生物降解聚酯共混时，氢键的存在对相容性的提升造成了阻碍，因此，有必要使用化学方法对纤维素进行预处理。Nunes 等[28]以马来酸酐接枝聚乙烯（PE-*g*-MA）为偶联剂，制备了含有纤维素纳米晶体（CNC）的 PBAT/PLA 可生物降解复合材料。他们采用挤出法制备了 7 种配方，并对其结构、形貌、热学和流变性能进行了分析。结果表明，使用 PE-*g*-MA 作为偶联剂，显著提高了组分间的黏附性。此外，CNC 和 PE-*g*-MA 还可提高 PLA 的结晶度，降低复合黏度。Zhang 等[29]从微晶纤维素（MCC）中提取 CNC，用乙酸酐表面修饰得到乙酰化纤维素纳米晶体（ACNC）。将极性比

CNC 低的 ACNC 与 PBAT 熔体共混得到复合材料。扫描电镜观察表明，ACNC 均匀分散在 PBAT 基体中。热重分析表明，加入 CNC 或 ACNC 均能提高 PBAT 的热稳定性。在流变学测试和动态力学分析中，PBAT/ACNC 复合材料的熔体弹性、复合黏度、储能模量和玻璃化转变温度均高于 PBAT/CNC 复合材料，表明 ACNC 与 PBAT 之间具有更强的界面黏附性。由于 ACNC 分散均匀，且 ACNC 与 PBAT 之间具有较强的界面黏附性，使得 PBAT/ACNC 复合材料的力学性能得到明显提高。PBAT/ACNC 复合材料具有良好的力学性能、较高的初始分解温度和较高的玻璃化转变温度，有利于 PBAT 的实际商业使用。Cui 等[30] 采用熔融复合法制备了扩链 PBAT/ACNC 纳米复合材料，如图 5-7 所示。原子力显微镜和透射电镜的观察结果表明，CNCs 在去离子水中的表面乙酰化作用提高了其分散性。在 PBAT 基体中加入扩链剂，提高了 PBAT 的熔体强度和黏弹性。为了进一步改善 PBAT/ACNCs 纳米复合材料的结晶行为和流变性能，将生物纳米增强填料 ACNC 纳米颗粒引入到 PBAT 中。最后，采用超临界 CO_2 分批发泡法制备了 PBAT/ACNCs 纳米复合泡沫。用扫描电镜观察了不同 PBAT/ACNCs 泡沫的单元结构和形态。研究发现，由于 ACNC 的非均质成核效应，纳米 ACNC 的引入使单元尺寸减小，单元密度增加，单元分布均匀。同时，PBAT 泡沫的体积膨胀比达到 9.21 倍。

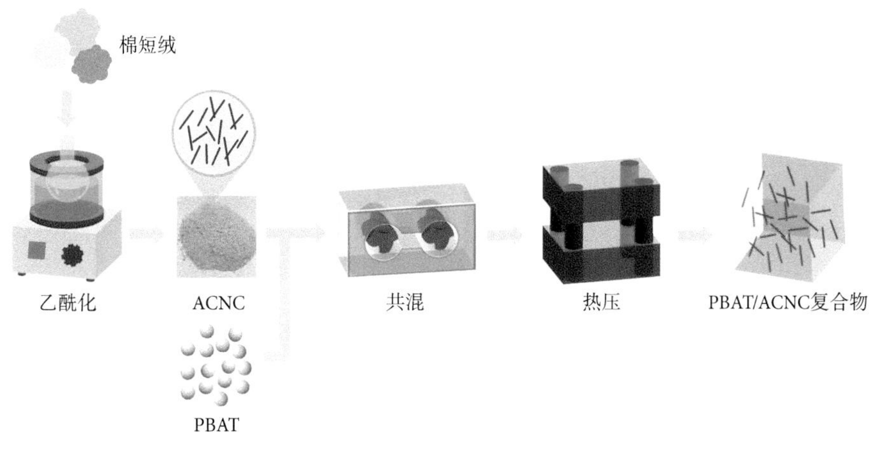

图 5-7 PBAT/ACNC 复合材料的制备[30]

Hosseinnezhad[31] 研究了两种新型脂肪族 - 芳香族共聚酯的剪切诱导和纤维素纳米纤维的成核结晶过程，因为它对生物可降解纳米复合材料的原位生成具有重要意义，这需要纳米纤维剪切包合物在更高的温度下结晶。采用光调控去极化技术研究了聚己二酸丁二烯 - 琥珀酸 - 戊二酸 - 对苯二甲酸丁二酯（PBASGT）和 PBAT 两种共聚酯的剪切诱导非等温结晶过程。为了深入了解这一过程，研究了剪切速率、剪切时间、剪切温度和冷却速率对晶体的初始化、动力学、生长和终止的影响。60 μm 薄膜在冷却过程中受不同的剪切速率（100 ~ 800 s^{-1}）和不同的时间间隔的影响，如图 5-8 所示。剪切时间和剪切速率的增加对结晶温度的提高、成核密度的增加、晶片堆生长尺寸的减小和结晶时间的缩短有显著的影响。由于成核部位增大，核间碰撞迅速，阻碍了生长。

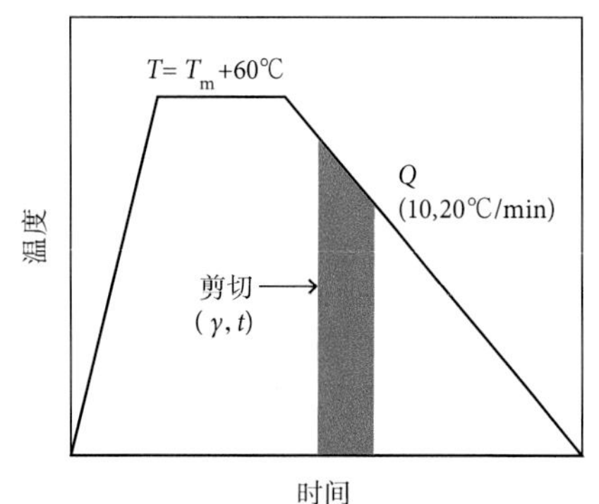

图 5-8　结晶过程的热和剪切处理示意图[31]

在较低的剪切速率下，冷却速率的影响更为显著。在较低的温度（仍高于名义熔点）下剪切样品，进一步将非等温结晶提高到更高的温度。通过 DSC 分析，由于纤维素纳米纤维的存在，PBAT 的结晶过程向更高的温度转移。

Sun 等[32]采用功能化 CNC 作为增强材料，提高 PLA/PBAT 共混体系的强度和韧性，如图 5-9 所示。为了改善 PLA 与 PBAT 之间的相互作用，采用表面引发的原子转移自由基聚合反应将聚甲基丙烯酸甘油酯（PGMA）接枝到 CNC 表面。加入 CNC-PGMA30 后，PLA/PBAT 的相尺寸 (70/30 wt%) 显著减小，PLA 与 PBAT 的界面相容性得到改善。同时，制备的 PLA/PBAT/CNC1.0-PGMA30 复合材料的抗拉强度为 49.6 MPa，断裂伸长率为 268.5%，与纯 PLA/PBAT 共混物相比，强度和韧性显著提高。

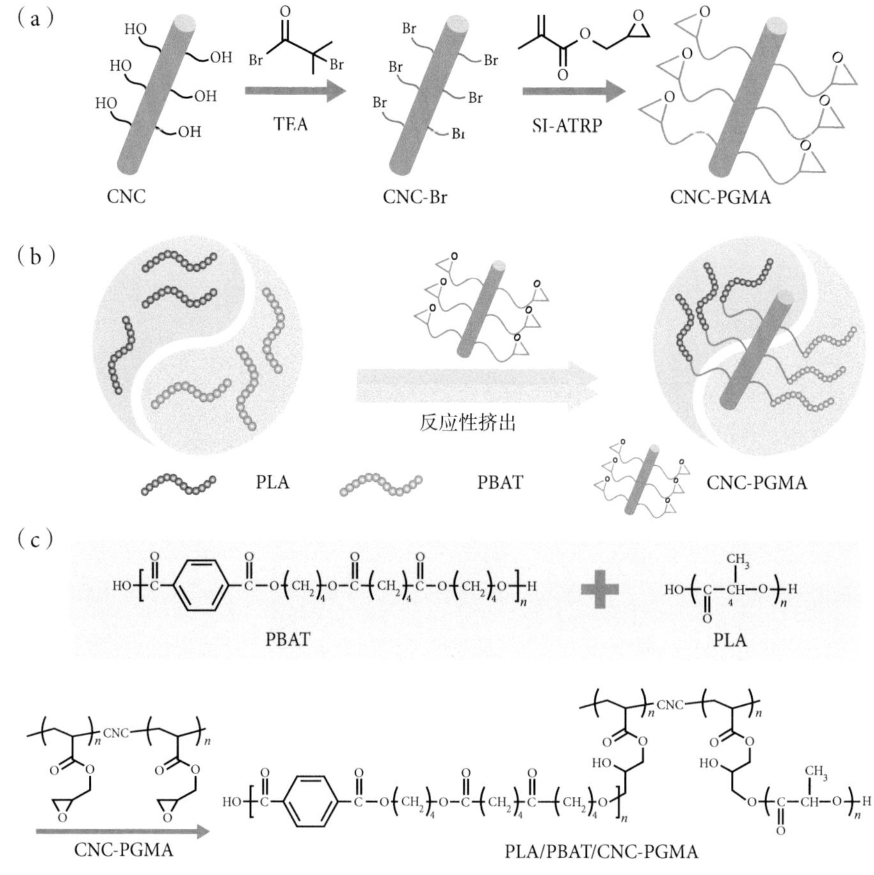

图 5-9　(a) 通过 SI-ATRP 从 CNC-Br 接枝 PGMA 制备 CNC-PGMA 示意图；(b) CNC-PGMA 作为 PLA/PBAT 共混物的增容剂；(c) PLA/PBAT 与 CNC-PGMA 之间的反应[32]

人们在积极探索不同来源纤维素与 PBAT 的共混，以获得更优性能。Fiorentini 等[33]研究了自发水解（AH）温度（165℃、195℃、225℃）对纤维素残渣（小麦秸秆中经过碱性和漂白分离得到）结构、纯度和收率的影响。对不同步骤的质量产量以及 AH 过程中抗氧化剂和糖的释放进行了量化，制备方法如图 5-10 所示。AH 在 195℃条件下可获得最高的纤维素残渣收率（83.5%），纯度（~70%）和结构与其他残渣相似。FTIR 和 XRD 分析表明，秸秆纤维素（SC）具有Ⅱ型多态性，结晶度指数随 AH 温度的升高而升高。将 SC-195℃作为增强剂，对 PBAT 薄膜中不同百分比（0、2 wt% 和 5 wt%）的添加效果进行了测试。当 SC-195℃含量为 5% 时，薄膜的杨氏模量提高了约 17%，拉伸强度下降约 28%，断裂伸长率降低下降约 21%。

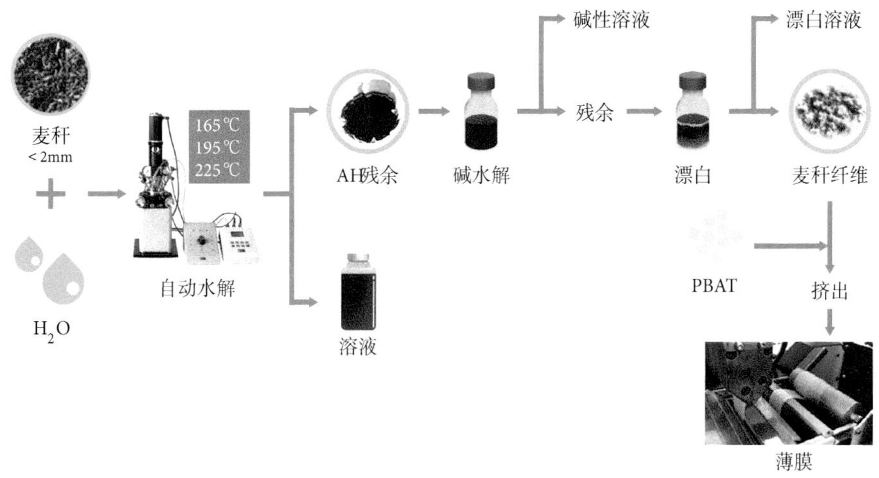

图 5-10 小麦秸秆纤维素 /PBAT 共混材料的制备[33]

Ramle 等[34]研究将不同竹纤维素含量（0%、3%、6%、9%）与 PLA、PBAT 合成制备纤维素膜。结果表明，纤维素含量为 9% 的 PLA/ 纤维素的堆肥降解质量损失率较高，为 12.39%，其次为纤维素含量 9% 的 PLA/PBAT/ 纤维素，堆肥降解质量损失率为 9.69%。同时，没有添加纤维素时，两种体系的生物降解性较低，质量损失率分别为 0.57%（PLA 体系）和 0.44%（PLA/PBAT 体系）。结果表明，纤维素含量高的膜在自然环境中具有更优的生物降解性。在此基础上，研究表明纤维素含量的增加也促进了薄膜的快速降解。因此，该研究为竹纤维素作为一种有效的生物降解塑料的应用和实现提供了科学依据。

5.1.3 PBAT/ 木质素塑料

木质素是仅次于纤维素的第二丰富的生物质材料，也是地球上芳香结构的主要来源。它是一种酚类大分子，具有复杂的结构，根据植物种类和分离过程的不同有很大差异，如图 5-11 所示。长期以来，木质素一直是纸浆生产中纤维素的副产物，但附加值较低。然而，纸张市场的变化激发了木质素其他应用的探索。此外，生物精炼厂项目的出现，从碳水化合物中开发生物燃料、生物基材料和化学品，也将产生大量具有增值潜力的木质素 [35]。作为天然来源的材料，木质素在堆肥环境中的降解备受关注。堆肥是目前城市有机生活垃圾比较合适的处理方法，在这个趋势下，纸张和纸板将更多地应用到包装领域。纸是由木质纤维素组成的，它可能含有高达 20% 的木质素。堆肥工厂中纸张的高效降解意味着木质素的生物降解也是必需的。然而，尽管白腐真菌降解木质素的研究近年来得到了广泛的研究，但混合微生物堆肥对木质素的降解影响研究偏少。有机物质被堆肥微生物转化为二氧化碳、水、腐殖质和热量。腐殖质主要由木质素形成，那说明木质素在堆肥过程中没有完全矿化。在嗜热阶段产生的高温对木质纤维素的快速降解是必不可少的。木质素等复杂有机化合物主要被嗜热微真菌和放线菌降解。嗜热真菌的最适温度为 40~50℃，这也是堆肥中木质素降解的最适温度 [36]。

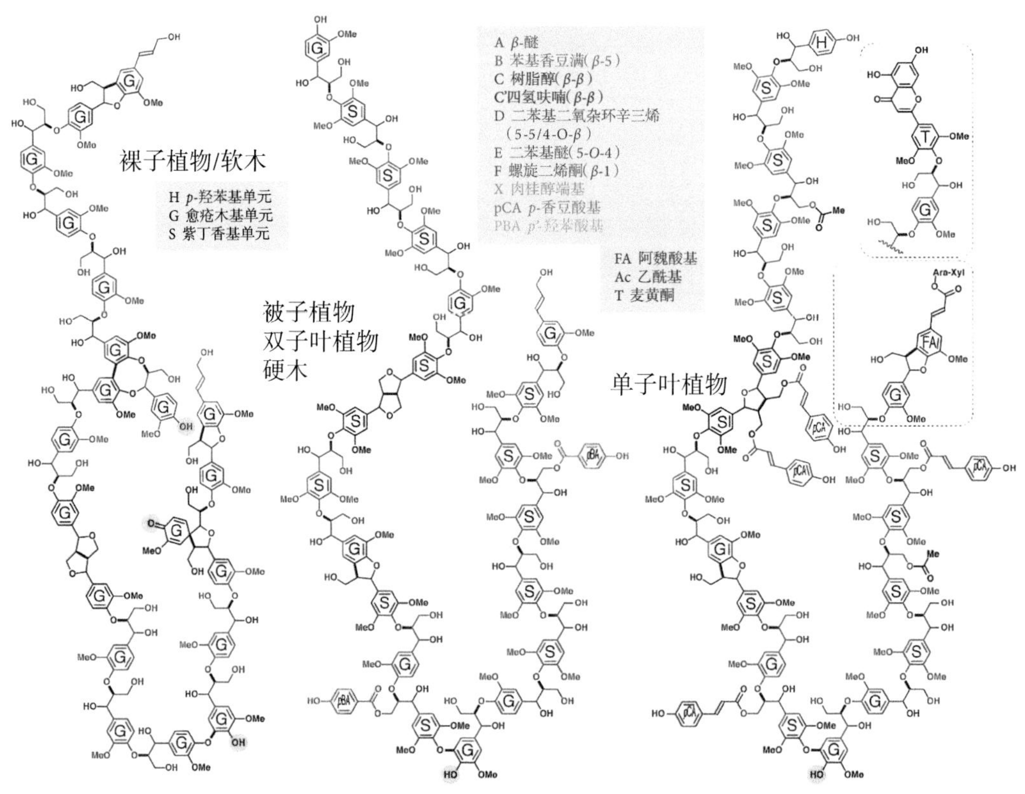

图 5-11 木质素在各种植物中的单体结构模型 [37]

从减少对化石资源依赖的角度来看，不经任何化学处理直接使用木质素聚合物显然是有吸引力的。然而直接使用木质素作为材料容易受到熔体处理困难的限制，但它与其他石油基或生物基聚合物混合可以带来一些好处，这是因为木质素酚基可以提供优良的抗氧化性能。然而，未经处理的木质素仅与极性聚合物基体有较好的相容性，需要对其进行化学修饰进一步拓宽应用领域。

木质素大分子的化学性质提供了多种可能的化学修饰手段。简单的羟基酯化或烷基化有利于木质素与非极性聚合物基体的相容性。羟基的反应性可帮助木质素进一步开发用于生产多种材料，如聚氨酯或聚酯，木质素作为“宏观”单体的用途已得到广泛研究[38,39]，如图 5-12 所示。由于每个木质素大分子都含有多个官能团，为了避免形成不溶性网络，实现热塑性行为，需要降低木质素的官能团。木质素功能化控制似乎是开发这类材料的最重要的挑战之一。详细而精确地了解大分子结构和初始官能团的含量，以及部分和选择性地阻断以降低官能团的功能将是调节反应活性的关键。

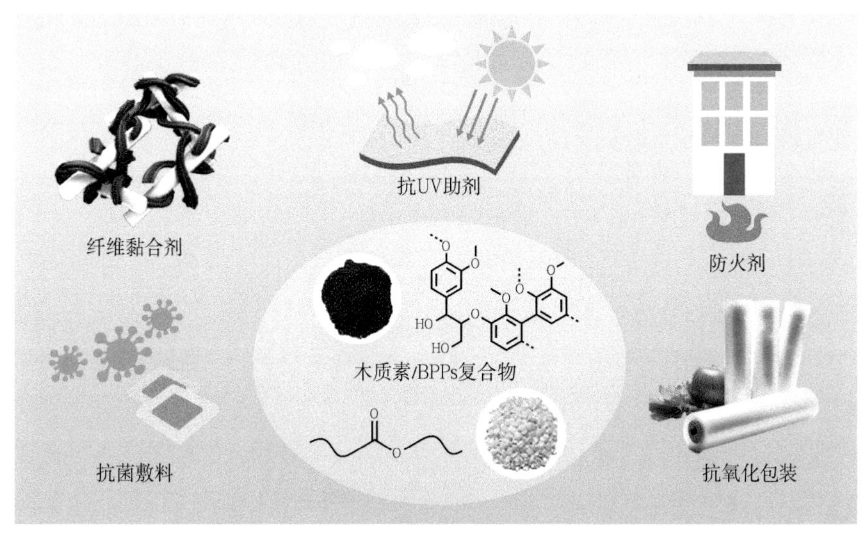

图 5-12　生物可降解聚酯基塑料中木质素的应用[38]

工业木质素通常具有高的多分散性，为化学衍生化后要实现对大分子结构的良好控制增加了复杂性。近年来，人们对多分散性较低的馏分进行了许多分离工作，包括超滤、溶剂分馏和选择性沉淀法。这些工艺的可重复性、将其扩大到工业水平的能力以及经济和环境方面的考虑都应是今后几年评估的重点，以便向市场提供更多定义明确的木质素馏分，这些馏分将适合高附加值的应用。PBAT/ 木质素塑料的制备通常需要先对木质素进行预处理，并引入化学偶联剂进行增容，以获得性能更高的 PBAT/ 木质素共混材料。

Xiong 等[40]采用丙酮溶剂对来自针叶木、硬木和草三种来源的工业木质素进行分级，以降低其结构的异质性，然后与 PBAT 共混制备可生物降解的生物复合材料。研究了木质素的大分子结构及其对木质素 /PBAT 复合材料性能的影响。结果表明，所有分级木质素复合材料均表现出较好的性能。特别是原材和分级的针叶木质素基复合材料的性能优于其他复合材料。利用较低的分子量、羟基和缩合，丙酮分级的针叶木质素具有最低的 T_g（115.7℃），实现了理想的熔体混溶和界面相互作用。降低木质素的 T_g 有利于木质素在基体中的分散，提高复合材料的机械强度。总体而言，分级得到的木质素具有良好的物理和化学结构特征，对应的复合材料具有良好的分散性和力学性能。

另一种预处理木质素的方法是酸化获得木质素硫酸盐，再与 PBAT 进行共混[41-43]。Botta 等[44]系统研究了熔融混合 PBAT/ 木质素硫酸盐体系的流变性和形态特性后，通过吹膜成功地制备了 PBAT/ 木质素生物复合膜。对其力学性能和抗光氧化性能进行了评价。通过对熔体混合生物复合材料的流变学和形态研究，可以确定木质素的所有三种浓度（即 5 wt%，10 wt% 和 20 wt%）都可以进行吹膜处理。聚合物基体中木质素的掺入使其弹性模量提高，而断裂伸长率保持在 600% 以上。木质素还能延缓 PBAT 上的降解现象，从而使 PBAT/ 木质素生物复合膜具有更好的户外使用潜力。

通过马来酸酐、环氧基团、硅烷化修饰进行偶联是提高木质素与 PBAT 基体相容性的常见方法。Yang 等[45]制备了马来酸酐修饰的木质素磺酸钠纳米粒子（MLSs），并将其加入到 PBAT 中制备复合材料。MLSs 在 PBAT 中以较低比例掺入时分散较好。MLSs 的加入同时提高了 PBAT 的抗拉强度、断裂伸长率、拉伸模量和弯曲模量。MLSs 具有良好的增强效果，有望作为 PBAT 和其他塑料的理想填料。Xiong 等[46]发现木质素的聚集程度对复合材料的力学性能有重要影响。木质素的甲基化和加入马来酸酐接枝 PBAT（MAH-*g*-PBAT）作为增容剂都能有效减小木质素团聚体的大小，如图 5-13 所示。

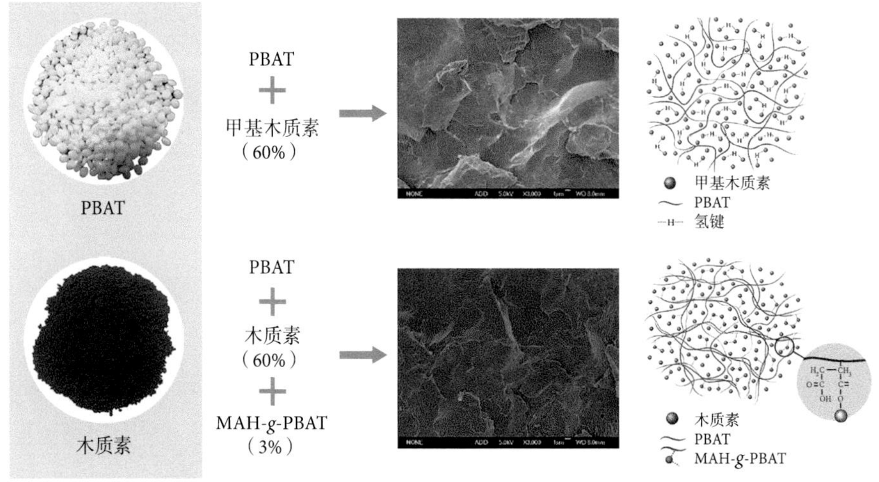

图 5-13　甲基化及相容剂对木质素 /PBAT 共混材料的影响

在木质素添加量相同的情况下，P/ML 和 P/MP3/L 复合材料的抗拉强度和断裂伸长率均较 P/L 复合材料有所提高。因为木质素的分子迁移率通过甲基化提高，PBAT/ML 复合材料的断裂伸长率显著提高。Li 等[47]采用原位构建界面动态键的方法制备了木质素改性 PBAT 生物复合材料，提高了 PBAT 的抗拉强度，如图 5-14 所示。采用硬脂酸锌和环氧大豆油作为界面改性剂，在木质素与 PBAT 之间建立动态键，以提高界面相容性。结果表明，在木质素含量为 5 wt% 时，添加界面改性剂的木质素 /PBAT 生物复合材料的抗拉强度达到 36.7 MPa，断裂伸长率达到 725.3%，比纯 PBAT （34.9 MPa 和 717.6%）有所提高。当木质素含量增加到 10 wt% 时，添加界面改性剂的木质素 /PBAT 生物复合材料的抗拉强度为 35.4 MPa，断裂伸长率为 627.8%，分别比不添加界面改性剂的直接复合样品提高 82% 和 31%。当木质素含量增加到 20 wt% 和 30 wt% 时，改性剂的加入仍能显著改善复合材料的力学性能。原位界面改性后，复合材料的疏水性也有所提高。Liu 等 [48] 制备了乙烯基三甲氧基硅烷（VTMS）接枝木质素（VL），并将其加入到 PBAT 中，以降低其成本，提高其力学性能，同时保持其生物降解性。结果表明，与纯 PBAT 相比，PBAT/VL-30% 复合材料的抗拉强度、杨氏模量和生物降解速度分别提高了 200%、151% 和 96%。VTMS 接枝木质素，改善了木质素在 PBAT 中的分散，通过反应挤出形成 PBAT 和 VL 的网状结构。

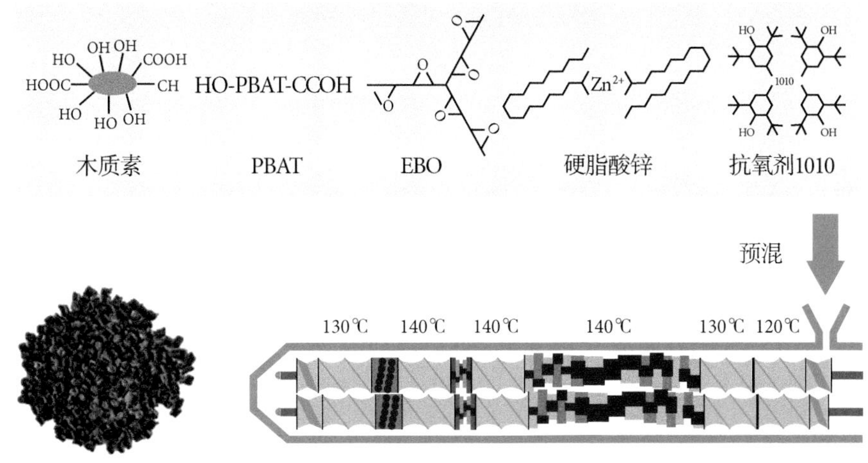

图 5-14　动态界面增强制备木质素 /PBAT 共混材料 [47]

借助物理条件可以改善木质素与 PBAT 之间的相容性，从而制得性能更优的共混材料。Yu 等 [49] 采用化学改性木粉与 PBAT 基质共混制备了具有一定力学性能的木质生物降解复合膜，如图 5-15 所示。在微波辅助条件下，木粕与十二氯在离子液体中进行快速均相酯化反应，有效地溶解和改性。酯化木质素具有良好的热塑性、疏水性和加工性能，可较好地与 PBAT 熔混。在酯化木质素的高添加率（40%）下，制备的木质素基 PBAT 复合膜具有良好的拉伸性能（17.0 MPa 和 452.7%）。复合材料的化学结构、形貌和热性能表征表明，酯化木质素与 PBAT 之间的均匀分散和良好的相容性提高了复合膜的最终力学性能。Barros 等 [50] 成功地制备了以非辐照木质素和辐照木质素为基础的 PBAT/PLA/ 木质素共混物。FTIR 光谱显示，γ 辐照使木质素的化学结构发生了显著的变化，如混溶性和相容性的改善，这是由于 PBAT/PLA 羰基与木质素羟基的二次相互作用，直接影响了木质素和共混物的热性能，如耐热温度下降和结晶速度下降。采用 Pseudo-Avrami，Friedman 和 Vyazovkin 等转换模型的非等温结晶动力学变化是显著的，在整个结晶过程中提供了能量评估。从 SEM 图可以看出，PBAT/PLA/ 辐照木质素断口表面表现出较好的分散性和相容性，对共混物的改良具有很大的促进作用。本研究表明，木质素辐照是木质素功能化和应用于高分子体系的有效途径，在热塑性塑料领域具有巨大的应用潜力，特别是在生物可降解食品包装材料和地膜领域。

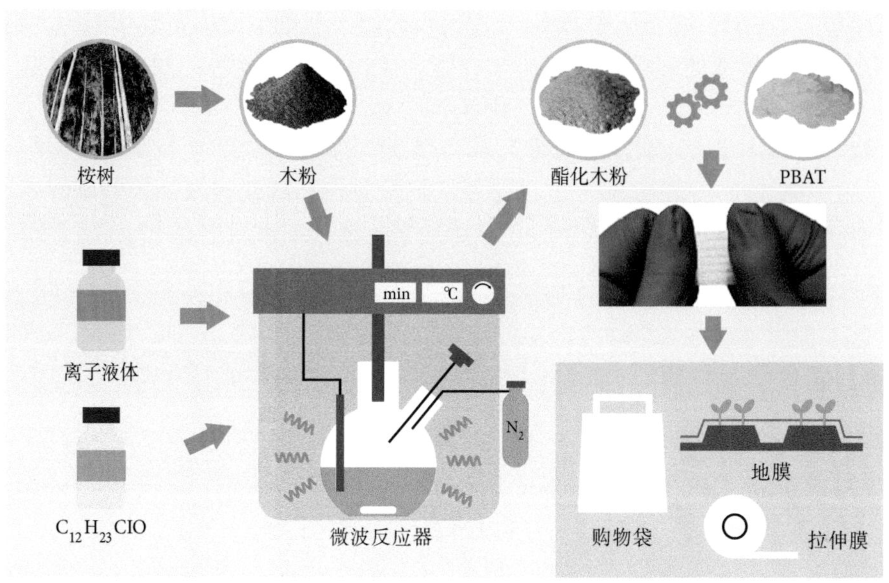

图 5-15　微波处理酯化木质素复合 PBAT 制备功能膜[49]

5.1.4　PBAT/ 壳聚糖塑料

壳聚糖（CS）是甲壳素的碱性脱乙酰衍生物，甲壳素在化学上被定义为 2- 乙酰氨基 -2- 脱氧 -*D*- 吡喃葡萄糖由 β-1, 4- 糖苷键连接的共聚物，如图 5-16 所示。甲壳素（又名几丁质）是一种生物聚合物，存在于甲壳类动物、昆虫、软体动物的外骨骼和微生物的细胞壁中。甲壳素在结构上与纤维素相似，不同之处在于分子骨架上的 C-2 位，其中含有乙酰胺基而不是羟基。壳聚糖在生物医学、食品、纺织、废水处理（包括重金属去除）等各个领域都有广泛的应用。利用从甲壳类生物质中容易提取的壳聚糖，并与其他可降解聚合物共混复合，可以提供可持续发展和环境友好绿色材料的良好效益。PBAT/ 壳聚糖塑料的制备主要关注工艺优化，目标是提高壳聚糖与 PBAT 基体的相容性，在应用方面，充分利用壳聚糖的阳离子聚合物特性，开发新型抗菌材料。

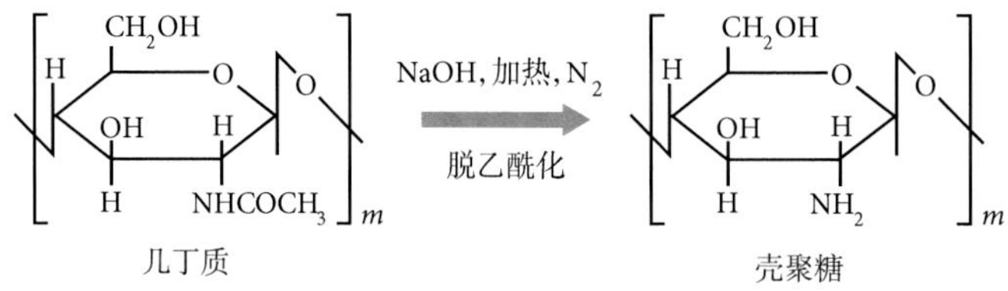

图 5-16　甲壳素转化为壳聚糖过程示意图[51]

Meng 等[52] 采用熔融混合法和压缩成型法成功制备了一系列 PBAT/ 纳米甲壳素复合材料。复合材料的物理、热和力学性能高度依赖于纳米几丁质的浓度（最佳为 0.5 wt %）

和分散效果。在浓度为 0.5 wt % 且不添加任何相容剂的情况下，纳米甲壳素添加剂均匀地分散在 PBAT 基体中，并在熔体冷却过程中对 PBAT 链的结晶起非均相成核作用。由此获得了结晶度高（11.6%，相比之下，原始 PBAT 的是 8.4%）、抗拉强度和韧性良好的复合材料。与原始 PBAT 相比，甲壳素（0.5 wt%）复合材料的拉伸强度和断裂伸长率分别提高了 82.5% 和 64.2%。然而，纳米几丁质的添加浓度过高（1 wt% 及以上）不利于复合材料的力学性能。本研究的结果指导了 PBAT 复合材料的改进，并鼓励甲壳素作为性能增强添加剂在生物降解聚合物复合材料的制备中得到更广泛的应用。

Pokhrel 等 [51] 将壳聚糖与 PBAT 熔融共混，采用不同的工艺对其进行了研究。结果表明，制备的样品是物理共混物，没有观察到两组分之间化学相互作用的证据。动力学研究表明，共混物的热稳定性随壳聚糖含量的增加而降低。PBAT 玻璃化转变区热容（ΔC_p）几乎没有变化，这意味着 PBAT 的有序（或无序）程度不受壳聚糖的影响，也不受脱乙酰程度和分子量的影响。对样品的玻璃化转变温度区间宽度 ΔT_g 值的分析表明，壳聚糖的加入对 PBAT 的弛豫谱和无序性均无影响。可见，壳聚糖的加入对 PBAT 的结晶行为没有影响，这种情况被发现对共混物的生物降解性是有帮助的。

壳聚糖分子结构中的阳离子侧基为开发抗菌薄膜材料提供了基础。Díez-Pascual 等 [53] 以 PBAT 为基体材料，制备了电纺丝 CS 纳米纤维（CS-NF）填充的可持续纳米复合材料。采用溶剂铸造法制备了薄膜，并对其形貌、吸水性、接触角、结晶结构、热性能、阻隔性能、迁移性能、抗菌性能、力学性能和黏弹性进行了详细研究。纳米纤维作为非均相成核剂有效地促进了基体的结晶，但在纳米复合材料中未检测到 PBAT 晶体结构的变化。它们还增强了共聚酯的热稳定性和可燃性，增加了其吸水性和亲水性，同时降低了其水蒸气和氧的渗透性。纳米复合材料的静态和动态力学性能（如储能和杨氏模量、玻璃化转变温度和抗拉强度）均有显著改善，特别是对 CS-NF 含量高的纳米复合材料，这归因于 PBAT- 纳米纤维的强界面黏附性和基体结晶度的提高。乙醇和异辛烷模拟物的最大迁移量远低于当前欧盟立法规定的食品接触材料的限制。研究了纳米复合材料对 4 种重要食品致病菌（金黄色葡萄球菌、枯草芽孢杆菌、肠炎葡萄球菌和大肠杆菌）的抑菌作用，抑菌效果依次为：大肠杆菌 = 肠炎葡萄球菌 > 枯草芽孢杆菌 > 金黄色葡萄球菌。从得到的所有实验数据来看，CS-NF 负载在 8.0 wt% 左右的纳米复合材料最适合于实际应用。对于浓度较高的情况，改善不是很显著，因此不具有成本效益。总的来说，这些可持续的生物纳米复合材料表现出非常好的阻隔性能、灵活性、强度和抗菌活性，价格低廉，无毒，易于加工，因此在食品和药品包装应用中有很大的潜力。

Ferreira 等 [54] 制备了负载不同肉桂精油（EO）含量的壳聚糖纳米胶囊（CN-EO）（2 wt%、5 wt%、8 wt%），并将其作为 PBAT 薄膜的活性剂，如图 5-17 所示。对制备的样品进行了化学、物理化学、机械和生物性能表征。CN-EO 呈单分散，粒径为 20~100 nm，呈球形。纳米胶囊具有壳聚糖和精油的协同抑菌作用，对大肠杆菌具有抑制作用。含量最高的 CN-EO（8 wt%）改善了薄膜的力学性能，这可能与材料之间的强相互作用和 PBAT 结晶度的增加有关。膜的结晶度和胶囊含量的变化影响了油的释放，从而影响了抗菌性能。该薄膜具有良好的食品包装应用潜力，可替代传统包装，解决环境问题。

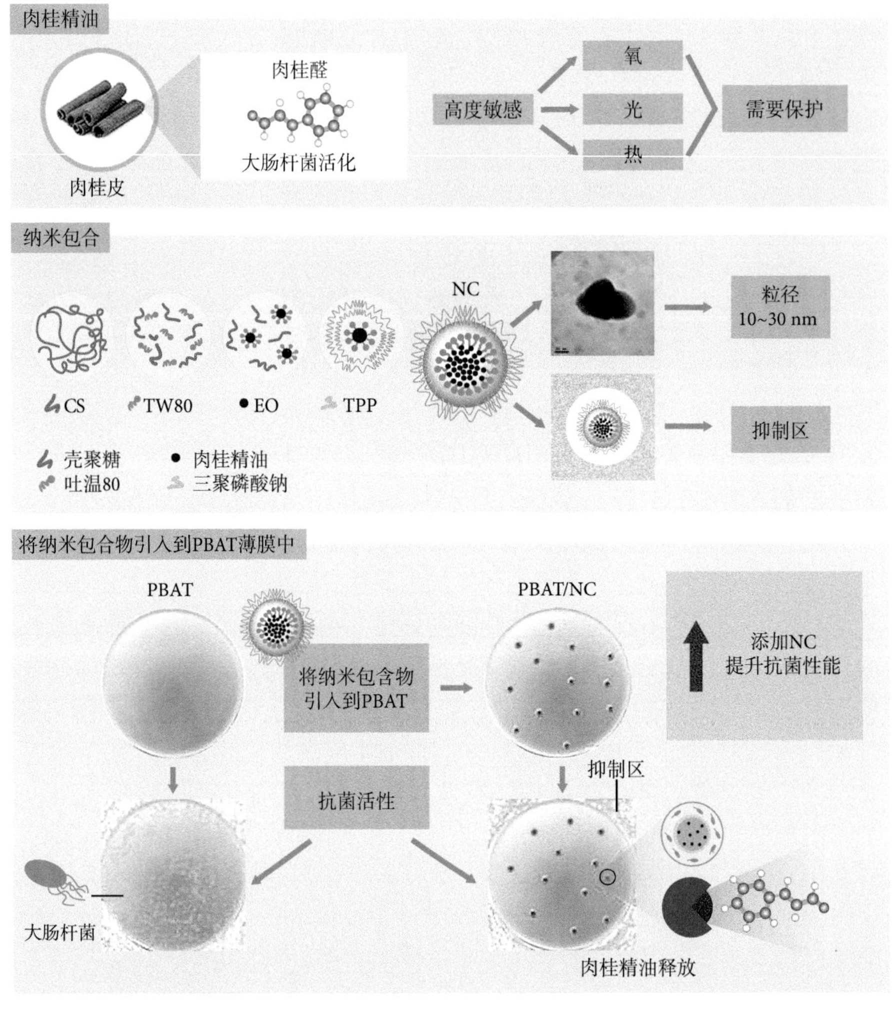

图 5-17 负载肉桂精油的壳聚糖纳米胶囊修饰 PBAT 薄膜及其抗菌作用 [54]

Li 等 [55] 采用银改性羧甲基壳聚糖（Ag-CMCS）和生物可降解聚合物制备了抗菌膜，如图 5-18 所示。采用离子交换 - 原位还原法制备抗菌剂，再通过物理共混的方法与聚合物基材结合。抑制区试验表明，Ag-CMCS 在 PLA/PBAT 基膜中具有良好的抗菌性能，杀菌试验进一步揭示了膜对常见食源性细菌（大肠杆菌和金黄色葡萄球菌）的杀灭能力。结果表明，Ag-CMCS 聚合物膜在抗菌食品包装中具有潜在的应用价值。然而，本研究中的抗菌膜是采用物理共混的方法制备的，由于抗菌成分与聚合物基材不相容，要保证抗菌成分的均匀分布非常具有挑战性。另外，80 目的抗菌颗粒过大，导致抗菌膜表面粗糙。从长远来看，膜内颗粒的稳定性也会受到影响。为了解决这一问题，可以将抗菌颗粒磨成更细的颗粒，这可以增加颗粒在膜中的稳定性。本研究为制备高效、环保的抗菌食品包装膜提供了新的思路。

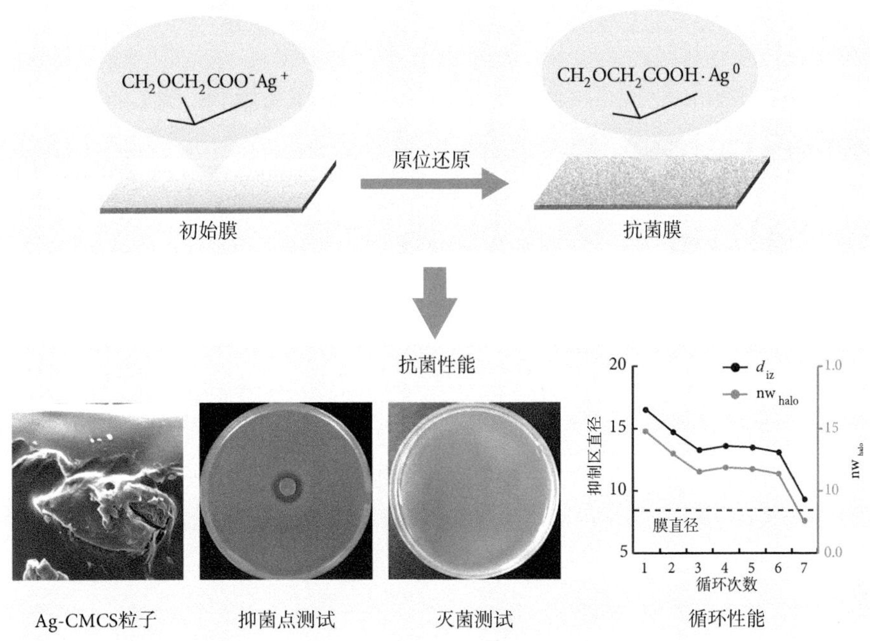

图 5-18 银改性羧甲基壳聚糖复合 PBAT 制备抗菌膜[55]

5.1.5 PBAT/ 其他生物质塑料

除了上述几种常见的天然高分子材料，人们也在积极探索 PBAT 与其他生物质材料的共混复合和应用。Li 等[56]以 PLA 和甜菜浆（SBP）或 PBAT 和 SBP 为原料，采用双螺杆挤出机制备了薄膜的衬底层。采用溶液涂布、溶剂蒸发的方法在基质表面形成由聚乳酸或壳聚糖抗菌物质组成的活性层。涂层引起了微小的结构变化，降低了合成膜的机械性能；然而，这些薄膜仍然能够保持一定程度的抗拉强度，与许多由石油衍生的热塑性塑料制成的商用食品容器相匹配；探索了利用农业加工副产品生产食品包装活性材料的新策略。Nakayama 等[57]采用熔体共混的方法，将天然生物聚合物蚕丝粉引入合成的 PBAT/PLA 共混物中，以提高最终材料的生物含量，同时保持生物降解性能。与 PLA 和 PBAT 共混物一起使用的一种常用的增容剂是 Joncryl。Joncryl 的环氧基团之间的反应导致了蚕丝链之间的氢键减弱。该反应提供了一种可能的方法来提高这种天然聚合物的加工性能，并改善其在聚合物共混物中的分布。Mekonnen 等[58]研究表明，豆粕发酵处理可以有效地减少塑料制造过程中存在的碳水化合物，同时糖化和发酵在这方面被证明是有效的。此外，结果强调了与 PBAT 共混对提高性能的重要性。因此，本研究开发的低成本薄膜可以在需要生物降解薄膜的产品中广泛应用，包括包装膜、消费袋、农业地膜和青贮膜。更重要的是，本研究的结果和技术可以推广到其他富含蛋白质的膳食，包括菜籽菜粕和玉米粕。Reddy 等[59]将玉米蛋白粉（CGM）分别用甘油和尿素进行塑化和解构，再用熔融工艺与 PBAT 共混，制成热塑性塑料。

采用高延展性和可生物降解聚酯 PBAT 与 CGM 和塑化玉米蛋白粉（pCGM）共混。经塑化和解构处理后，共混物的拉伸性能和伸长率均有所提高，拉伸性能与 PBAT 相近。未改性的 CGM 显示出较低的拉伸性能，表明它只是作为填料。Torres 等[60]利用生物柴油生产的副产品残留微藻生物质（RMB）和 PBAT 制备了新型生物复合材料，如图 5-19 所示。该研究采用挤出成型和注射成型的方法制备了含增塑剂和不含增塑剂的 RMB 和 PBAT 生物复合材料。研究表明，RMB 可用于制备 PBAT 生物复合材料，当填充量为 20% 时，效果最佳。在提高复合材料力学性能方面，与复合材料 PBAT/RMB(80/20) 相比，增塑只能提高复合材料的拉伸模量和延伸率；在 20% 的甘油和 7.5 PHR 的尿素条件下，得到了最佳的配方和最佳的增塑率。使用 PBAT 和 RMB 制造生物复合材料可以降低其总体成本。这些类型的材料可以用于农业薄膜，一旦与土壤接触，随着时间的推移会降解。该研究还为从微藻中可持续生产生物柴油提供了新的数据，并产生新的相关副产物。Gallo-García 等[61]将小球藻（CP）原生物质添加到淀粉 /PBAT 薄膜，与添加预破碎 CP 生物质的薄膜相比，添加 CP 原生物质的薄膜具有更好的力学和阻隔性能。此外，由于 CP 具有天然的生物色素沉淀作用，因此用 CP 制成的膜可用于食品紫外线防护。

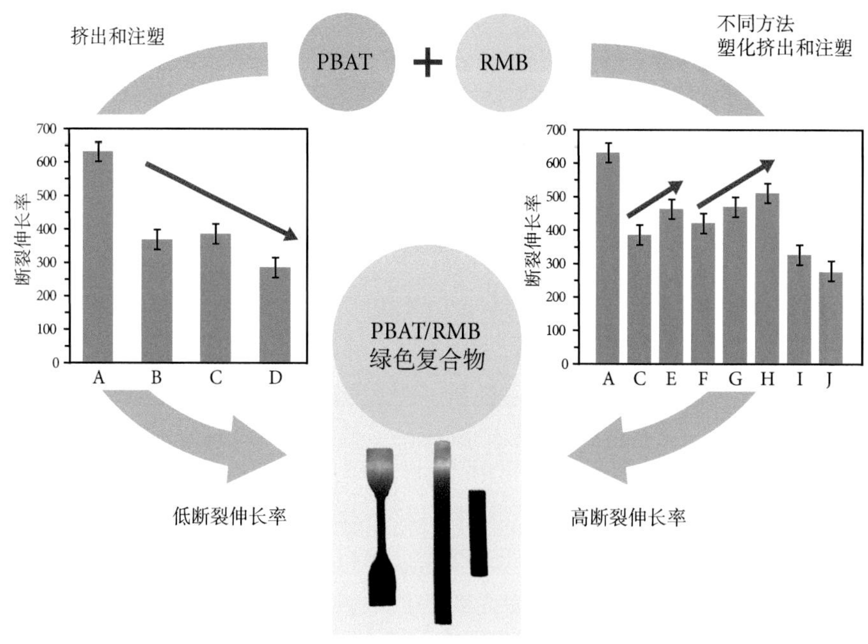

图 5-19 微藻生物质与 PBAT 共混材料的制备与性能[60]

充分利用二次产生的生物质材料，对开发生物质资源具有重要意义。Moustafa 等[62]研究揭示了从农产品中提取的碳化咖啡渣（CG）可以作为 PBAT 的生物增强剂，而不需要另加增容剂。与 PBAT/CG 复合材料相比，PBAT/ 碳化 CG 复合材料的热力学性能有显著提高。此外，加入碳化生物质后，由水接触角决定的 PBAT 复合材料疏水性得到改善。该研究用热重分析研究了样品的热稳定性，并建立了描述原 CG、碳化

CG、PBAT 及其填充复合材料热降解的动力学模型，如图 5-20 所示。López 等[63] 从玉米淀粉和甘油中获得的热塑性淀粉与 PBAT 混合，同时使用从回收报纸中获得的纤维素纤维进行增强。对合成复合材料的力学、热和吸水性能进行了分析和评价。回收报纸纤维作为补强剂，TPS 的抗拉强度和杨氏模量可提高 260%。相反，尽管掺有 5%~20% PBAT 的 TPS 共混物有助于降低复合材料的吸水率并提高材料的刚度，但其抗拉强度与传统的 TPS 基复合材料相似。梁健飞[64] 将咖啡渣和稻壳灰分别添加到 PLA、PBS 以及 PBAT 三种可生物降解塑料里制备复合材料，在将咖啡渣和稻壳灰“变废为宝”的同时，也可降低 PLA、PBS 以及 PBAT 的使用成本。另外，咖啡渣主要成分是半纤维素、纤维素以及木质素，而稻壳灰的主要成分是二氧化硅，将经过处理的以上两种填料加入三种塑料中，能在某种程度上增强基体材料的性能。

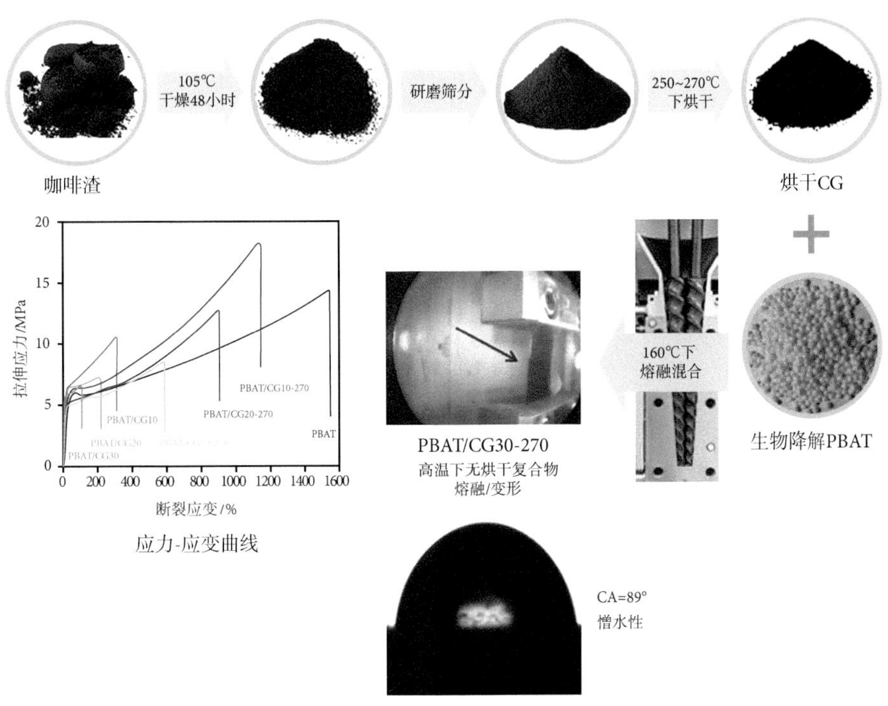

图 5-20　碳化咖啡渣与 PBAT 共混材料的制备与性能[62]

5.2　PBAT/ 无机粉体塑料

无机粉体因为易得到和成本低的优势，也广泛地应用于 PBAT 复合材料中，并且对可生物降解领域的推广应用有着非常重要的意义。除此之外，无机粉体还可以有效地提升成型稳定性、开口性和刚性挺度等。主流的无机粉体主要有碳酸钙、滑石粉、蒙脱土、类水滑石、碳纳米管、石墨烯、硅灰石、晶须、玻璃纤维、碳纤维、玄武岩纤维等等。无机粉体的粒径对其分散和 PBAT/ 无机粉体复合材料的性能有着决定性的作用，通常粒径小的无机粉体分散效果优于粒径大的无机粉体，在科研与工业领域，粒径较小的无机粉体应用于 PBAT 的研究较多，而粒径偏大的无机粉体容易导致膜面的粗糙和性能的衰减，因此研究以及应用得较少。除了粒径的影响，无机粉体的微观形态也会对复合材料以及膜制品性能具有较大的影响，尤其是在横纵向的性能差异方面。针状的无机粉体（硅灰石、晶须、玻璃纤维、碳纤维和玄武岩纤维等）主要的优势在于注塑或者挤塑成型中增刚的效果显著，在膜袋中则容易引起膜面的粗糙甚至导致缺陷，横纵向的撕裂性能、拉伸性能也会有较大的差异，导致在性能弱的方向受力时容易引发应用失效，成型吹膜或使用过程中也容易出现断膜等现象。

在目前的国内外研究进展中，应用于 PBAT 的无机粉体主要为碳酸钙、滑石粉、蒙脱土、类水滑石和碳纳米管等，这些无机粉体因为其自身的特性给 PBAT 复合材料带来了不同的优良性能。

5.2.1　PBAT/ 碳酸钙塑料

碳酸钙宏观下为白色粉末，微观下通常呈现为球状（图 5-21），存在于石灰石和方解石等天然矿石中。从生产方法的不同，可以将碳酸钙分为重质碳酸钙、轻质碳酸钙、晶体碳酸钙以及胶体碳酸钙。其中重质碳酸钙为目前主流的工业类别，是用机械方法对矿石进行粉碎并经过多道的研磨，将碳酸钙研磨成粉状[65]。从粒径粗细来分则有粗碳酸钙（一般是 1250 目以下）、细碳酸钙（3000 目以上）、超细碳酸钙（5000 目以上）和纳米碳酸钙（至少一个维度为纳米级）。从表面处理来区分可分为非活性碳酸钙与活性碳酸钙，碳酸钙需要对表面进行活化处理才能在聚合物中良好地分散，常规的活化手段是添加 1%~5% 的硬脂酸、树脂酸、偶联剂或者阳离子表面活性剂对碳酸钙表面进行活化处理。处理的方式又分为干法活化与湿法活化，干法活化是通过高混机或者离心机等机械物理手段，将活化剂与碳酸钙进行充分的混合分散，此种方式为目前常用的工业化类型，成本较低，但活化度与湿法活化有一定差距。湿法活化，顾名思义是在液态的状态下将活化剂均匀地附着于碳酸钙的表面，同样的活化剂含量下活化度一般更高，但成本也更高，一般应用于对活化度、分散性要求较高的行业，如医疗行业。

图 5-21　碳酸钙的微观形态

PBAT/ 碳酸钙塑料在目前无机填充生物降解材料中最为常见，可用于改变 PBAT

的特性，经过碳酸钙复合后的共混物成本也能下降，从而能更好地推广 PBAT 的应用，使其经济性上更为可行[66]。国内外研究主要集中于研究以下几类：①碳酸钙含量对于 PBAT/ 碳酸钙塑料的相容性、玻璃化转变温度、熔点和力学性能等影响；②不同粒径的碳酸钙对于 PBAT/ 碳酸钙塑料的相容性和力学性能的影响；③不同种类相容剂及其含量变化对于 PBAT/ 碳酸钙塑料中的树脂与粉体的相容性的影响；④不同 PBAT/ 碳酸钙塑料体系的特殊性能的变化，如阻隔性能；⑤不同碳酸钙对于 PBAT/ 碳酸钙塑料体系的热性能和流变性能等影响；⑥研究三元体系如 PBAT/PLA/ 碳酸钙塑料中不同组分的变化对于整个体系性能的影响，其中的 PLA 也可以是 PBS、PPC 或者 PCL 等生物降解聚酯。

王雪盼等[67]研究了不同比例碳酸钙对于 PBAT 的影响，添加 25% 的膜面还处于比较均一的状态，到 35% 的碳酸钙填充时，则会形成明显的团聚（图 5-22）。碳酸钙加入后，薄膜的 T_g 降低，熔点（T_m）提升，薄膜的反应活化能降低，耐热温度降低（与碳酸钙添加显示出负相关的趋势），力学性能方面表现出先上升后下降的趋势。

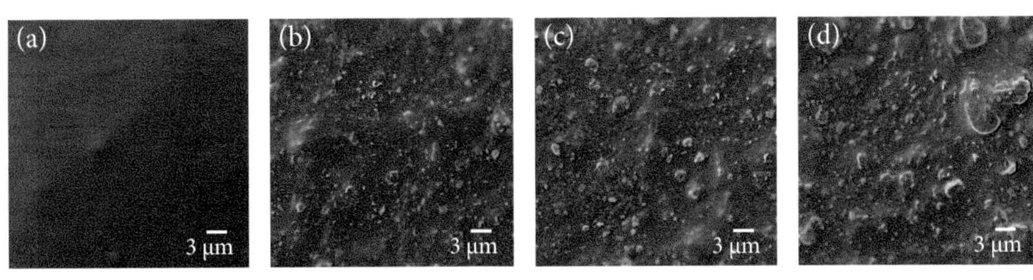

图 5-22　不同碳酸钙含量吹膜后的 SEM 图[67]

(a) 0%；(b) 25%；(c) 30%；(d) 35%

肖运鹤等[68]研究了超细碳酸钙与 PBAT 的共混复合，并添加了不同种类的相容剂：马来酸酐接枝乙烯 - 辛烯共聚物（POE-*g*-MAH）、离子聚体和乙烯 - 丙烯酸酯 - 马来酸酐共聚物。研究结果表明，加入离子聚体等相容剂可以明显改善 PBAT 与超细碳酸钙相容性，提高了共混物的拉伸强度、断裂伸长率与撕裂强度。在添加 20% 超细碳酸钙后，拉伸断面 SEM 呈现出不规则现象且存在空穴，增容剂 EMH4210 的加入促进了两相的相容，空穴大量减少，虽然碳酸钙还有一定团聚，但是两相之间界面已经比较模糊，说明了相容性的提升（图 5-23）。

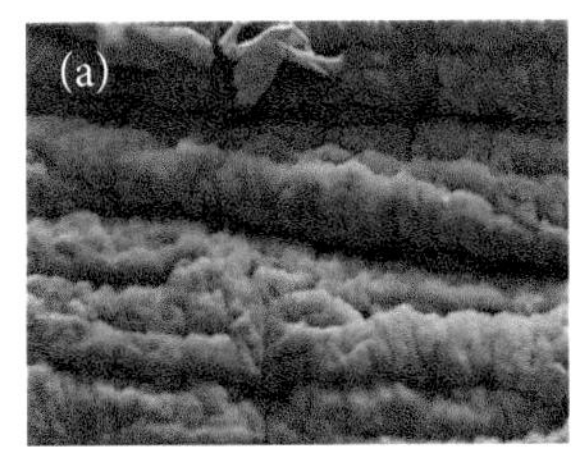

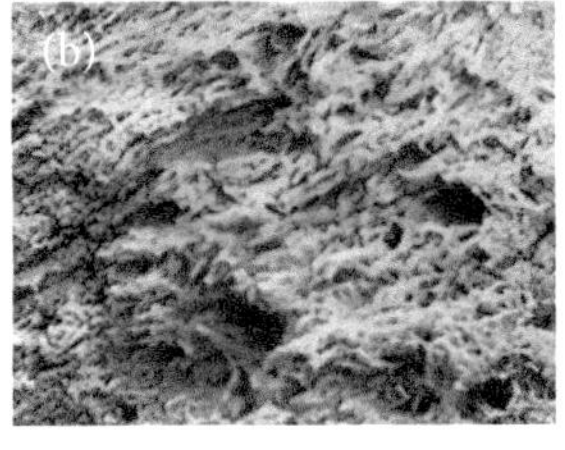

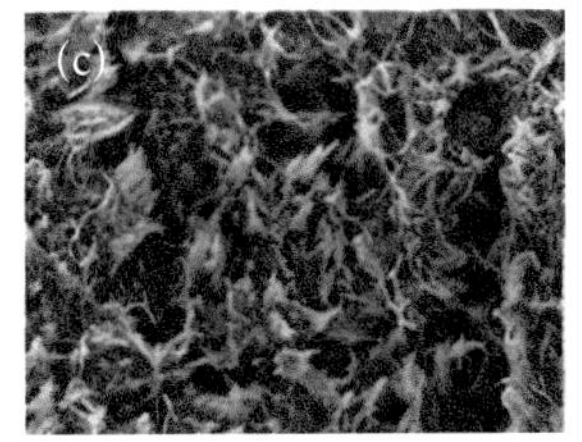

图 5-23　拉伸断面 SEM 图[68]

(a) PBAT; (b) PBAT/$CaCO_3$(80/20); (c) PBAT/$CaCO_3$/EMH4210) (80/20/3)

庞会霞等[69]用硬脂酸对普通碳酸钙、超细碳酸钙和纳米碳酸钙三种不同粒径的粉体进行了活化，并将其用于与 PBAT 共混复合。研究结果表明，加入了活性碳酸钙后，PBAT 的结晶温度、结晶度及熔融温度都有所提高，当加入了平均粒径为 7.6 μm 的活性碳酸钙时，结晶温度以及结晶度达到了最优状态。在力学性能层面，粒径越小的活性碳酸钙对力学性能的贡献更大，使用平均粒径为 0.34 μm 的活性碳酸钙制成的复合薄膜拉伸强度达到 19.9 MPa，断裂应变达到 551.8%，直角撕裂从 PBAT 的 72.5 kN/m 提高到 139.3 kN/m。水蒸气的阻隔性能也因添加了活性碳酸钙而得到提升，所得复合薄膜的水蒸气透过率达到 232.3 g/(m^2·24h)，比纯 PBAT 制成的薄膜降低了 28.06%，水蒸气渗透系数也降低了 66.09%。

刘晓南等[70]使用硅烷偶联剂 KH570 对超细碳酸钙进行活化处理，并将其用于与 PBAT 的共混复合中。研究结果表明，在活性超细碳酸钙含量较低时（10%），碳酸钙在共混物中的作用是改善流变性能并增塑，如果进一步提升碳酸钙的含量，则增塑的作用会转变为填充共混复合作用为主，碳酸钙的加入使得材料黏弹性区间变宽，降低了损耗因子，使得复合材料的黏度降低，黏弹性增加。热性能的测试结果表明，碳酸钙的加入增加了 PBAT 的热稳定性，随着碳酸钙含量的增加，共混物的结晶温度逐步上升，结晶度降低，提高了共混物的韧性与延展性。

杨冰等[71]研究发现，在碳酸钙添加高于 50% 时，使用双层包覆技术制作的共混复合材料力学性能更优，研究人员使用双层包覆法加入了 0.5% KH560 硅烷偶联剂与 0.5% 钛酸酯偶联剂 102，对碳酸钙表面进行活化处理，进一步制作出来的共混物拉伸强度有所增加。

纳米级的碳酸钙因为其微观的纳米尺寸，具有一定的界面效应，与粒径在微米级别的普通碳酸钙或超细碳酸钙对比起来，只需要添加少量（< 5%）的纳米碳酸钙，并达纳米尺寸的分散，就能给聚合物带来结晶与力学性能的明显改善[72]。Liang 等[73]在生物降解聚酯中添加了纳米碳酸钙，当添加量仅为 1% 时，共混物的起始结晶温度、结晶速率与结晶温度都得到了提升，当纳米碳酸钙的含量达到 3% 时，生物降解聚酯的结晶温度区间得到了缩窄，说明了纳米碳酸钙起到了异相成核的作用，加快了生物降解聚酯的结晶行为。然而因为纳米碳酸钙的尺寸极其微小，如果添加含量过高，则容易导致分散不良现象。

马祥艳等[74]研究表明，在 PLA/PBAT 体系中，随着纳米碳酸钙的含量的增加，纳米碳酸钙更趋向于分散在 PBAT 相中，研究表明 PBAT 的接触角（80.3°）小于 PLA（82°），因此可认为 PBAT 的表面张力更大一些，而纳米碳酸钙为亲水物质，因此更倾向于分散在 PBAT 中，另一方面 PBAT 的熔点为 120℃左右，PLA 熔点为 160℃左右，共混过程中 PBAT 先熔融，可能也有利于纳米碳酸钙的分散，分散情况如图 5-24 所示。此外研究还发现纳米碳酸钙的加入使得共混物的冲击强度提高，比 PLA/PBAT 共混物提高了 162%，但添加量超过 10% 后，拉伸强度的下降较为明显。Wrya 等[75]通过添加 5% 的纳米碳酸钙，改善了生物降解薄膜的阻隔性能，并且提高了共混物的热稳定性，以及提高生物降解薄膜的强度与模量。然后纳米碳酸钙添加含量较高时容易出现团聚（图 5-25）。

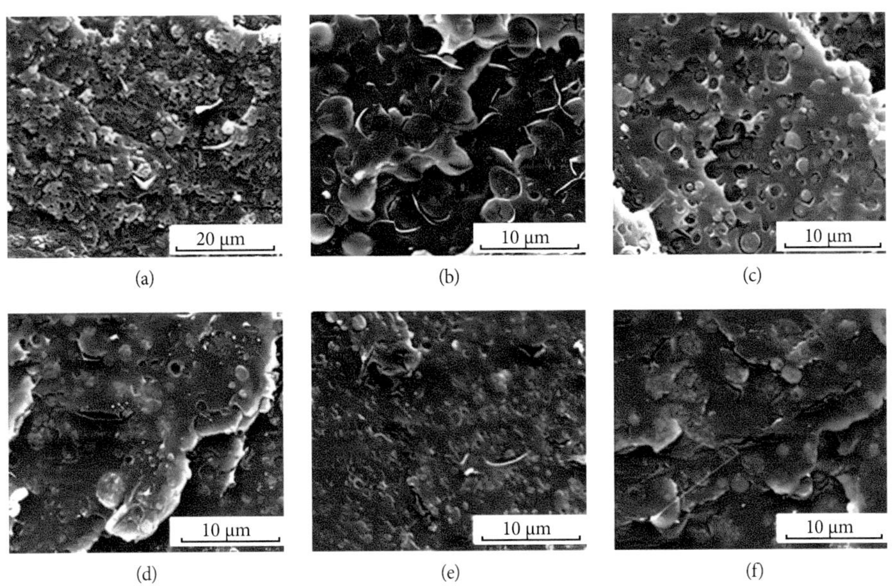

图 5-24　纳米碳酸钙分散 SEM 图[74]

(a) PLA/PBAT/nano-$CaCO_3$(80/20/0); (b) PLA/PBAT/$CaCO_3$(80/20/5); (c) PLA/PBAT/$CaCO_3$ (80/20/10); (d) PLA/PBAT/$CaCO_3$ (80/20/15); (e) PLA/PBAT/$CaCO_3$ (80/20/15); (f) PLA/PBAT/$CaCO_3$ (80/20/20)

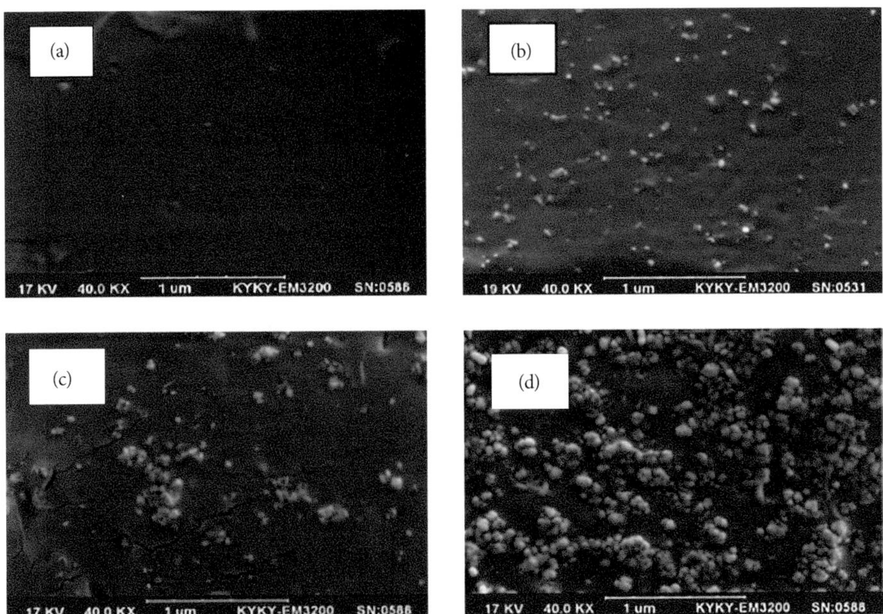

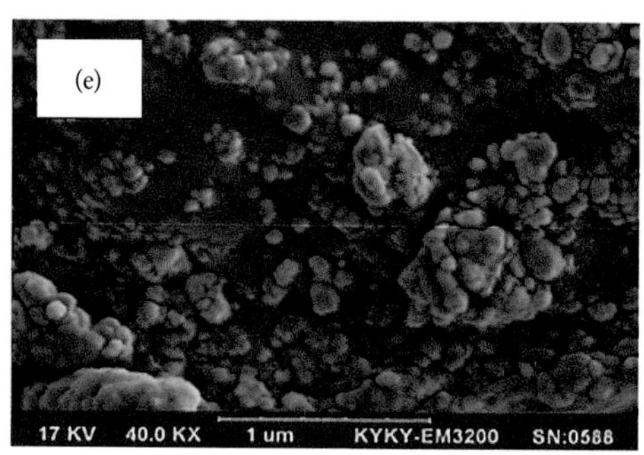

图 5-25 PLA/$CaCO_3$ 共混物 SEM 图[74]

(a) neat PLA; (b) PLA/3 wt% $CaCO_3$; (c) PLA/5 wt% $CaCO_3$; (d) PLA/10 wt% $CaCO_3$; (e) PLA/15 % $CaCO_3$

NUNES 等[76]研究了 PBAT/$CaCO_3$ 体系中扩链剂 ADR 4370 对于体系的影响，研究结果表明，ADR 加强了 PBAT 与碳酸钙的界面相容（图 5-26），并且提高了共混物的杨氏模量与断裂伸长率，但随着 ADR 含量的增加，其他力学性能会随之下降。

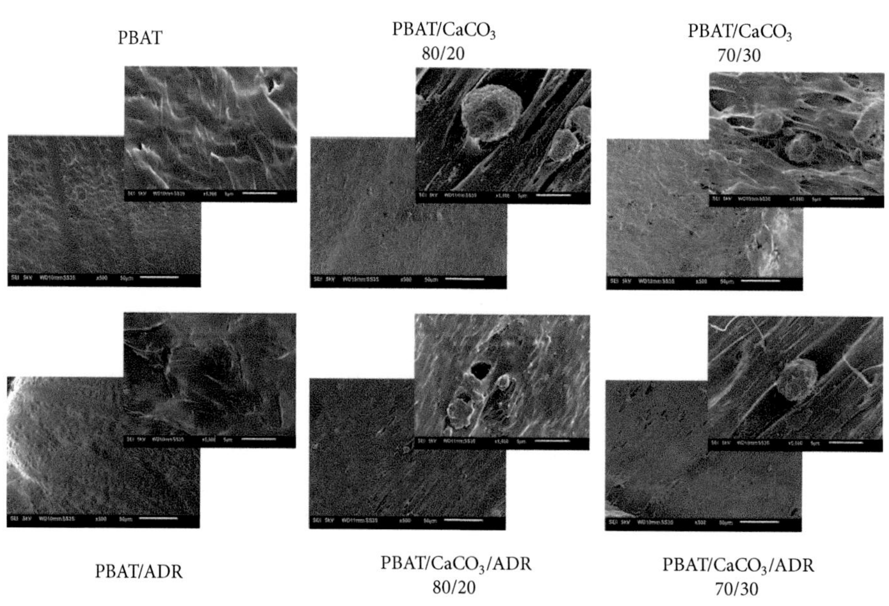

图 5-26 PBAT/$CaCO_3$/ADR 的 SEM 图[76]

5.2.2 PBAT/ 滑石粉塑料

滑石粉主要来源于天然滑石，主要成分是含水硅酸镁，分子式 $Mg_3[Si_4O_{10}](OH)_2$。滑石粉在宏观下为白色粉状，微观下为层片状（图 5-27）[77]。滑石粉有很好的增强功能，并同时可以降低共混物的成本，使其具有经济性。滑石粉大量用于汽车聚丙烯复合材料中，可以有效地提升材料的刚性，热变形温度以及尺寸稳定性。滑石粉也有一定的异相成核的作用 [78]，可以帮助如聚丙烯、聚乳酸等促进结晶性能 [79-81]。此外，滑石粉的耐溶剂性、耐热性优于碳酸钙等无机填料 [82,83]，因此常常用于可食品接触类、耐热类的制品领域。

图 5-27　滑石粉 SEM 图 [77]

(a) ×500 倍；(b) ×2000 倍

滑石粉的片状结构有利于增加刚性，但作为矿物，滑石粉与树脂的相容性较差，因此添加滑石粉后复合材料拉伸强度、断裂伸长率和撕裂性能等会有明显的下降。基于以上滑石粉及其复合材料的特性，目前国内外对于 PBAT/ 滑石粉塑料的研究方向主要有以下几类：①不同滑石粉含量对于材料力学性能的影响；②不同的滑石粉粒径对于 PBAT/ 滑石粉塑料的热性能、分散性能和力学性能和影响；③滑石粉是一种有效的成核剂，因此也有研究 PBAT/ 滑石粉的结晶性能的变化，以及微观下结晶形态的变化；④三元结构下如 PBAT/PLA/ 滑石粉中不同组分的变化对于结晶、流变、力学和热性能的影响；⑤传统的滑石粉没有表面修饰，有部分研究人员会通过特殊的表面修饰手段对滑石粉进行预处理，再研究其在 PBAT 树脂或者多元复合物中的应用。

研究人员使用金发生物公司生产的 PBAT 树脂与滑石粉进行共混复合，得到滑石粉含量变化对共混物性能的影响，具体数据如表 5-1 所示。

表 5-1(a)　PBAT/ 滑石粉共混材料的性能

PBAT/ 滑石粉比例	密度 / (g/cm^3)	熔指 / (g/10min)
95/5	1.255	4.3
85/15	1.322	4.1
75/25	1.408	3.8
65/35	1.487	3.5
55/45	1.591	3.4

表 5-1(b)　PBAT/ 滑石粉共混材料的性能 - ISO 标准注塑样条

拉伸强度 /MPa	断裂伸长率 /%	弯曲强度 /MPa	弯曲模量 /MPa
18.9	897	5.3	111
19.2	765	7.4	178
19.1	462	10.2	289
16.7	306	13	430
16.1	48	15.9	602

表 5-1(c)　PBAT/ 滑石粉共混材料的性能 - 薄膜力学性能

拉伸强度 - 纵 /MPa	拉伸强度 - 横 /MPa	断裂拉伸应变 - 纵 /%	断裂拉伸应变 - 横 /%
26	22.2	438	672
21.1	16.8	445	558
16.9	15.4	446	529
13.5	12.1	354	352
9.2	9.1	136	216

从图 5-28 可以看出，随着滑石粉含量的提高，注塑样条的拉伸强度小幅提升，然后下降，断裂伸长率则是随着滑石粉含量的增加大幅度地下降。弯曲强度与弯曲模量随着滑石粉含量的增加逐渐提高。

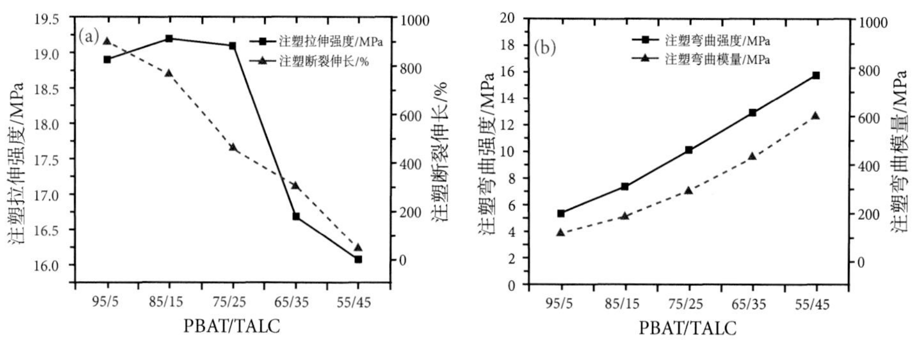

图 5-28　注塑样条拉伸性能与弯曲性能

由图 5-29 可以看出，随着滑石粉含量的增加，薄膜的拉伸强度以及断裂拉伸应变逐渐下降。这主要是因为滑石粉与 PBAT 不相容，存在微观下的缺陷点，在拉伸过程中一旦触发了缺陷点，即会导致拉伸断裂。

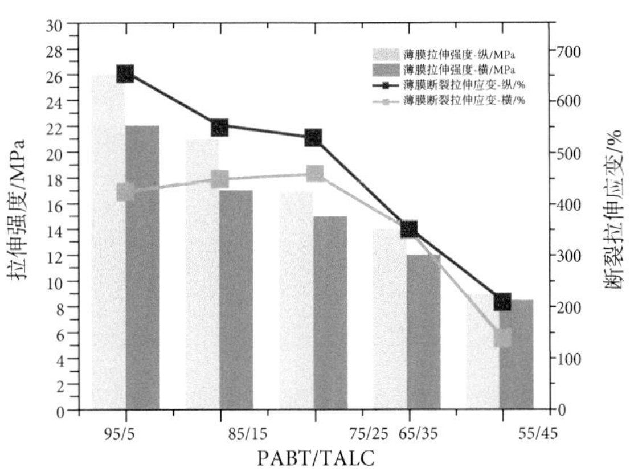

图 5-29　薄膜拉伸强度与断裂拉伸应变

黄秀龙等[84]使用DSC方法研究了滑石粉对于PLA/PBAT共混物结晶行为的影响（图5-30），研究结果表明，随着滑石粉用量的增加，结晶经历的窗口时间缩短，结晶温度升高，并且结晶度得到了提升。此外使用 Jeziorny 法对共混物的非等温结晶动力学进行深入研究，发现在一致的降温速率下，随着滑石粉含量的增加，结晶速率常数明显增大，而对应的半结晶时间相应减小。在不同的降温速率得到的共混物的 Avrami 指数接近 3，说明其成核机理是以异相成核为主，生长的方式为球晶三维生长。

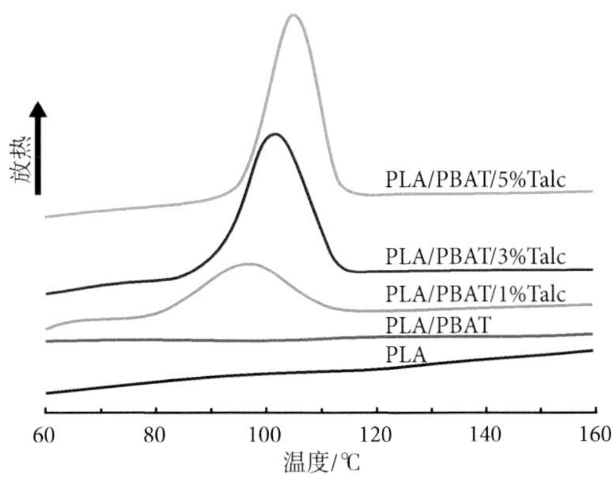

图 5-30　PLA/PBAT/ 滑石粉的降温 DSC 曲线[84]

胡晨曦等[85]研究了 PBAT/PLA/ 滑石粉共混材料，随着滑石粉含量的提高，共混物的标称应变呈现出先上升后下降的趋势，滑石粉含量为 5 份时，共混物的标称应变为 241.5%，对比 PBAT/PLA 大幅提升，共混物的弯曲模量也随着滑石粉含量增加而提高，当滑石粉含量为 30 份时，弯曲模量达到 2.61 GPa。此外，随着滑石粉含量的增加，共混物的黏度先下降后上升，当滑石粉含量为 5 份时，黏度的数值相对较小。在 SEM 图（图 5-31）观察到少量的滑石粉有助于改善 PBAT 与 PLA 的界面相容。与碳酸钙一样，有研究表明无机物更倾向于分散于 PBAT 中[86]。

宋佳奇等[87] 研究了 PBAT/ 滑石粉复合体系在 3D 打印专用料中的应用，并研究了添加偶联剂 F300 等添加剂对体系力学性能与加工性能的影响。实验表明随着滑石粉含量的增加，拉伸强度与断裂伸长率逐步降低，熔指与撕裂强度出现先上升后下降的趋势，并在滑石粉含量为 20% 时达到最高值。锁定 20% 的滑石粉含量，研究 F300 的影响，随着 F300 的含量增加，拉伸强度、断裂伸长率均逐步提升后并趋于稳定状态，熔指和撕裂强度则是先上升后下降，F300 的最优添加比例为 0.4%，对应共混物的拉伸强度为 19.8 MPa，断裂伸长率为 1080%，熔指 21.5 g/10min，撕裂强度为 59.5 N/mm。

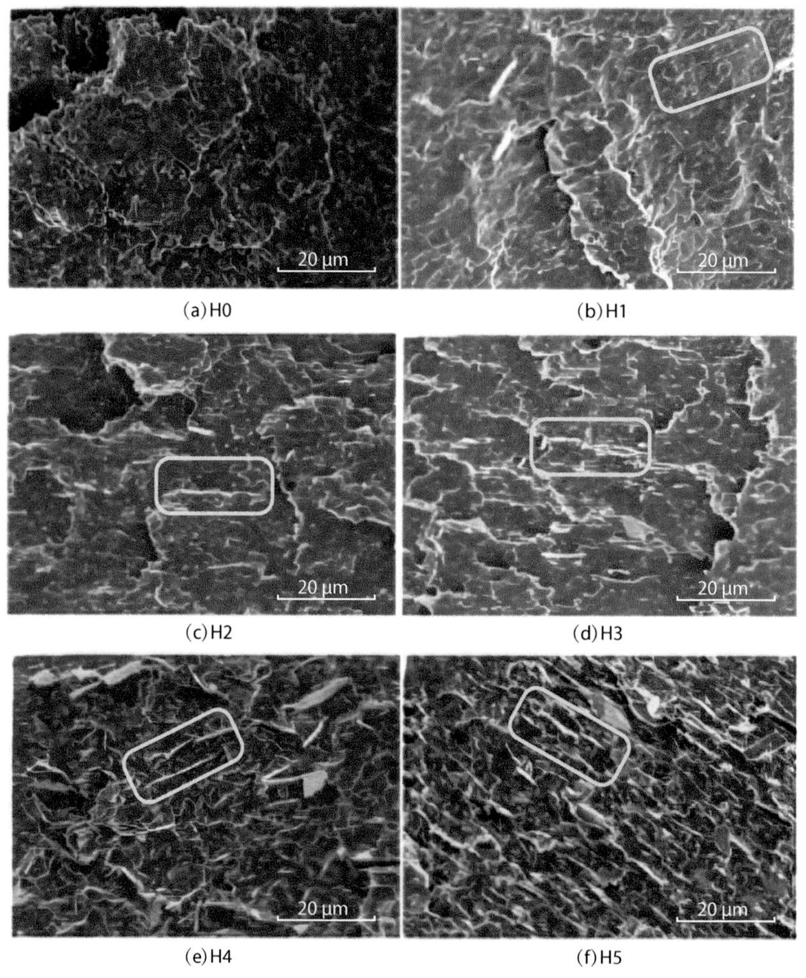

图 5-31 PLA/PBAT/ 滑石粉共混物 SEM 图[85]

(a) PBAT/PLA/ 滑石粉 (50/50/0); (b) PBAT/PLA/ 滑石粉 (50/50/1); (c) PBAT/PLA/ 滑石粉 (50/50/5); (d) PBAT/PLA/ 滑石粉 (50/50/10); (e) PBAT/PLA/ 滑石粉 (50/50/20); (f) PBAT/PLA/ 滑石粉 (50/50/30)

5.2.3　PBAT/ 蒙脱土塑料

在科学研究领域，蒙脱土（MMT）的结构式一般被认为是：$Na(H_2O)_4\{(Al_2\text{-}xMg0.33)[Si_4O_{10}](OH)_2\}$[88,89]，理论上主要成分为：$H_2O$ 5%，SiO_2 66.7%，Al_2O_3 25.3%。结构图如图 5-32 所示。

蒙脱土是层状硅酸盐的一种，也属于纳米材料。在科研领域，研究人员对其有较多深入的研究，主要是因为蒙脱土有以下优点[90]：①获得蒙脱土的路径是比较简单且丰富的，价格相对于其他纳米材料更为低廉。②在特定的溶剂中，蒙脱土的层与层之间间距会发生扩张，从而具有膨胀的效果。③蒙脱土具有非常强的离子交换能力，这是因为金属阳离子与蒙脱土片层之间的作用力仅是比较弱的电场作用力，因此在接触到有机阳离子表面活性剂或者其他的无机金属离子时，很容易被同晶取代。④层状结构本身具有一定功能性，如提升刚性。层与层之间的间距也将影响蒙脱土的功能。

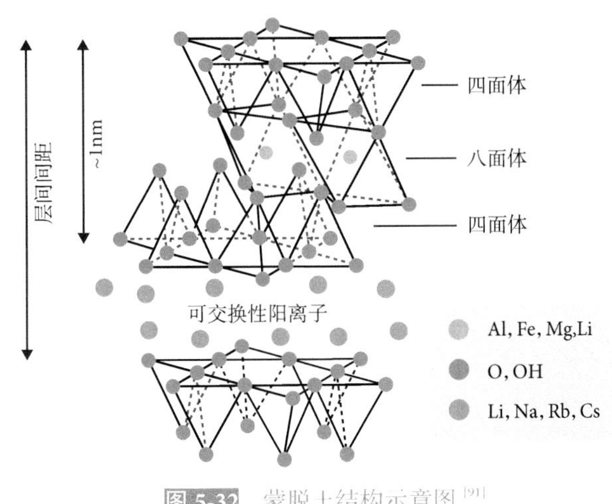

图 5-32　蒙脱土结构示意图[91]

共聚物 / 蒙脱土复合材料跟传统填充改性的不同之处是蒙脱土可以通过独特的插层方法而获得优异性能。1987 年日本丰田公司研究出了 PA6/ 蒙脱土纳米复合材料。丰田研究人员[92]创造性地运用烷基季铵盐活性剂对蒙脱土进行有机改性，然后使用己内酰胺单体与有机改性过的蒙脱土引发聚合反应，最终 PA6 的分子链成功地插层至蒙脱土的片层结构中，得到了优异的机械性能、热性能和阻隔性能。目前常用的插层活性剂有烷基铵盐、季铵盐和吡啶类的衍生物，如十八烷基氯化铵、十六烷基溴化铵、三羟甲基胺和乙醇胺等。聚合物插层蒙脱土如图 5-33 所示。

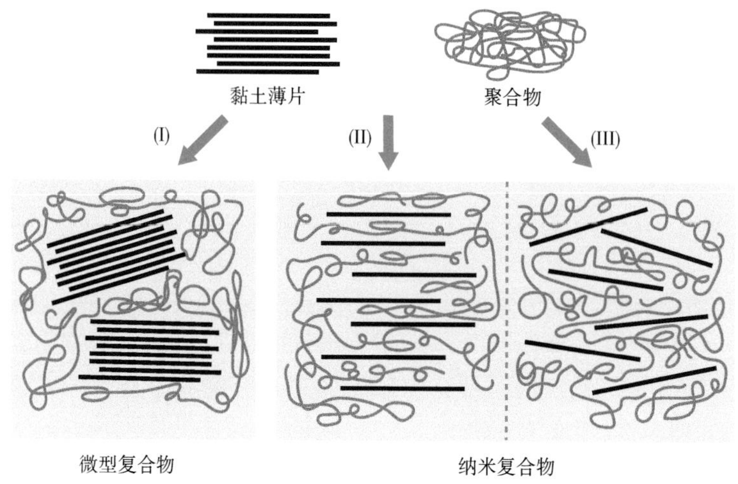

图 5-33 聚合物插层蒙脱土结构示意图 [93]

插层复合法的原理是通过插层活化剂将蒙脱土的层与层间距进行剥离扩大，再将聚合物通过熔融或者溶解的方式插入蒙脱土的层间。插层制备法主要分为三类：原位插层聚合法、溶液插层法和熔融插层法 [94]。

5.2.3.1 原位插层聚合法

原位插层聚合是指将目标聚合物的单体先插入蒙脱土的层间，然后使单体在层间进行聚合，从而得到聚合物 / 蒙脱土复合材料。其中利用了聚合物聚合过程中分子链的生长的体积效应使得蒙脱土层间达到剥离状态，这有助于解决蒙脱土粒子的分散问题。

5.2.3.2 溶液插层法

溶液插层法首先将聚合物和经有机改性过的蒙脱土均匀地分散至指定的溶剂中，在一定的工艺条件下，聚合物的分子链会扩散至蒙脱土片层中间，最后经过一道沉淀析出，得到对应的复合材料。

5.2.3.3 熔融插层法

熔融插层法首先是通过物理共混将经有机改性的蒙脱土与聚合物进行混合，再将温度升至聚合物熔点之上，使用物理剪切使得高分子链段运动并插入到蒙脱土的片层结构之中。

蒙脱土在生物降解材料 PLA 中的研究相对较多，在 PBAT 体系中的研究相对少。这主要是因为蒙脱土容易诱导 PLA 微观结晶的变化，而 PBAT 作为半结晶的聚酯，蒙脱土对其结晶性能的影响一般较小。目前国内外对于 PBAT/ 蒙脱土的研究主要集中于以下几类：①对蒙脱土先进行有机改性，再将有机改性后的蒙脱土（OMMT）与 PBAT 进行复合，研究其热稳定性和力学性能等；②研究蒙脱土对于 PBAT 的阻隔性能；③研究有机改性后的蒙脱土在 PBAT 中的插层效果；④研究三元体系如 PBAT/PLA/ 蒙脱土中组分变化引起的性能变化，PLA 也可以替代为 PBS、PPC 或者 PCL 等其他可生物降解聚酯；⑤研究蒙脱土或者有机改性蒙脱土对于 PBAT/ 蒙脱土塑料降解性能的影响。

Chen 等 [95] 使用十八胺（ODA）对蒙脱土进行有机改性，得到对应的 ODA-MMT，经过 TEM 发现，ODA-MMT 与 PBAT 的共混物分散性要优于 PBAT/MMT 共混物（图 5-34），说明 ODA 对 MMT 的有机改性有效地改善了蒙脱土的分散性能。此外 MMT 的加入可以提高 PBAT 的冷却结晶温度，而 ODA 的有机改性还可以改善 PBAT/ 蒙脱土体系的热稳定性。

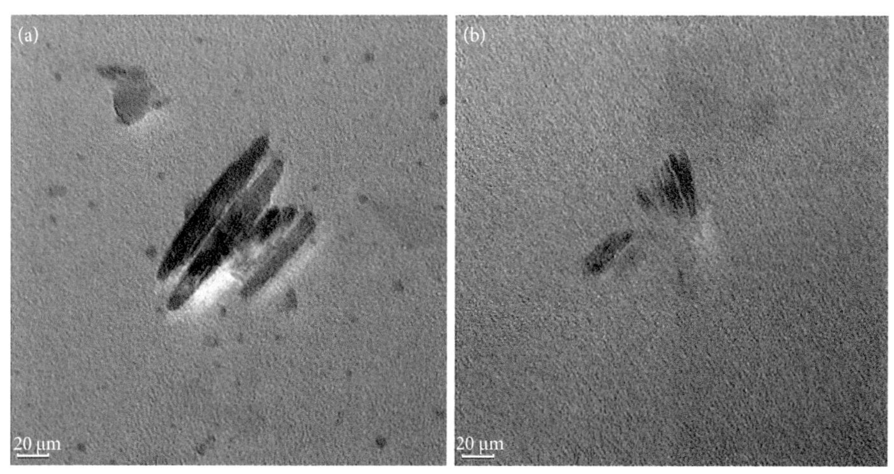

图 5-34　PBAT/MMT 共混物 TEM 图 [95]

(a) PBAT/5%-MMT; (b) PBAT/5%-ODA-MMT

Livi 等 [96] 使用离子液体对蒙脱土进行有机改性，然后加到 PBAT 中制成了 PBAT/MMT 复合薄膜，研究发现，有机改性后的蒙脱土可以降低薄膜的水透过性。当有机改性蒙脱土的添加量在 5 wt% 时，可明显地将薄膜的水蒸气透过率降低 60%~80%。

Chieng 等 [97] 对比了钠基蒙脱土和 ODA、十八烷基二甲基氯化铵（DDOA）两种有机改性后的蒙脱土，使用 XRD 测试发现理论上原生钠基蒙脱土的层间距为 1.24 nm，ODA 改性蒙脱土层间距达到 2.83 nm，DDOA 改性蒙脱土的层间距为 3.2 nm（图 5-35）。而从 PBS/PBAT/MMT 共混物的 TEM 图中可以看出，ODA 改性后的 MMT 在 PBS/PBAT 的插层效果最好，可以观察到插层后的层间距为 3.53 nm 和 3.41 nm（图 5-36）。

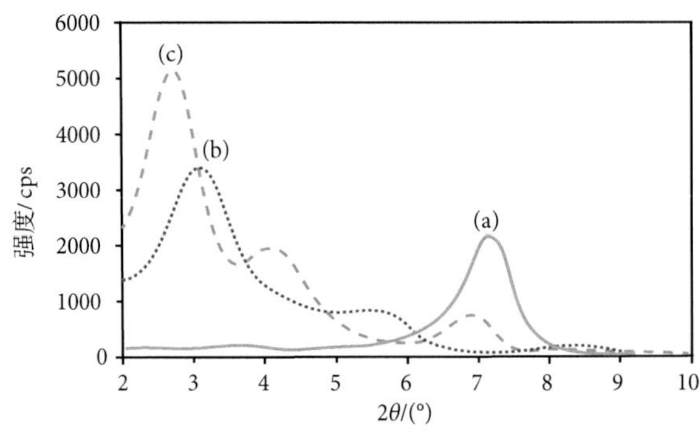

图 5-35 改性蒙脱土 XRD 图[97]

(a) Na-MMT; (b) ODA-MMT; (c) DDOA-MMT

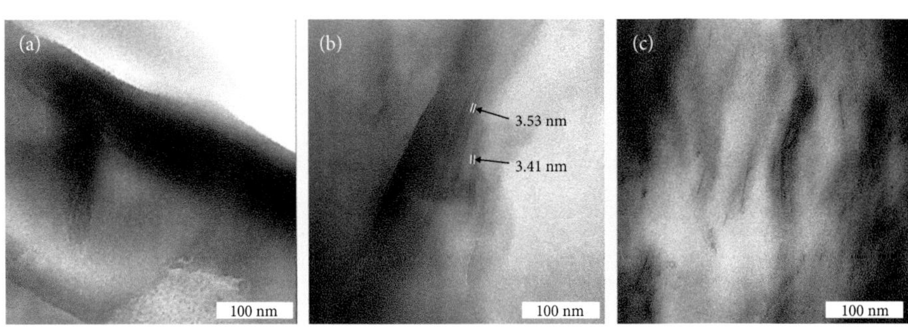

图 5-36 PBS/PBAT/1wt%-MMT 的 TEM 图[97]

(a) PBS/PBAT/Na-MMT; (b) PBS/PBAT/ODA-MMT; (c) PBS/PBAT/DDOA-MMT

Someya 等[98]在 2005 年报道了三种有机活性剂，*N*- 十二烷基乙醇氯化铵（LEA）、十二烷基氯化铵（DA）和十八烷基氯化铵（ODA）分别对钠基蒙脱土进行了有机改性，通过 XRD 的测试发现 LEA 的插层效果最优，层间距从原生钠基蒙脱土的 1.82 nm 提升到了 3.2 nm。改性后的蒙脱土还与 PBAT 进行共混得到复合材料，拉伸模量随着有机改性蒙脱土的增加而提高，拉伸强度和断裂伸长率则是随着蒙脱土增加而降低，此外结晶性能方面，有机改性蒙脱土的加入使得共混物的结晶度降低。

Someya 等[99]在 2007 年进一步报道了关于 PBAT/MMT 和 PBAT/Starch/MMT 的研究。在土壤中填埋 240 天的实验过程中发现，PBAT/MMT 的土壤降解速率快于 PBAT，然而 PBAT/ODA-MMT 共混物的土壤降解速率却慢于 PBAT，在 PBAT/Starch20 的体系中表现出一样的规律（图 5-37）。该工作又进一步研究了在含有活性污泥的水介质中复合材料的降解，显示的趋势与土壤降解一致。这被认为可能是由于未有机改性的 MMT 具有较高的亲水性，从而加速了复合材料的降解，而 ODA-MMT 是呈现疏水性的特征，此外，ODA 的有机改性有效地促进了 MMT 的分散与插层效应，这可能会迫使酶或者水在 PBAT/ODA-MMT 和 PBAT/Starch/ODA-MMT 样品内部迁移的路线更为曲折复杂，从而延缓了降解行为。

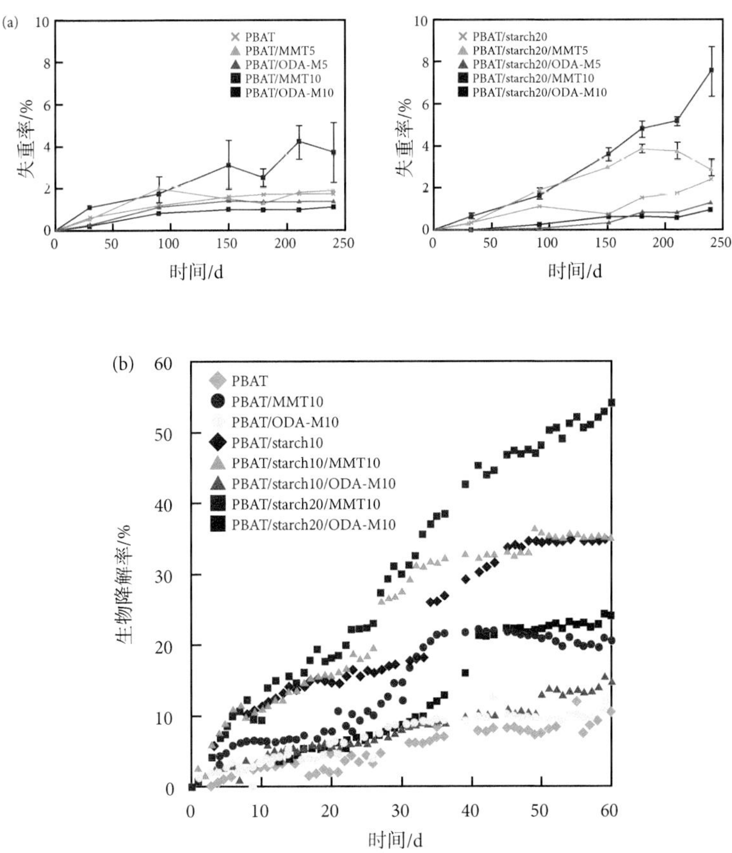

图 5-37 (a) 土壤掩埋降解图；(b) 含活性污泥的水介质降解图[99]

Mohanty 等[100]使用了甲基油酯基二（2- 羟基）乙基氯化铵和双氢化牛酯基二甲基氯化铵对蒙脱土进行改性，获得 C30B 和 C20A，将这两种改性蒙脱土与原生钠基蒙脱土、膨润土 B109 分别与 PBAT 制成纳米薄膜，通过力学性能的测试发现，PBAT/B109 复合薄膜性能最优，当 B109 的添加含量为 3 wt% 时，纵向杨氏模量可以达到 44.33 MPa，横向杨氏模量为 36.38 MPa。此外研究还发现 PBAT 使用马来酸酐接枝改性后复合薄膜的力学性能与热性能会得到提升。

朱晓琪等[101]使用了有机改性过的蒙脱土 DK2，并用于与 PBAT 熔融插层制备了 PBAT/OMMT 复合材料，XRD 测试表明，熔融插层法成功地将 PBAT 插层至 OMMT 中，随着 OMMT 的添加量逐步提高至 1%、3%、5%、7%，层间距从 1.923 nm 分别拓宽至 3.592 nm、3.306 nm、3.271 nm 和 3.215 nm。此外复合材料吹成的薄膜结晶度、玻璃化转变温度、熔点和结晶温度随着 OMMT 的增加而下降。

5.2.4 PBAT/ 类水滑石塑料

类水滑石，也叫做层状双氢氧化物（layered double hydroxides，LDH），属于层状结构无机黏土的一种。主要的成分是镁和铝两种金属的氢氧化物，结构式为（$Mg_6Al_{12}(OH)_{16}CO_3H_2O$）。结构示意图如 5-38 所示，微观下为片层的结构[102]（图 5-39）。

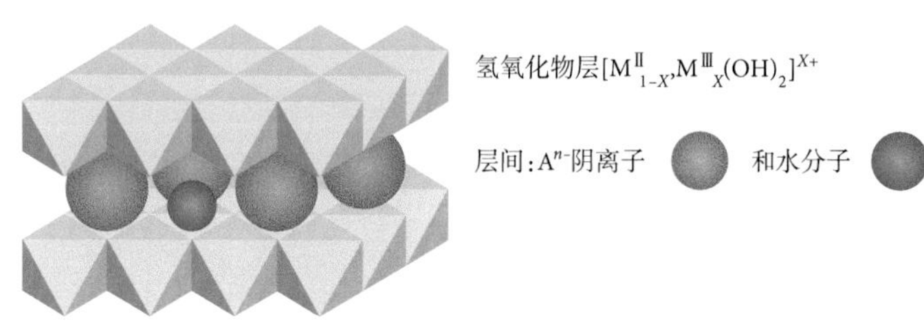

图 5-38　LDH 结构示意图[103]

图 5-39　Co-Al-CO_3 LDH 样品的微观 SEM 图[102]

到目前为止，纳米级 LDH 片层的合成与制备一般可以分成两种情况，一种为自下而上的方式（Bottom-up），另一种为自上而下的方式（Up-bottom）。其中自上而下的方式应用最为广泛。由于 LDHs 的电荷密度明显高于其他的纳米片层材料，因此想得到其纳米级分层的 LDHs 更为困难[104]。需要对 LDH 的层间环境进行修饰，然后选择一个合适的溶剂体系。比如可通过阴离子表面活性剂十二烷基硫酸盐（DDS）的离子交换插入，DDS 的脂肪族链段的尾部被拉长，然后呈现出高度交错的状态，从而扩大 LDH 的层间间距，削弱层间的作用力（图 5-40）[104]。

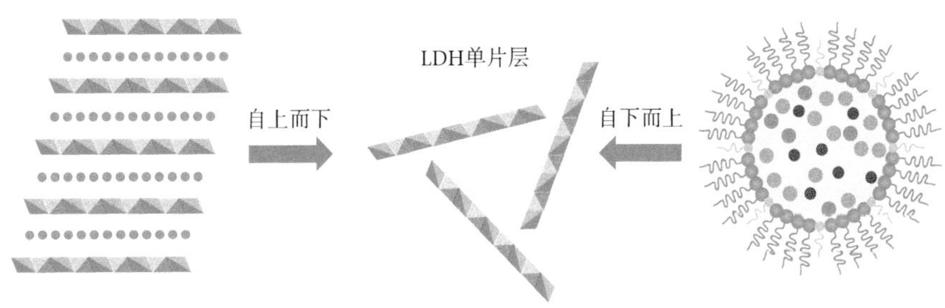

图 5-40 LDH 自上而下和自下而上的合成方案[104]

Jobbagy 等[105]研究了 Mg-Al-DDS 在甲苯和四氯化碳中的分层效果，结果表明，在甲苯中，疏水的层间空间产生了膨胀，使得层间的间距从 2.63 nm 扩大到 3.76 nm，此外在四氯化碳也存在的情况下，层与层间会失去短程空间相关性。

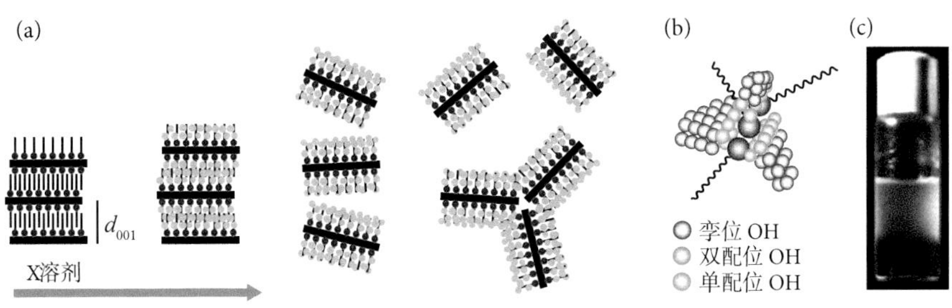

图 5-41 (a) HT（DS）、肿胀 HT（DS）和分层 HT（DS）的结构示意图；(b) 剥离层片边缘相互作用的示意图，锚定在基面上的 DS^- 阴离子和溶剂分子；(c) 在四氯化碳系统中，0.04gml−1HT（DS）的照片，显示了一个静态相的分离[105]

基于类水滑石及其复合材料的特点，目前国内外对于 PBAT/ 类水滑石塑料的研究主要集中于以下几类：①研究不同类水滑石含量或者种类对于力学性能、热学性能、阻隔性能的影响；②纳米级的类水滑石对 PBAT 复合材料的结晶性能、微观分散性和力学性能的影响；③通过不同的方法制得纳米级类水滑石片，方法有溶剂高能球磨法和直接共沉淀法等，并研究不同方法下的类水滑石纳米片对于 PBAT 塑料综合性能的影响。

Xie 等[106]研究制备了一系列基于 PBAT 和亲有机层状双氢氧化物（OLDH）增强的生物可降解纳米复合薄膜。采用无溶剂高能球磨法，在大尺度上制备了基础间距为 4.07 nm 的 OLDH 纳米片。所有 PBAT/OLDH 纳米复合薄膜（0.5~4 wt% OLDH）均显示 OLDH 纳米片在 PBAT 基体中均匀分散。与纯 PBAT 薄膜（此处表示为 OLDH-0）相比，含有 1 wt % OLDH 的 PBAT/OLDH 薄膜（OLDH-1）表现出优异的热、光学、机械和水蒸气阻隔性能，其中雾度减少了 37%，断裂标称应变显著增加了 41.9%。此外，食品包装测量结果表明，OLDH-1 薄膜的包装效果优于纯 PBAT 薄膜和商业聚乙烯包装材料。PBAT/OLDH 纳米复合薄膜具有规模化制造可行性、优异的加工性、制造可扩展性，表现出良好的机械性能、光学透明性、水蒸气屏障性能和食品包装性能。

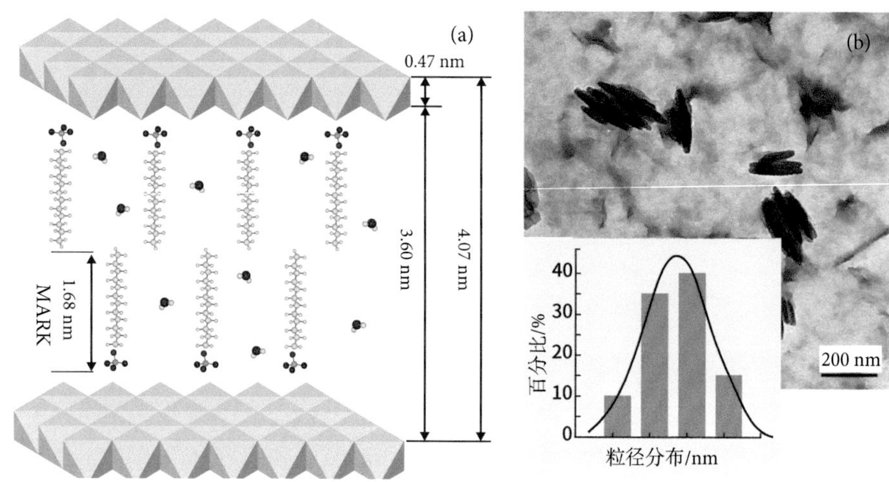

图 5-42 (a) 在 OLDH 层间区域的 MAPK 阴离子的排列示意图；(b) TEM 图像和 OLDH 的尺寸分布[106]

Beneš 等[107] 研究了在膦离子液体的存在下，采用直接共沉淀法合成了插入离子液体（IL）阴离子的 LDH，随后作为功能纳米填料原位制备 PBAT 纳米复合材料。在原位缩聚过程中，插入的 IL 阴离子促进了单体中 LDH 的膨胀和分层，从而产生了 PBAT/LDH 纳米复合材料，其插入和剥离的形态包含分散良好的 LDH 纳米片。所制备的纳米复合膜具有良好的水蒸气渗透性和力学性能，且结晶程度略有提高。透射电镜图像显示，LDH 改性的类型对 5% 填充的 PBAT 纳米复合材料的最终形貌有显著的影响（图 5-43）。

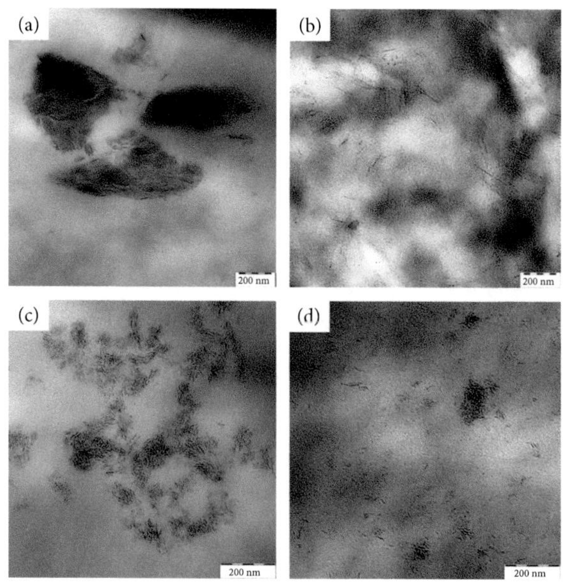

图 5-43 含有 5 wt % 的原始 LDH(a)、LDH- 磷酸盐 (b)、LDH- 癸酸盐 (c)、LDH- 磷酸盐 (d) 的 PBAT 纳米复合材料的透射电镜图像

5.2.5 PBAT/ 纳米碳类塑料

碳类纳米填充因为具有独特的力学、热学和导电特性，被科学研究人员广泛地研究。碳类纳米填充主要种类为碳纳米管、石墨烯、碳纤维等。其中研究最广的主要有碳纳米管纳米材料和石墨烯材料，研究的具体内容主要集中于以下几类：①研究碳纳米管对于 PBAT 或其多元体系的流变性能、热性能和微观分散性能的影响；②研究表面预处理的纳米管及其对 PBAT 复合材的力学性能、结晶性能或热性能等的影响；③研究氧化石墨烯纳米片对于 PBAT 塑料的电性能、热性能、结晶性能和力学性能等的影响。

碳纳米管（CNT）由 Iijima[108] 于 1991 年首次报道，1994 年由 Ajayan 等[109] 报道了第一个使用碳纳米管作为填料的聚合物纳米复合材料。随着碳纳米管的深入研究，以及生物降解材料层面的研究热潮，碳纳米管在 PBAT 中的改性研究也得到了国内外学者的研究与探讨。

Ko 等[110,111] 制备了可生物降解的 PLA/PBAT/ 多壁碳纳米管（MWNT）聚合物共混纳米复合材料。通过扫描电镜观察了聚合物共混物 /MWNT 纳米复合材料的断裂面形貌，此外，通过透射电镜观察了使用超微切片机获得的横切片样品，如图 5-44 和图 5-45 所示。此外，利用 TGA 和旋转流变仪研究了 MWNT 对 PLA/PBAT 共混物的热性能和流变性

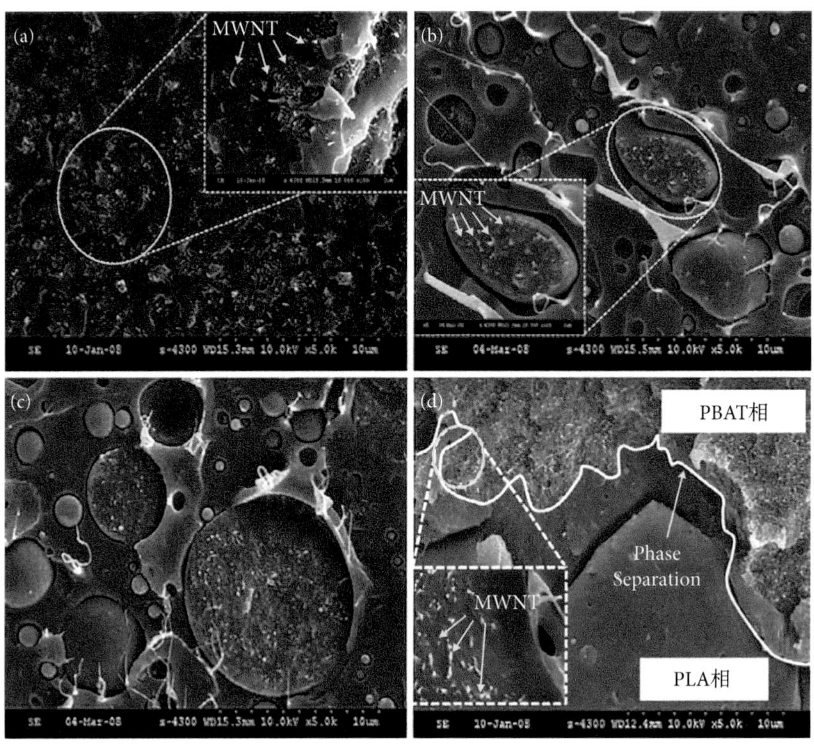

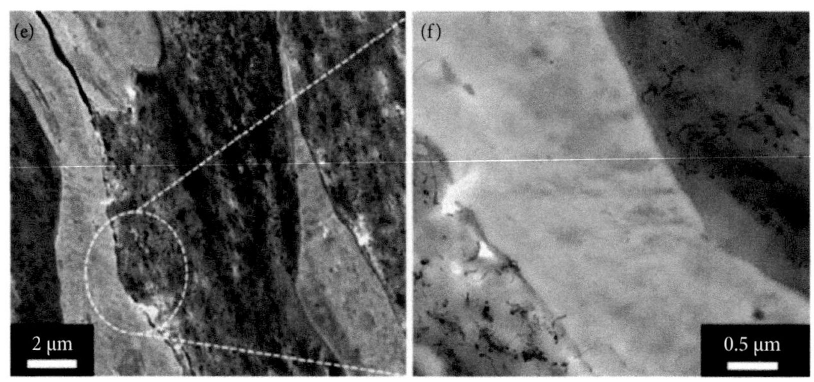

图 5-44 MWNT 含量为 2 wt% 的各种 PLA/PBAT 成分的 SEM 图像和 TEM 图像[110]

(a) PL100PB0; (b) PL80PB20; (c) PL60PB40; (d) PL50PB50; (e) PL50PB50-2 μm; (f) PL50PB50-0.5 μm

能的影响。不混溶的 PLA/PBAT 与 MWNT 纳米复合材料的共混物表现出两步热降解。PLA 的热初始分解温度比 PBAT 的初始分解温度要低得多。然而，根据 TGA 数据，我们发现 MWNT 增强了共混纳米复合材料的热性能。流变学性质表明，由于选择性定位 MWNT 分散态，剪切和复数黏度都表现出独特的剪切变稀行为。

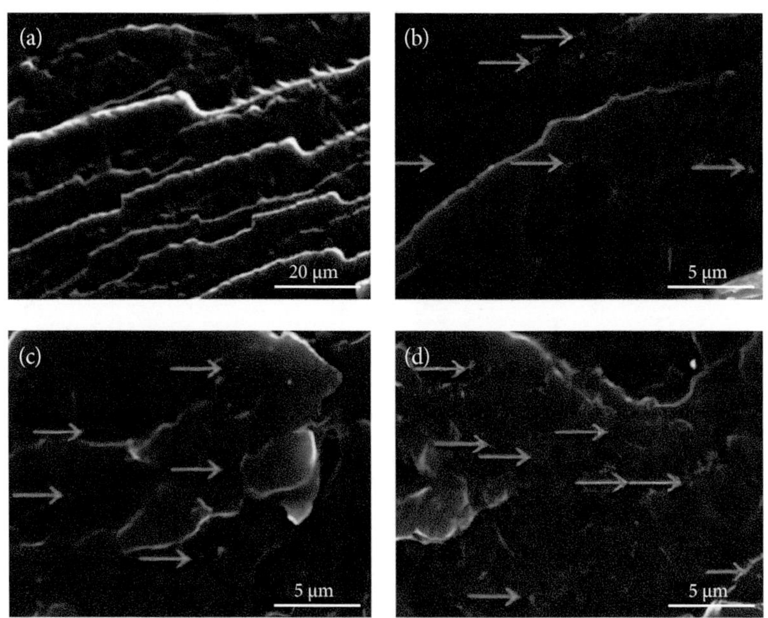

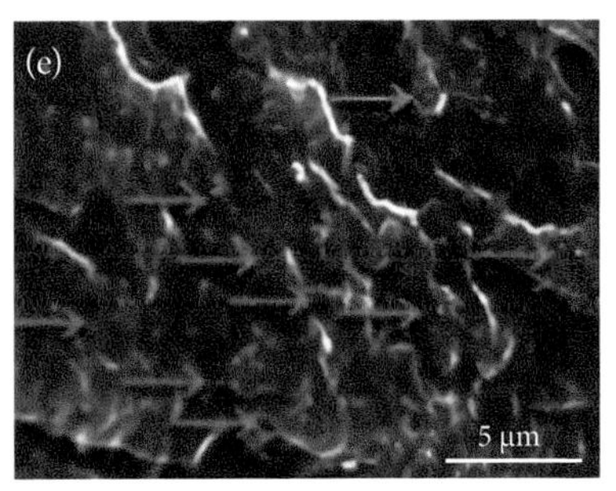

图 5-45 SEM 图

(a) PBAT; (b) PBAT/MWNT 0.1 wt%; (c) PBAT/MWNT 0.5 wt%; (d) PBAT/MWNT 1.5 wt%; (e) PBAT/MWNT 2 wt%

箭头指向 MWNTs

Wu 等 [112] 制备了 PBAT/MWCNTs 复合材料（图 5-46）。采用丙烯酸接枝的 PBAT（PBAT-*g*-AA）和多羟基功能化的 MWCNTs（MWCNT-OH），提高了 MWCNTs 在 PBAT 基质中的相容性和分散性。利用透射电子显微镜和傅里叶变换红外光谱、^{13}C 固态核磁共振和紫外 - 可见吸收光谱对复合材料进行了表征。并评价了复合材料的抗菌和抗静电性能。功能化的 PBAT-*g*-AA/MWCNT-OH 复合材料，由于 PBAT-*g*-AA 的羧酸基与 MWCNT-OH 的羟基缩合形成酯键，具有明显的抗菌和抗静电性能。MWCNT-OH 在复合材料中的最佳比例为 3 wt%。当超过这个量时，有机相和无机相之间的相容性就受到了损害。

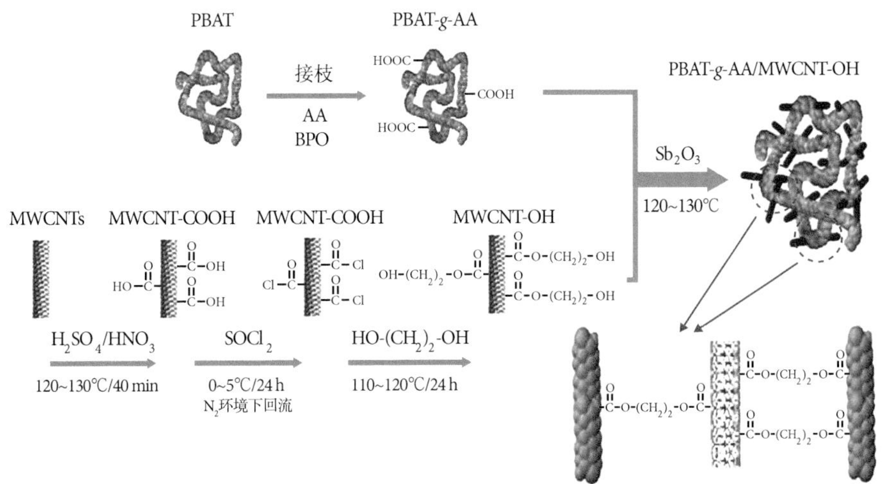

图 5-46 PBAT 和 MWCNTs 的改性反应方案及复合材料的制备 [112]

Ko 等 [113] 制备了 PLA/PBAT 共混物和 PLA/PBAT/MWNT 纳米复合材料体系，研究了其热性能和流变性能。为了比较聚合物共混 /MWNT 纳米复合材料与纯聚合物 / MWNT 纳米复合材料，制备了 PLA/MWNT、PBAT/MWNT 和 PLA/PBAT/MWNT 纳米复合材料体系。透射电镜和扫描电镜观察表明复合物具有较好的界面相容性(图 5-47)。MWNT 添加量的增加使得 PLA/PBAT 复合物的热性能和 PLA/PBAT/MWNT 纳米复合材料的流变特性均有提升，体现出明显的剪切变稀行为。PLA/PBAT/MWNT 纳米复合材料的储能模量（G'）和损耗模量（G''）也有所增加。

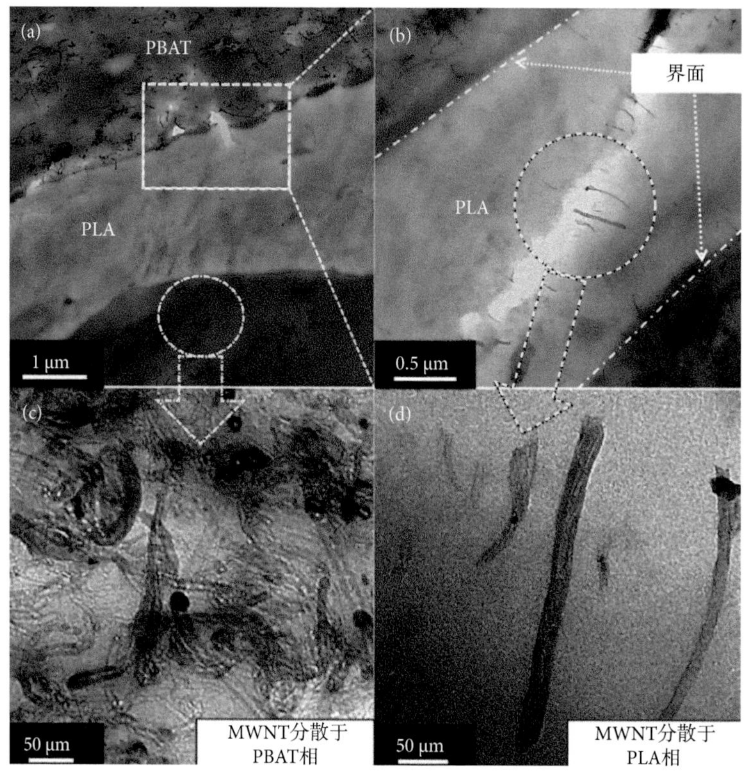

图 5-47 含 5 wt% MWNT 纳米复合材料的 PLA/PBAT 共混物的 TEM 图像[113]

石墨烯纳米片（GNS）是一种排列在蜂窝状网络中的单层碳原子，由于其独特的石墨化平面结构，如极高的比表面积和较大的长径比，GNS 被证明是碳基纳米复合材料的高效屏障性能增强剂，是较薄且强的二维材料[114]。

Ren 等[115]通过引入极少量的氧化石墨烯纳米片（GONS），提高了 PBAT 基薄膜的阻隔性能。在 GONS 负载量为 0.35 vol%（体积分数）时，氧气和水蒸气渗透系数分别降低了 70% 和 36% 以上。增强的阻隔性能归因于 GONS 显著的非穿透性和良好的分散，以及 GONS 和 PBAT 基质之间的强界面黏附作用。此外，GONS/PBAT 纳米复合材料的拉伸强度和杨氏模量分别从 24.6 MPa 和 58.5 MPa 提高到 27.8 MPa 和 72.2 MPa，其力学性能较纯 PBAT 显著提高。GONS 的添加也使 PBAT 基质具有良好的热稳定性（图 5-48）。

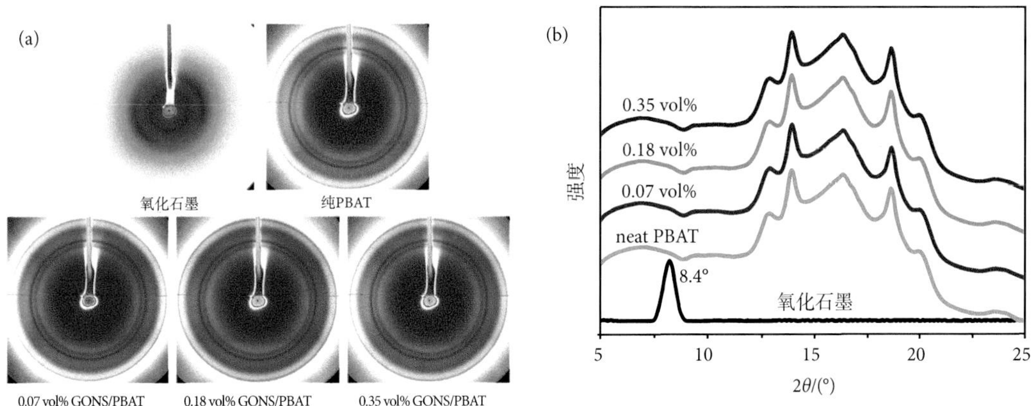

图 5-48 氧化石墨、纯 PBAT 和不同 GONS 含量纳米复合材料的 2D-WAXD 图 (a)1D-WAXD 曲线 (b)[115]

5.3 PBAT 合金塑料

高分子共混物，俗称聚合物合金（polymer alloy），是一类表观均一、含有两种或两种以上不同结构的多组分聚合物体系的材料。通过共混可提高高分子材料的物理力学性能、加工性能、降低成本、扩大使用范围。因而是实现聚合物多功能化的重要途径之一。

PBAT 是一种具有优异的柔韧性和良好的抗冲击性能的可完全生物降解聚合物，且质地柔软，与 LDPE 相近，适用于农用和包装等薄膜产品。但由于 PBAT 的结晶度较低，无定形区比例较高，导致材料的强度不高，极大制约了 PBAT 的广泛应用 [116]。因此，对 PBAT 进行熔融共混，以改善某一方面的使用缺陷是非常有必要的。

一种聚合物作为基体材料使用时，考虑到需要弥补单一材料诸多方面的性能缺陷。与其他高分子聚合物进行物理或者化学共混是改善 PBAT 基材性能缺陷最为常见的加工方式。作为环境友好型的可生物降解材料，PBAT 的合金化受到越来越多学者的关注，对它的研究具有重要的经济意义。随着对 PBAT 合金化研究的深入，PBAT 材料的综合性能将不断得到提高，而其制品应用范围逐渐扩大，并逐渐取代部分传统塑料，实现可持续发展 [117]。

5.3.1 PBAT/PLA 合金

PLA 作为一种非常理想的生物降解材料，是一种以可再生资源淀粉为原料，经过一系列的化学合成而制得的生物基可降解脂肪族聚酯，也是目前研究最为广泛的生物基和生物降解材料之一 [118,119]。在常温下，PLA 是一种硬质高分子材料，其玻璃化转变温度（T_g）为 55~60 ℃，熔点（T_m）约为 170℃，聚乳酸中的 *D* 型含量越低，熔点越高。PLA 具有良好的机械强度、较高的熔融温度、可完全生物降解、可持续性等优点。

PLA 的生态循环如图 5-49 所示。PLA 从原料上彻底摆脱了对石油资源的依赖，是目前发展潜力最大的环境友好高分子材料 [120]，被广泛应用于包装材料及生物医用材料等领域 [121-125]。

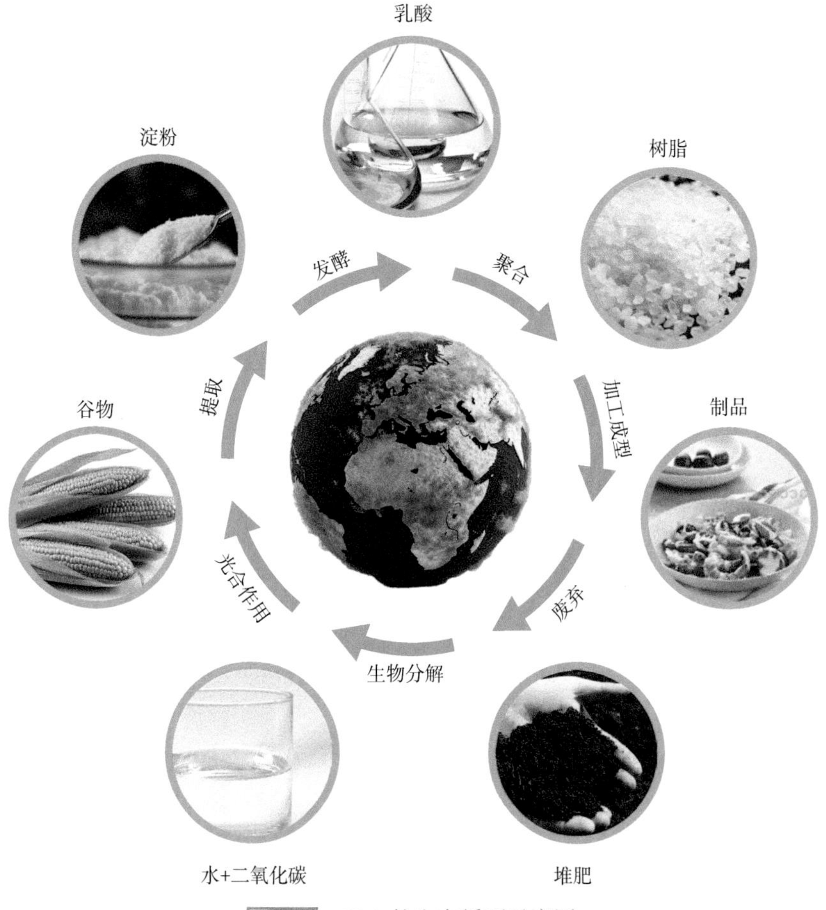

图 5-49　PLA 的生态循环示意图

通过使用不同化学结构的乳酸和丙交酯，可以得到三种 PLA 立体异构体，其结构如图 5-50，分别为聚右旋乳酸（PLLA）、聚左旋乳酸（PDLA）和聚消旋乳酸（PDLLA）[126]。

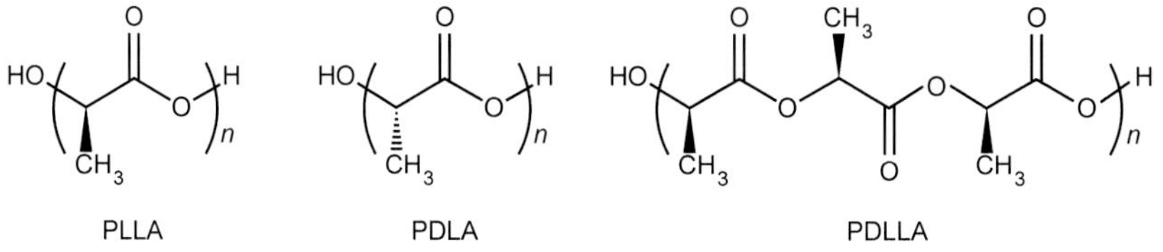

PLLA　　PDLA　　PDLLA

图 5-50　PLA 的结构

由于立体异构的差异，合成得到的 PLA 物理性质也有很大区别，其性质见表 5-2。

表 5-2 PLLA、PDLA 以及 PDLLA 的基本物理特性

性能	PLLA	PDLA	PDLLA
固体结构	部分结晶	部分结晶	非结晶
熔点 /℃	170~190	180	—
玻璃化转变温度 /℃	55~65	50~60	50~60
热分解温度 /℃	~200	~200	180~200
熔融热 /(J/g)	93.1	—	142
拉伸强度 /MPa	50~70	50	53
断裂伸长率 /%	3~5	3	2.6

正如前文所述，PBAT 具有优异柔韧性、较高断裂伸长率和低拉伸强度等特点，而 PLA 具有优良的拉伸强度和杨氏模量，但质硬而韧性较差、玻璃化转变温度低和受热变形，这些局限极大地限制了它们的应用范围。将 PBAT 与 PLLA 进行共混复合可以实现二者性能上的互补，关于 PBAT/PLA 熔融共混的研究已有很多报道 [127-130]。通常使用熔融挤出的方式来制备相应的共混物合金，进而进行表征。

顾书英等 [131] 采用熔融挤出法制备了不同比例的 PBAT/PLA 共混物。研究表明 PBAT 的加入能够提升共混物的冲击强度及断裂伸长率，且 PBAT 含量越高，冲击强度和断裂伸长率越优，当 PBAT 添加量为 30% 时，断裂伸长率得到明显提升。PBAT 的添加量大于 10% 时，共混物的拉伸、弯曲性能明显下降，但在添加量较少（ < 10% ）的情况下，拉伸、弯曲性能下降幅度较小（图 5-51）。

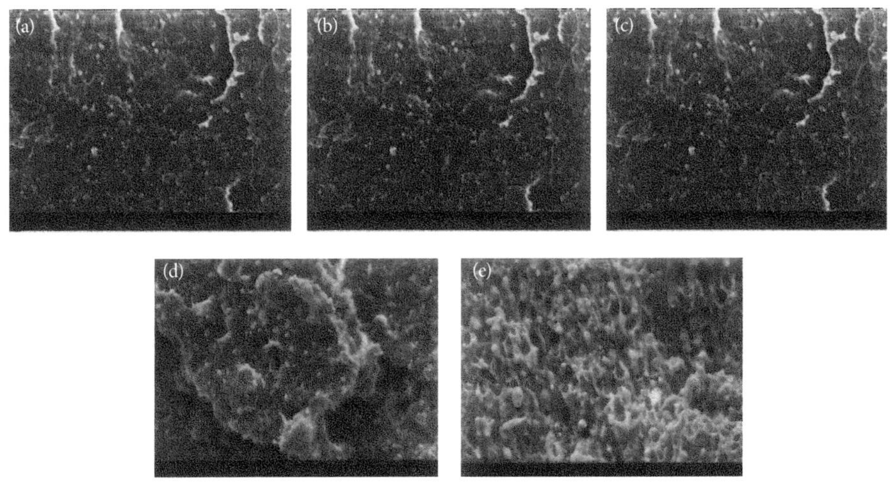

图 5-51 PBAT 共混物冲击断面扫描电镜（1500×）[131]

PBAT 含量 /%：(a) 5; (b) 10; (c) 15; (d) 30; (e) 50

杨冰等 [132] 研究了不同 PLA 的加入对 PBAT/PLA 薄膜性能的影响。结果表明，PLA 能够提高 PBAT 材料的结晶温度，最多可提高 40℃，同时 PLA 的加入提高了 PBAT 材

料的弹性模量；随着 PLA 添加量的逐渐增加，PBAT/PLA 共混薄膜的拉伸强度表现为先降低后升高，断裂伸长率逐渐下降，薄膜逐渐从韧性转变成脆性。

PBAT 与 PLA 作为两种不同的材料，二者相容性较差，导致 PBAT/PLA 的共混物力学性能有较大的下降。为了扩大其共混物的应用范围，引入增容剂或者扩链剂等，以减小两相界面张力，增大界面结合力，改善 PBAT/PLA 共混体系的抗冲击性和相容性。

赵正达等 [133] 使用德国 BASF 公司生产销售的扩链剂 Joncryl ADR 4368，采用双螺杆熔融共混技术来增容 PBAT/PLA 共混体系，红外分析表明，Joncryl 是一种由甲基丙烯酸缩水甘油酯与苯乙烯或其他丙烯酸树脂合成的共聚物，如图 5-52 所示。当 PBAT 用量为 40% 时，扩链剂 Joncryl 加入 0.5 份后，两相的界面结合力有明显提升，宏观表现为共混物的拉伸强度和断裂伸长率得到较大改善，分别为 30 MPa 和 700%。

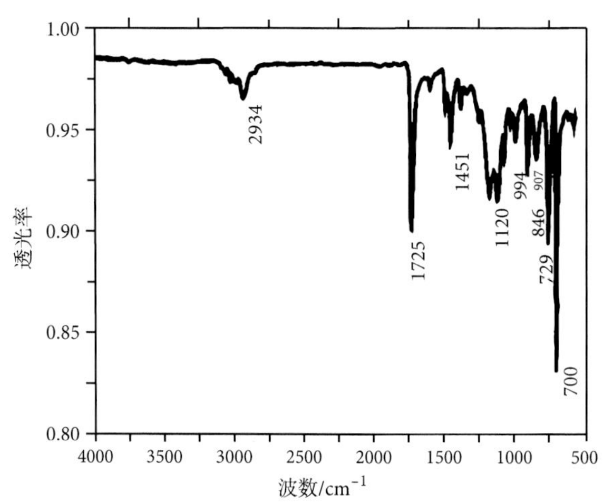

图 5-52　Joncryl ADR 4368 的红外谱图 [133]

刘涛等 [134] 使用法国 Arkema 公司生产的 Lotader AX8900 作为相容剂，研究了其对 PLA/PBAT 共混体系各方面性能的影响。结果显示，当 PBAT/PLA 用量比例为 40/60 时，AX8900 添加使用量为 3 份时，复合材料储能模量和损耗模量上升，如图 5-53 和图 5-54 所示，说明此时体系具有较佳的增容效果，并且 AX8900 能够明显增强两相界面粘接力，从而提高 PBAT/PLA 共混材料的综合力学性能。

朱兴吉等 [135] 研究了聚乙二醇（PEG）对 PBAT/PLA 复合材料的增容作用。结果表明，少量 PEG 的加入能够明显改善复合材料的拉伸、弯曲强度和模量；PEG 的加入使得复合材料 PBAT/PLA 的相容性有所提高，增加了 PLA 与 PBAT 链段间的相互作用（图 5-55）。

卢伟等 [136] 用差示扫描量热仪和偏光显微镜研究了乙酰化柠檬酸三丁酯（ATBC）作为增塑剂，对共混材料 PBAT/PLA 结晶行为的影响。结果表明当随着 ATBC 量的增加，PLA 的 T_g、T_m 降低，材料结晶度提高，球晶生长速率明显增加（图 5-56）。

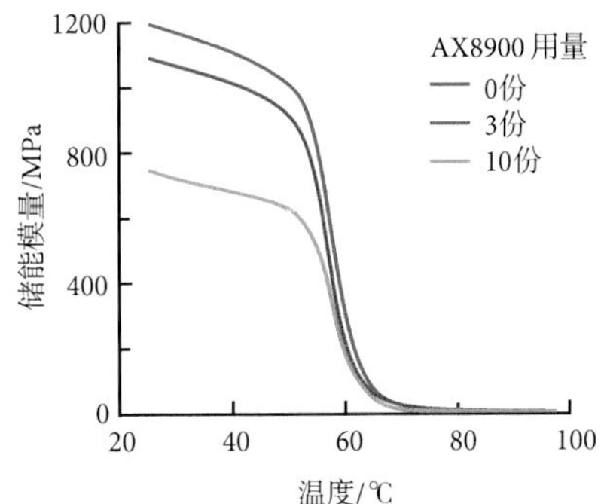

图 5-53 AX8900 增容 PLA/PBAT 共混体系的储能模量[134]

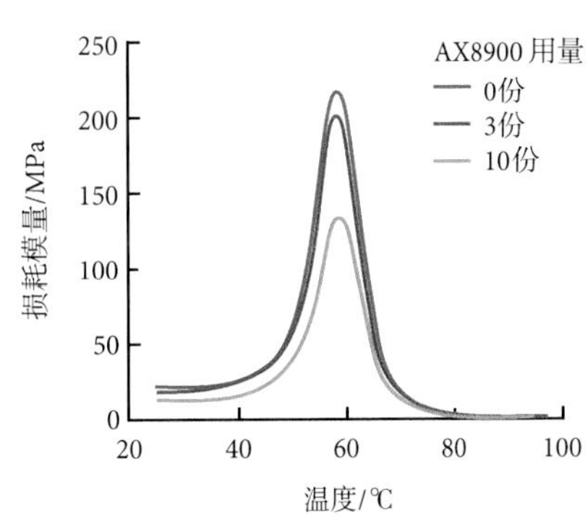

图 5-54 AX8900 增容 PLA/PBAT 共混体系的损耗模量[134]

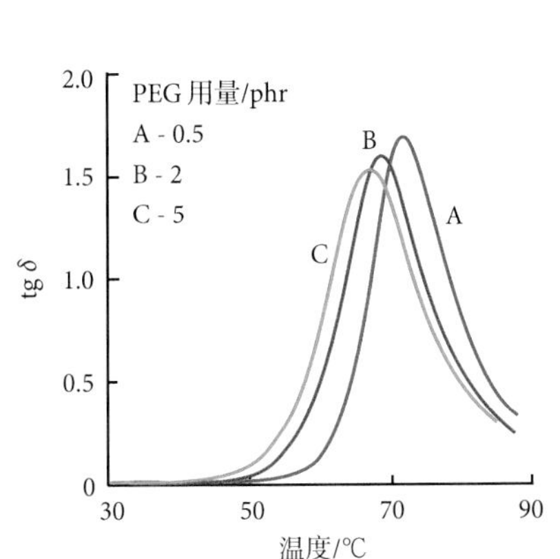

图 5-55 PEG 增容 PLA/PBAT 复合材料的损耗角[135]

phr 表示对每 100 份（以质量计）树脂添加的份数

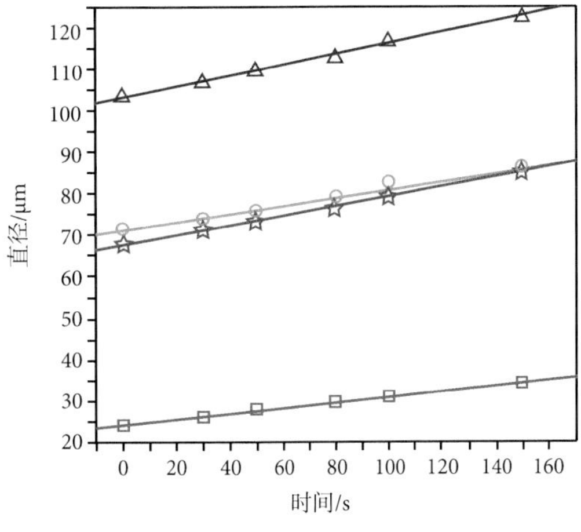

图 5-56 PLA/PBAT 和 PLA/PBAT/ATBC 球晶生长速率[136]

PLA/PBAT 比例为 80/20，ATBC 添加量分别为 0 phr、10 phr、20 phr、30 phr，依次对应 1、2、3、4

王亮等[137]研究了 PCL 对 PLA/PBAT 共混物进行增容的影响，发现随着 PCL 用量的逐渐增加，PLA/PBAT 共混物的拉伸强度、拉伸弹性模量及冲击强度而呈上升趋势，而断裂伸长率却随着 PBAT 含量的增加有较小幅度的下降。PCL 用量为 2 份时，可获得相容性良好的 PLA/PBAT 共混物。

袁华等[138]在辛酸亚锡的催化作用下，以六亚甲基二异氰酸酯（HDI）为扩链剂，通过熔融挤出扩链反应制备了 PBAT/PLA 的多嵌段共聚物。在 180℃下双螺杆挤出反应，物质的量比 n(PLA) ：n(PBAT)=2 ：1，以 HDI 为扩链剂，用量为 n(NCO)：n(OH)=

（2.5 ~ 3）：1，反应时间控制在 30min 左右，催化剂的用量质量分数为 0.3% 时，PBAT/PLA 的特性黏度可达 1.4 dL·g^{-1} 以上。研究发现 PLA/PBAT 的断裂伸长率相比于 PLA 提高了近百倍，表明扩链反应有效地将 PBAT 链段与 PLA 进行嵌段共聚，提高了 PLA 的柔韧性。

Kumar 等 [139] 将 3 ~ 5 wt% 的甲基丙烯酸缩水甘油酯（GMA）加入到 PLA/PBAT 共混体系中，能够将冲击强度提高 26.5% 和 51.7%。SEM 分析（图 5-57）表明 GMA 的加入能够改善 PBAT 在 PLA 中的分散性，动态热机械分析（DMA）分析表明 GMA 的加入能够使 PBAT 和 PLA 的玻璃化转变温度相互靠近。通过调节 PLA/PBAT/CLAY 添加量可以获得最佳的综合性能。

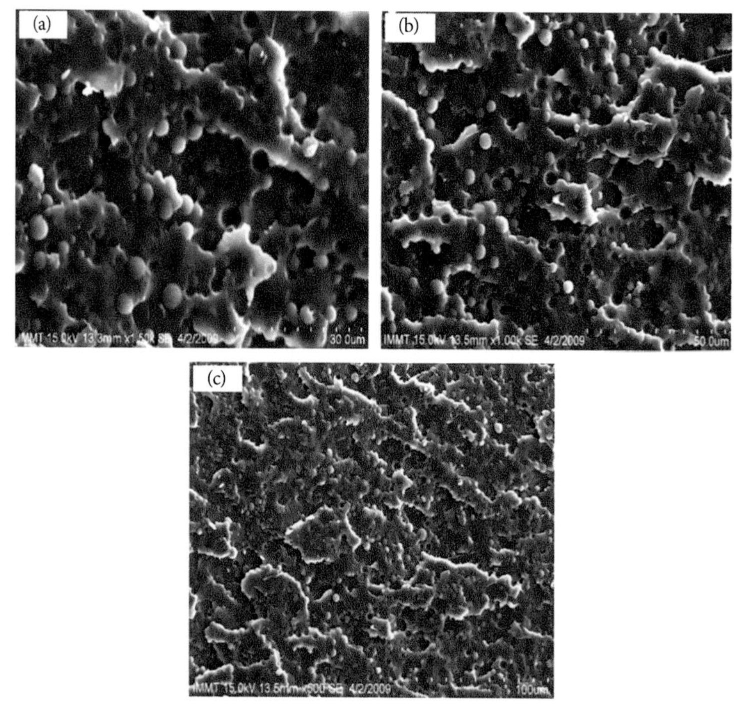

图 5-57　PLA/PBAT 在不同倍率下的 SEM 显微图 [139]

(a) 1500 × ; (b) 1000 × ; (c) 500 ×

Girdthep 等 [140] 成功制备了可生物降解的聚乳酸基纳米复合材料吹膜。银离子表面处理的高岭土（AgKT）在增强增塑型 PLA/PBAT 共混物的若干性能方面发挥了重要作用，其中包括由于 AgKT 的精细嵌入导致聚合物基体与填料之间有效相互作用的力学性能。AgKT 的存在也提高了增容共混物的热稳定性。由于有效的成核诱导，其防潮性能得到了显著提高；PLA 与 PBAT 共混材料拉伸强度大于 30 MPa，断裂伸长率在 200% 左右，杨氏模量大于 1000 MPa（图 5-58）。

关于 PBAT 和 PLA 共混材料通过引入生物蛋白质以改善其相容性也有相关文献报

道。Oyama 等[141]研究了 PLA/PBAT/PAL 三元共混物材料。氨基丁二酸－丙交酯共聚物（PAL）是一种完全降解的低聚蛋白质共聚物（图 5-59）。研究发现 PAL 能够加速共混物中 PLA 和 PBAT 在缓冲盐水溶液中的降解速率，且 PAL 含量越高，降解塑料越快。同时发现 PLA 组分能够加速 PBAT 组分的降解，但是 PBAT 组分不能加速 PLA 组分的降解。

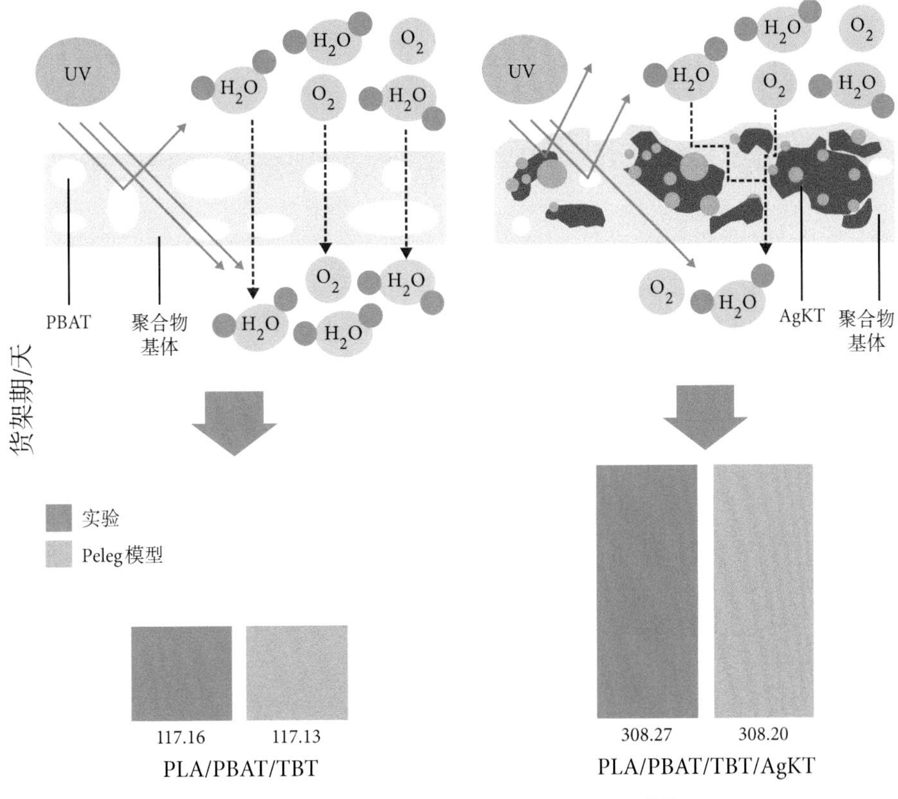

图 5-58 PLA/PBAT/AgKT 材料的货架期[140]

Moustafa 等[142]将 PLA、PBAT、clay 进行共混研究，并以抗菌松香作为相容剂制备了一种具有无毒抗菌功能的生物降解薄膜，该薄膜拉伸强度达到了 19.4 MPa，相比纯 PBAT 拉伸强度高了 5 MPa。

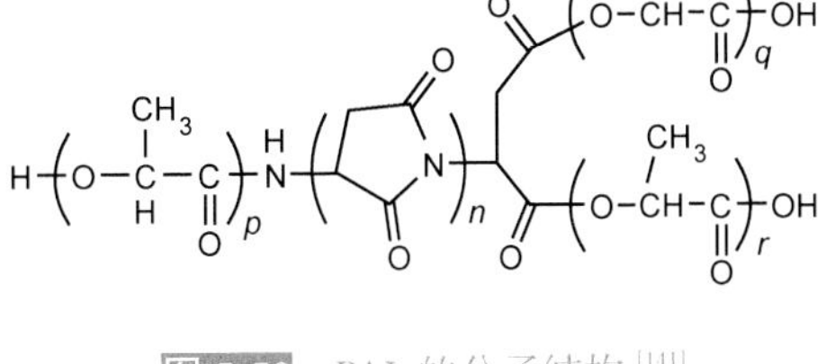

图 5-59 PAL 的分子结构[141]

Qiu 等[143]使用含有多环氧官能团的硅氧烷对 PLA/PBAT 薄膜进行增容，当共混材料中 PLA 占比为 15% 时，薄膜拉伸强度达到 25 MPa，断裂伸长率可达 700%。

5.3.2 PBAT/PBS 合金

PBS 作为生物降解脂肪族聚酯典型的一员，其单体原料既可以来源于石油基，也可以来源于生物基[144]，其化学结构如图 5-60 所示。PBS 制备方法有生物发酵法、直接酯化法、酯交换法和扩链法[145]四种，其中生物发酵法虽然在温和的条件下进行，但其反应过程复杂、生产成本高，而直接酯化法的工艺简单，目前是工业生产 PBS 最普遍最常见的使用方法。

PBS 是一种外观为乳白色具有一定结晶度的热塑性塑料，结晶度 30%~45%，T_m 在 90~120℃左右，玻璃化转变温度 T_g 为 –45~–10℃，介于 PE 和 PP 的 T_g 之间，PBS 的物理机械性能类似于 PE 或 PP，抗拉强度约为 330kg/cm²，断裂伸长率约为 330%，硬度介于 LDPE 和高密度聚乙烯之间（HDPE）[146,147]。表 5-51 为珠海金发生物材料有限公司生产的 A200 系列 PBS 性能对比。

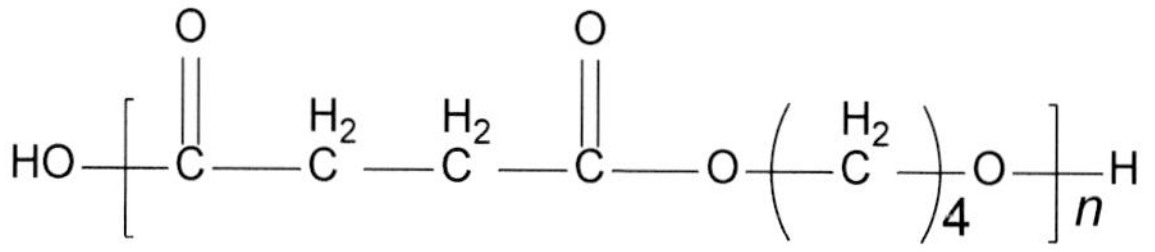

$$HO-\left[-\overset{O}{\overset{\|}{C}}-\overset{H_2}{C}-\overset{H_2}{C}-\overset{O}{\overset{\|}{C}}-O-\left(-\overset{H_2}{C}-\right)_4-O-\right]_n-H$$

图 5-60 PBS 的结构式

与传统塑料相比，PBS 具有优异的生物降解性、较宽的加工温度窗口、良好的耐热性等优点，目前 PBS 已经应用到很多领域，如食品包装袋、吸管、手术缝合线和药物载体等。

在实际加工与应用中，PBS 也存在一些缺点，如熔体强度偏低、使用过程稳定性差、力学性能差和成本较高等（表 5-3），因此需要对其进行合金化共混以提高其性能和降低其成本，如可以通过辐射交联或共聚[148]调节其性能，还可以通过与其他聚合物（PBAT、淀粉、纤维素、聚乳酸等）[149-151]或无机填料（滑石粉、碳酸钙、玻璃纤维、硅酸盐等）进行熔融共混。

表 5-3 PBS 与 PE、PP 的主要性能比较

基础性能和力学性能	PBS（A200）	LDPE	HDPE	PP
密度 /(g/cm³)	1.26	0.92	0.95	0.90
结晶度 /%	30~45	40	70	45
熔点 T_m/℃	114	110	129	163
玻璃化转变温度 T_g/℃	–32	–120	–120	–5
结晶化温度 /℃	75	95	115	–5
分子量 M_w/10⁴	5~30	—	—	—

续表

基础性能和力学性能	PBS（A200）	LDPE	HDPE	PP
分子量分布 M_w/M_n	1.5~2.0	10	7	6
燃烧热 /(J/g)	23.57		＞ 45.98	
MFR/(g/10min)*	3~30	0.8	11	3.0
屈服强度 /(kg/cm^2)	355	100	290	300
断裂强度 /(kg/cm^2)	580	175	—	415
断裂伸长率 /%	50~300	175	—	415
弯曲强度 /(kg/cm^2)	177	—	—	420

* 测试标准为 JISK7210

因 PBS 的加工性较差，所以其不适合吹塑和流延法加工。往往将 PBAT 与 PBS 共混来改善 PBS 或者 PBAT 的某些加工性能。De Matos Costa 等 [152] 用模压法制备了 PBS/PBAT 共混物薄膜，并对它们的性能做了详细研究。流变数据显示当 PBS 添加量为 50% 时，PBAT/PBS 二元共混物表现出明显的剪切变稀行为，这主要是共混物基体中形成了两相共连续的形态。DSC 研究表明当 PBAT 含量达到一定程度时会抑制了共混物中 PBS 结晶。FTIR 和 SEM 分析表明，PBAT/PBS 两相之间具有有限的相互作用力。随着 PBS 比例的逐渐增加，共混物薄膜的硬度也在逐渐增加。此外，当 PBS 使用量超过 25wt% 时，共混物薄膜的断裂伸长率表现出急剧下降。此外，PBS 与 PBAT 共混还可调节其阻隔性能，其共混物薄膜的透气性随 PBS 含量的增加而降低。力学性能分析表明 PBS 含量为 25 wt% 时，PBAT/PBS 共混材料具有较优综合的力学性能，共混物的断裂变形为 390%，弹性模量为 135 MPa。

Muthuraj 等 [153] 采用双螺杆熔融共混技术制备了 PBS/PBAT 复合材料，研究表明 PBAT 与 PBS 之间具有良好的相容性，并且 PBAT 与 PBS 之间是由聚合物之间的酯交换形成的共聚酯导致的。PBAT 在增韧 PBS 的同时，还同时改善了 PBS 的流动性。

吕怀兴等 [154] 发现 PBAT 在 PBAT/PBS 共混体系中能够提高共混材料的熔体黏度，降低共混物的熔体流动性，这对于吹塑和流延加工工艺的实现是非常有利的。研究发现当 PBAT 添加量为 20% 时，与纯 PBS 相比，拉伸强度仅降低 6%，而断裂伸长率提高了 10 倍，冲击强度提高了 82%。

刘亚丽等 [155] 采用 PBAT 增韧 Co γ 射线小剂量辐射交联的 PBS，研究表明 PBAT 的加入能够明显降低 PBS/PBAT 共混材料的熔体质量流动速率，增加熔体黏度；当 PBAT 含量为 20% 时共混体系出现 PBAT 球晶；PBAT 含量为 30% 时，共混物的综合力学性能达到最佳（图 5-61）。

杨明成等 [156] 以 PBAT 为增韧材料，利用熔融共混技术，制备了生物可降解的麦秸粉 /PBS/PBAT 复合材料，并对其进行辐照交联，研究表明 PBAT 的加入能够影响复合材料的热稳定性，完全热分解温度达到了 550℃，提升了 50℃；PBAT 添加含量为 30% 时，对复合材料有较好的增韧作用，且复合材料中凝胶含量最高（图 5-62）。

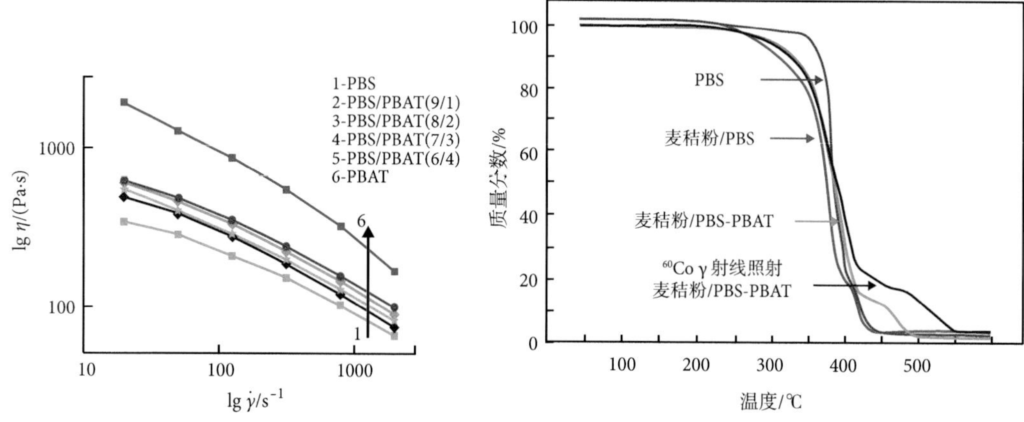

图 5-61 不同配比 PBS/PBAT 共混物的剪切黏度随切变速率的变化[155]

图 5-62 ^{60}Co γ 射线辐照后复合材料的热性能[156]

刘孟禹等[157]通过双螺杆挤出流延工艺制备了不同配比的 PBS/PBAT 共混薄膜，并对其力学、热学以及气体透过性进行了研究。研究发现 PBAT 的加入能够有效提升共混体系的 CO_2、O_2 和水蒸气透过率；并且 PBAT 的加入能够增强材料的韧性，当 PBAT 含量为 50% 时，体系出现片晶（表 5-4）。

姜英勇等[158]针对 PBS 韧性不足的情况，在不影响 PBS 原有的生物降解性的前提下，采用物理共混和化学直接相结合的方式，对 PBS 进行增韧。研究表明 PBAT 的加入明显改善了 PBS 的韧性，并且降低了共混材料的玻璃化转变温度和结晶温度（图 5-63）。

表 5-4 PBS/PBAT 共混薄膜的透 CO_2 和 O_2 性能[157]

试样	厚度 /μm	CDTR /[cm^3·(m^2·d)$^{-1}$]	CDP /[$10^{-7}$$cm^3$·m·($m^2$·d·Pa)$^{-1}$]	OTR /[cm^3·(m^2·d)$^{-1}$]	OP /[$10^{-7}$$cm^3$·m·($m^2$·d·Pa)$^{-1}$]	CDTR/OTR
PBS	21.4 ± 2.3	10184 ± 87	10184 ± 87	10184 ± 87	10184 ± 87	10184 ± 87
PBS/10%PBAT	22.4 ± 1.1	12497 ± 75	12497 ± 75	12497 ± 75	12497 ± 75	12497 ± 75
PBS/20%PBAT	21.7 ± 2.1	14284 ± 93	14284 ± 93	14284 ± 93	14284 ± 93	14284 ± 93
PBS/30%PBAT	21.8 ± 1.5	16702 ± 69	16702 ± 69	16702 ± 69	16702 ± 69	16702 ± 69
PBS/40%PBAT	21.4 ± 1.6	17009 ± 81	17009 ± 81	17009 ± 81	17009 ± 81	17009 ± 81
PBS/50%PBAT	22.8 ± 0.8	19139 ± 94	19139 ± 94	19139 ± 94	19139 ± 94	19139 ± 94
PBS/60%PBAT	23.8 ± 1.7	19375 ± 67	19375 ± 67	19375 ± 67	19375 ± 67	19375 ± 67
PBS/70%PBAT	23.2 ± 1.3	19913 ± 91	19913 ± 91	19913 ± 91	19913 ± 91	19913 ± 91
PBS/80%PBAT	22.0 ± 1.4	21529 ± 83	21529 ± 83	21529 ± 83	21529 ± 83	21529 ± 83
PBS/90%PBAT	20.8 ± 2.4	23164 ± 89	23164 ± 89	23164 ± 89	23164 ± 89	23164 ± 89
PBAT	21.8 ± 1.9	25864 ± 93	25864 ± 93	25864 ± 93	25864 ± 93	25864 ± 93

注：测试温度为 23℃，相对湿度为 0

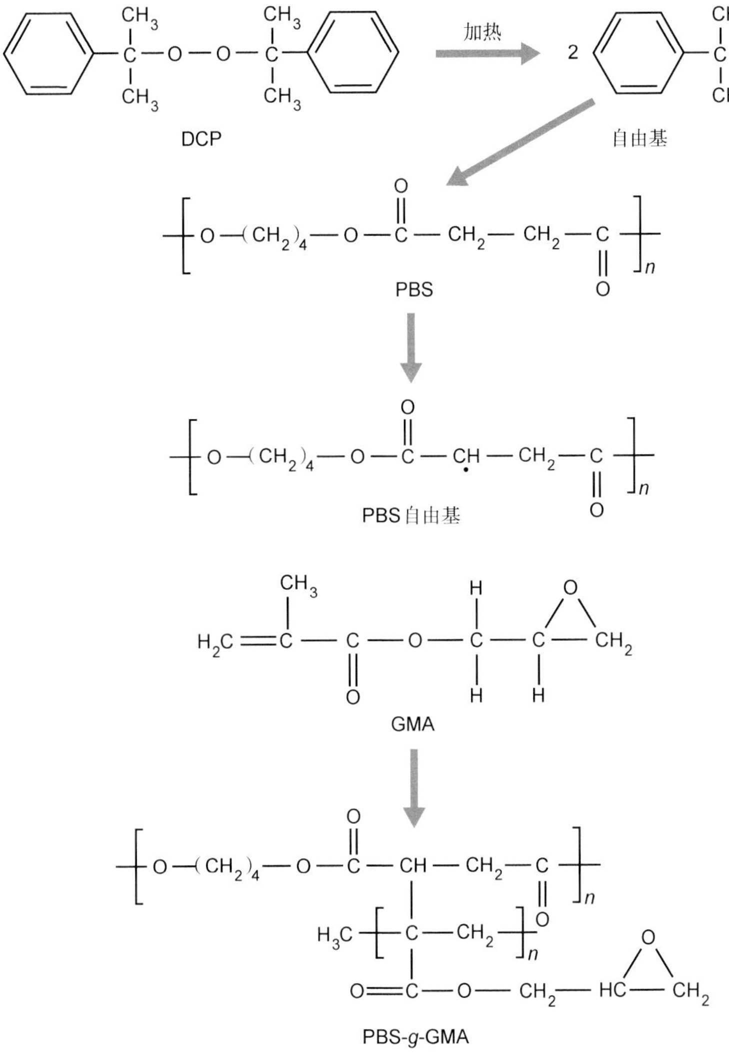

图 5-63 PBS-g-GMA 反应机理[158]

陈宇等[159]研究表明长链超支化扩链剂（LCMAH）能够有效提升 PBAT/PBS 共混材料的熔体强度，并且随着 PBAT/PBS 共混材料熔体强度的提高，分子间的缠结点增多，阻碍了其内部分子的运动，导致结晶度下降，拉伸强度上升（图 5-64）。

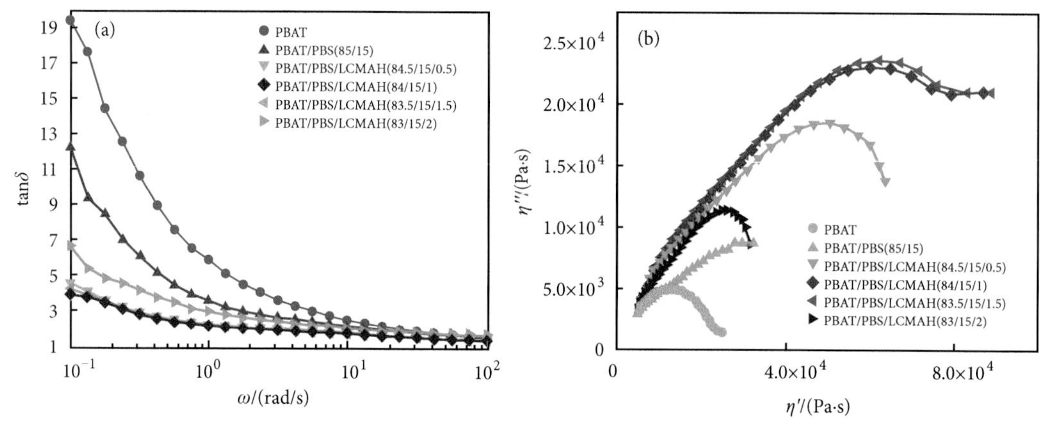

图 5-64 PBAT/PBS/LCMAH 共混材料流变性能曲线

（a）tanδ-ω 依赖曲线；（b）双黏曲线

李红娟等[160]制备 PBAT/PLA/PBS 共混复合材料，研究 PBS 对 PBAT/PLA 的熔融共混效果，研究表明 PBS 能提高 PBAT/PLA 相容性，但是，当 PBS 用量较大时，冲击强度和断裂伸长率出现明显的下降。

5.3.3 PBAT/PHA 合金

PHA 是由微生物通过发酵而合成的一种脂肪族共聚酯[161]。这类由微生物合成的脂肪族共聚酯在自然环境中能被自然环境中的微生物的酶降解或者化学分解，最终变成二氧化碳、水、甲烷等小分子物质[162]。其结构图式如图 5-65 所示。

聚羟基丁酸酯（PHB）是 PHA 中发现最早、结构最简单、研究最为广泛的品种。1926 年被法国微生物学家 Maurice Lemoige 首次分离[163]，虽然它结晶度较高，但韧性非常差，需加入其他聚合物或增塑剂进行增韧，或与其他单体共聚来改善其性能。最有代表性的 PHB 是英国 ICI 公司开发的 3- 羟基丁酸和 3- 羟基戊酸共聚酯（PHBV）及其衍生物[164]，命名为 Biopol。这些聚合物虽具有较高的生物可降解性，但价格昂贵，且热性能较差，力学性能也有限，从而制约了其大规模应用[165]。目前只在医药、电子等附加值较高的行业中得到应用，并有望通过合金化共混来扩大其使用范围。

PHA 到现在为止发现共有 90 多种产品，主要分为以下四代：PHB 为初代产品、PHBV 为第二代产品、PHBHHX 为第三代产品、P34HB 为第四代产品。第四代 PHA 生物塑料 P34HB 可完全生物降解，并能够进入大自然的生态循环中[166]。

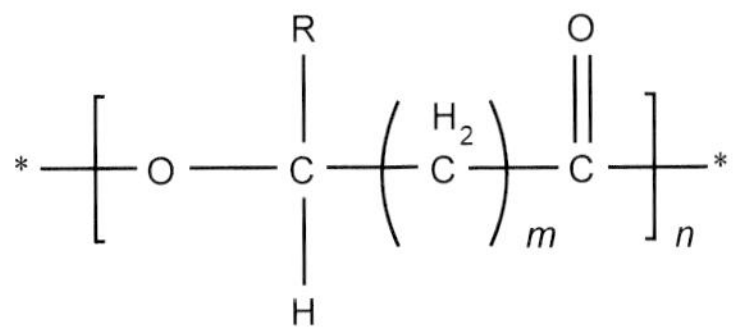

图 5-65 PHA 的结构通式

式中，n=1、2、3 或 4。大多数情况下，n=1，为聚 3- 羟基脂肪酸酯。m 为大分子的聚合度。侧链 R 是可变基团，其种类多种多样。R 基的不同，最终决定的种类的不同，当 R 为甲基时，均聚物为 PHB；当 R 为乙基时，为 PHBV；当 R 为丙基时，为 PHBHHx；当 R 为丁基时，为 PHBHHp；当 R 为戊基时，为 PHBHO 等，R 基团也可以是苯环、卤素、氰基等取代基团。表 5-5 展示了不同 PHA 种类及基本的物理性能。

表 5-5 聚羟基脂肪酸酯的种类及基本物理性能

聚合物	熔点 /℃	拉伸强度 /MPa	弯曲模量 /GPa	断裂伸长率 /%	缺口冲击强度 /(J/m)
PHB	179	40	3.5	5	50
PHBV					
3%3HV	170	38	2.9	—	60
10%3HV	150	25	1.2	20	100
20%3HV	135	20	0.8	100	300
PHBHHx					
10%3HHx	127	21	—	400	—
17%3HHx	120	20	—	850	—
3%4HB	166	28	—	45	—
10%4HB	159	24	—	242	—
16%4HB	130	26	—	444	—
64%4HB	50	17	—	591	—
90%4HB	50	65	—	1080	—
P4HB	53	104	—	100	—

因 PHBV 的韧性较差、价格高、老化快等缺点严重制约着其应用。将 PHBV 与 PBAT 进行熔融共混，不仅可以提高 PHBV 的韧性，还保证了共混材料的生物降解性能。欧阳春发等 [167] 研究了 PBAT/PHBV 共混材料的性能，研究发现当 PBAT 用量为 50% 时，共混物缺口冲击强度和无缺口冲击强度均有较大幅度提升。

Pal 等 [168] 研究发现 clay 在 PBAT/PHBV 薄膜中形成了较好的插层结构，对比压延成型和模压成型，发现在压延薄膜中 clay 分布表现为更均匀，具有更好的力学性能。

易爱等 [169] 采用熔融共混的方式，研究了预处理的蒙脱土对 PBAT/PHBV 材料的影响，研究表明预处理的蒙脱土和聚磷酸铵基阻燃剂协同作用，能够有效地改善 PBAT/PHBV 的阻燃性能（图 5-66 和图 5-67）。

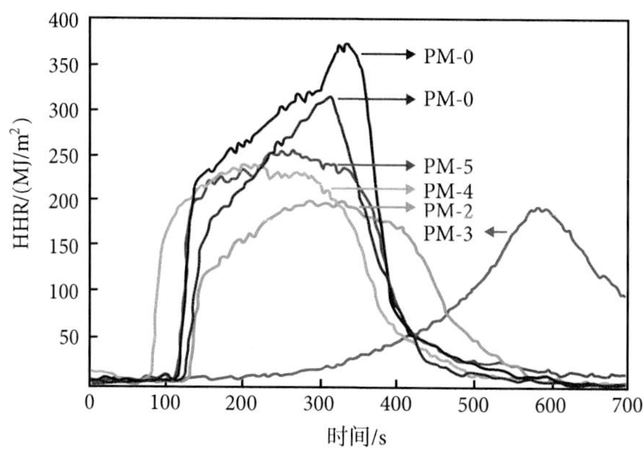

图 5-66 PHBV/PBAT 复合阻燃材料热释放速率曲线 [169]

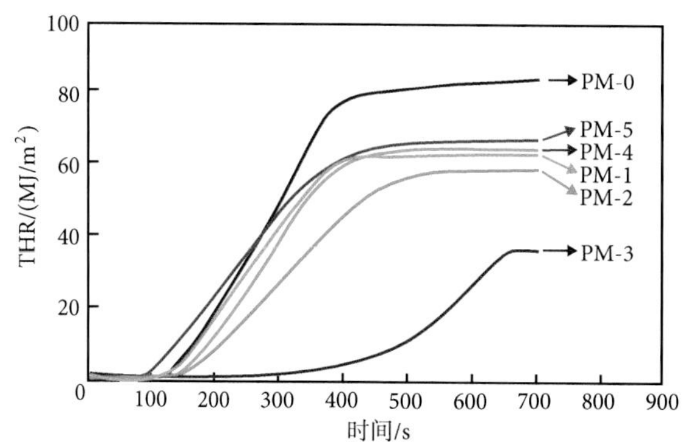

图 5-67 PHBV/PBAT 复合阻燃材料总热量释放曲线 [169]

姚禹国等 [170] 采用双螺杆多元共混技术，研究了 PLA/PBAT/PHBV 三元共混材料 3D 打印性能。该 3D 打印复合材料具有降解速率快、力学性能优良、熔融温度低等特点。

阚瑞俊 [171] 探讨了 PHBV/PBAT 共混物在熔喷无纺布方面的应用。研究表面随着 PBAT 用量的增加，混合材料的结晶峰由纯 PHBV 的单峰变成双峰再变成单峰，PBAT 在复合材料中起到成核剂的作用，使 PHBV 的晶核数量变多，尺寸变小，但结晶度和结晶速率下降（图 5-68）。PHBV/PBAT 共混物降低了基体材料的黏流活化能，降低了 PHBV 对温度的敏感性，提高了单一的热稳定性，增大了加工窗口，可纺性改善。PHBV/PBAT 熔喷无纺布具有一定的抑菌性，但未达到相关标准，其力学强度不佳，有待改善。

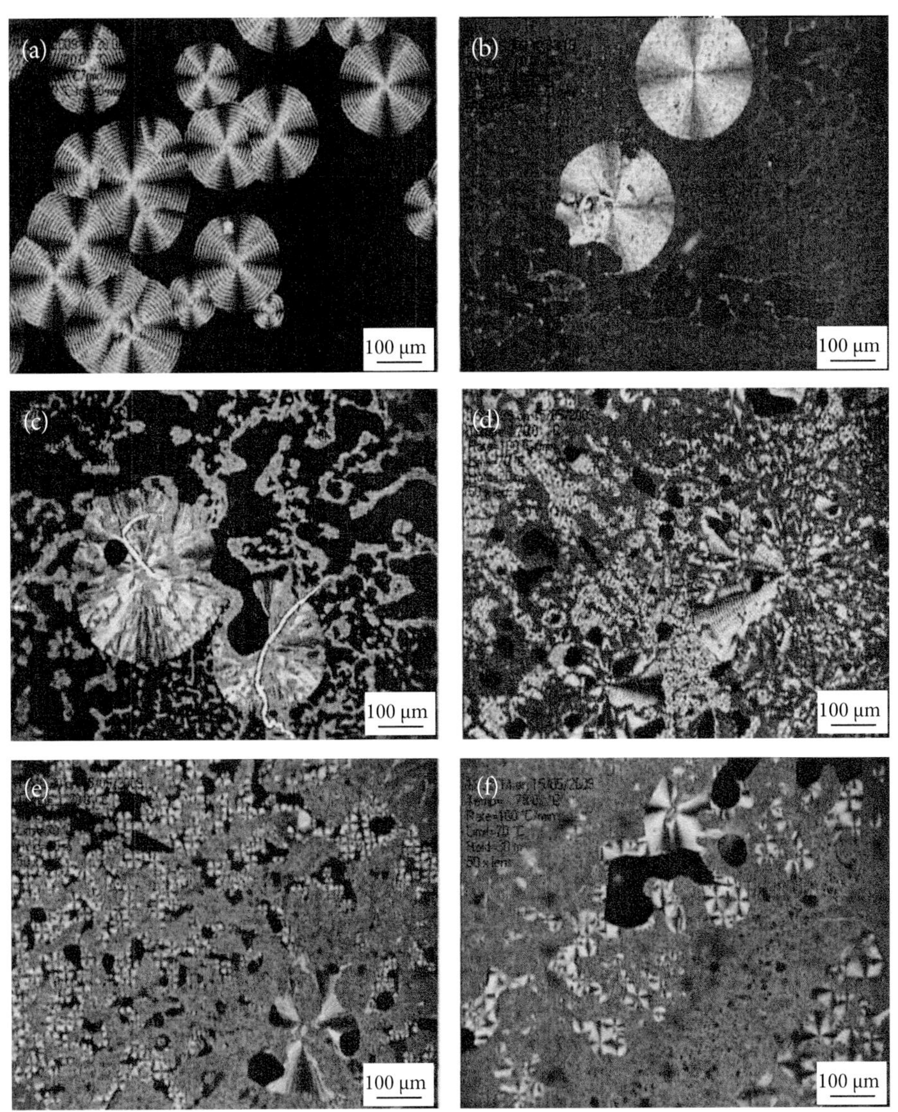

图 5-68　不同比例 PHBV/PBAT 共混物的 POM 图[171]

(a) PHBV/PBAT(100/0)POM; (b) PHBV/PBAT(90/10)POM; (c) PHBV/PBAT(80/20)POM; (d) PHBV/PBAT(70/30)POM; (e) PHBV/PBAT(60/40)POM; (f) PHBV/PBAT(50/50)POM

余洁[172]分析了共混材料的相容性及可纺性，并研究了 PLA/PBAT/PHBV 共混材料的结晶性能、热稳定性、相结构、流变性能及力学性能。研究发现共混材料的起始分解温度与纯 PHBV 相比提高 45℃，最大热分解温度与纯 PLA 相比提高了 32℃，热稳定性提高；GMA 对 PLA/PBAT/PHBV 共混材料中 PLA 组分的结晶作用产生了影响，使其结晶程度下降（图 5-69）。

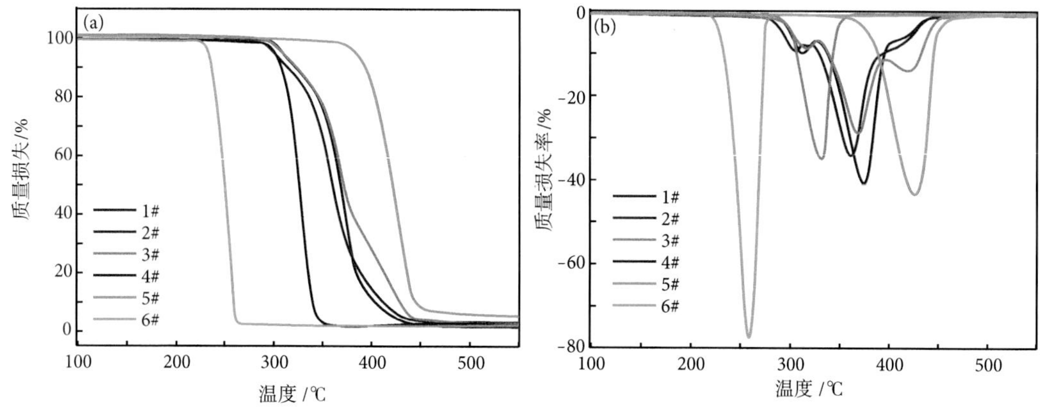

图 5-69 不同质量比的 PLA/PBAT/PHBV 共混材料的 TGA（a）和 DTG（b）曲线[172]

5.3.4 PBAT/PCL 合金

聚已内酯（PCL）最早在 20 世纪 30 年代由初由 Carothers 合成出来。PCL 通常是由环状单体 ε- 己内酯在有机金属化合物催化下开环聚合而得到的，其分子式为 $(C_6H_{10}O_2)_n$，PCL 属于不可再生的石油基完全生物降解聚合物。PCL 外观和物理机械性能类似于中密度聚乙烯（MDPE），具有一定的蜡地质感[173]。分子结构式如图 5-70 所示。PCL 的结构为比较规整的直链型，主链上含有一个极性的酯基和非极性的五元脂肪链，因而其物理机械性能类似于聚烯烃。聚合物分子链表现为越规整，结晶度越高，PCL 作为一种结晶区与非晶区相互掺杂的半结晶生物降解聚合物，其结晶度与分子量有很大关系，分子量越大，其结晶度越小，如分子量为 5 万的 PCL 的结晶度约为 80%，分子量超过 10 万的 PCL 结晶度会急剧下降到 40% 左右。此外 PCL 的熔点 T_m 和玻璃化转变温度 T_g 较低，分别约为 55~60℃和 –54℃，因此在常规使用环境下，PCL 具有优异的韧性和良好的渗透性。

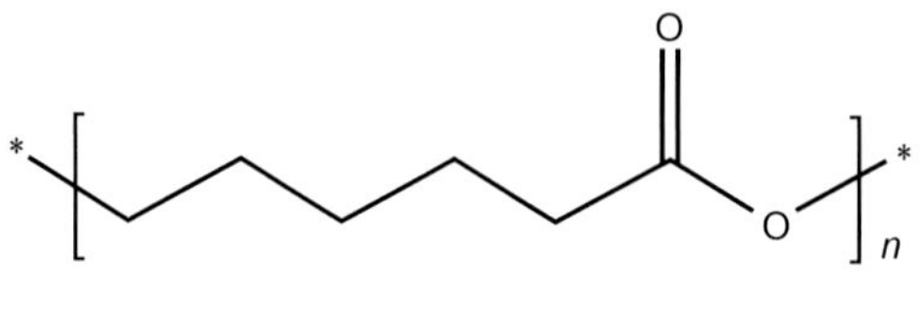

图 5-70 PCL 的分子结构

在物理机械性能与热性能方面，PCL 的拉伸强度最高可达到 30 MPa，断裂伸长率范围为 300%~600%，但其模量较低约为 0.4 GPa，最大热分解温度超过 350℃，所以 PCL 类似于 PBAT 属于软而韧的材料且具有较宽的加工窗口。但其较低的 T_m 既是 PCL 的优点也是缺点，低的熔点使加工时能源耗费小，加工成型过程容易[174,175]，能够满足常温条件下的使用，但温度较高时容易发生变形，热力学行为较差，在一些温度稍高的使用条件下，其难以满足使用要求。

在降解性能上，PCL 属于生物降解材料，能够在微生物和霉菌作用下完全降解，降解的最终产物为二氧化碳和水，但是在人体和动物体内因为缺少相应的降解酶，其降解实质是共聚酯键的水解反应。与常规 PLLA 和 PGA 这些生物降解聚酯相比，PCL 因其结晶度较高的原因，降解速度较慢，而且受分子量影响降解时间长达 2~4 年 [176-178]。因为 PCL 的良好的生物相容性、较高药物渗透性、一定的热稳定性、易加工和良好的溶剂溶解性等诸多优点，可以用于熔融共混、吹膜、挤出和注塑等加工工艺制成薄膜、片材或纤维等制品，目前已经在很多应用领域得到开发，如作为某些药物缓释载体、外科手术骨组织工程支架以及手术缝合线、3D 打印材料、胶黏剂和塑料包装材料等 [179,180]。虽然 PCL 目前在很多领域有了较大的应用，但是因其强度和硬度的不足、较低的熔点、阻隔性与尺寸稳定性差以及相对较高的成本在一定程度上极大限制了其在一些通用领域方面的应用。因此，近年来对其合金化共混研究成为热点，包括对分子结构上改变的化学共混如交联 [181,182] 和共聚 [183,184] 与分子结构未改变的合金化 [185,186]。

PCL 与 PBAT 共混能够赋予这种共混薄膜较好的功能性。云雪燕等 [187] 通过 PCL 来改善 PBAT 的自黏性、成膜性及 CO_2 和 O_2 气体透过率（图 5-71），研究发现 PBAT/PCL 薄膜能够调控包装内部的气调，其 CO_2 和 O_2 的透过率可满足果蔬等生鲜食品对保鲜膜的要求，且大大改善了 PBAT 材料的自黏性。

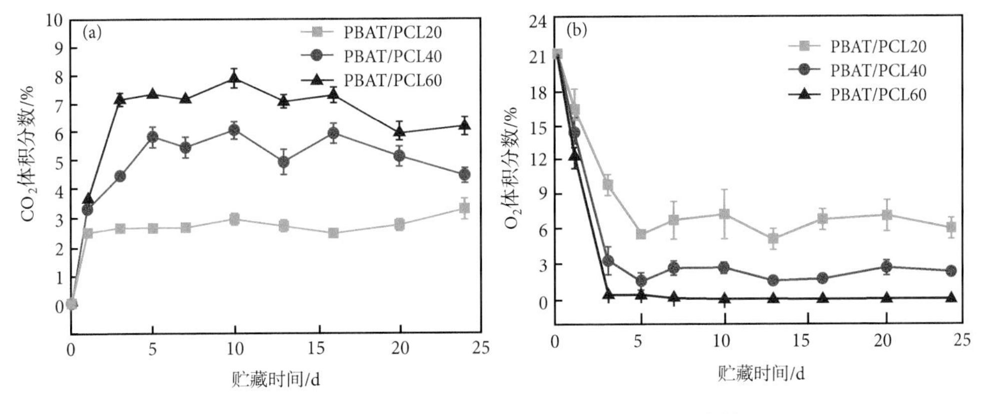

图 5-71 草莓包装内气体体积分数的变化 [187]

王治洲等 [188] 研究了 PBAT/PCL 共混体系对双孢菇保鲜效果的影响，研究发现经熔融共混后 PCL 能够提升制成的薄膜的结晶度，从而提高了薄膜的阻隔性，很大程度上降低了纯 PBAT 薄膜的透湿系数。

王洋样等 [189] 研究了 PBAT/PCL 共混体系对樱桃番茄保鲜效果的影响，研究发现 PBAT/PCL 薄膜相比于 PE 薄膜，有效地控制了包装内的气调氛围，延长了樱桃番茄的保鲜期，有效改善了原有包装的结露现象。

Sousa 等 [190] 研究了 PBAT 与 PCL 两种材料的相容性，研究表明两种材料之间的相互作用较强烈，热稳定性较好。

5.3.5 PBAT/PGA 合金

聚羟基乙酸(PGA)又被称做聚乙醇酸，是最简单的脂肪族聚酯，化学式为 $(C_2H_2O_2)_n$，其合成方法有多种，既可以由单体羟基乙酸熔融缩聚或乙交酯开环聚合而得[191]，也可以由悬浮聚合、溶剂法聚合以及甲醛和一氧化碳在催化剂作用下经一步反应制得[191,192]。目前较为常用的合成方法是开环聚合法。PGA 具有较为规整的直链分子结构，因此具有较强的结晶能力，结晶度可高达 55%，而高的结晶度导致它不溶于大多数常见的有机溶剂如氯仿、丙酮和四氢呋喃等，但高氟化溶剂如六氟代异丙醇可以将其溶解。

因 PGA 较高的结晶度和力学性能，其拉伸强度约为 115 MPa，断裂伸长率为 16.4%，弹性模量约为 7 GPa，弯曲强度和弯曲模量分别为 222 MPa 和 7.8 GPa[193]。PGA 的玻璃化转变温度 T_g 为 35~40℃，熔点 T_m 为 220~228℃，因此加工温度必须在 220℃以上，但因为 PGA 分子链中的酯键对温度非常敏感，当加工温度超过 220℃时，PGA 会发生明显的热降解，所以说 PGA 的加工窗口非常窄。与 PLLA 类似，PGA 也是一种硬而脆的可生物降解材料。

PGA 作为一种通过化学合成方法制得的可完全生物降解的高分子材料，因具有无毒性、优异的气体阻隔性能、良好的生物相容性和较高生物降解率，它主要应用领域为生物医学领域，如用于外科手术缝合线，它可以被人体或者动物体吸收，其新陈代谢的产物可以经过生物体排出体外，对生物体不会发生任何损伤。此外 PGA 还可以用于页岩气提取时的堵水剂、农用薄膜、药物缓释、消化道吻合器、食品包装材料以及器官骨骼支架等方面[192,194-196]。但是 PGA 材料固有的脆性及较差热稳定性在很大程度上限制了其应用，目前有很多学者关注 PGA 的合成工艺和合金化方法，以提高其分子量和热稳定性等一些缺点而得到综合性能优异的产物，扩大其应用范围[197-199]。

PGA 的降解过程，主要通过水解反应进行。Hurrell 等[200]认为 PGA 的降解是在水的作用下，由水扩散和水解速率推动的。大致可以分为以下四个过程：第一阶段，空气中的水分子或者基体中残留的少量的水分子，迅速渗透到 PGA 材料内部，并且以最快的速度在聚合物中达到最大饱和度。第二阶段，饱和的水分子在聚合物内部中的扩散速率减缓，随着水解的进行，宏观表现为样品的物理机械性能逐渐下降。第三阶段，聚合物水解达到临界分子量，低聚物溶解并扩散至溶液中，宏观表现为材料变脆，易裂等特点。同时，水解产生的小分子聚合物促进了低聚物的产生，随着这一阶段的进行，聚合物水分吸收加快，质量损失增加，表面区域出现一些膨胀等现象。第四阶段，低聚物进行最后的分解，分解为 CO_2 和水。

冯申等[201]采用双螺杆挤出机熔融共混制备了 PBAT/PGA 复合材料。测试结果表明，PGA 添加量为 20% 时，PBAT/PGA 复合材料的拉伸强度可达到 25 MPa，断裂伸长率在 600% 以上，可用于制作薄膜产品；当 PGA 含量为 80% 时，PBAT 的加入能够有效地提升 PBAT/PGA 复合材料的韧性，并且其热变形温度达到 120℃，可用于餐饮行业，制作一次性餐饮具；同时发现 PGA 的优异的阻隔性能，在 PBAT/PGA 复合薄膜中能够有效地提升水蒸气阻隔性。

孙苗苗等采用熔融共混法得到聚己二酸对苯二甲酸丁二酯 / 聚乙醇酸（PBAT/PGA）共混材料，以超临界 CO_2 为发泡剂，通过间歇釜式发泡法得到发泡材料。研究发现 PGA 与 PBAT 的相容性较差，当 PGA 添加 30% 时，因 PBAT 和 PGA 间的界面缺陷增多，样品出现熔体拉伸断裂。以超临界 CO_2 为发泡剂进行发泡，随着 PGA 含量提高，发泡材料的收缩率明显改善，从 66.9% 降低到 15.6%（图 5-72）。PBAT/PGA 发泡体系，随着 PGA 含量的升高，泡孔尺寸由 78 μm 降低到 38 μm，泡孔密度先升高后降低。PGA 含量为 20% 时体系泡孔密度最大，由 1.9 × 1015 个 /cm^3 增加到 1.1 × 1016 个 /cm^3，发泡效果最佳。

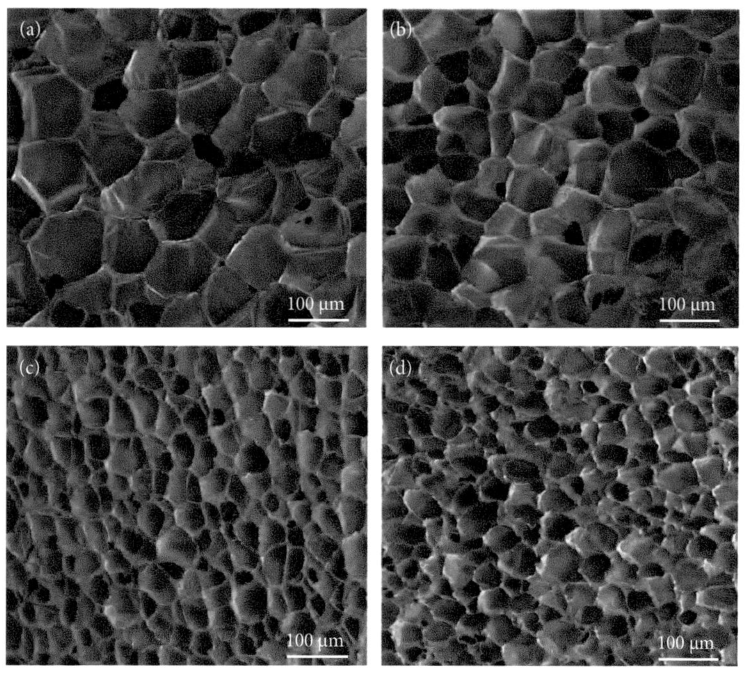

图 5-72 PBAT/PGA 发泡样品的 SEM 图

(a) C1:PBAT/PGA(100/0); (b) C2:PBAT/PGA(90/10); (c) C3:PBAT/PGA(80/20); (d) C4:PBAT/PGA(70/30)

江猛等利用碳化二亚胺类抗水解剂（AHA）与环氧类（ADR）及异氰酸酯类（MDI）扩链剂对 PGA/PBAT 进行反应挤出改性，分别研究抗水解剂含量与抗水解剂 / 扩链剂协同作用对 PGA/PBAT（GB）复合材料的抗水解性能的影响。结果表明，当 AHA/MDI 协同使用时，PGA/PBAT 复合材料的界面相容性和抗水解性均得到改善，其中 GB/AHA（1.0 份）/MDI（GBA1.0/MDI）样品的初始拉伸强度可达 21.0 MPa，较 GB/AHA（0）（GBA0）样品提高 35%。在湿热老化环境中，GBA1.0/MDI 的力学性能较 GBA0 更稳定，50% 的力学性能保持时间高于 24 d，较 GBA0 提高 60%。

5.3.6 PBAT/PPC 合金

聚碳酸亚丙酯（PPC），最早在 1969 年由日本科学家 Inoue 用二氧化碳和环氧丙烷在催化剂的作用下合成出来[202]。PPC 自问世以来受到很多关注，因为 PPC 的开发使用不仅可以减少温室气体的量，还可以缓解能源危机，而且能够有效地缓解白色污染。

在结构上，PPC 是由二氧化碳和环氧丙烷交替共聚制备而成的无定形聚合物，其分子结构式如图 5-73 所示，其中二氧化碳含量占 31%~50%，从其结构式可以看出，分子中含有的醚键使分子链受到的旋转位阻小而绕醚键内旋转容易，因此其分子链柔顺性好，导致其具有较低的玻璃化转变温度 T_g，为 35~42℃，但低的 T_g 是 PPC 的一个主要缺点，因为这个范围的 T_g 作为硬塑料材料太低，作为软材料又太高[203]。而它的分子链中酯基与端羟基的存在使 PPC 的热分解温度较低，分解温度一般在 150~180℃。机械性能方面，PPC 的拉伸强度在 12~40 MPa 范围内，其断裂伸长率可超过 300%[204]。

PPC 作为绿色环保的高分子材料，有易降解、无毒、生物相容性好、低透氧率、易溶于有机溶剂、高的断裂伸长率等诸多优点，可以应用到食品包装、黏合剂、阻隔材料、增韧剂、生物医用材料等方面[205,206]。但其尺寸稳定性差，加工性和流动性较差，力学性能不理想以及热稳定性差等缺点极大地限制了其广泛的应用。对 PPC 的熔融共混包括封端、扩链以及交联等化学共混和与其他聚合物、无机粒子共混及纤维增强复合共混[207]。

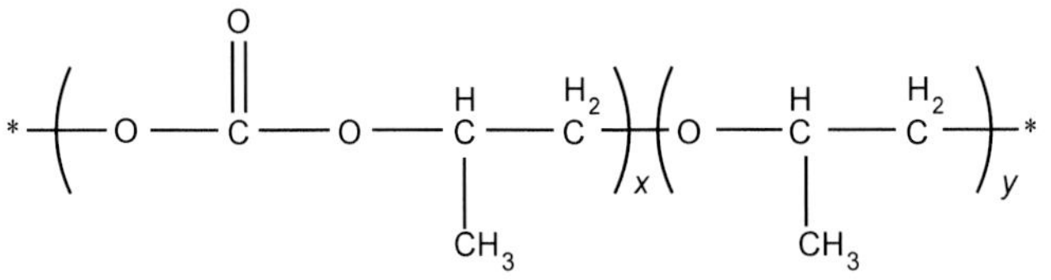

图 5-73　PPC 分子结构式

脂肪族的聚碳酸酯具有较好的生物降解性，对水和氧气具有隔绝作用，因此在食品包装、医用材料、复合材料、胶黏剂以及工程塑料等方面有很大的潜力；但是由于其为非晶结构，分子链柔性大且相互作用力小，使得材料热性能差，导致制品高温尺寸稳定性差，低温下脆性大，故其大规模应用仍没有取得突破性进展。将 PBAT 与 PPC 共混是改善 PPC 性能缺陷的有效方法之一。

许思兰等[208]采用多级共挤吹塑的方法制备了 PBAT-PPC-PBAT 三层复合薄膜，其拉伸强度相较于 PPC 薄膜提升了 200%，在保证足够的气体透过率的同时还维持了较高的生物降解速率。

Zhao 等[209]研究发现当 PPC 含量为 30% 时，PBAT/PPC 薄膜的水蒸气透过率下降了 50%，极大地优化了薄膜的水蒸气阻隔性。

王秋艳等[210]将 PBAT 与 PPC 共混后，显著改善了 PPC 的拉伸性能，该共混物属于软而韧的聚合物材料。当 PBAT 含量为 40% 时，共混片材的拉伸强度最高提高了 236.4%。

王淑芳等[211]研究发现，PPC/PLA 共混体系的熔融温度（T_m）逐渐降低，表明 PPC 与 PLA 之间存在着一定的相容性（图 5-74）。土壤环境中，PPC 的降解速度比 PLA 快。共混不仅可以改善材料的力学性能，还可以改善材料的生物降解性。

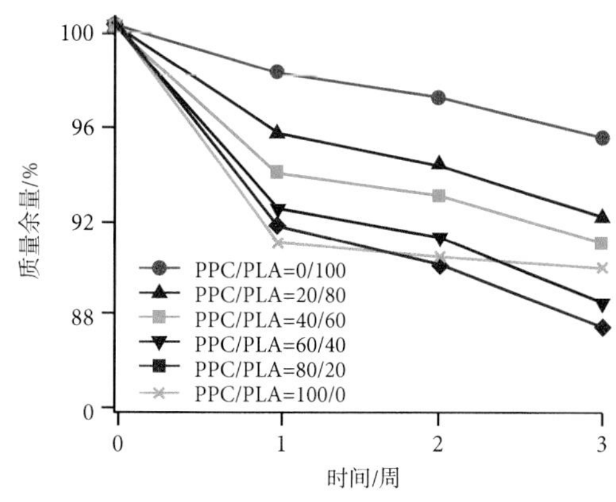

图 5-74　PPC/PLA 共混物随着降解进行重量损失的变化情况

5.3.7　PBAT 其他合金

全生物降解塑料可极大程度上避免白色污染，但是全生物降解树脂相较于传统塑料而言机械性能都不高，这也极大地限制了全生物降解树脂的应用，所以，部分研究人员希望，通过传统不降解树脂与全生物降解树脂共混，来弥补二者单独使用中的性能缺陷[212]。因此一些研究学者用非生物可降解聚合物与 PBAT 进行共混来改善其某些性能。

PLA 耐热性差，脆性；PC 热稳定性较好，韧性。但是 PC 和 PLA 不相容，共混后对于断裂伸长率的改善不明显。PBAT 兼具了长亚甲基链的柔顺性和芳环的耐冲击性，可用于改善 PLA 的脆性和结晶度过高的缺点，且 PBAT 和 PC 相容性较好。Kanzawa 等[213]研究开发了 PLA/PC/PBAT 三元共混物，研究表明 PBAT 和 PC 以任意比例共混后相容性都较好，采用 DCP 反应性挤出生产后，共混物的粒径从 10 μm 降到 0.05~1 μm，力学性能有了明显提升。采用两步法和侧喂料加料法后可以提高材料的力学性能特别是断裂伸长率。

Bang 等[214]使用挤出流延法制备了掺有黑色素的 PP 和 PBAT 共混薄膜。研究结果表明加入黑色素后，复合薄膜的拉伸强度和断裂伸长率分别提高了 30% 和 27%，用该薄膜包装马铃薯在荧光灯照射下连续储存六天有效地防止了因马铃薯叶绿素的产生而导致马铃薯变绿。

Han 等[215]为了延长 PBAT 地膜的分解时间和性能退化时间，进而增加地膜的使用时间，将 PBAT 与 PE 的混合物（LDPE ∶ LLDPE=15 ∶ 85），碳酸钙和伊利石进行共混制备了 PBAT/PE 共混地膜，并加入交联剂二（叔丁基过氧基异丙基）苯（BIBP）来提高 PBAT 和 PE 的相容性。

Thongsong 等 [216] 将 100 ∶ 0、90 ∶ 10、80 ∶ 20、70 ∶ 30、60 ∶ 40 和 0 ∶ 100 质量比的 PBAT 和 PET 用双螺杆挤出机混合，然后用流延膜挤出机制备出复合薄膜，并研究了 TiO_2 和 ZnO 对薄膜性能的影响（图 5-75）。结果表明，PBAT 含量的增加导致了 PET 薄膜断裂伸长率的增加，但共混物薄膜的模量下降，且 PBAT/PET 薄膜的热稳定性低于纯 PET 薄膜。此外，在 PET/PBAT 薄膜中加入 1~2 wt% 的 ZnO 可以提高薄膜的模量和拉伸强度，而 TiO_2 的加入对 PET/PBAT 薄膜的拉伸性能影响不大。

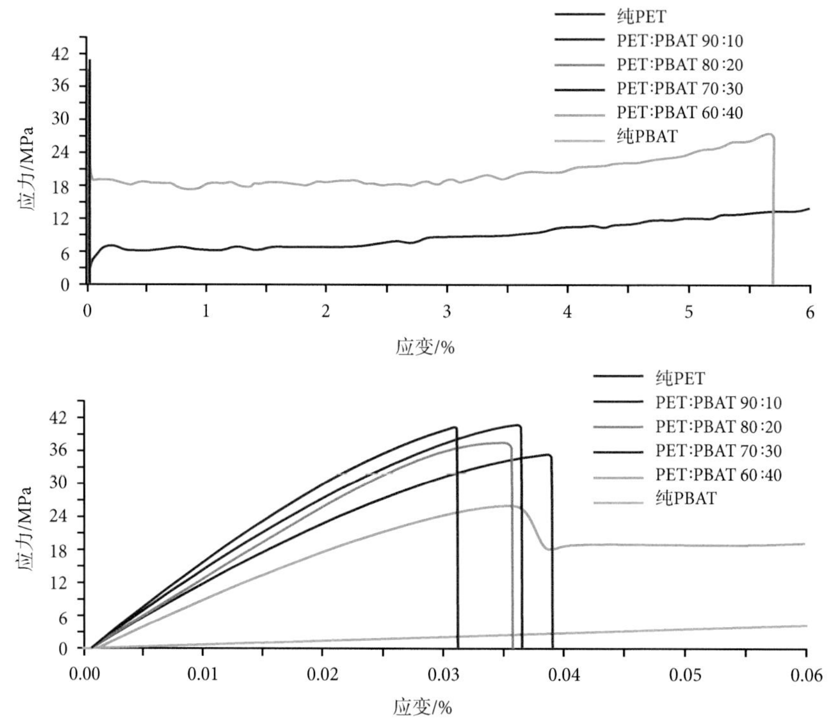

图 5-75 PET/PBAT 共混膜的应力应变曲线 [216]

Soares DaSilva 等 [217] 采用熔融共混和压缩成型等加工工艺方法制备了添加不同含量 CNT 的 PS/PBAT 的复合材料，研究了含离子液体的 CNT 和三己基 (四癸基)- 双三氟咪胺膦的非共价功能化对共连续形态复合材料的电学性能和流变性能的影响。研究结果表明离子液体的功能化作用导致含有少量填料的复合材料的电导率增加，而由于离子液体的增塑作用，离子液体官能化的 CNT 导致复合材料熔体黏度和储能模量降低。

Jang 等 [218] 采用双螺杆挤出法制备聚碳酸酯（PC）与 PBAT 的共混物（图 5-76 和图 5-77），然后将其在 260℃下退火 5 小时，引发酯交换反应。核磁共振、红外光谱和 X 射线广角衍射分析结果表明，退火后的 PC/PBAT 共混体系发生了酯交换反应，并形成了无规共聚结构。由于该共聚物可以作为增容剂，因此 PC/PBAT 共混物的相容性得到改善，并研究了酯交换反应对 PC/PBAT 共混物相容性的影响，此外，通过酯交换反应使相容性的改善最终提高了 PC/PBAT 共混体系的热稳定性。

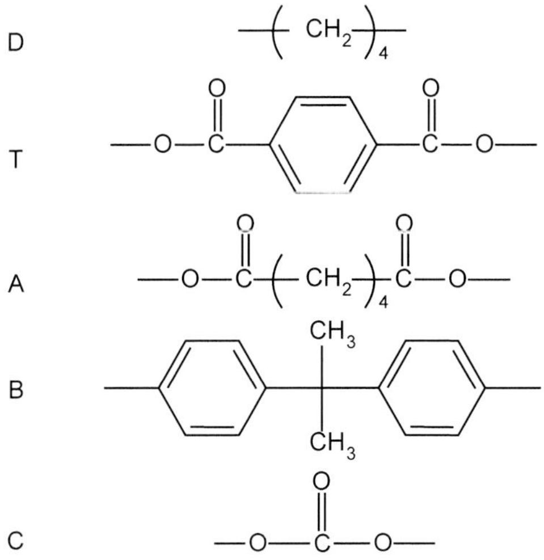

图 5-76 PC 和 PBAT 之间交互的单体

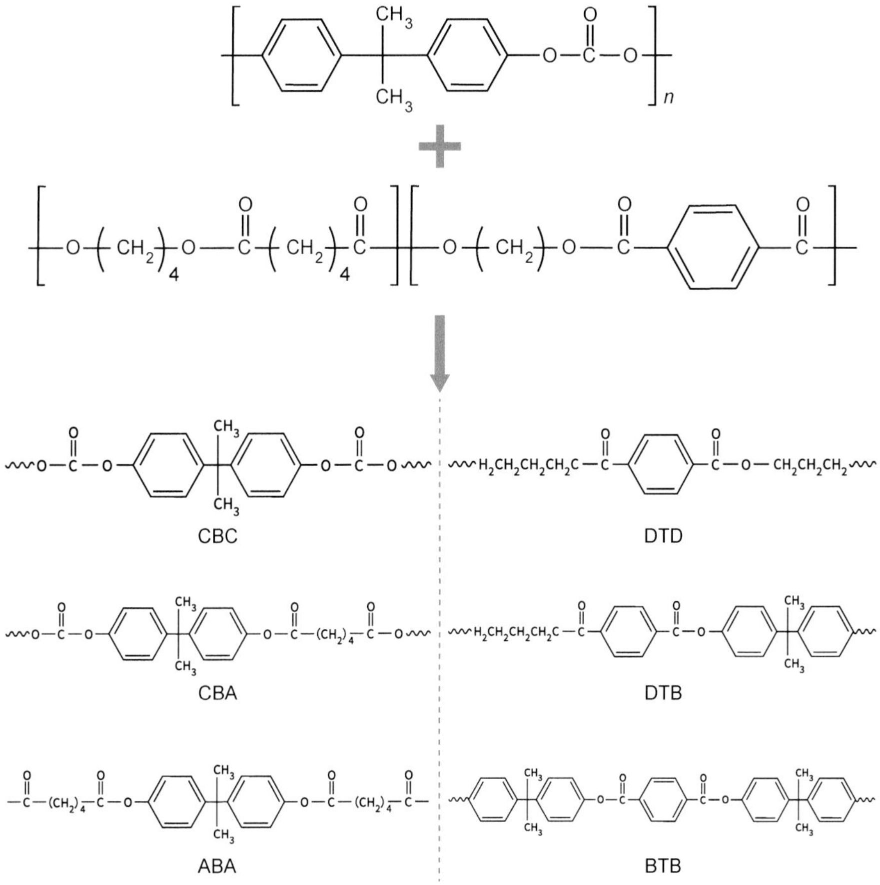

图 5-77 PC 和 PBAT 酯交换产物的预期化学结构

Ibrahim 等[219]用熔融共混技术制备聚氯乙烯（PVC）与 PBAT 的共混物（图 5-78），研究了不同比例的共混物的机械和热性能以及共混物的相形态。FTIR 光谱显示 C=O 峰的频率从 1714 cm^{-1} 到 1718 cm^{-1} 略有增加，表明 PBAT 的 C=O 与 PVC 的 α- 氢之间存在化学相互作用。PVC/PBAT 共混物的拉伸性能在质量比为 50/50 时最高。动态力学分析结果证明 PVC 和 PBAT 形成了具有一个玻璃化转变温度的相容体系。PBAT 的加入导致 PVC 黏度（损耗模量）降低，但弹性（储能模量）增加。共混物的热性能表明共混物中 PVC 的分解温度随着 PBAT 的加入而降低。拉伸断裂表面 SEM 照片显示共混物具有良好的界面黏性，界面黏性的改善在提高 PVC/PBAT 共混物机械性能（强度和模量）方面发挥了重要作用。

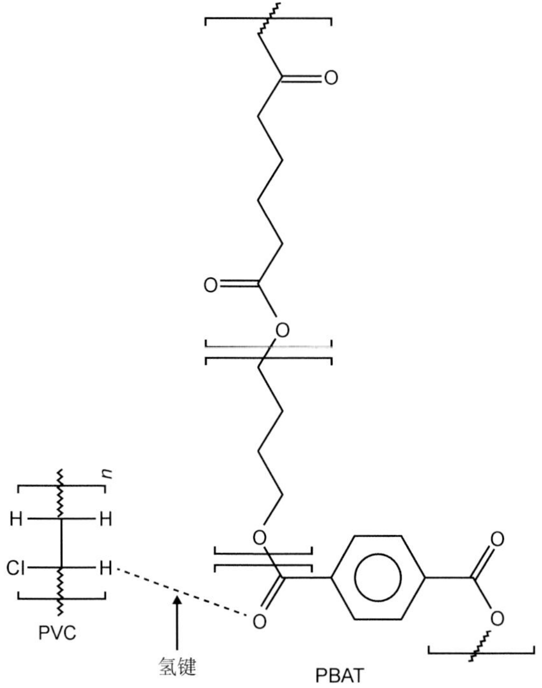

图 5-78　PVC/PBAT 共混物中可能的相互作用

De Oliveira 等[220]将 PP 与 PBAT、甲壳素共混后进行生物降解性测试后发现，PBAT 在 PP 基体中的降解速率明显变慢，而 PP 随 PBAT 的添加，质量基本保持不变。

参 考 文 献

[1] GAN Z, KUWABARA K, YAMAMOTO M, et al. Solid-state structures and thermal properties of aliphatic–aromatic poly (butylene adipate-co-butylene terephthalate) copolyesters[J]. Polymer Degradation and Stability, 2004, 83(2):289-300.

[2] CRANSTON E, KAWADA J, RAYMOND S, et al. Cocrystallization model for synthetic biodegradable poly (butylene adipate-co-butylene terephthalate)[J]. Biomacromolecules, 2003, 4(4):995-999.

[3] PUNIA S. Barley starch: Structure, properties and in vitro digestibility-A review[J]. International journal of biological macromolecules, 2020, 155:868-875.
[4] BALDWIN P M. Starch granule - associated proteins and polypeptides: A review[J]. Starch - Stärke, 2001, 53(10):475-503.
[5] ABDULLAH Z W, DONG Y. Recent advances and perspectives on starch nanocomposites for packaging applications[J]. Journal of Materials Science, 2018, 53(22):15319-15339.
[6] BULEON A, COLONNA P, PLANCHOT V, et al. Starch granules: structure and biosynthesis[J]. International journal of biological macromolecules, 1998, 23(2):85-112.
[7] THAKUR R, PRISTIJONO P, SCARLETT C J, et al. Starch-based films: Major factors affecting their properties[J]. International journal of biological macromolecules, 2019, 132:1079-1089.
[8] ROSTAMABADI H, FALSAFI S R, JAFARI S M. Starch-based nanocarriers as cutting-edge natural cargos for nutraceutical delivery[J]. Trends in Food Science & Technology, 2019, 88:397-415.
[9] JENKINS P, DONALD A. The influence of amylose on starch granule structure[J]. International journal of biological macromolecules, 1995, 17(6):315-321.
[10] TESTER R F, KARKALAS J, QI X. Starch-composition, fine structure and architecture[J]. Journal of cereal science, 2004, 39(2):151-165.
[11] ZOBEL H. Starch crystal transformations and their industrial importance[J]. Starch - Stärke, 1988, 40(1):1-7.
[12] CHENG H, CHEN L, MCCLEMENTS D J, et al. Starch-based biodegradable packaging materials: A review of their preparation, characterization and diverse applications in the food industry[J]. Trends in Food Science & Technology, 2021, 114:70-82.
[13] YU X, CHEN L, JIN Z, et al. Research progress of starch-based biodegradable materials: a review[J]. Journal of Materials Science, 2021, 56(19):11187-11208.
[14] DAMMAK M, FOURATI Y, TARRéS Q, et al. Blends of PBAT with plasticized starch for packaging applications: Mechanical properties, rheological behaviour and biodegradability[J]. Industrial crops and products, 2020, 144:112061.
[15] WANG Z, ZHAO L, JIN B, et al. Effect of maleic anhydride and titanate coupling agent as additives on the properties of poly (butylene adipate-co-terephthalate)/thermoplastic starch films[J]. Polymer Bulletin, 2022, 79(9):7193-7213.
[16] LIU W, LIU S, WANG Z, et al. Preparation and characterization of reinforced starch-based composites with compatibilizer by simple extrusion[J]. Carbohydrate Polymers, 2019, 223:115122.
[17] LI C, CHEN F, LIN B, et al. High content corn starch/Poly (butylene adipate-co-terephthalate) composites with high-performance by physical–chemical dual compatibilization[J]. European Polymer Journal, 2021, 159:110737.
[18] DANG K M, YOKSAN R, POLLET E, et al. Morphology and properties of thermoplastic starch blended with biodegradable polyester and filled with halloysite nanoclay[J]. Carbohydrate polymers, 2020, 242:116392.
[19] YIMNAK K, THIPMANEE R, SANE A. Poly (butylene adipate-co-terephthalate)/thermoplastic starch/zeolite 5A films: Effects of compounding sequence and plasticizer content[J]. International Journal of Biological Macromolecules, 2020, 164:1037-1045.
[20] PHOTHISARATTANA D, HARNKARNSUJARIT N. Characterizations of Cassava Starch and Poly (butylene adipate - co - terephthalate) Blown Film with Silicon Dioxide Nanocomposites[J]. International Journal of Food Science & Technology, 2022.
[21] LIU W, LIU S, WANG Z, et al. Preparation and characterization of compatibilized composites of poly (butylene adipate-co-terephthalate) and thermoplastic starch by two-stage extrusion[J]. European

Polymer Journal, 2020, 122:109369.
[22] LOPES H, OL Ⅳ EIRA G, TALABI S, et al. Production of thermoplastic starch and poly (butylene adipate-co-terephthalate) films assisted by solid-state shear pulverization[J]. Carbohydrate Polymers, 2021, 258:117732.
[23] KLEMM D, HEUBLEIN B, FINK H P, et al. Cellulose: fascinating biopolymer and sustainable raw material[J]. Angewandte chemie international edition, 2005, 44(22):3358-3393.
[24] HUBER T, MüSSIG J, CURNOW O, et al. A critical review of all-cellulose composites[J]. Journal of Materials Science, 2012, 47(3):1171-1186.
[25] ZUGENMAIER P. Conformation and packing of various crystalline cellulose fibers[J]. Progress in polymer science, 2001, 26(9):1341-1417.
[26] HEARLE J W, MORTON W E. Physical properties of textile fibres[M]. Elsevier, 2008.
[27] NECHYPORCHUK O, BELGACEM M N, BRAS J. Production of cellulose nanofibrils: A review of recent advances[J]. Industrial Crops and Products, 2016, 93:2-25.
[28] NUNES F C, RIBEIRO K C, MARTINI F A, et al. PBAT/PLA/cellulose nanocrystals biocomposites compatibilized with polyethylene grafted maleic anhydride (PE - g - MA)[J]. Journal of Applied Polymer Science, 2021, 138(45):51342.
[29] ZHANG X, MA P, ZHANG Y. Structure and properties of surface-acetylated cellulose nanocrystal/poly (butylene adipate-co-terephthalate) composites[J]. Polymer Bulletin, 2016, 73(7):2073-2085.
[30] CUI Y, LUO J, DENG Y, et al. Effect of acetylated cellulose nanocrystals on solid - state foaming behaviors of chain - extended poly (butylene adipate - co - terephthalate)[J]. Journal of Vinyl and Additive Technology, 2021, 27(4):722-735.
[31] HOSSEINNEZHAD R. Shear-Induced and Nanofiber-Nucleated Crystallization of Novel Aliphatic-Aromatic Copolyesters Delineated for In Situ Generation of Biodegradable Nanocomposites[J]. Polymers, 2021, (14).
[32] SUN M, ZHANG L, LI C. Modified cellulose nanocrystals based on SI - ATRP for enhancing interfacial compatibility and mechanical performance of biodegradable PLA/PBAT blend[J]. Polymer Composites, 2022.
[33] FIORENTINI C, BASSANI A, GARRIDO G D, et al. High-pressure autohydrolysis process of wheat straw for cellulose recovery and subsequent use in PBAT composites preparation[J]. Biocatalysis and Agricultural Biotechnology, 2022, 39:102282.
[34] RAMLE S F M, AHMAD N A, RAWI N F M, et al. Physical properties and soil degradation of PLA/PBAT blends film reinforced with bamboo cellulose[C]. IOP Conference Series: Earth and Environmental Science, 2020:012021.
[35] DUVAL A, LAWOKO M. A review on lignin-based polymeric, micro-and nano-structured materials[J]. Reactive and Functional Polymers, 2014, 85:78-96.
[36] TUOMELA M, VIKMAN M, HATAKKA A, et al. Biodegradation of lignin in a compost environment: a review[J]. Bioresource technology, 2000, 72(2):169-183.
[37] RALPH J, LAPIERRE C, BOERJAN W. Lignin structure and its engineering[J]. Current Opinion in Biotechnology, 2019, 56:240-249.
[38] ZHOU S-J, WANG H-M, XIONG S-J, et al. Technical Lignin Valorization in Biodegradable Polyester-Based Plastics (BPPs)[J]. ACS Sustainable Chemistry & Engineering, 2021, 9(36):12017-12042.
[39] 王汉敏 . 速生桉木 / 杨木木质素结构解译及其与 PBAT 复合材料制备研究 [D]. 北京 : 北京林业大学 , 2021.
[40] XIONG S-J, ZHOU S-J, WANG H-H, et al. Fractionation of technical lignin and its application on the lignin/poly-(butylene adipate-co-terephthalate) bio-composites[J]. International Journal of Biological

Macromolecules, 2022, 209:1065-1074.

[41] TAVARES L, ITO N, SALVADORI M, et al. PBAT/kraft lignin blend in flexible laminated food packaging: Peeling resistance and thermal degradability[J]. Polymer Testing, 2018, 67:169-176.

[42] KARGARZADEH H, GALESKI A, PAWLAK A. PBAT green composites: Effects of kraft lignin particles on the morphological, thermal, crystalline, macro and micromechanical properties[J]. Polymer, 2020, 203:122748.

[43] AI S, GU X, HOU J. Effect of silane modified nano - SiO_2 on the mechanical properties and compatibility of PBAT/lignin composite films[J]. Journal of Applied Polymer Science, 2022, 139(18):n/a-n/a.

[44] BOTTA L, TITONE V, TERESI R, et al. Biocomposite PBAT/lignin blown films with enhanced photo-stability[J]. International Journal of Biological Macromolecules, 2022, 217:161-170.

[45] YANG X, ZHONG S. Properties of maleic anhydride - modified lignin nanoparticles/polybutylene adipate - co - terephthalate composites[J]. Journal of Applied Polymer Science, 2020, 137(35):49025.

[46] XIONG S-J, PANG B, ZHOU S-J, et al. Economically competitive biodegradable PBAT/lignin composites: Effect of lignin methylation and compatibilizer[J]. ACS Sustainable Chemistry & Engineering, 2020, 8(13):5338-5346.

[47] LI W, HUANG J, LIU W, et al. Lignin modified PBAT composites with enhanced strength based on interfacial dynamic bonds[J]. Journal of Applied Polymer Science, 2022:e52476.

[48] LIU Y, LIU S, LIU Z, et al. Enhanced mechanical and biodegradable properties of PBAT/lignin composites via silane grafting and reactive extrusion[J]. Composites Part B: Engineering, 2021, 220:108980.

[49] YU S, WANG H-M, XIONG S-J, et al. Sustainable Wood-Based Poly (butylene adipate-co-terephthalate) Biodegradable Composite Films Reinforced by a Rapid Homogeneous Esterification Strategy[J]. ACS Sustainable Chemistry & Engineering, 2022.

[50] BARROS J J P, SOARES C P, DE MOURA E A B, et al. Enhanced miscibility of PBAT/PLA/lignin upon γ - irradiation and effects on the non - isothermal crystallization[J]. Journal of Applied Polymer Science:e53124.

[51] POKHREL S, LACH R, LE H H, et al. Fabrication and characterization of completely biodegradable copolyester–chitosan blends: I. Spectroscopic and thermal characterization[C]. Macromolecular Symposia, 2016:23-34.

[52] MENG D, XIE J, WATERHOUSE G I, et al. Biodegradable Poly (butylene adipate - co - terephthalate) composites reinforced with bio - based nanochitin: preparation, enhanced mechanical and thermal properties[J]. Journal of Applied Polymer Science, 2020, 137(12):48485.

[53] DíEZ-PASCUAL A M, DíEZ-VICENTE A L. Antimicrobial and sustainable food packaging based on poly (butylene adipate-co-terephthalate) and electrospun chitosan nanofibers[J]. RSC advances, 2015, 5(113):93095-93107.

[54] FERREIRA R R, SOUZA A G, ROSA D S. Essential oil-loaded nanocapsules and their application on PBAT biodegradable films[J]. Journal of Molecular Liquids, 2021, 337:116488.

[55] LI Q, JIANG S, JIA W, et al. Novel silver-modified carboxymethyl chitosan antibacterial membranes using environment-friendly polymers[J]. Chemosphere, 2022, 307:136059.

[56] LI W, COFFIN D R, JIN T Z, et al. Biodegradable composites from polyester and sugar beet pulp with antimicrobial coating for food packaging[J]. Journal of Applied Polymer Science, 2012, 126(S1):E362-E373.

[57] NAKAYAMA D, WU F, MOHANTY A K, et al. Biodegradable Composites Developed from PBAT/PLA Binary Blends and Silk Powder: Compatibilization and Performance Evaluation[J]. Acs Omega, 2018, 3(10):12412-12421.

[58] MEKONNEN T, MISRA M, MOHANTY A K. Fermented soymeals and their reactive blends with poly

(butylene adipate-co-terephthalate) in engineering biodegradable cast films for sustainable packaging[J]. ACS Sustainable Chemistry & Engineering, 2016, 4(3):782-793.

[59] REDDY M M, MISRA M, MOHANTY A K. Biodegradable Blends from Corn Gluten Meal and Poly(butylene adipate-co-terephthalate) (PBAT): Studies on the Influence of Plasticization and Destructurization on Rheology, Tensile Properties and Interfacial Interactions[J]. Journal of Polymers & the Environment, 2014, 22(2):167-175.

[60] TORRES S, NAVIA R, CAMPBELL MURDY R, et al. Green composites from residual microalgae biomass and poly (butylene adipate-co-terephthalate): processing and plasticization[J]. ACS Sustainable Chemistry & Engineering, 2015, 3(4):614-624.

[61] GALLO-GARCíA L A, PERON-SCHLOSSER B, CARPINé D, et al. Feasibility of production starch/ poly (butylene adipate - co - terephthalate) biodegradable materials with microalgal biomass by blown film extrusion[J]. Journal of Food Process Engineering, 2022:e14181.

[62] MOUSTAFA H, GUIZANI C, DUPONT C, et al. Utilization of torrefied coffee grounds as reinforcing agent to produce high-quality biodegradable PBAT composites for food packaging applications[J]. Acs Sustainable Chemistry & Engineering, 2017, 5(2):1906-1916.

[63] LóPEZ J, MUTJé P, CARVALHO A J F D, et al. Newspaper fiber-reinforced thermoplastic starch biocomposites obtained by melt processing: Evaluation of the mechanical, thermal and water sorption properties[J]. Industrial Crops and Products, 2013, 44:300-305.

[64] 梁健飞 . 咖啡渣和稻壳灰生物质在生物可降解塑料中的应用研究 [D]. 广州 : 华南理工大学 , 2019.

[65] 赵云龙 , 徐洛屹 . 石膏应用技术问答 [M]. 北京 : 中国教材工业出版社 , 1900.

[66] Synthesis and Applications of Biodegradable Soy Based Graft Copolymers: A Review[J]. Acs Sustainable Chemistry, 2016, 4(1):acssuschemeng.5b01327.

[67] 王雪盼 , 李乃祥 , 潘小虎 , 等 . 碳酸钙含量对 PBAT 薄膜性能的影响 [J]. 合成技术及应用 , 2022, (037-001).

[68] 肖运鹤 , 宁平 , 薛继荣 , 等 . 超细碳酸钙填充可降解聚酯材料的研究 [J]. 塑料 , 2009, (3):3.

[69] 庞会霞 , 李娟 , 周万维 , 等 . 不同粒径碳酸钙对 PBAT 复合薄膜性能的影响 [J]. 工程塑料应用 , 2022, 50(5):148-153.

[70] 刘晓南 , 尚晓煜 , 孙俊卓 , 等 . PBAT/$CaCO_3$ 复合材料的流变性能与热性能研究 [J]. 胶体与聚合物 , 2021, (039-004).

[71] 杨冰 , 许颖 , 季君晖 , 等 . 双层包覆改性碳酸钙在高填充聚酯中的应用 [J]. 塑料 , 2014, 43(1):5.

[72] 吴选军 , 袁继祖 , 余永富 . 可生物降解聚乳酸纳米复合材料的研究进展 [J]. 硅酸盐通报 , 2009, 28(1):5.

[73] LIANG J-Z, ZHOU L, TANG C-Y, et al. Crystalline properties of poly(L-lactic acid) composites filled with nanometer calcium carbonate[J]. Composites Part B: Engineering, 2013, 45(1):1646-1650.

[74] 马祥艳 , 王翔宇 , 李莉 , 等 . PLA/PBAT/ 纳米碳酸钙三元复合材料的微观形貌与性能 [J]. 塑料 , 2017, 46(5):5.

[75] AFRAMEHR W M, MOLKI B, HEIDARIAN P, et al. Effect of calcium carbonate nanoparticles on barrier properties and biodegradability of polylactic acid[J]. Fibers and Polymers, 2017, 18(11):2041-2048.

[76] NUNES E D C D, DE SOUZA A G, ROSA D D S. Use of a chain extender as a dispersing agent of the $CaCO_3$ into PBAT matrix[J]. Journal of Composite Materials, 2019, 54(10):1373-1382.

[77] 张萍 , 肖新月 , 石上梅 , 等 . 滑石粉与石棉的微形态及元素构成的 SEM/EDS 微区分析 [J]. 药物分析杂志 , 2012, 32(3):6.

[78] DE SANTIS F, PANTANI R. Melt compounding of poly (Lactic Acid) and talc: assessment of material behavior during processing and resulting crystallization[J]. Journal of Polymer Research, 2015, 22(12).

[79] 胡君，任杰．成核剂对聚乳酸结晶改善的研究进展 [J]. 塑料，2016, 45(3):5.

[80] 余凤湄，刘涛，赵秀丽，等．滑石粉改性聚乳酸及其增强增韧机理研究 [C]. 中国化学会学术年会，2012.

[81] 沈兆宏．生物降解塑料聚乳酸的结晶改性研究 [D]. 杭州：浙江工业大学，2008.

[82] 张红娟，郑红娟，孙正谦．表面处理剂对滑石粉改性聚乳酸的影响 [J]. 化工新型材料，2019, 47(2):4.

[83] INáCIO A L N, NONATO R C, BONSE B C. Mechanical and thermal behavior of aged composites of recycled PP/EPDM/talc reinforced with bamboo fiber[J]. Polymer Testing, 2018, 72: 357-363.

[84] 黄秀龙，张华，季欣，等．滑石粉对 PLA/PBAT 共混物非等温结晶行为的影响 [J]. 塑料科技，2018, 46(10):6.

[85] 胡晨曦，王宇韬，吕明福，等．滑石粉改性 PBAT/PLA 复合材料的制备及性能研究 [J]. 塑料科技，2022, (7):050.

[86] 于杰，胡世军，郭建兵，等．纳米无机粒子在聚合物合金中的选择性分布与迁移机理 [J]. 工程塑料应用，2010, 38(1):4.

[87] 宋佳奇，陈美曦，陈海莲，等．一种基于 PBAT/ 滑石粉的 3D 打印材料研制 [J]. 合成材料老化与应用，2020, 49(4):3.

[88] 陈奎，杨瑞成，冯辉霞，等．蒙脱土的价电子结构与其同晶置换 [J]. 材料科学与工艺，2006, 14(3):4.

[89] 陈德芳，王重，李运康．有机膨润土的性能与结构关系的研究 [J]. 西安交通大学学报，2000, 34(008):92-95.

[90] 王毅．蒙脱土表面改性及聚苯乙烯 / 蒙脱土纳米复合材料的制备和表征 [D]. 兰州：兰州理工大学，2006.

[91] CH Ⅳ RAC F, POLLET E, AVéROUS L. Progress in nano-biocomposites based on polysaccharides and nanoclays[J]. Materials Science and Engineering: R: Reports, 2009, 67(1):1-17.

[92] OKADA A, KAWASUMI M, KURAUCHI T, et al. Synthesis and characterization of a nylon 6-clay hybrid[J]. Polymeric Preprints, 1987, (28): 447-448.

[93] DUBOIS A P. Polymer-layered silicate nanocomposites: preparation, properties and uses of a new class of materials[J]. Materials Science and Engineering: R: Reports, 2000.

[94] 赵伟安，李东祥，侯万国．聚合物 / 黏土纳米复合材料的研究进展 [J]. 胶体与聚合物，2002, 20(3):6.

[95] CHEN J-H, CHEN C-C, YANG M-C. Characterization of Nanocomposites of Poly(butylene adipate-co-terephthalate) blending with Organoclay[J]. Journal of Polymer Research, 2011, 18(6):2151-2159.

[96] L Ⅳ I S, SAR G, BUGATTI V, et al. Synthesis and physical properties of new layered silicates based on ionic liquids: improvement of thermal stability, mechanical behaviour and water permeability of PBAT nanocomposites[J]. RSC Adv., 2014, 4(50):26452-26461.

[97] CHIENG B W, IBRAHIM N A, WAN YUNUS W M Z. Effect of organo-modified montmorillonite on poly(butylene succinate)/poly(butylene adipate-co-terephthalate) nanocomposites[J]. Express Polymer Letters, 2010, 4(7):404-414.

[98] SOMEYA Y, SUGAHARA Y, SHIBATA M. Nanocomposites based on poly(butylene adipate-co-terephthalate) and montmorillonite[J]. Journal of Applied Polymer Science, 2005, 95(2):386-392.

[99] SOMEYA Y, KONDO N, SHIBATA M. Biodegradation of poly(butylene adipate-co-butylene terephthalate)/layered-silicate nanocomposites[J]. Journal of Applied Polymer Science, 2007, 106(2):730-736.

[100] MOHANTY S, NAYAK S K. Biodegradable Nanocomposites of Poly(butylene adipate-co-terephthalate) (PBAT) and Organically Modified Layered Silicates[J]. Journal of Polymers and the Environment,

2012, 20(1):195-207.

[101] 朱晓琪，李根，姚媛媛．有机蒙脱土改性聚己二酸 / 对苯二甲酸丁二酯复合材料的研究 [J]. 广州化工，2015, 43(9):4.

[102] ZHAOPING LIU R M, MINORU OSADA, NOBUO IYI, YASUO EBINA, KAZUNORI TAKADA A T S. Synthesis, anion exchange, and delamination of Co-Al layered double hydroxide Assembly of the exfoliated nanosheet polyanion composite films and magneto-optical studies [J]. J. AM. CHEM. SOC, 2006.

[103] DIEUWERTJE LOUISE SCHRIJVERS A, B FABRICE LEROUX,C VINCENT VERNEYC AND, PATEL M K. Ex-ante life cycle assessment of polymer nanocomposites using organo-modified layered double hydroxides for potential application in agricultural films [J]. Green Chemistry, 2014, 16.

[104] WANG Q, O'HARE D. Recent advances in the synthesis and application of layered double hydroxide (LDH) nanosheets[J]. Chem Rev, 2012, 112(7):4124-4155.

[105] JOBBAGY M, REGAZZONI A E. Delamination and restacking of hybrid layered double hydroxides assessed by in situ XRD[J]. J Colloid Interface Sci, 2004, 275(1):345-348.

[106] XIE J Z, WANG Z, ZHAO Q H, et al. Scale-Up Fabrication of Biodegradable Poly(butylene adipate-co-terephthalate)/Organophilic–Clay Nanocomposite Films for Potential Packaging Applications[J]. Acs Omega, 2018, 3(1):1187-1196.

[107] BENEŠ H, KREDATUSOVá J, PETER J, et al. Ionic liquids as delaminating agents of layered double hydroxide during in-situ synthesis of poly (butylene adipate-co-terephthalate) nanocomposites[J]. Nanomaterials, 2019, 9(4):618.

[108] Ⅱ JIMA S. Helical microtubules of graphitic carbon[J]. Nature, 1991, 354(6348):56-58.

[109] AJAYAN P, STEPHAN O, COLLIEX C, et al. Aligned carbon nanotube arrays formed by cutting a polymer resin—nanotube composite[J]. science, 1994, 265(5176):1212-1214.

[110] KO S, HONG M, PARK B, et al. Morphological and rheological characterization of multi-walled carbon nanotube/PLA/PBAT blend nanocomposites[J]. Polymer bulletin, 2009, 63(1):125-134.

[111] HONG S, KO S, CHOI H, et al. Multi-walled carbon nanotube/biodegradable poly (butyleneadipate-co-butyleneterephthalate) nanocomposites and their physical characteristics[J]. Journal of Macromolecular Science, Part B, 2012, 51(1):125-133.

[112] WU C-S. Antibacterial and static dissipating composites of poly (butylene adipate-co-terephthalate) and multi-walled carbon nanotubes[J]. Carbon, 2009, 47(13):3091-3098.

[113] KO S W, GUPTA R K, BHATTACHARYA S N, et al. Rheology and physical characteristics of synthetic biodegradable aliphatic polymer blends dispersed with MWNTs[J]. Macromolecular Materials and Engineering, 2010, 295(4):320-328.

[114] NOVOSELOV K S, GEIM A K, MOROZOV S V, et al. Electric field effect in atomically thin carbon film [J]. Science, 2004, 306(5696): 666-669.

[115] REN P-G, LIU X-H, REN F, et al. Biodegradable graphene oxide nanosheets/poly-(butylene adipate-co-terephthalate) nanocomposite film with enhanced gas and water vapor barrier properties[J]. Polymer Testing, 2017, 58:173-180.

[116] 来蕾．生物可降解聚己二酸对苯二甲酸丁二醇酯纳米复合材料及性能研究 [D]. 杭州：浙江大学，2021.

[117] 熊凯，焦建，钟宇科，等．生物降解树脂 PBAT 的共混改性研究进展 [J]. 合成材料老化与应用，2013, 42(05):41-45.

[118] IANNACE S, MAFFEZZOLI A, LEO G, et al. Influence of crystal and amorphous phase morphology on hydrolytic degradation of PLLA subjected to different processing conditions[J]. Polymer: The International Journal for the Science and Technology of Polymers, 2001, (8):42.

[119] S?DERG?RD A, STOLT M. Properties of lactic acid based polymers and their correlation with composition[J], 2002, 27(6):1123-1163.
[120] CARTIER L, OKIHARA T, IKADA Y, et al. Epitaxial crystallization and crystalline polymorphism of polylactides[J]. Polymer, 2000, 41(25):8909-8919.
[121] MARLER J J, UPTON J, LANGER R, et al. Transplantation of cells in matrices for tissue regeneration[J]. Advanced drug delivery reviews, 1998, 33(1-2):165-182.
[122] YU H-Y, WANG C, ABDALKARIM S Y H. Cellulose nanocrystals/polyethylene glycol as bifunctional reinforcing/compatibilizing agents in poly (lactic acid) nanofibers for controlling long-term in vitro drug release[J]. Cellulose, 2017, 24(10):4461-4477.
[123] HAMAD K, KASEEM M, YANG H, et al. Properties and medical applications of polylactic acid: A review[J]. Express polymer letters, 2015, 9(5).
[124] PAN P, INOUE Y. Polymorphism and isomorphism in biodegradable polyesters[J]. Progress in Polymer Science, 2009, 34(7):605-640.
[125] PAN G, XU H, MU B, et al. Complete stereo-complexation of enantiomeric polylactides for scalable continuous production[J]. Chemical Engineering Journal, 2017, 328:759-767.
[126] 赵吉丽 . 聚乳酸 (PLA) 可生物降解薄膜的制备与性质研究 [D]. 长春 : 吉林大学 , 2020.
[127] WENG Y-X, JIN Y-J, MENG Q-Y, et al. Biodegradation behavior of poly (butylene adipate-co-terephthalate)(PBAT), poly (lactic acid)(PLA), and their blend under soil conditions[J]. Polymer Testing, 2013, 32(5):918-926.
[128] SU S. Prediction of the Miscibility of PBAT/PLA Blends[J]. Polymers, 2021, 14(13).
[129] HONGDILOKKUL P, KEERATIPINIT K, CHAWTHAI S, et al. A study on properties of PLA/PBAT from blown film process[J]. IOP Conference Series: Materials Science and Engineering, 2015, 000(87):012112.
[130] 张也 . 生物可降解聚己二酸对苯二甲酸丁二酯（PBAT）共混物及薄膜的制备与性能研究 [D]. 长春 : 长春工业大学 , 2022.
[131] 顾书英 , 詹辉 , 任杰 . 聚乳酸 / PBAT 共混物的制备及其性能研究 [J]. 中国塑料 , 2006, (10): 39-42.
[132] 杨冰 , 张自强 , 张以河 , 等 . PBAT/PLA 薄膜的制备及性能研究 [J]. 中国塑料 , 2015, 29(3): 45-50.
[133] 赵正达 , 刘涛 , 顾书英 . Joncryl 增容 PLA/PBAT 共混体系结构及性能研究 [J]. 材料导报 , 2008, 22(S2): 416-418+421.
[134] 刘涛 , 赵正达 , 顾书英 . AX8900 增容聚乳酸 /PBAT 共混体系的研究 [J]. 塑料工业 , 2009, 37(3): 75-77+81.
[135] 朱兴吉 , 顾书英 , 任杰 , 等 . PEG 对 PLA/Ecoflex 复合材料性能的影响 [J]. 塑料工业 , 2007, (7): 19-21.
[136] 卢伟 , 李雅明 , 杨钢 , 等 . 聚乳酸 (PLA)/ 己二酸 - 对苯二甲酸 - 丁二酯共聚物 (PBAT)/ 乙酰化柠檬酸三丁酯 (ATBC) 共混物的结晶行为 [J]. 胶体与聚合物 , 2008, 26(2): 3.
[137] 王亮 , 顾书英 , 詹辉 , 等 . 聚己内酯对聚乳酸 /PBAT 共混物增容作用的研究 [J]. 工程塑料应用 , 2007, 35(8): 4.
[138] 袁华 , 杨军伟 , 刘万强 , 等 . 熔融扩链反应制备 PLA/PBAT 多嵌段共聚物 [J]. 工程塑料应用 , 2008, 36(10): 5.
[139] KUMAR M, MOHANTY S, NAYAK S K, et al. Effect of glycidyl methacrylate (GMA) on the thermal, mechanical and morphological property of biodegradable PLA/PBAT blend and its nanocomposites[J]. Bioresource Technology: Biomass, Bioenergy, Biowastes, Conversion Technologies, Biotransformations, Production Technologies, 2010, (21):101.
[140] GIRDTHEP S, WORAJITTIPHON P, MOLLOY R, et al. Biodegradable nanocomposite blown films

based on poly (lactic acid) containing silver-loaded kaolinite: A route to controlling moisture barrier property and silver ion release with a prediction of extended shelf life of dried longan[J]. Polymer, 2014, 55(26):6776-6788.

[141] OYAMA H T, TANAKA Y, HIRAI S, et al. Water-disintegrative and biodegradable blends containing poly(L-lactic acid) and poly(butylene adipate-co-terephthalate)[J]. Journal of Polymer Science Part B: Polymer Physics, 2011, 49(5):342-354.

[142] MOUSTAFA H, EL KISSI N, ABOU-KANDIL A I, et al. PLA/PBAT bionanocomposites with antimicrobial natural rosin for green packaging[J]. ACS applied materials & interfaces, 2017, 9(23):20132-20141.

[143] QIU S, ZHOU Y, WATERHOUSE G I, et al. Optimizing interfacial adhesion in PBAT/PLA nanocomposite for biodegradable packaging films[J]. Food Chemistry, 2021, 334:127487.

[144] 王纲，杨卓妮，曾静，等．聚丁二酸丁二醇酯的改性研究及产业化现状 [J]. 广东化工，2021, 48(15):96-97+119.

[145] REN L, WANG Y, GE J, et al. Enzymatic Synthesis of High - Molecular - Weight Poly (butylene succinate) and its Copolymers[J]. Macromolecular Chemistry and Physics, 2015, 216(6):636-640.

[146] XU J, GUO B H. Poly (butylene succinate) and its copolymers: Research, development and industrialization[J]. Biotechnology journal, 2010, 5(11):1149-1163.

[147] SHIH Y F, CHIEH Y C. Thermal degradation behavior and kinetic analysis of biodegradable polymers using various comparative models, 1: poly (butylene succinate)[J]. Macromolecular theory and simulations, 2007, 16(1):101-110.

[148] DING S-D, ZHENG G-C, ZENG J-B, et al. Preparation, characterization and hydrolytic degradation of poly [*p*-dioxanone-(butylene succinate)] multiblockcopolymer[J]. European polymer journal, 2009, 45(11):3043-3057.

[149] GHAFFARIAN V, MOUSAVI S M, BAHREINI M, et al. Preparation and characterization of biodegradable blend membranes of PBS/CA[J]. Journal of Polymers and the Environment, 2013, 21(4):1150-1157.

[150] LAI S M, HUANG C K, SHEN H F. Preparation and properties of biodegradable poly (butylene succinate)/starch blends[J]. Journal of applied polymer science, 2005, 97(1):257-264.

[151] PARK J W, IM S S. Phase behavior and morphology in blends of poly (L-lactic acid) and poly (butylene succinate)[J]. Journal of applied polymer science, 2002, 86(3):647-655.

[152] DE MATOS COSTA A R, CROCITTI A, HECKER DE CARVALHO L, et al. Properties of biodegradable films based on poly (butylene succinate)(PBS) and poly (butylene adipate-co-terephthalate)(PBAT) blends[J]. Polymers, 2020, 12(10):2317.

[153] MUTHURAJ R, MISRA M, MOHANTY A K. Biodegradable Poly (butylene succinate) and Poly (butylene adipate-co-terephthalate) Blends: Reactive Extrusion and Performance Evaluation[J]. Journal of Polymers and the Environment, 2014, 22(3):336-349.

[154] 吕怀兴，杨彪，许国志．PBS/PBAT 共混型全生物降解材料的制备及其性能研究 [J]. 中国塑料，2009, 23(08):18-21.

[155] 刘亚丽，揣成智．PBAT 增韧改性交联 PBS 的性能研究 [J]. 塑料工业，2014, 42(11):30-33.

[156] 杨明成，张振亚，张宏娜，等．γ 射线辐照改善 PBAT 增韧的麦秸粉 /PBS 复合材料性能 [J]. 辐射研究与辐射工艺学报，2017, 35(6):6.

[157] 刘孟禹，王莉梅，宋志鑫，等．PBS/PBAT 共混薄膜的热学，力学及阻隔性能研究 [J]. 塑料科技，2019, 47(4):7.

[158] 姜英勇，任亮，任重，等．生物可降解 PBS 聚酯合金的制备与性能调控 [J]. 材料导报，2021, 035(022):22151-22159,22171.

[159] 陈宇，杨文德，戴文利 . PBAT/PBS 吹塑薄膜的制备 [J]. 塑料，2022, 51(2): 1-4.

[160] 李红娟，段瑞海，温光和，等 . PLA/PBAT/PBS 共混改性制备 [J]. 塑料，2022, 51(2): 29-33.

[161] MEEREBOER K W, MISRA M, MOHANTY A K. Review of recent advances in the biodegradability of polyhydroxyalkanoate (PHA) bioplastics and their composites[J]. Green Chemistry, 2020, 22(17):5519-5558.

[162] OWEN A, HEINZEL J, ŠKRBIĆ Ž, et al. Crystallization and melting behaviour of PHB and PHB/IIV copolymer[J]. Polymer, 1992, 33(7):1563-1567.

[163] URTUVIA V, VILLEGAS P, GONZáLEZ M, et al. Bacterial production of the biodegradable plastics polyhydroxyalkanoates[J]. International journal of biological macromolecules, 2014, 70:208-213.

[164] HOLMES P. Applications of PHB-a microbially produced biodegradable thermoplastic[J]. Physics in technology, 1985, 16(1):32.

[165] EL-HADI A, SCHNABEL R, STRAUBE E, et al. Correlation between degree of crystallinity, morphology, glass temperature, mechanical properties and biodegradation of poly (3-hydroxyalkanoate) PHAs and their blends[J]. Polymer testing, 2002, 21(6):665-674.

[166] 张向南 . 聚 3- 羟基丁酸酯 4- 羟基丁酸酯性能研究 [J]. 塑料科技，2011, 39(5):6.

[167] 欧阳春发，贾润萍，王霞，等 . PHBV/PBAT 共混物形态与性能研究 [J]. 中国塑料，2008, 022(006):44-48.

[168] PAL A K, WU F, MISRA M, et al. Reactive extrusion of sustainable PHBV/PBAT-based nanocomposite films with organically modified nanoclay for packaging applications: Compression moulding vs. cast film extrusion[J]. Composites Part B Engineering, 2020:108141.

[169] 易爱，刘跃军 . PHBV/PBAT 复合阻燃材料的燃烧性能、力学性能及流变性能研究 [J]. 湖南工业大学学报，2016, 30(6):61-68.

[170] 姚禹国，徐美娜，周刚明 . 可生物降解 PLA/PBAT/PHBV 共混 3D 打印复合材料开发 [J]. 浙江纺织服装职业技术学院学报，2017, 16(3):4.

[171] 阚瑞俊 . 聚羟基丁酸戊酸共聚酯（PHBV）的改性及其熔喷无纺布制备初探 [D]. 上海：东华大学，2010.

[172] 余洁 . 可生物降解 PLA/PBAT/PHBV 共混材料的制备与可纺性研究 [D]. 杭州：浙江理工大学，2016.

[173] MONTES A, VALOR D, DELGADO L, et al. An Attempt to Optimize Supercritical CO2 Polyaniline-Polycaprolactone Foaming Processes to Produce Tissue Engineering Scaffolds[J]. Polymers, 2022, 14(3):488.

[174] WANG Z, YING Y, LI L, et al. Stretched graphene tented by polycaprolactone and polypyrrole net–bracket for neurotransmitter detection[J]. Applied Surface Science, 2017, 396:832-840.

[175] SONG J, GAO H, ZHU G, et al. The preparation and characterization of polycaprolactone/graphene oxide biocomposite nanofiber scaffolds and their application for directing cell behaviors[J]. Carbon, 2015, 95:1039-1050.

[176] MALIKMAMMADOV E, TANIR T E, KIZILTAY A, et al. PCL and PCL-based materials in biomedical applications[J]. Journal of Biomaterials science, Polymer edition, 2018, 29(7-9):863-893.

[177] GUNATILLAKE P A, ADHIKARI R, GADEGAARD N. Biodegradable synthetic polymers for tissue engineering[J]. Eur Cell Mater, 2003, 5(1):1-16.

[178] MIDDLETON J C, TIPTON A J. Synthetic biodegradable polymers as orthopedic devices[J]. Biomaterials, 2000, 21(23):2335-2346.

[179] CHEN B, WANG Y, TUO X, et al. Tensile properties and corrosion resistance of PCL - based 3D printed composites[J]. Journal of Applied Polymer Science, 2021, 138(16):50253.

[180] HUANG M, ZHOU C, LING Y, et al. Preparation and characterisation of PCL shape-memory films via photo-crosslinking[J]. Plastics, Rubber and Composites, 2022, 51(1):47-54.

[181] CHANGYU H, XIANGHAI R, HAO L, et al. Crosslinked poly (epsilon-caprolactone) initiated by benzoyl peroxide[J]. ACTA POLYMERICA SINICA, 2007, (1):47-52.

[182] HAN C, RAN X, ZHANG K, et al. Thermal and mechanical properties of poly (ε - caprolactone) crosslinked with γ radiation in the presence of triallyl isocyanurate[J]. Journal of applied polymer science, 2007, 103(4):2676-2681.

[183] SCHNEIDERMAN D K, HILL E M, MARTELLO M T, et al. Poly (lactide)-block-poly (ε -caprolactone-co- ε -decalactone)-block-poly (lactide) copolymer elastomers[J]. Polymer Chemistry, 2015, 6(19):3641-3651.

[184] ZHOU S, YANG H, DENG X. Block Copolymerization of ϵ - Caprolactone and Adipic Anhydride Initiated with Aluminum Complex Catalyst[J]. Journal of Macromolecular Science, Part A, 2004, 41(1):77-84.

[185] DI LORENZO M L, PIETRA P L, ERRICO M E, et al. Poly (butylene terephthalate)/poly (ε - caprolactone) blends: Miscibility and thermal and mechanical properties[J]. Polymer Engineering & Science, 2007, 47(3):323-329.

[186] FORTELNY I, UJCIC A, FAMBRI L, et al. Phase structure, compatibility, and toughness of PLA/PCL blends: A review[J]. Frontiers in Materials, 2019, 6:206.

[187] 云雪艳，道日娜，李晓芳，等 . PBAT/PCL 共混薄膜在草莓保鲜包装中的应用 [J]. 包装工程，2017, 38(19):92-97.

[188] 王治洲，道日娜，徐畅，等 . PBAT/PCL 可降解气调保鲜膜对双孢菇的保鲜效果 [J]. 食品工业，2018, 39(04):118-124.

[189] 王洋样，钱玉娇，刘孟禹，等 . PBAT/PCL 环保包装袋在樱桃番茄保鲜中的应用 [J]. 包装与食品机械，2021, 39(04):24-30.

[190] SOUSA F M, COSTA A R M, REUL L T, et al. Rheological and thermal characterization of PCL/PBAT blends[J]. Polymer Bulletin, 2019, 76(3):1573-1593.

[191] 宋芳 . 聚羟基乙酸的合成技术与发展前景 [J]. 石油化工技术与经济，2008, 24(5):23-28.

[192] YAMANE K, SATO H, ICHIKAWA Y, et al. Development of an industrial production technology for high-molecular-weight polyglycolic acid[J]. Polymer Journal, 2014, 46(11):769-775.

[193] 谭博雯，孙朝阳，计扬 . 聚乙醇酸的合成、改性与性能研究综述 [J]. 中国塑料，2021, 35(10):137-146.

[194] ZHANG J, YANG S, YANG X, et al. Novel Fabricating Process for Porous Polyglycolic Acid Scaffolds by Melt-Foaming Using Supercritical Carbon Dioxide[J]. ACS Biomaterials Science & Engineering, 2017:acsbiomaterials.7b00692.

[195] MOONEY D J, MAZZONI C L, BREUER C, et al. Stabilized polyglycolic acid fibre-based tubes for tissue engineering[J]. Biomaterials, 1996, 17(2):115-124.

[196] VERT, MICHEL. Lactide polymerization faced with therapeutic application requirements[J]. Macromolecular Symposia, 2000, 153(1):333-342.

[197] 张燚 . 聚羟基乙酸增韧及其性能的研究 [D]. 镇江：江苏科技大学 .

[198] 汪朝阳，赵耀明，严玉蓉，等 . 直接熔融聚合聚乙醇酸的合成与表征 [J]. 合成纤维工业，2004, 27(3):3.

[199] 段雪蕾，陈兰兰，孙峤昳，等 . 改性 PGA 热稳定性及动力学研究 [J]. 化工新型材料，2021.

[200] HURRELL S, MILROY G E, CAMERON R E. The degradation of polyglycolide in water and deuterium oxide. Part I: the effect of reaction rate[J]. Polymer, 2003, 44(5):1421-1424.

[201] 冯申，温亮，孙朝阳，等 . PGA/PBAT 复合材料的性能及应用研究 [J]. 中国塑料，2020, 34(11):36-40.

[202] INOUE S, KOINUMA H, TSURUTA T. Copolymerization of carbon dioxide and epoxide[J]. Journal

of Polymer Science Part B: Polymer Letters, 1969, 7(4).

[203] VARGHESE J K, CYRIAC A, LEE B Y. Incorporation of ether linkage in CO_2/propylene oxide copolymerization by dual catalysis[J]. Polyhedron, 2012, 32(1):90-95.

[204] 黄梅英 . 交联型聚碳酸亚丙酯的制备及其性能研究 [D]. 广州 : 华南理工大学 .

[205] SPENCER T J, KOHL P A. Decomposition of poly(propylene carbonate) with UV sensitive iodonium salts[J]. Polymer Degradation and Stability, 2011, 96(4):686-702.

[206] LU X, ZHU Q, MENG Y. Kinetic analysis of thermal decomposition of poly(propylene carbonate)[J]. Polymer Degradation & Stability, 2005, 89(2):282-288.

[207] LUINSTRA, GERRIT. Poly(Propylene Carbonate), Old Copolymers of Propylene Oxide and Carbon Dioxide with New Interests: Catalysis and Material Properties[J]. Polymer Reviews, 2008, 48(1):192-219.

[208] 许思兰 , 许国志 , 孙辉 . PBAT/PPC 多层共挤薄膜的制备及其阻透性能研究 [J]. 中国塑料 , 2016, 30(3):5.

[209] ZHAO Y, LI Y, XIE D, et al. Effect of chain extrender on the compatibility, mechanical and gas barrier properties of poly (butylene adipate - co - terephthalate)/poly (propylene carbonate) bio - composites[J]. Journal of Applied Polymer Science, 2021, 138(21):50487.

[210] 王秋艳 , 许国志 , 翁云宣 . PPC/PBAT 生物降解材料热性能和力学性能的研究 [J]. 塑料科技 , 2011, 39(06):51-54.

[211] 王淑芳 , 陶剑 , 郭天瑛 , 等 . 脂肪族聚碳酸酯 (PPC) 与聚乳酸 (PLA) 共混型生物降解材料的热学性能、力学性能和生物降解性研究 [J]. 离子交换与吸附 , 2007, (1):1-9.

[212] 陈宇 . 生物降解 PBAT 薄膜用材料及其相关性能的研究 [D]. 湘潭 : 湘潭大学 , 2021.

[213] KANZAWA T, TOKUMITSU K. Mechanical Properties and Morphological Changes of Poly(lactic acid)/Polycarbonate/Poly(butylene adipate-co-terephthalate) Blend Through Reactive Processing—Effects of Fabrication Processes [J]. Seikei-Kakou, 2011.

[214] BANG Y J, SHANKAR S, RHIM J W. Preparation of polypropylene/poly (butylene adipate - co - terephthalate) composite films incorporated with melanin for prevention of greening of potatoes[J]. Packaging Technology and Science, 2020, 33(10):433-441.

[215] HAN J G, PARK S J. Fabrication of PBAT/polyethylene blends mulching film via blown film extrusion process[J]. Korea-Australia Rheology Journal, 2020, 32(1):79-86.

[216] THONGSONG W, KULSETTHANCHALEE C, THREEPOPNATKUL P. Effect of polybutylene adipate-co-terephthalate on properties of polyethylene terephthalate thin films[J]. Materials Today: Proceedings, 2017, 4(5):6597-6604.

[217] SOARES DA SILVA J P, SOARES B G, SILVA A A, et al. Double percolation of melt-mixed PS/PBAT blends loaded with carbon nanotube: Effect of molding temperature and the non-covalent functionalization of the filler by ionic liquid[J]. Frontiers in Materials, 2019, 6:191.

[218] JANG M-O, KIM S-B, NAM B-U. Transesterification effects on miscibility polycarbonate/poly (butylene adipate-co-terephthalate) blends[J]. Polymer bulletin, 2012, 68(1):287-298.

[219] IBRAHIM N A, RAHIM N M, WAN YUNUS W Z, et al. A study of poly vinyl chloride/poly (butylene adipate-co-terephthalate) blends[J]. Journal of Polymer Research, 2011, 18(5):891-896.

[220] DE OLIVEIRA T A, BARBOSA R, MESQUITA A B, et al. Fungal degradation of reprocessed PP/PBAT/thermoplastic starch blends[J]. Journal of Materials Research and Technology, 2020, 9(2):2338-2349.

第 6 章

PBAT 塑料绿色制造

塑料制造是指通过使用所需生产工具对不同原材料、半成品进行加工生产或处理，经过共混挤出，最终将其变为制成品的方法与过程。对于 PBAT 的塑料绿色制造也是如此：通过对各种配方物料进行精确计量后，共同在聚合物的熔点温度以上使用混炼设备实现理想的宏观上的均匀连续混合。最后通过水冷 / 风冷等方式冷却、造粒制得 PBAT 塑料粒子成品 [1]。

聚合物材料性能是由其组成和形态结构共同决定的，而形态结构在很大程度上是由加工技术决定的。因此塑料制造工艺对最终产品的品质保障、使用性能有着巨大的影响，对于某些特殊配方体系，工艺甚至决定着产品开发能否量产成功，而在十分重要的成本经济和产品竞争力上，工艺更是起到举足轻重的作用。

塑料制造加工技术包括加工设备和工艺，其核心系统包括混料系统、计量系统、挤出系统，而生物降解材料典型的加工工艺根据共混制造的类型可以分为聚合物 / 聚合物共混、聚合物 / 填料共混两种，本节重点阐述 PBAT 塑料制造工艺中挤出机设备、挤出机螺杆组合设计和量产放大设计，其中挤出机设备和螺杆组合是塑料制造生产流程中如图 6-1 所示最重要的环节之一。

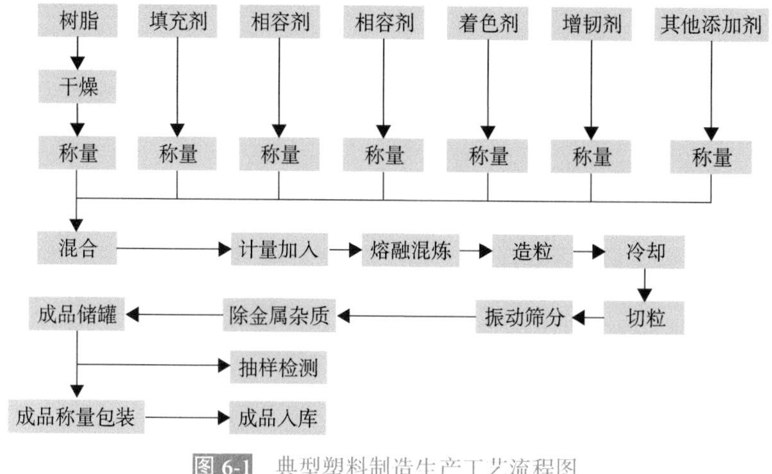

图 6-1 典型塑料制造生产工艺流程图

近些年，PBAT 塑料的智能制造也是一个热门的话题。传统的加工制造过程需要人为现场监控，及时处理，这避免不了效率低下、问题解决不彻底、生产标准不规范等问题。想象一下你是一名工程师，你的工作能力很强，但是工厂的生产线太多，出现的问题像雪片一样漫天散花，你需要在工厂来回奔波处理问题；再想象一下，现在你坐在电脑跟前就可以筛选出需要你去现场处理的问题生产线，或者你只需要按下一个按钮大部分问题就可以自动处理，这就是智能制造的魅力，它可以极大地提升你的工作效率。

智能制造是智能机器和人类专家共同组成的人机一体化智能系统，通过人与智能机器的合作共事，去扩大、延伸和部分地取代人类专家在制造过程中的脑力劳动，使机器在制造过程中能进行智能活动，诸如分析、推理、判断、构思和决策等。智能制造要着眼于工厂整体规划，优化包括工厂、车间、设备、生产线等各个层次和环节，智能化升级后，人员大幅削减，需要实现生产流程可视化，方便相关人员观察和监测，以防异常情况发生。通过对工艺参数、设备运行状态等数据进行采集、储存和分析，可以实现远程监控，保证质量控制的可追溯性，以及预测、优化和控制生产工艺。通过各系统互联互通，实现生产过程中的整合，根本上改变改性塑料的生产模式，从而最大限度地提升效益。

6.1　挤　出　机

挤出机作为塑料制造行业中最关键的设备之一[2]，挤出机型号、参数及性能影响制造产品的方方面面。根据挤出机工作螺杆数量的多少，挤出设备在塑料加工行业有单螺杆挤出机、双螺杆挤出机以及多螺杆挤出机，其中单螺杆挤出机主要用于制品成型，不作为降解塑料及其他材料的主要加工设备，只有部分塑料加工会选用往复式单螺杆挤出机作为主要加工设备，但因其适应性差设备昂贵等缺点，PBAT 材料并不选用它制造加工；而多螺杆挤出机（三螺杆以上）由于其设备使用的复杂性和超强的剪切强度，并不适合降解材料的加工制造；双螺杆挤出机因其具备优异的自洁性、螺杆组装的便捷性以及良好的共混性能而成为降解材料 PBAT 制造加工的优选挤出设备。

6.1.1　双螺杆挤出机分类

从广义角度，双螺杆挤出机是指具有两根平行工作螺杆的挤出机。同时也可以从两根螺杆是否啮合、旋转方向是否一致、轴线是平行还是相交进行分类。

6.1.1.1　啮合型与非啮合型双螺杆挤出机

根据两根平行螺杆螺棱和螺槽的啮合情况，常将双螺杆挤出机分为非啮合型双螺杆挤出机和啮合型双螺杆挤出机两类。

非啮合双螺杆挤出机少数人还称其为外径接触式或外径相切式双螺杆挤出机，这是因为它的两根螺杆圆心之间的距离（简称螺杆中心距）等于或大于两根螺杆的外半径之和，即 $a \geqslant R_1+R_2$，如图 6-2（a）（b）所示。因为非啮合双螺杆挤出机类似于两根单独的螺杆平行并排安装，所以在英文中称之为 double screw extruder，而啮合双螺杆则称之为 twin screw extruder。外径相切式双螺杆挤出机在共混行业内并没有得到推广，在共混领域中，主要使用啮合型双螺杆挤出机。

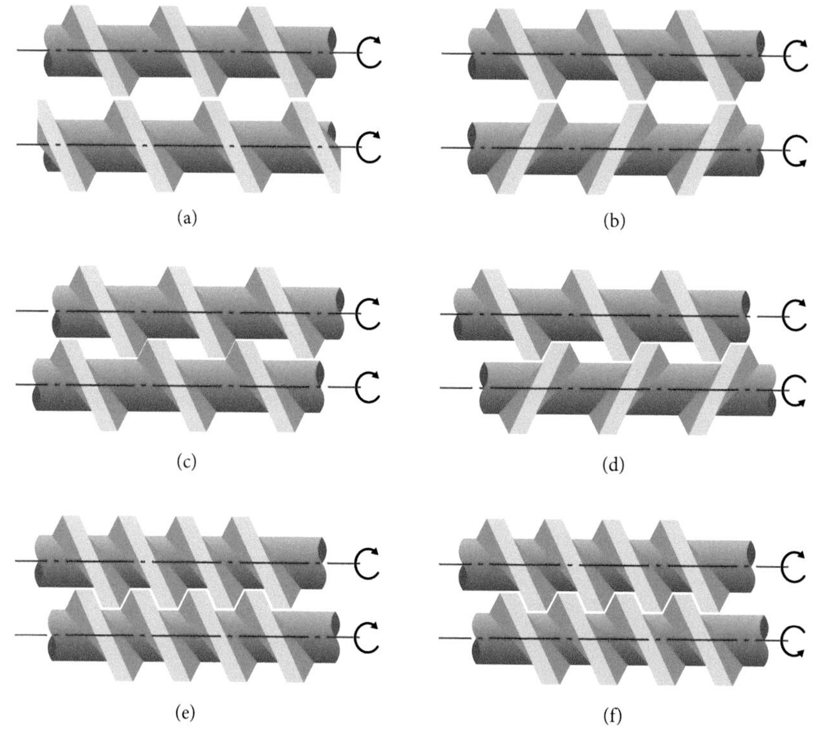

图 6-2 啮合型与非啮合型螺杆

啮合型双螺杆挤出机的螺杆中心距小于两螺杆的螺棱半径之和，即 $a < R_1+R_2$。在螺杆结构上是两根螺杆的螺棱和螺槽互相贴合在一起，故将该类双螺杆挤出机称为啮合型。根据啮合的程度不同，啮合双螺杆挤出机又分为全啮合型和不完全啮合型。全啮合型双螺杆的结构特点是两根平行螺杆的螺棱和螺槽处于一种理想化的完全无缝隙贴合状态，即 $a=R_0+R_2$（其中 R_0 指螺杆螺槽的半径），这种情况下两根螺杆的中心距达到最小状况。不完全啮合型也是 PBAT 塑料加工所使用的螺杆结构，它是指一根螺杆的螺棱顶部与另一根螺杆的螺槽根部在贴合一起时会存在部分（0.5~2 mm）间隙。啮合型螺杆如图 6-2（c）~（f）所示。啮合型双螺杆带来优异的自洁性是其成为塑料共混制造核心加工设备的主要原因。

6.1.1.2　同向旋转和异向旋转双螺杆挤出机

根据两根螺杆旋转的方向不同，可以将双螺杆挤出机按两根螺杆旋转方向是否一致分为同向旋转型双螺杆挤出机和异向旋转型双螺杆挤出机，见图 6-3。同向旋转时有顺时针和逆时针两种，目前绝大多数的同向双螺杆挤出机采用顺时针旋转方向（面向挤出机机头方向看），这样其螺杆使用右向旋转螺纹元件为正向输送，逆时针旋转方向的有少部分厂商采用，如 BERSTORFF，这种旋转方向的螺杆的螺纹元件正向输送为左旋。在同向旋转双螺杆挤出机中顺时针和逆时针旋转对共混的加工过程的品质没有影响。

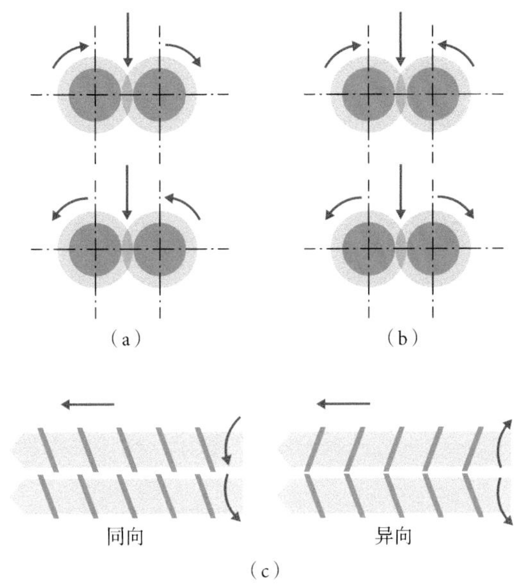

图 6-3　同向旋转和异向旋转双螺杆挤出机

异向旋转有向内旋转和向外旋转不同的情况。从外部结构上看，同向旋转的两根螺杆在常规输送元件上对比一模一样，可互相替换；异向旋转的两根螺杆的螺纹方向相反，如果某根螺杆顺时针旋转工作，那么另一根螺杆就是逆时针旋转工作，且也都是对称结构。异向旋转双螺杆挤出机在其他通用塑料共混领域中得到广泛的应用。比如 PVC 塑料加工设备一般使用向内旋转结构的异向双螺杆挤出机，其主要优势为向内旋转下，物料更容易进入双螺杆挤出机。

异向旋转双螺杆挤出机和啮合同向旋转双螺杆挤出机一样，同样是分啮合型和非啮合型。不同于啮合同向旋转双螺杆挤出机的是，啮合异向旋转双螺杆挤出机由于特殊的几何结构，其螺杆转速远低于常规型同向旋转双螺杆挤出机，产生这种差异的主要原因是啮合异向旋转双螺杆在啮合区有一个特殊的效应——压延效应，此效应会导致两根螺杆产生方向不同的运动趋势，在高速工作状态下易损坏螺杆设备，但是此情况在同向双螺杆中是很微弱的。如图 6-3 所示啮合异向旋转双螺杆挤出机在挤出过程中，由于其在啮合区两根螺杆的速度且方向相同，没有速度差，因而物料实际上是被拉入并挤压通过螺杆之间的啮合区间隙。如果两螺杆间隙很小，流经啮合区的流动将很小，使物料汇集在啮合区入口。当物料被拉入压延间隙时，它们会对两根螺杆施加巨大的向螺筒方向作用力，使螺杆摆动且向螺筒内表面碰撞跳动，形成所谓“压延效应”，如图 6-4，这必然导致螺杆、后面的传动部分及螺筒发生损坏，且螺杆转速越快，压延效应导致的机台损坏就越快并会导致生产品质波动。非啮合异向旋转双螺杆挤出机由于螺杆之间空隙较大，不具有明显啮合区，压延效应几乎没有，可以实现较高的螺杆转速。

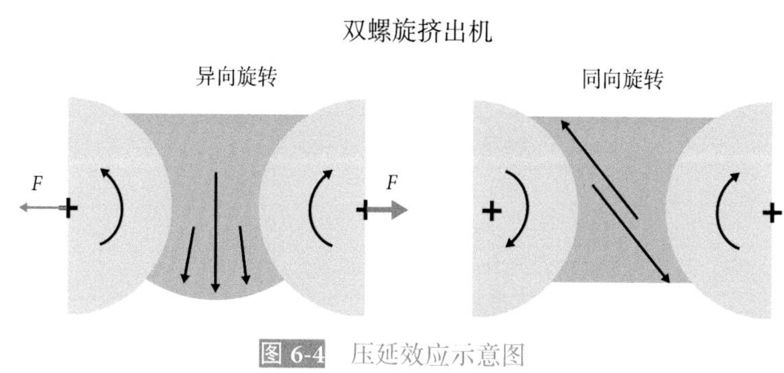

图 6-4　压延效应示意图

6.1.1.3　平行和锥形双螺杆挤出机

依据两根螺杆的轴线平行还是相交，双螺杆挤出机又可以分为平行双螺杆挤出机和锥形双螺杆挤出机。锥形双螺杆挤出机的两根螺杆结构是加料段螺杆直径大而后端螺杆直径小，这导致两根螺杆的轴线不平行，一般情况下做异向旋转，加料段直径大，螺杆强度高，物料受热面积大，有利于塑化。而在计量段螺杆直径小，受热较小，有利于实现低温挤出。锥形双螺杆挤出机由于是从大变小的变径螺杆，不能按照同向双螺杆的命名规则去表示其直径规格，在表示锥形双螺杆挤出机直径大小时，默认使用小端直径（mm）表示。

6.1.1.4　开放与封闭型双螺杆挤出机

物料在双螺杆挤出机中要进行充分的混合，物料在相邻螺槽之间物料交换的情况可以用开放和封闭来阐述。所谓的开放与封闭代表螺杆螺棱和螺槽组成的区域结构对物料运动状态的影响，也就是物料是否能经过一根螺杆的螺槽跨越到另一根螺杆上去，还是物料只能在其中一根螺杆上向前输送，该输送过程不涵盖从螺杆外径顶部与机筒之间的间隙漏过的物料或者两螺杆螺棱之间细微间隔漏过的物料。根据物料在螺杆上运动类型可以分为纵向开放与封闭、横向开放与封闭等几种情况。如果螺棱未完全占据螺槽，那么物料可由一根螺杆的螺槽运动到另一根螺杆的螺槽，也就是沿着螺槽循环向前流动，叫纵向开放，如图 6-5；反之，则称作纵向封闭。纵向封闭在螺杆结构上的表现就是如图 6-5（b），一根螺棱占据另一根的螺槽，物料无法通过螺槽之间进行交换向前输送。在两根螺杆的啮合区，假如一根螺杆的螺棱部分填满另一根螺杆的螺槽且螺棱两侧均有间隙，即物料可以从同一根螺杆的一个螺槽输送至连续的另一个螺槽，或者一根螺杆的一个螺槽中的物料可输送至另一根螺杆连续的两个螺槽中，称为横向开放，否则为横向封闭。此外横向开放与纵向开放不是单独存在的，如果横向开放，那么纵向必然开放，如图 6-6。

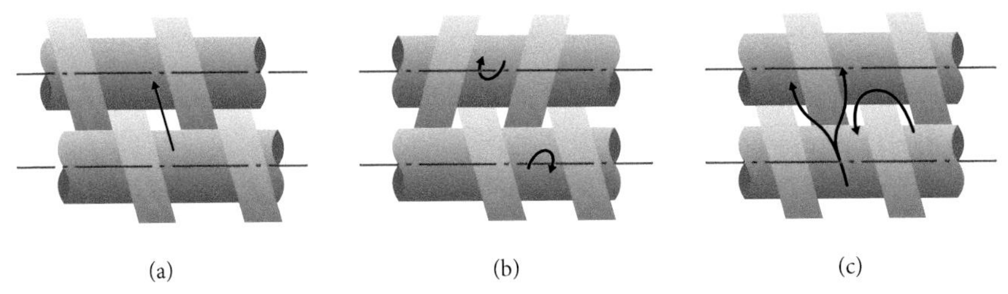

图 6-5 啮合区螺槽的开放与封闭

螺杆啮合情况		开放情况	异向旋转	同向旋转
啮合	全啮合	纵、横向均封闭		理论上不可能
		纵向开放 横向封闭	理论上不可能	
		纵、横向均开放	理论上可能 但实际不可能实现	
	部分啮合	纵向开放 横向封闭		理论上不可能
		纵、横向均开放		

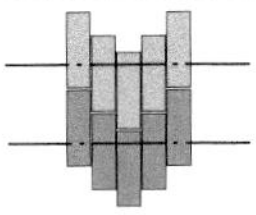

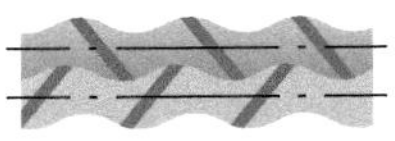

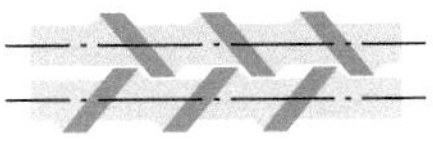

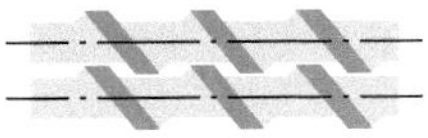

图 6-6 双螺杆挤出机的分类

在共混领域中，最常用的双螺杆挤出机实际为啮合平行同向自扫型双螺杆挤出机，几何结构的特殊设计保证其具有自洁性和积木式两个特点。自洁性是根据螺杆几何学进行设计来保证在挤出过程中始终保证两根螺杆上有一个且仅有一个地方进行接触。积木式是指螺筒和螺纹元件采用积木结构，可自由组合，可以根据共混的实际要求调整螺筒配置和螺杆组合，具有很大的灵活性。下文将重点介绍 PBAT 塑料共混制造领域中最常用的啮合平行同向自扫型双螺杆挤出机（以下简称为双螺杆挤出机）。

6.1.2 双螺杆挤出机组成

双螺杆挤出机的主体结构如图6-7所示，其结构可以分为底座、传动系统、挤压系统、温度控制系统及人机界面控制系统等组成，其传动系统和挤压系统是双螺杆挤出机的核心系统。

图 6-7 双螺杆挤出机

6.1.2.1 底座

双螺杆挤出机的底座用铸铁浇注成型。双螺杆挤出机的电器部件驱动电机、机械部件如齿轮箱以及挤压系统都由底座支撑。双螺杆挤出机的机筒的一端直接连接在齿轮箱的输出轴和连接体上，其余部分由底座上的支撑架支撑，支撑架上必须可以滑动，以适应挤出机在不同温度条件下应用的需要。支撑架的支撑机筒的几何中位与齿轮箱的输出轴的中心位必须绝对水平。底座必须绝对水平，以保证安装和运行过程的稳定、可靠。底座在一定程度上决定了双螺杆挤出机的整体高度，双螺杆挤出机常用的主喂料口离地面的高度为 1.1 米，部分小型双螺杆挤出机为 0.8 米。

6.1.2.2 传动系统

双螺杆挤出机的传动系统包括驱动电机、安全离合器和齿轮箱。驱动电机提供双螺杆挤出机的机械能。驱动电机区分为交流电机和直流电机两种，目前两种电机都有所采用。交流电机难以带料启动，速度较高和较低时运行稳定性较差，中等速度时稳定性比较好，但是粉尘、温度变化对其运行影响比较小，之前主要用于小型双螺杆挤出机系统，国外挤出生产商在大型挤出机上也有采用。直流电机的调速范围宽，启动较为平稳，扭矩输出稳定，不过其内部由炭刷与电枢高速摩擦，炭刷磨损大、电枢特别容易有粉尘污染、生热量大，需要采用独立的清洁空气进行冷却，并且保养要求比较高。由于在维护保养方面的优势，近些年，随着变频调速水平的提高，在中大型挤出机方面，交流电机有取代直流电机的趋势。交流电机的冷却方式有水冷和风冷两种，水冷交流电机的噪音较低，它的冷却原理是在电机中设计冷却水道换热的方式进行，具有冷却效果好、噪音低的特点。为防止结垢，冷却水需要采用软水。风冷交流电机是通过冷却风扇对电机进行冷却，噪音较高。

驱动电机与齿轮箱之间通过安全离合器连接。安全离合器是一种机械过载保护装置。安全离合器把驱动电机的机械能传递给齿轮箱，更重要的是在双螺杆挤出机达到过载临界条件时，切断齿轮箱和驱动电机的联系，保护齿轮箱的齿轮和输出轴不被损坏，或者驱动电机不因为过载烧坏。双螺杆挤出机一旦过载临界条件时，安全离合器脱落，或者安全销被剪断，从而保护螺杆和传动系统、驱动电机。其中的过载临界条件需要机器使用前设定。双螺杆挤出机常用安全离合器有尼龙销式和钢珠式两种。尼龙销式工作原理是通过一组尼龙销传递扭力，当扭力过大时，尼龙销折断，从而达到保护齿轮箱的目的。钢珠式工作原理是预先通过对弹簧施加压力，将一组钢珠压入锥形孔位，当扭力过大时钢珠滑离固定位，离合器脱开，当重新将钢珠调回正确位置，并重新推入锥形孔后，离合器复位。钢珠式离合器可重复使用，并可精确计算可承受的扭力，近年来成为双螺杆挤出机中的首选。近年来，德国 Mayr、英国的 Bibby 和德国 Flender 的安全离合器在高端机型上得到广泛的应用。图 6-8 是英国 Bibby 安全离合器连接和脱离状态示意图。

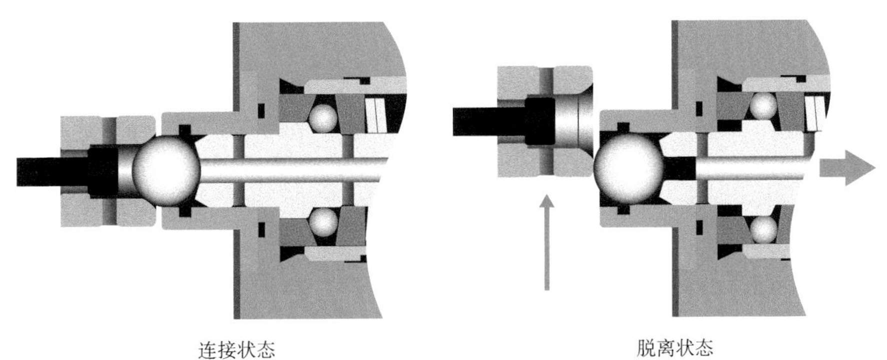

图 6-8 英国 Bibby 安全离合器

近年来双螺杆挤出机的开发方向一直以更高产量、更高扭矩、更高转速、更长寿命、更低能耗为进步目标，这中间最核心当然也是最难的技术点是高速高扭齿轮箱的研制。齿轮箱把驱动电机提供的机械能通过一系列齿轮组进行分配，最终通过两根和螺杆芯轴一样的平行输出轴传递给两根螺杆。齿轮箱的两根输出轴通过内花键的方式紧扣两根螺杆，要求两根输出轴的输出功率相等，并且两根输出轴必须绝对平行。在制造双螺杆挤出机的行业中体现齿轮箱设计水平和制造水平的关键参数是扭矩系数。齿轮箱的设计水平和制造水平高，往往扭矩系数高，输出功率损耗小；齿轮箱所用的齿轮、轴承、输出轴的材质和加工精度高，对于高速、高扭矩双螺杆挤出机的设计制造是必需的。当前国内齿轮箱的研制主要是平行三轴结构，如图 6-9(a)，平行三轴结构的齿轮箱比扭矩往往较低，大约是 6~9 N·m/cm³，仅够达到中、低扭矩和中、低转速的挤出机的要求，但是对于比扭矩为 9~13 N·m/cm³ 的齿轮箱主要用于中高端挤出机如科倍隆、莱兹、贝尔斯托夫、正茂精机，当下绝大多数需要进口，其主要供应商包含弗兰德、亨舍尔、章贝珞等。对比低扭矩的齿轮箱内部结构，它们一般使用对称结构驱动，如图 6-9(b)。

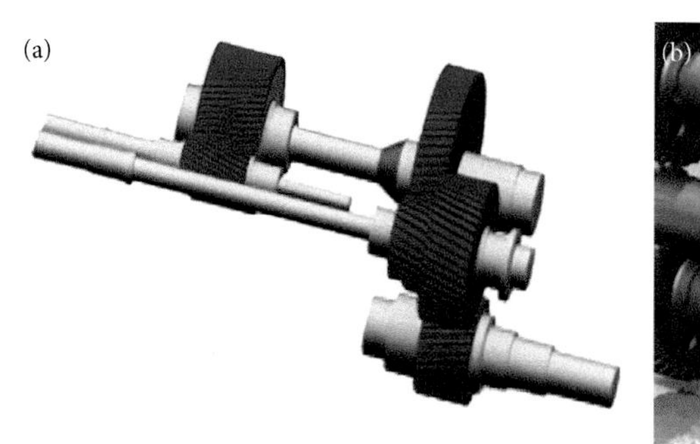

图 6-9　齿轮箱的内部结构图

(a) 平行三螺杆结构；(b) 对称驱动结构

6.1.2.3　挤压系统

挤压系统是双螺杆挤出机的核心系统，是实现共混熔融、混炼、平稳挤出的关键场所，也是进行工艺设计的最主要平台。挤压系统的核心组件是两根平行的螺杆和外部机筒，它们的作用是共同把加入的物料熔融塑化、分散、混合或进行化学改性，为挤出机口模提供压力稳定、温度恒定、流量稳定的熔体，且将这个过程中产生或者物料本身携带的低分子气体抽出，最后经过机头、模头以及切粒造粒，获得满足品质要求的制成品。其中同向啮合型双螺杆挤出机的螺纹元件基本是使用内花键积木结构连接，即在螺杆的芯轴上采用多个螺纹元件进行组合，以满足不同类型产品的熔融塑化和混炼的需求。

6.1.2.4　温度控制系统

双螺杆挤出是在一定温度条件下进行的熔融、混炼过程，在这个过程中必须将塑料加热到一定温度来实现高分子材料向黏流态的转变。双螺杆挤出过程中物料塑化热量的来源主要有两个，一个是螺筒外部加热提供的热量，另一个是螺杆旋转和物料摩擦产生的摩擦热。这两部分热能在总的热能中所占的比例根据不同的产品而有所不同，有些产品对剪切热较为敏感，其热量可以主要由剪切提供；有些产品对剪切不敏感，而对温度敏感，其热量可以主要由外部加热器提供。

最理想的挤出过程应当是这两部分的热能刚好能使塑料由固态向黏流态的转变。在熔融段，外部的加热和剪切热都是必需的，针对剪切敏感型的塑料，其物料熔融过程中剪切热很多情况下起主导作用，外部加热起辅助作用；对于温度敏感型塑料或者对剪切不敏感的塑料，外部加热占主要作用，剪切热起辅助作用；而在混炼段，物料已经塑化良好，同时存在强烈的剪切以满足物料混合的需要，产生大量的剪切热，这时往往不仅不需要外部加热，还需要通过冷却系统把多余的剪切热及时转移，否则会造成共混物中的不稳定成分过热分解，对生产过程和质量控制不利。了解了挤出机的不同部位对热量的需求不同，在设计、选择挤出机时，对不同区段的加热块可定制化选择加热功率。

双螺杆挤出机常选择使用的加热系统主要分为电加热和载体加热两种。其中电加热又有电阻加热、感应加热；载体加热使用的介质是高温的流动液体。

电加热中用得最多的是电阻加热器，根据加热器材质的不同可以区分为陶瓷加热器、铸铝加热器、铸铜加热器等，它们的主要区别是加热器所采用电阻丝的载体不同。电阻加热器结构较为简单，其结构是在加热器中布置电阻丝，电阻丝的布置密度关系到加热器的功率。由于其结构简单，加工方便，因此在双螺杆挤出机中应用最为广泛。双螺杆挤出机加工的物料中有的熔点很高，由于铸铝加热器中采用的铸铝的熔点比较低，适合加工温度较低的场合。铸铜的导热率较高，且铸铜加热器和陶瓷加热器使用寿命长，承受温度高，在现代双螺杆挤出机中多采用铸铜加热器和陶瓷加热器。电阻加热器主要通过热传导方式传热，因此电阻加热器和机筒表面必须紧密直接接触，并且两接触面必须平整，否则加热效率很低，且加热器容易损坏。电阻加热方式往往有延迟效应，即在达到设定温度后，还会加热一阵，温度会“冲”过设定温度一定值。电阻加热方式由于是在加热器中的电阻丝发热，故加热器表面温度很高，需要采用隔热罩进行防护，并且在操作时注意安全。

除了电阻加热器，近年来还发展了一种感应新型加热器，其工作原理是通过电磁感应在螺筒表面产生涡流来产生热量，最后通过热传递加热物料。由于感应加热器是由机筒直接加热物料的，因此预热升温时间短，其加热效率比电阻加热器要高，这种加热器适用于挤出量较大的粉料和耐高温塑料的加工场合。电磁感应加热方式的温度控制准确，无延迟效应；并且加热器表面接近常温，操作安全，节省能源，根据资料记载可以省电 30%~70%。但是，有些专家认为电磁场有可能对操作员工的身体有危害，目前在学术上仍存在争议，这对推广使用不利。

国外 CoperionZSK 系列、BerstorffZE 系列双螺杆挤出机的加热系统采用加热棒。加热棒也是电加热的一种，其优点在于加热棒直接插入到机筒内部，加热效率较高，能耗较 L 型的铸铜加热器低。由于加热棒要插入机筒，同时机筒内要布置冷却水道，必须对机筒的冷却水道进行优化设计。

所谓载体加热，就是用加热的流体介质来加热机筒。常用的载体是矿物油和过热水蒸气。如果采用载体加热，需要封闭的热流体介质循环及控制系统。这种加热方式的优点是加热均匀、柔和、稳定，被加热对象不会有局部过热点，但多了一套热流体介质循环和控制系统。另外，载体例如矿物油和过热水蒸气决定了其加热的极限温度不会太高。

双螺杆挤出机的冷却方式主要分为风冷、油冷和水冷。风冷一般在单螺杆挤出机中采用较多，由于冷却效率较低，仅在一些中小型的实验型双螺杆挤出机中使用，采用风冷的挤出机的机筒一般都是圆柱形的。风冷系统由风机和风道组成，其冷却效果柔和、环境干净，但效率较低，且有噪音。有些双螺杆挤出机为了提高风冷系统的冷却效率，会在机筒的外壁上安装了紧密排列的导热性好的散热铜片，这样可以大大提高风冷系统的冷却效率。

水冷是在双螺杆挤出机采用最多的冷却方法。水冷系统包括机筒上开的冷却水道、循环水供应站、换热器和配管等。整个系统是封闭循环式的，采用软化水。这种冷却方式效率高，但冲击较大，温度波动大，另外水路中各种阀的质量特别重要，如果质量不好，机筒就不会得到正常冷却。水冷主要应用在扁平型的机筒上，这种机筒的冷却水道容易布置且冷却效率均匀。

油冷和水冷相似，它们之间的差别在于冷却载体的不同。油冷和水冷相比，其冷却较为柔和，适合加工制品对温度较敏感的材料。油冷系统可以与加热系统分开设立，也可以把加热和冷却两种功能组合起来，由同一系统完成，通过控制冷却介质温度来控制机筒温度。

双螺杆挤出机的齿轮箱在工作时，齿轮之间的摩擦也会产生大量的热，如果齿轮箱的温度过高，齿轮箱也会异常，严重时会损坏齿轮，因此也需要对齿轮箱进行冷却，其冷却方式通常把润滑油导出齿轮箱，在一个外加的热交换器中完成冷却。

双螺杆挤出机的温度控制系统是通过温控仪表、加热系统和冷却系统连接起来，组成温控回路来实现的。由于双螺杆挤出机的机筒是组合式的，因此一台双螺杆挤出机有多个温度控制回路。另外，为了保持加入物料的原始状态，使用初混合的物料能够顺利进入双螺杆挤出机中，在第一节螺筒处，一般只冷却而不加热，同时双螺杆挤出机机头部分一般由于无法布置冷却水道，冷却方式一般为自然冷却。

6.1.2.5 人机界面控制系统

双螺杆挤出机的控制系统主要有 PLC 控制和微机控制。控制系统由人机交互界面、电气控制装置、工控机组成。控制系统将双螺杆挤出机各个部件的参数设置、计量称以及辅助设备的参数设置都能综合在一个人机交互界面上，并实现挤出机、计量称和辅机的联锁。人机交互界面，一般称作操作面板，操作人员在操作面板上对挤出机进行工艺参数的设定，例如温度、螺杆转速、喂料量等。目前，双螺杆挤出机的操作面板大多采用触摸屏式，方便员工操作。图 6-10 是典型的双螺杆挤出机的操作面板。

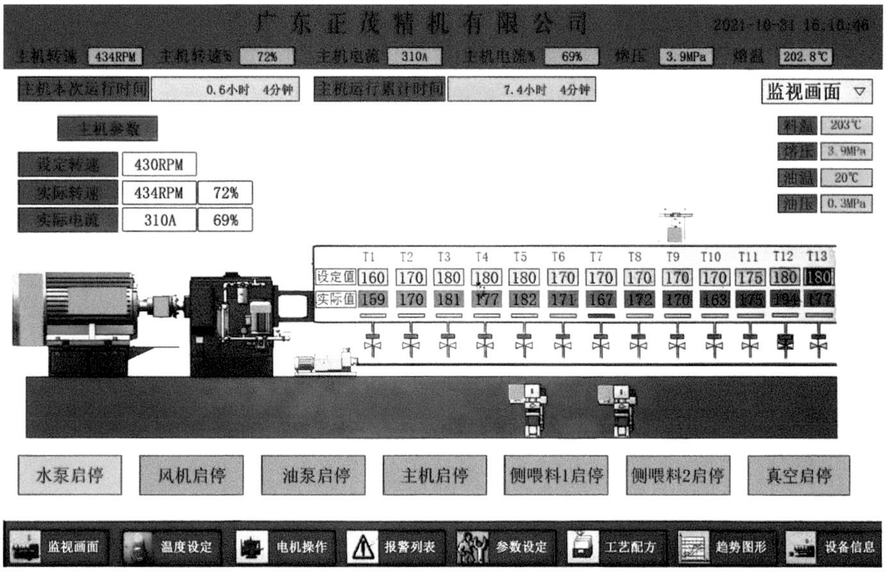

图 6-10　典型的双螺杆挤出机的操作面板

6.1.3　双螺杆挤出机参数

双螺杆挤出机的主要技术参数包括螺杆直径（D_0）、螺杆长径比（L/D）、螺杆转速、电机功率、机筒加热功率、双螺杆挤出机的产能、比扭矩、中心距等。双螺杆挤出的技术参数对材料加工的影响很大，尤其是对生物降解 PBAT 材料的加工，材料的性能、品质稳定性，甚至材料能否成功量产，都和其有着莫大联系。

6.1.3.1　螺杆直径（D_0）

螺杆直径是指螺杆螺棱顶点的直径，用 D_0 来表示，单位为 mm。双螺杆挤出机的螺杆直径是一个最基础且影响重大的参数。螺杆的直径也就是挤出机的大小规格，越大的直径代表着更高的生产能力，此外其他挤出机参数也都受到螺杆直径的影响，例如，当螺杆转速一定时，越大的螺杆直径直接带来越大的螺杆圆周速度，进而改变了螺杆对物料的剪切速率以及螺杆外径和机筒内壁之间间隙，间隙的变化也同样会影响物料在这中间受到的剪切速率。

常规来说，双螺杆直径的选型与设计期望达到的产能、被生产材料的成分、制品的规格以及挤出机的用途有关。用在少量的预混料、实验用、生产小规格制品的双螺杆直径较小，用于大批量挤出造粒、生产大截面制品的双螺杆直径较大。

直径在 40 mm 及以下的双螺杆挤出机使用场景基本是在共混中、小室车间，用来塑料的共混制造实验研究；而大螺杆直径（150 mm）以上的同向双螺杆挤出机一般用于大化工的产品挤出造粒；直径 40~95 mm 的同向双螺杆挤出机是 PBAT 塑料以及其他塑料共混挤出制造使用得最多的挤出设备。

6.1.3.2　中心距（*a*）

中心距是指两根平行的双螺杆芯轴中心之间的距离，用 *a* 来表示，如图 6-11 所示。双螺杆挤出机的中心距也是一个需要被看重的参数，它反映的是挤出机设计制造水平和扭矩系数。这是因为在设计双螺杆挤出机时，中心距决定了以下几种关系，并因而决定了有关的设计参数：

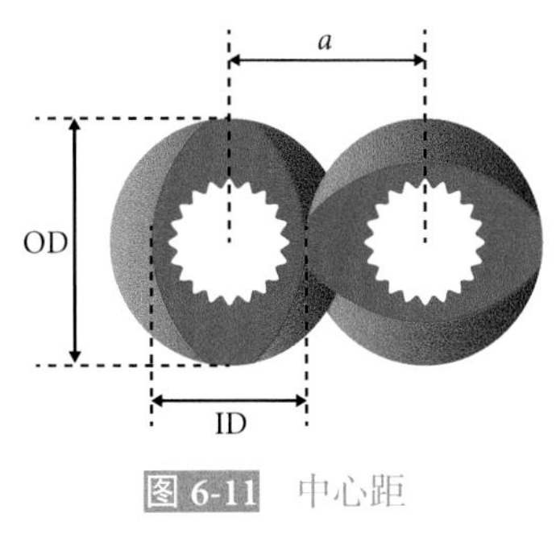

图 6-11　中心距

（1）中心距决定了齿轮箱部分输出轴（与螺杆相连）及有关齿轮的尺寸，螺杆上的实际比扭矩的大小；

（2）中心距决定了齿轮箱推力轴承外径尺寸的大小，而推力轴承寿命是评估齿轮箱的一个重要参数，同时推力轴承也决定了双螺杆挤出机最大的机头设计压力；

（3）中心距直接影响螺杆的容积率也就是外径和根径比，在中心距相同从而影响两根螺杆的啮合程度。

6.1.3.3　螺纹头数（Z）

螺纹头数有单头、双头和三头，在实际应用中双螺杆挤出机绝大多数场合用双头螺纹元件，单头螺纹元件和三头螺纹元件在特殊情况下才使用。螺纹的头数越多，理论最高容积率就越低，而容积率又影响了物料在加工过程中受到的平均剪切强度，如图 6-12 所示。在双螺杆挤出机中，双头螺纹元件具有较高的容积率以及适当的剪切强度，从而得到最广泛的应用。

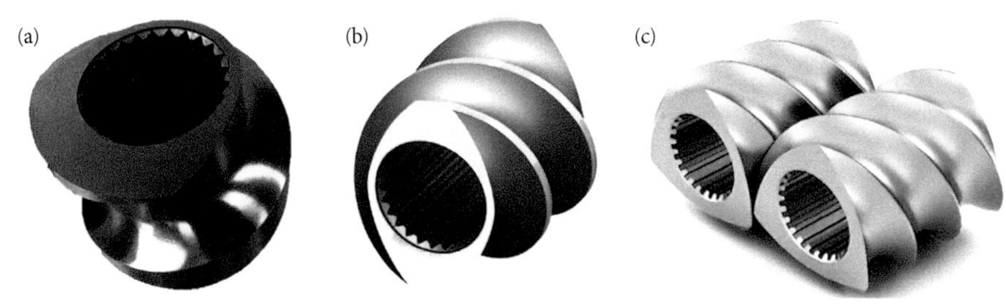

图 6-12　螺纹头数

（a）单头螺纹；（b）双头螺纹；（c）三头螺纹

6.1.3.4　导程（S）与螺距（P）

导程是指同一螺旋线旋转前进 360° 所走的螺杆轴向距离，一般用 S 表示。螺距指两相邻螺棱之间的长度，一般用 P 表示。双螺杆挤出机中最常用螺纹元件的头数也就是有几个单独的螺旋线可分为单头、双头和三头。对单头螺纹，$S=P$；对于双头螺纹，$S=2P$，三头螺纹，$S=3P$。在螺纹元件中，一般选用导程而不是螺距来作为螺纹元件的一个重要的参数指标。

6.1.3.5　螺纹元件的外径 / 内径比（D_o/D_i）

螺纹元件的外径 / 内径比 D_o/D_i，又称螺杆容积率，简称容积率，即螺纹元件的螺棱直径与螺槽直径之比，螺纹的根径指螺槽最底部的直径，也是整个螺杆直径最小尺寸。D_o/D_i 是表征螺杆的自由体积的重要参数，D_o/D_i 越大，自由体积随之就更大，最大体积挤出量也就越大（表 6-1）。若螺杆外径 D_o 不变，D_o/D_i 越大表示 D_i 越小；根径 D_i 越小，代表螺杆芯轴的设计越细，在相同螺杆扭矩情况下，对于芯轴的材质要求和结构设计要求就越高。同时 D_o/D_i 越大，表示螺槽加深，物料受到的平均剪切强度较低。

6.1.3.6　扭矩系数（M_d/a^3）

扭矩系数 M_d/a^3 也就是常说的比扭矩，它是表征同向啮合型双螺杆挤出机的最重要参数之一，它影响着螺杆上物料的填充度进而影响挤出机的输出能力。扭矩系数 M_d/a^3 大，对热稳定性材料的加工有利；M_d/a^3 高低不同的挤出机生产的材料，对物料的平均剪切有明显影响，性能上有很大的差异；M_d/a^3 较大，物料在螺杆中充满度高，可提高生产效率，并降低物料受到的平均剪切强度和熔体温度，这对热敏性材料的生产有利。在相同的中心距下，如果需要增加螺杆的最大比扭矩，那么必须加大其根径尺寸，因为螺杆所承受的最大扭矩与螺杆根径的三次方成正比。而根径增大，外径必须减小，来保证两根螺杆在几何上能够依然是啮合的，而螺杆外径的变小会导致螺杆容积率相应减小，从而导致自由体积减小和最大能够输送的体积量减小。

从图 6-13 可知，在螺杆中心距随螺杆选型固定的情况下，若既想得到双螺杆大的自由体积，又想要双螺杆能够传递大的转矩，需要在它们之间寻求一个临界点。这个临界点就是自由体积与螺槽深度之间的曲线和扭矩与螺槽深度之间的曲线交点。

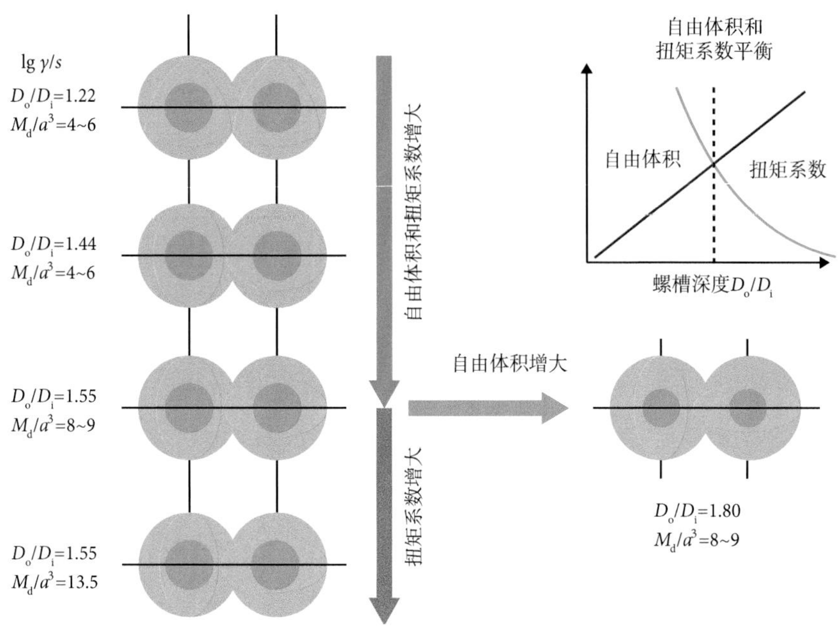

图 6-13 中心距、扭矩系数和自由体积的关系

近年来扭矩系数 M_d/a^3 是衡量同向啮合型双螺杆挤出机发展的分类标准，如表 6-1 所示。国内基本能够生产 $M_d/a^3 \leqslant 6$ 的齿轮箱和配套螺杆，而对于 $M_d/a^3 > 6$ 的齿轮箱和配套螺杆，对相应的材料的材质要求很高，国内基本上都不能生产，而采取从国外采购齿轮箱等关键部件，国内生产其他部件进行组装的方式，生产中、低扭矩系数挤出机，而要生产中、高扭矩系数挤出机，对齿轮箱和安全离合器等关键部件就必须进口。正茂精机的国产高扭矩齿轮箱的比扭矩达到 13 以上。

表 6-1　同向啮合型双螺杆挤出机的发展

ZSK	Z（螺杆头数）	D_o/D_i	M_d/a^3
第一代（标准型）	3	1.22	3.7 ~ 3.9
第二代	3	1.22	4.7 ~ 5.5
第三代	2	1.44	4.7 ~ 5.5
第四代	2 ~ 3	1.22 ~ 1.44	7.2 ~ 8
第五代（超级）	2	1.55	8.7
第六代（特大扭矩）	2	1.55	11.3 ~ 15

6.1.3.7　螺杆长径比（L/D）

螺杆长径比指螺杆的实际使用长度与螺杆直径之比，用 L/D 表示，其中 L 即为螺杆的有效长度，D 表示螺杆直径。螺杆长径比是在工艺设备选型时非常重要的技术参数，螺杆长径比反应物料在加工过程中停留在挤出机中的距离和时间，在一定程度上反应双螺杆挤出机的生产能力。长径比选择，主要取决于物料加工需要的加料口（或侧喂料口）、排气口的数量、理想的停留时间以及所需的塑化、混炼、反应等因素。用于PBAT 塑料制造的双螺杆挤出机长径比一般在 40~52 之间，目前最大长径比为 68。在其他条件一定的情况下，螺杆的长径比越大，生产能力越小物料在机筒里的停留时间就越长，对于热敏性材料比如 PBAT 的加工制造，长径比最大不要超过 52；而对于某些反应挤出这类需要较长停留时间的加工工艺需求，长径比需要 56 以上。从螺杆角度来说，长径比越长，螺杆抗弯曲性要求就越高，从而对螺杆材质要求就越高，这样才能保证双螺杆挤出机在工作时，螺杆末端的圆周跳动控制在合理的范围内。

6.1.3.8 螺杆的转速范围

在双螺杆挤出机中，螺杆的转速都能通过挤出机控制面板精准调节，一般螺杆有一个最低的转速和最高的转速，即有一个转速范围。不同类型的双螺杆挤出机拥有不一样的螺杆转速范围。国产挤出机最大转速一般都在 600 r/min 以内，螺杆转速的高低会直接影响物料在挤出过程中受到的剪切次数和停留时间，直接或间接代表了双螺杆挤出机的挤出能力水平和混炼能力水平。已知目前国内成功量产的正茂精机双螺杆挤出机的最高转速达到了 1800 r/min。螺杆的转速越高，剪切速率会随之增大，这并不利于 PBAT 塑料的加工，但螺杆生产能力也会相应增大，单位能耗会降低，但是机筒和螺杆越容易磨损。

6.2 挤出机螺杆组合设计

螺杆组合、选型，不仅仅是在 PBAT 塑料加工过程中，在任何塑料共混的加工过程中都有着至关重要的作用，它是整个塑料加工过程中最核心的部分，也是影响产品品质和量产开发最重要的参数。一套优秀的螺杆组合设计既可以是锦上添花，也可能是化腐朽为神奇。PBAT 塑料制造的螺杆组合设计是千变万化的，但最终也是要结合实际的工艺装备、具体的配方物料及现实的生产条件来综合定夺。谈到螺杆组合设计，那必然也离不开各种功能不一的螺筒、螺纹元件，挤出机的输送、熔融等理论，了解这些是设计一套优秀螺杆组合的前提。

6.2.1 螺筒、螺纹元件介绍

6.2.1.1 螺筒

双螺杆挤出机的机筒是采用积木式。目前，国内外双螺杆挤出机的机筒的长度一般为 3~8*D*（*D* 为螺筒公称直径），其中最常用的是 4*D*。机筒的结构如图 6-14 所示。

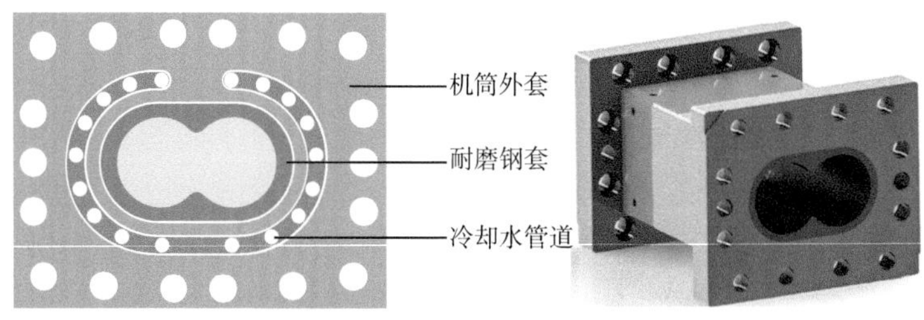

图 6-14 机筒的结构示意图

机筒的两端必须绝对平整，否则连接在一起后会密闭不严导致漏料，或者两机筒的同心度偏离，螺杆安装困难甚至装不上，或者即使装上了螺杆，螺杆会与机筒直接摩擦而损坏机筒和螺杆。机筒外面还有加热和冷却装置，加热一般采用电加热，冷却采用水冷或者油冷。机筒的筒体材料一般都选择铸铁浇注成坯，然后再开内八字螺杆通道，并且在机筒的坯形外面上铣出冷却通道槽。在机筒最外部再焊接与机筒冷却通道配套的带槽钢板。在机筒的内壁，根据加工物料的腐蚀能力和磨损能力，可以选择耐腐蚀的金属材料或者耐磨损的金属材料。国内耐腐蚀的金属材料一般选用 38CrMoAl 并经渗氮处理，耐磨损的金属材料一般选用 6542 高速工具钢。38CrMoAl 和 6542 高速工具钢分别具有中等程度的耐腐蚀能力和耐磨损能力，能够在较长时间内满足多数材料和工艺条件的要求。6542 高速工具钢一般做成金属套，直接压入机筒，在磨损到一定程度时可以取出另换一个金属套，这样可以少使用价格昂贵的金属套，节约成本。

由于螺杆的挤压系统分为不同的功能段，相应的机筒也有各种不一样的结构形式。依据配方物料特点和工艺的需求，将不同功能、不同结构形状的若干机筒组合成整体机筒，与相应的螺杆装在一起，成为挤压系统。机筒可以分为开口机筒和闭口机筒，可以根据不同的功能需要对开口机筒进行合理的设计和选择，如图 6-15 所示。

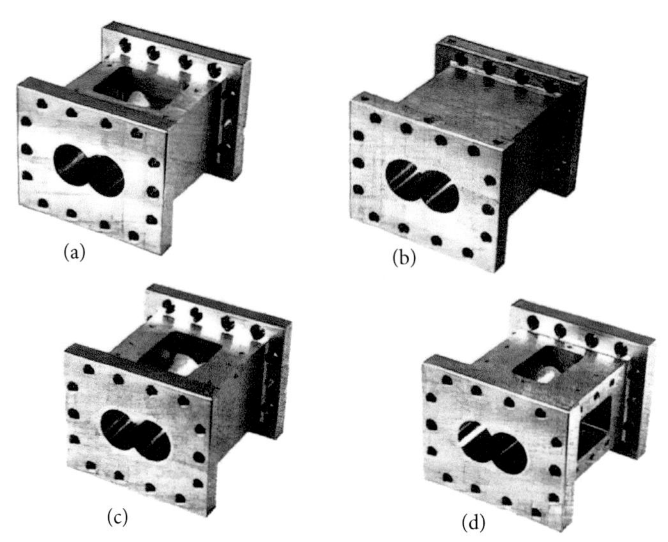

图 6-15 各种不同结构的机筒

（a）上加料机筒；（b）封闭式机筒；（c）排气机筒；（d）带排气口的侧喂料机筒

有的挤出过程还要在机筒上部或者是侧面加入配方液体添加剂，这就需要在机筒的某部位开液体注入孔。液体注入孔一般会装有单向阀，仅保证液体稳定注入，不允许液体或熔体外溢出。有些注入液体的机筒采用带加料口的机筒，然后在该机筒上装上液体注入开口压盖。

6.2.1.2　螺纹元件

双螺杆部分是挤出机实现混炼工艺过程的核心，挤出机等其他部分均以双螺杆为核心，为实现混炼工艺过程而配置、开发。

物料进入挤出机混炼加工，这中间有多步过程，其中包括挤出机对物料的输送、剪切熔融、混合（包括分布型混合和分散型混合如图 6-16）、均化、排气、挤出。典型的啮合同向双螺杆挤出过程分为加料段和固体输送段、熔融塑化段、熔体输送和混炼段、排气和熔体输出段等阶段。而这些过程和功能则是通过不同的螺纹元件及其组合实现。

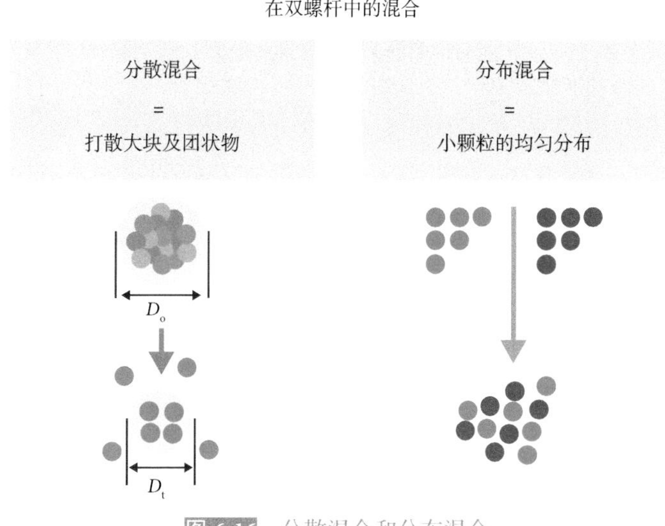

图 6-16　分散混合和分布混合

1）输送元件

输送元件是螺纹形状的，也称为输送螺纹元件，它的工艺参数有螺纹头数和导程等，它在螺杆组合中的作用是输送物料和建压，包括对固态颗粒物料、黏流态物料和半熔融物料的输送，也可输送液态物料。螺纹的几何形状有多种，但目前研制的主流输送元件是根据相对运动原理生成的特殊形状。

传输块一般命名规则：导程 / 长度（旋转方向），导程为剪切平面每旋转 1 周所经过的垂直距离（单位 mm），而长度则为整个螺纹元件的纵向长度（单位 mm），物料挤出方向正向代表螺纹右旋如图 6-17（贝尔斯托夫挤出机为左旋），元件输送方向与物料流动方向相同，简写为 R（常省略），物料挤出方向反向代表螺纹左旋（贝尔斯托夫挤出机为右旋），元件输送方向与物流流动方向相反，简写为 L（不可省略）。

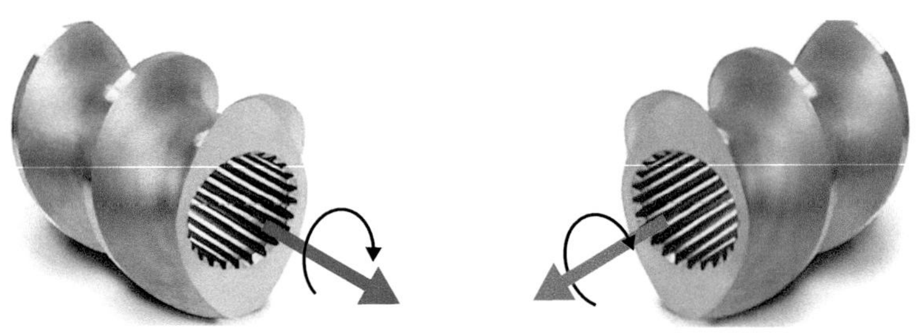

图 6-17 正向输送元件和反向输送元件

正向螺纹元件的输送方向与物料流动方向一致，它属于自扫型（或自洁型）、纵向开放、横向封闭式螺纹元件，输送是此元件最大的特点，因此物料在其中滞留时间较短，自洁性好，可在短的轴向距离中建立高压，基本不将其用作分散作用。反向螺纹元件的形状与正向螺纹元件的相同，但螺旋方向相反。反向螺纹元件对物料的输送方向与挤出方向相反，因此物料在反向螺纹元件中只能靠螺杆前段的压力从螺纹元件与机筒间的间隙中通过。反向输送元件对物料流动形成阻挡，有增大上游物料压力，增强剪切和混合、促进熔融效果、增加停留时间等作用。

螺纹元件常有不同长度的导程，导程大小直接影响物料在螺槽中的充满程度、停留时间和建压能力。对于双螺杆挤出机，即使螺杆转速不发生任何变化，替换不同导程的输送元件也可以控制物料在各区螺杆位置螺槽中的充满度。如在脱挥区和主喂下料区，通常使用大导程输送元件提高物料输送来实现更低的充满度，以利于排气、脱挥和物料的加入。而小导程或反向的螺纹元件用实现压实物料和形成更高的充满度，提供更高的熔体压力，比如在捏合块的前段使用小导程输送元件建立压力，或使用小导程及反向元件达到熔体密封的效果。

2）剪切元件（捏合元件）

剪切元件是由多个捏合片（盘）依据特定旋转角度连续组合共旋转 360°/180° 在一起的螺杆元件，它的主要功能是：提供强烈的剪切，实现分散混合和分布混合。

剪切元件也有双头剪切块和三头剪切块之分，双头剪切元件，应与双头螺纹相接使用，因其与机筒内壁形成的月牙状空间大，输送能力大，产生的剪切相对均匀，故适用于绝大多数的塑料加工。和双头输送螺纹元件一样，剪切元件在双螺杆挤出机中使用得非常大量。三头剪切元件，需要与三头过渡块相接使用，其特殊的几何结构导致剪切块外径和螺筒的间隙非常小，故对物料的剪切更加强烈，但是输送能力会降低，一般用在难塑化物料的螺杆组合上。和输送元件类似，如果一根螺杆同时有双头剪切块和三头剪切块，在双头剪切块和三头剪切块之间必须要有一个双头变三头的过渡元件，这样才能保证整个螺杆不留几何上的死角，保证螺杆的自洁性。

剪切块的错列角是剪切元件非常重要的工艺参数，指两相邻捏合盘之间的夹角，对剪切块的效果有重要影响。有错列角，相邻捏合盘之间才有物料交换；有错列角，成串的捏合盘才能形成螺旋角，沿轴线方向才能有物料输送。有的厂家生产的剪切元件各捏合盘连在一起，其错列角是固定的，不能改变，但可以有不同值，常用的有 30°、45°、60°、90° 等; 如图 6-18 为不同错列角的剪切块，包括正向剪切块、中性剪切块和反向剪切块。

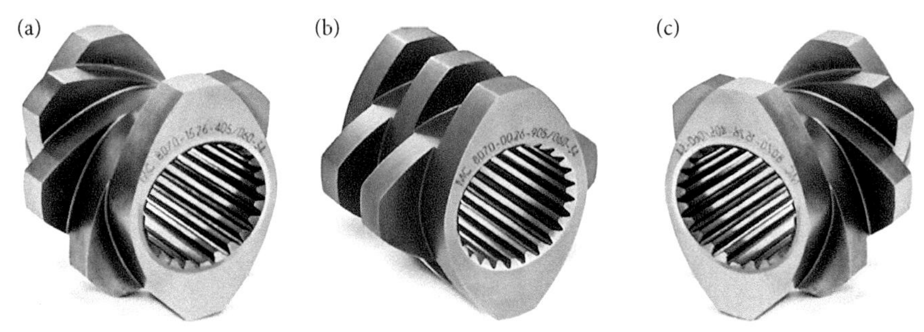

图 6-18 不同错列角的剪切元件

(a) 正向剪切块；(b) 中性剪切块；(c) 反向剪切块

不同的错列角大小对螺杆剪切块输送（漏流）的影响有所差异，一般来说，错列角越大，两相邻捏合盘之间的开口越大，在这些开口中发生漏流就越容易。在错列角角度小于 90° 的剪切块中，错列角变得越大，会使剪切块的输送能力相应减小，螺槽的充满度和物料在其中的滞留时间也会增加。在错列角形成反向输送的剪切块中，错列角越大，输送的阻碍越小。

剪切块的厚度主要指构成剪切块的单个捏合盘的厚度。剪切块能够提供分散混合和分布混合，这两种混合的相对强度，除了与捏合盘间的错列角有关外，还取决于每个捏合盘的厚度。若忽略可能的温升和剪切对黏度的影响，盘厚增加将导致单位混合长度上分散混合比例的增加，分布混合比例减少。图 6-19 示意出相同错列角，不同盘厚的剪切块对分散混合和分布混合的影响。

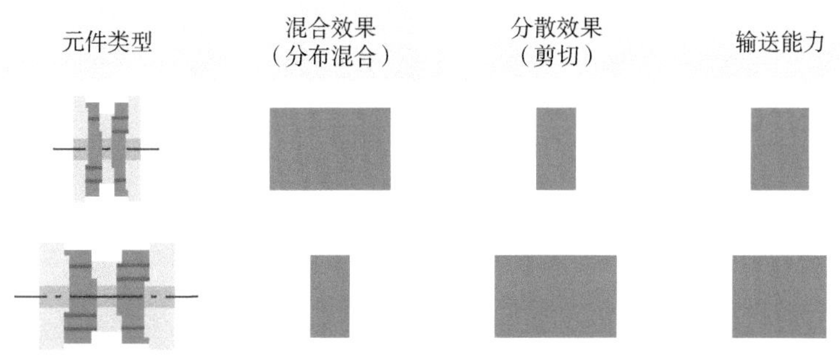

图 6-19 不同厚度剪切块对混合的影响

剪切块的命名规则：（三头）K（或 KB）角度 / 片数 / 长度方向（D）。比如 K45°/5/56，K 指片状剪切块，45° 指片拼成的角度，5 指共 5 片，56 指长度为 56 mm，则螺棱宽度为 56/5=11.2 mm。通过剪切元件厚度、角度、方向的不同组合选择，可以获得不同剪切强度和分散分布混合效果的螺杆效果，如图 6-20 所示。

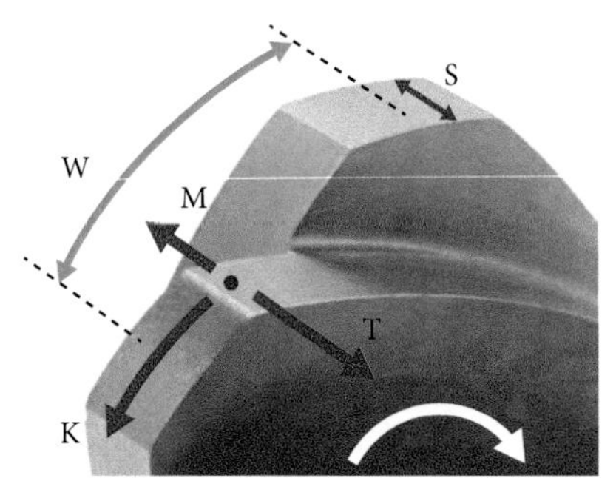

W:阶梯角(升角),30°,45°,60°,90°;
S:碟片厚度;
T:涂料输送能力;
M:物料分布能力;
K: 物料分散(Shering)能力

图 6-20 剪切元件参数对工艺条件的影响

3）混合元件

混合元件一般为齿状，其结构能够起到扰乱料流的作用，加速物料的均化。混合作用随齿数增多而增强。其主要有 TME（Toothed Mixing Element）、ZME（Zester Mixing Element）、SME（Screw Mixing Element）3 种基本类型，如图 6-21。

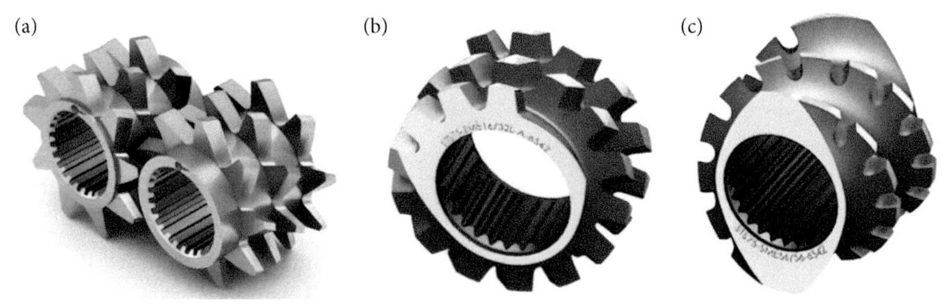

图 6-21 混合元件

(a) TME; (b) ZME; (c) SME

TME 齿形混合元件用于材料的熔化和捏合部分，一般有两种类型，前齿和后齿，可配一个正齿和一个倒齿。它也可以与两个或三个前进盘串联使用。交错齿形可使物料分流塑化，但输送能力较弱。齿形混合元件有利于分散和分布混合，能耗正常。组件选择可以有多种组合，可以在实施重新校正过程中不断优化。

ZME 刮刀状混合元件具有非常弱的反向输送能力，很强的分散性，功能基本与 TME 元件一致，但具有自清洁功能，缺点是安装比较麻烦。它是在单头反螺纹套筒的螺纹边缘开一个正齿槽而形成的构件。槽间形成交错角，导程小，材料在螺旋槽内连续切割和拉伸，形成揉捏。此螺纹原件的能耗最高，谨慎使用。

SME 螺旋混合元件是在传统的正向输送单元开几个反向的浅回流槽。物料输送时，螺旋边缘的许多浅槽形成多股回流，增加了分散和分布的能力。该元件产生的剪切热很低，并且 SME 元件的能耗是几种螺杆混合元件中最低的。选用原则：通常放置在双螺杆熔融段和挤出段，在全螺杆整体低剪切整体格局中 45° 或 60° 捏合块之间，适当增加熔体的分布和分散。

齿形元件是一种提供分布混合的高效混合元件，在螺杆的非啮合区，它可以对物料进行分流，增强界面的再取向，提供最小的能量输入，有利于分布混合，产生较低的熔体温度；在啮合区，它可以对料流形成垂直于流动方向的剪切，也有利于分布混合。如果两根螺杆上的齿形盘元件间的间隙很小，因相互间的相对速度很大，会产生很高的剪切速率，也对分散混合有所帮助。

4）特殊螺杆元件

近年来，双螺杆挤出机向着高转速、大扭矩、更高的熔融塑化效率、更优的混合质量、更低的能耗方向发展。面对这些要求，已有的传统双螺杆挤出机的螺纹元件很难满足，必须对其进行改造。为此，国外知名的双螺杆挤出机生产厂家和研究单位，除了对传动系统进行改进升级外，也致力于研究开发熔融塑化效率高、混合性能好、能耗低、适用于高速挤出的非传统新型螺杆元件，并取得了一定进展。

六棱柱（FTXPolygon）元件。六棱柱元件，如图 6-22 所示，为正方六棱柱扭转一定角度而成，使用过程中需要成对使用，且有特定的相位要求。该元件的啮合区在运动过程中速度恒定，能够连续分割料流，从而实现物料的熔融与混合。对比普通捏合块，六棱柱元件能够提供均匀的剪切、压力以及温度，有效地避免局部过热等问题。受其独特结构的限制，该元件外径较小（75 机标准 71 mm，FTX 59.6 mm），元件与螺筒、元件之间的间隙较大，施加于物料上的剪切速率较小，对于分散混合效果要求高的体系无法使用，同样自洁性差，存在熔体长时间滞留降解的风险。

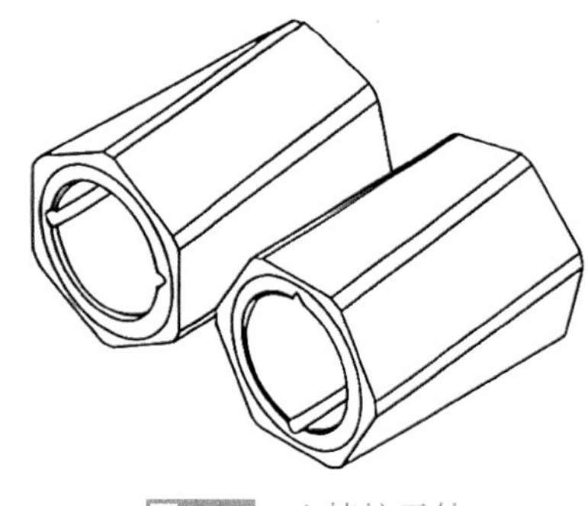

图 6-22 六棱柱元件

非啮合开槽多过程混合（non-intermeshing mult-process element）元件。非啮合多过程结构特殊元件如图 6-23 所示，在使用过程中需要在其上游配合常规的正向啮合输送元件，提供物料输送以及建压能力，下游配合反向啮合输送元件，形成阻力，提高物料在元件内部的充满度，以实现更好的混合效果。NI-MPE 元件在两根螺杆上的构型不同，一根螺杆上的螺纹右旋，螺棱上开左旋圆弧槽，另一根螺杆上的螺纹左旋，螺棱上开右旋圆弧槽（圆弧与元件底径相切）。该元件在运动过程中能够产生强烈的循环流动效果，物料发生分流 - 合并的次数非常多，且停留时间延长，具有很强的分布混合能力。

扭曲捏合元件（twist kneading disk，TKD）如图 6-24，是一种结合了普通捏合盘元件与混炼转子特性的新型混炼元件。元件的多个捏合盘体的前表面侧的顶点与后表面侧的顶点相互连接，捏合盘的尖端能够对物料进行充分的压缩和剪切，促进物料的分散，同时物料也能够通过错列盘顶尖之间的间隙，实现分布混合的效果。由于该元件的结构特性，其直径相对于普通元件会小很多（75 机标准 71 mm、TKD 66 mm），较小的直径以及独特的结构，能够实现低温、低能耗挤出。随着盘体厚度以及错列角的增加，元件的分散和分布混合能力增强。

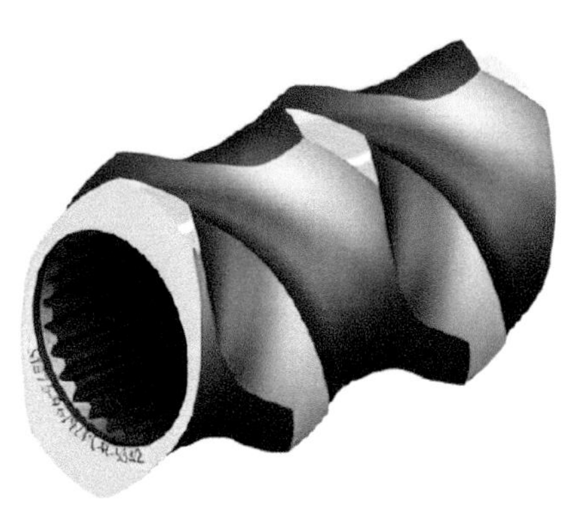

图 6-23 非啮合开槽多过程混合元件

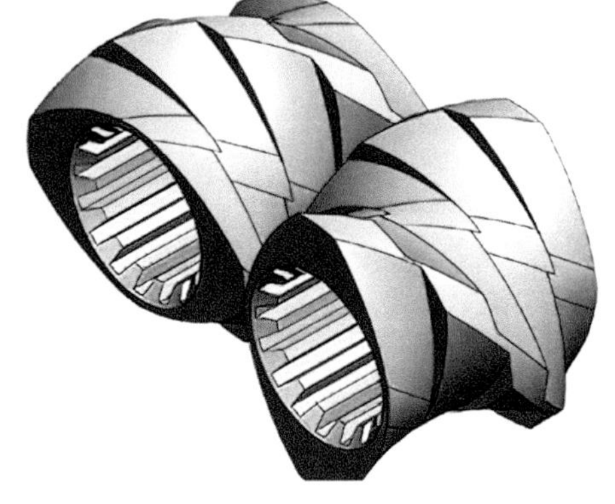

图 6-24 扭曲捏合元件

驼峰元件。驼峰元件的轴向轮廓如同驼峰一般，如图 6-25，一根驼峰元件的螺棱扫掠另一根驼峰元件的螺槽，具有自洁性。对比通过相对运动原理导出的螺棱宽度发现，驼峰元件的螺棱宽度介于双头螺纹元件与单头螺纹元件之间，这揭示了驼峰元件相对于双头输送元件螺棱表面的高剪切区更小，且建压能力优于双头输送元件，并且驼峰元件独有的轴向回流特性还能够提供良好的轴向混合能力。（该元件常作为输送元件在计量段使用）

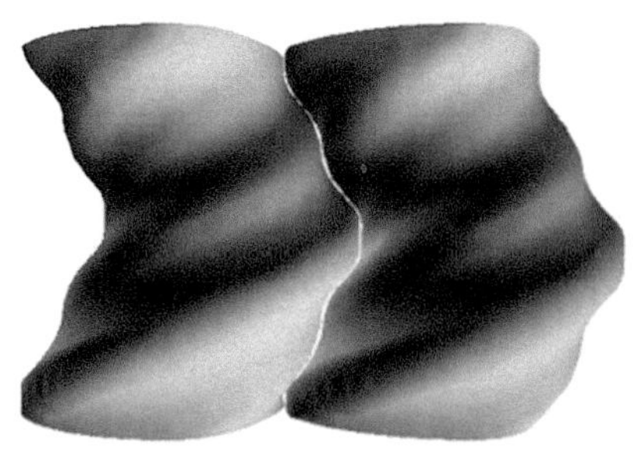

图 6-25 驼峰元件

非对称型混炼元件（farrel asymmetric modularmixing element，FAMME）是最早应用的混炼元件，如图 6-26 所示，后面国内学者在其基础上开发出了新型“S”型元件，即大螺棱间隙、小螺棱夹角，并提高了双楔形区（螺杆推力面与机筒内壁之间的楔形区、啮合区内的楔形区）内的拉伸流动以及松弛区内的松弛作用。物料在跨过楔形区的过程中会受到螺棱与螺筒之间的剪切，从而发生熔融和混合；同时在两螺杆相接处具有“V”字形的压力分布，即正向元件产生反向流动，反向元件产生正向流动，产生了强烈的轴向分布混合。螺棱与螺筒之间的大间隙避免了局部过热的问题，使剪切更加均匀（对于高黏体系具有优异的分布混合效果）。

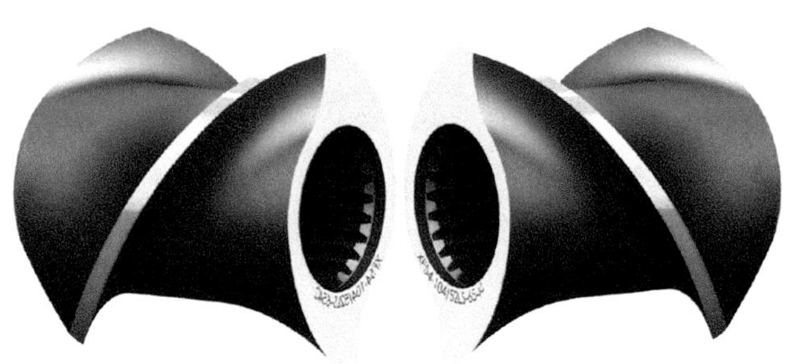

图 6-26　非对称型混炼元件

6.2.2　挤出机理论

6.2.2.1　固体输送理论

Darnell 和 Mol[3] 提出的单螺杆输送理论是研究挤出机输送本质最早的理论，文章提出的主要观点是发生在单螺杆螺槽中的固体输送动力均是基于摩擦拖拽下的固体输送物料在挤出机中向前输送的运动和受力，分析如图 6-27 所示。

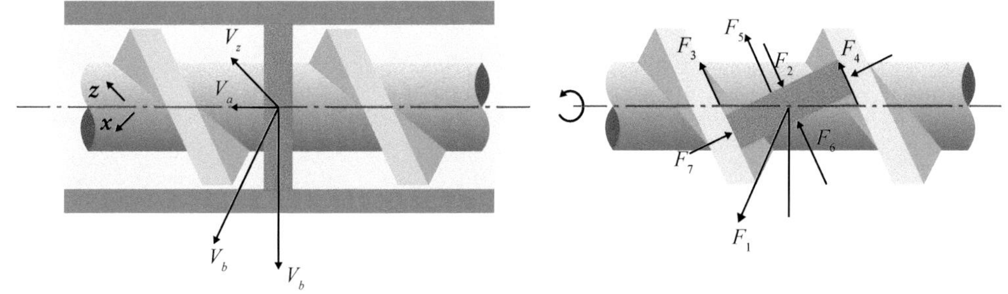

图 6-27　物料向前输送的运动和受力分析

Darnell-Mol 输送理论的讨论：

（1）固体塞的向前输送的根本原因是固体颗粒与机筒表面的摩擦力及与螺杆表面的摩擦力之间的差异。

（2）当 $P_1=P_2$，F（螺杆）=0，螺纹升角有最大值 $\theta=45°$，实际上 $\theta<45°$（螺纹升角和摩擦系数、螺杆几何参数有关），资料显示 $\theta=20°$ 固体输送量最大。

（3）该理论揭示了单螺杆固体输送的形成机理和运动特性，限于实验条件和计算

条件，该理论与实际情况存在偏差。（Darnell-Mol 假设螺槽被全部充满，螺杆机筒间无间隙，固体塞无内部滑移）

Potente[4] 认为在沿螺槽的截面内，不同区域物料的压实程度不同，有的区域内物料呈松散状态，有的区域物料则形成压实的固体塞，固体塞部分的输送机理与 Darnell-Mol 输送理论一致，通过对固体塞运动状态和受力分析得出：

$$G=\pi^2 nHD_b(D_b-H)\rho_s\frac{\tan\phi\cdot\tan\theta_b}{\tan\phi+\tan\theta_b}\left[1-\frac{e}{\pi(D_b-H)\sin\bar{\theta}}\right]$$

式中：G——输送量；n——转速；H——螺槽深度；D_b——螺杆直径；ρ_s——固体塞密度；ϕ——输送角；θ_b——机筒内壁处的螺纹升角；$\bar{\theta}$——平均螺纹升角。

由上式可以看出，输送量和转速、容积率、螺杆直径成正相关关系。

虽然最早的、最完整的固体输送理论是由 Darnell 和 Mol 基于固体摩擦静力学提出，但其存在几项基本假设前提：①塑料在挤出机螺杆中以固体塞形式存在，且流速不变，同时固体塞所受压力只沿螺槽方向变化；②固体塞与螺槽的所有边相接触，而且其摩擦系数与压力无关，只随着温度的变化而变化；③忽略固体塞密度的变化、重力以及螺筒螺杆间隙的影响；④螺杆相对螺筒是静止的，看成螺筒在运动。Darnell 和 Mol 单螺杆输送理论的假设和实际不符合，致使这一理论推算出的结果往往与实际生产有很大偏差。此后也有很多研究人员对此理论进行了修正，其中认可度较大的两个理论是 Chung 提出的黏性牵引理论和 Tedder 提出的能量平衡理论。Darnell-Mol 理论和 Tedder 理论认为，单螺杆挤出机固体输送的性能是由物料与机筒和螺杆之间的摩擦性能决定的。而 Chung 则认为固体床周围的熔体产生的黏性牵附力决定了固体输送的性能。上述三个理论的共同之处在于，都采用了固体塞假设，即将固体输送段的物料看成是密实的，颗粒之间没有相对滑动的固体塞 [5,6]。

朱复华等 [7] 在全程可视化挤出机中观察到在进入延迟区之前塑料颗粒之间几乎都存在明显的相对位移和空隙，甚至出现螺槽未充满的现象。这一现象直到进入延迟段之后才逐渐消失。除此之外还可看到几乎在任何时刻固体颗粒之间都存在亮晶晶的熔体，颗粒间的界限极为明显，越到熔融后期颗粒间的熔体会越来越多。这从另一个侧面证实了固体塞的不连续性和固体塞变形的可能性。他们在此实验观察基础上提出了非塞流固体输送理论。

令人遗憾的是，非塞流固体输送理论提出之后的很长一段时间，国内外无法采用它来处理实际问题，原因在于该理论的复杂性。尽管非塞流固体输送理论的计算精度有较大提高，但产量与压力的计算都没有显式公式，且它本身就是一个非线性的接触问题，公式众多繁杂，需采用有限元法进行计算，这给实际应用带来了很大的困难。

Carrot 等 [8] 对啮合同向双螺杆的几何学进行了研究，并在此基础之上建立了啮合同向双螺杆挤出机固体输送的模型。他们认为啮合同向双螺杆挤出机的固体输送存在两种机理，即上啮合区沿螺杆轴线方向的正位移输送和螺槽区的摩擦拖曳输送。刘廷华 [9] 运用全程三向可视化挤出机做了大量实验，将固体输送段分为啮合区正位移输送和侧螺槽区的散粒体态摩擦输送，其中，啮合区的正位移输送量的表达式：

$$Q_S = \frac{1}{4} nTD^2 \rho_c \varepsilon \left[(2-\rho_c)\frac{\alpha}{2} - \alpha\rho_c + 2\sin\alpha \right]$$

式中：Q_S——啮合区的固体输送率；n——螺杆转速；T——导程；D——螺杆外径；ρ_c——中心心距与螺杆外半径之比；ε——螺杆填充度；α——螺顶角。

由上式可以看出，啮合区的固体输送量仅与螺杆几何参数、转速、填充率有关。

无论是经典的单螺杆输送理论还是双螺杆输送理论，都无法精准计算出准确螺杆挤出机工艺参数，但是其共同揭示了输送效率的本质，是受螺杆的容积率、节距（导程）、物料的堆积密度、动态摩擦系数、螺杆转速、物料填充度的综合影响，如图 6-28 所示。

图 6-28　输送效率

如何最大发挥挤出机的经济效益和挤出机的喂料能力是分不开的。堆积密度越低，意味着物料中的空气含量越高，对于螺杆输送物料的过程，实际上就是在搬运同一体积下的物料向前走，堆积密度降低，意味着输送能力的下降。大量颗粒、粉体被压缩并转变为熔体时，剩余包含的空气被释放，这种空气离开挤出机内部的唯一方法是向挤出机尾部逆流，逆流的空气阻止粉体的继续喂入，当逆流压力 / 速度超过某一临界值时造成粉体的返料，当螺杆横截空余面积越来越小或物料填充度接近 100% 时，空气逆流速度 / 压力越大，此时转速的提高反而可能会对喂料量有负面影响，这是因为速率溢流点随着速率增加而降低，即转速越高，喂料流化得越多。前面提到摩擦力是影响物料输送的关键，输送效率与“动态”摩擦系数成正比，螺筒摩擦系数越高，输送效率越高，物料在挤出机熔融混炼过程中出现的和螺筒摩擦力的变化也会影响其输送效率，此外不同的螺杆组合、结构也会影响其“动态”摩擦系数[10-12]。

6.2.2.2　熔融理论

被压缩的聚合物固体粒子，包括固体颗粒料、粉状料、珠状或者片状料的熔融，在聚合物加工中是最重要的基本阶段。在这一阶段，被压缩的固体物料由室温或加料温度提高到设备的出口温度，其能量来源主要是螺筒的外部加热和螺杆内部的剪切摩擦热，而对于 PBAT 塑料的加工过程，螺筒的外部加热方式提供的热量仅仅只占物料熔融能量的 30%，而 70% 甚至更多的熔融能量是来自于螺杆旋转的剪切摩擦热[9, 13]。

塑料熔化过程是由加料段送入的物料在向前推进的过程中同已加热的机筒表面接

触，熔化即从接触部分开始，且在熔化时于机筒表面留下一层熔体膜，若熔体膜的厚度超过螺棱与机筒间隙时，就会被旋转的螺棱刮落，将积存在螺棱的前侧，形成旋涡状熔体池，而在螺棱的后侧则为固体床（又称固体塞），如图 6-29 的熔融模型所示。随着螺杆的转动，熔膜开始沿着螺杆表面流动。与此同时，熔膜也开始出现在螺槽区的机筒内壁处和啮合区处两根螺杆之间的位置。机筒内壁出现熔膜是由于机筒壁面恒定热流密度的加热所导致的物料熔融，啮合区处出现的熔膜主要来自于两根螺杆之间狭小间隙的黏性耗散生热。熔化的聚合物熔体在螺杆转动的作用下继续流动，首先是流经螺棱表面，然后沿着机筒内壁反向流动，在螺槽内形成环流。

由于螺槽深度逐渐变浅，固体床被挤向内壁，这样在加热器和剪切热的作用下，随着物料沿螺槽向前移动，固体床的宽度就会逐渐减小，熔池逐渐变宽，直到固体床全部消失，即完全熔化。熔融作用均发生在熔膜和固体床的界面处，从熔化开始到固体床消失这段区域，我们称为熔化区长度，即熔融段。

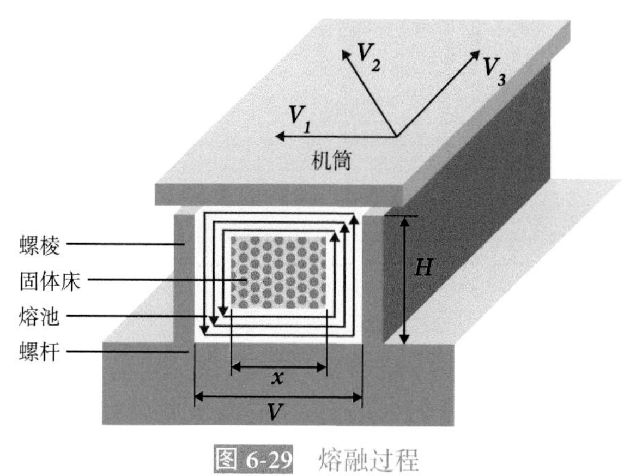

图 6-29 熔融过程

从以上熔融模型可知，在挤出过程中，加料段内充满了固体料，熔融段内固体料和熔融料共存，且固相和液相间有一定界面，直至固体床宽度消失，也就是说塑料的整个熔融过程是在螺杆的熔融区内完成的。还可看出，在这一过程中固体床宽度沿螺杆方向变化的规律，并为数学解析式提供了重要依据。显然，如果固体床厚度减小的速率低于螺槽深度减浅的速率，则会出现固体床堵塞螺杆现象，使挤出料流产生时断时续的波动，因此选择合理的螺杆参数十分重要。

同时梁畅等 [14] 还就螺杆转速对黏性耗散生热的影响做了研究。图 6-30 展示了螺杆转速的提高对黏性耗散生热的影响。可以看到，随着螺杆转速的提高，黏性耗散生热也有了显著的增大，当螺杆转速从 100 r/min 提高到 200 r/min 时，黏性耗散生热量提高了近 3 倍，与此同时，黏性耗散生热在熔融过程中的热量供给的百分比也呈现线性增加。当螺杆转速提高 1 倍时，黏性耗散在系统热量中的百分比从 10% 提高到 30%。从图 6-30 中可以明显地看到，随着螺杆转速的提高，黏性耗散生热量在熔融所需能量中的百分比是线性增长、剧烈升高的。

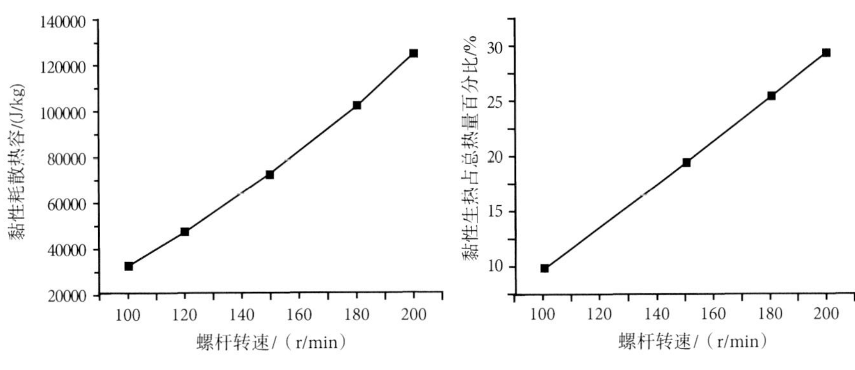

图 6-30　黏性耗散热和螺杆转速的关系

双螺杆挤出机的理论除了固体输送理论、熔融理论，还有其他比如熔体输送理论、分散分布理论。熔体输送理论和固体输送理论类似，都是基于摩擦力的本质和双螺杆啮合区的正位移对物料进行输送；分散分布理论相对复杂，文献著作中大都结合实际的螺杆组合讨论对比分析，在实际塑料加工过程中，螺杆组合千变万化，材料要求各不一样，需要结合理论和实践经验，选择设计合适的螺杆组合来满足物料所需的分散分布性能。

6.2.3　螺杆组合设计

双螺杆挤出机的螺杆设计一般由加料段、固体输送段（压缩段）、熔融塑化段、混合段、排气段、熔体泵送段（计量段）等功能区段组成，如图 6-31 所示。各功能段需要由相应的螺杆设计来实现其功能。

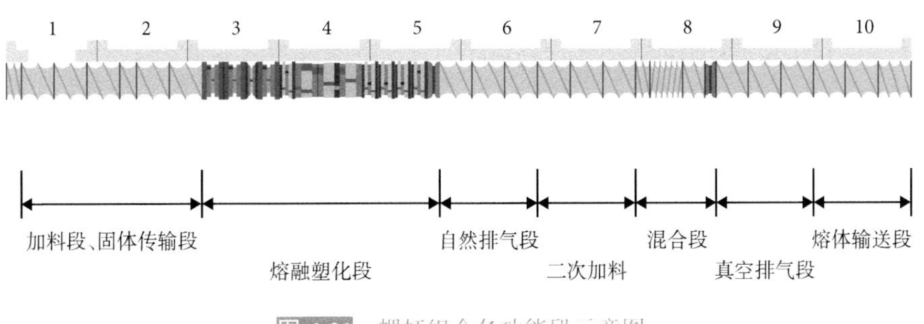

图 6-31　螺杆组合各功能段示意图

6.2.3.1　加料段的螺杆组合

此处所指的加料段，是指第一（或主）加料口下方所对应的螺杆区段。加料段和固定输送段的长度一般控制在 4*D*（*D* 代表螺杆公称直径）左右，该段的主要作用是能顺利地、多适应性地加入物料，包括能适应各种形状的粒料、低堆积密度粉料、含有纤维状添加组分的物料的加入。在加料段的第一个或者前两个螺纹元件，适合用小导程右旋输送元件，以达到密封和防止物料进入螺杆尾部甚至尾漏现象发生，在加料段，大导程输送元件、单头输送元件以及 SFV 等特殊的螺纹元件用在此处可获得最大的加料能力。

6.2.3.2 固体输送段的螺杆组合

固体输送段的功能就是把加入的固体物料沿螺杆向挤出方向输送，其输送原理为正位移输送和摩擦拖曳输送。在固定输送段，随着螺杆的旋转，固体物料沿螺杆向口模的方向输送，同时在这输送过程中将松散的粉状低堆积密度物料压实或提高粒状物料在螺槽中的充满度，并对物料进行预热，以利于物料在下游的熔融塑化。提高该段物料充满度的方法是改变导程，使导程由大到小，这是当前最流行的组合式双螺杆采用的方法。应当注意的是，对于低松散密度的物料，在组合不同导程螺纹元件时，一般不会出现太多的问题；但若加入的是颗粒料，则有可能在变化时导致挤出机过载，一定要根据实际情况来确定螺纹元件导程变化的程度。如图 6-32 表示出了导程变化对充满度的影响。

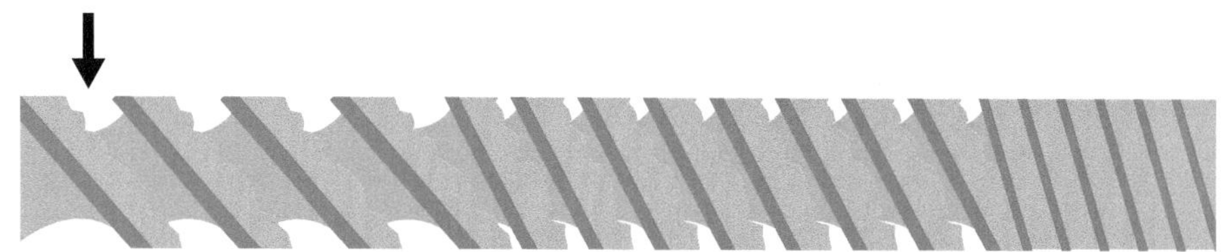

图 6-32 导程变化对充满度的影响

6.2.3.3 熔融塑化段的螺杆组合

物料在经过加料段和固定输送段后，物料在螺杆里的充满程度已经达到较高的水平，在外部热量和内部剪切热的影响下，塑料逐步开始熔融，至熔融塑化段末端，物料基本上完成了熔融塑化过程，为下一步的分散混合或者分布混合打下基础。熔融塑化段的长度控制在 8*D* 左右，通常情况下在熔融塑化段要避免连续使用超过 4 个以上的剪切块或者两个反向螺纹元件进行连用，避免产生过量的剪切热，从而造成部分低耐热的组分出现分解。为了避免在熔融塑化区产生过高的温度梯度，可将剪切块和正向输送螺纹元件相间组合，使总能量的输入以一定的顺序在固定的轴向长度分布开来，如图 6-33 所示。

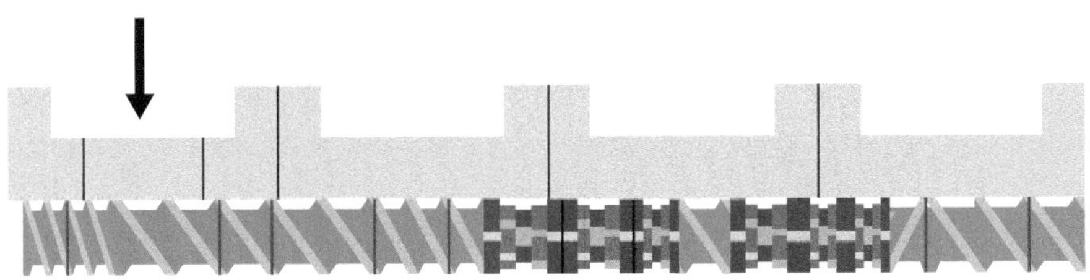

图 6-33　典型的熔融段螺杆构型

设计熔融塑化段螺杆组合时必须考虑配方各组分物料的熔点、熔体黏度及塑料在固体状态时的形状。如果配方中含有大量的低熔点的成分，由于低熔点的成分会先熔融，且其黏度较低，这导致配方中高熔点的成分被已经熔融的低熔点成分包围，导致剪切应力很难传递到高熔点的成分上，容易出现高熔点成分塑化不良的异常。针对上述情况，在设计熔融塑化段螺杆组合时需要加强该段的剪切能力，同时结合加热器的温度设定来保证高熔点成分的熔融。如果配方中树脂为粉状，由于粉状的比表面积大，容易吸热，塑化难度低，可以适当降低熔融塑化段的剪切强度。

研究发现，对于某些塑料，和双头剪切块进行对比，三头剪切块具有更小的容积率和更浅的螺槽深度，在其他相同条件下，使用三头剪切块会更好地实现熔融。而采用标准的双头正向和中性剪切块时，剪切块中的漏流缩短了物料在高剪切区的环流，熔融不彻底。反向螺杆元件除了前述的缺点外，其所产生的压力梯度对物料黏度的敏感性要大于三头剪切块。所以，三头剪切块可以塑化具有宽黏度范围的塑料。

6.2.3.4　混合段的螺杆构型

混合是双螺杆挤出机的一个最重要作用，对含多种成分的多相混合物体系而言，希望通过混合使各组分的微观颗粒尺寸减小至适当程度并将其均匀分布，因而混合段的螺杆构型设计具有非常重要的意义。由于在共混加工过程中存在两种混合：分散混合和分布混合。分散混合是指通过外力使材料的粒度减小，并且使不同组成的原料分布均一化，其既有粒子粒度的减小，也有位置的变化。分布混合是指通过外力使材料中不同组成的原料分布均一化，但不改变原料颗粒大小，只是增加空间排列的无规程度，并没有减小其结构单元尺寸。

在设计混合段螺杆构型时，首先必须明确混合段是以哪种混合方式为主。分散混合和分布混合的螺杆构型有很大的区别。填充共混产品一般需要将填料的粒径分散到越小越好，这类产品的混合段的螺杆构型应当以分散混合为主。玻璃纤维增强共混产品一般需要保证玻璃纤维在粒子中的保留长度，应该以分布混合为主。合金共混以及配方中含有较高比例的液体组分时，混料段的螺杆构型也应当以分布混合为主。分散混合最常采用的螺纹元件为不同类型的剪切块，根据物料所需的分散混合的程度来设计。分布混合最常采用的螺纹元件为齿形元件和薄剪切块，由于混合段物料黏度相对较低，为了保证混合的效果，在设计时可根据物料的特点采用高效混合元件，如TME、ZME、SME 等。有些物料可能从挤出机的中段或后端加入，如玻纤、液体（大剂量添加）、填料、阻燃剂等等，此时混合段也承担着更多的分散混合功能，要根据物料最终的要求控制剪切强度，同时还可通过低剪切高混合能力的混合元件达到均匀的分布混合效果。

在某些情况下，熔融塑化段和混合段并没有很明显的界限。在熔融塑化段，物料中的各物质的初级粒子尺寸发生急剧下降，从初始毫米级的宏观粒子或粉末很快减少到熔融结束后的几十微米。在初始混合阶段之后，物料中的较大颗粒在剪切作用下，尺寸进一步减小到最终的原生粒子级。与熔融段对共混物形态结构的影响相比，熔体输送段对混合的影响较小。因此啮合同向双螺杆挤出过程的熔融阶段也就是混合开始的阶段。因而，应当把熔融段和混合段的螺杆构型统一起来考虑。并非所有物料经过熔融段都可完全熔融，所以熔融段和混合段也没有明确的界限。

6.2.3.5　排气段的螺杆构型

由于塑料在合成造粒阶段，小分子低聚物没有完全脱挥干净；同时共混中会使用大量的填料，填料在生产过程中夹带大量的气体以及在共混过程中在热氧作用下物料会部分分解，释放部分挥发物。因此，挤出机的整个螺杆构型中，必须要设计排气段或者脱挥段。排气原理和典型的排气段的螺杆组合，如图 6-34 所示。图 6-34(a) 所示在共混生产过程中，气体是通过扩散从塑料熔体中分离出来，分离的气体应该处于熔体的外表层才能够被脱除干净，因此影响排气效果的因素包括物料停留时间、熔体黏度、熔体层的厚度、熔体界面更新频率以及压力差。停留时间可以通过多个排气口以及长的脱挥区进行调节；熔体黏度可以通过螺杆构型提供的剪切强度调节；熔体层厚度可以通过调节熔体在螺槽里的充满程度。一般来说，排气段螺槽的充满系数低于 40%；熔体界面更新频率可以通过强力的分布混合以及高的螺杆转速调节；压力差可以通过双螺杆挤出机的真空系统来调节，在共混加工过程中，排气段所需的真空度为小于 –0.08 MPa。

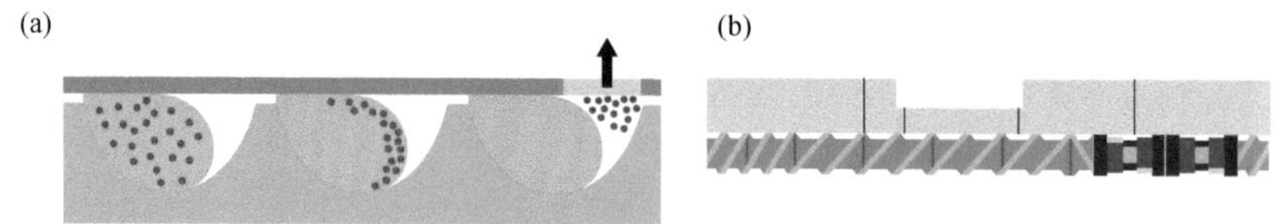

图 6-34　螺杆组合排气段

（a）排气原理；（b）典型排气段的螺杆构型

图 6-34(b)是典型的排气段螺杆构型，一般在排气口上游的螺杆上应设置密封元件，常用反向输送元件或者反向捏合块，将熔体密封，以建立起高压。反向输送元件的密封效果优于反向捏合元件的密封效果，大导程的反向输送元件的密封效果要强于小导

程反向输送元件的密封效果。在排气区，即与排气口对着的螺杆区段，应使物料在螺槽中充满度较低，并与大气或真空系统相通，尽量增加物料在大气或真空系统中的暴露面积和暴露时间。在排气区则应采用大导程螺纹元件，以形成低充满度和薄的熔体层，使物料有可暴露的大自由表面和较长的停留时间，以利于排气，也有资料建议在排气区若采用多头小导程螺纹元件，会有利于可暴露自由表面的不断更新，加长物料停留时间，有利于排气。需要注意的是，在进入排气口之前，包括树脂、玻纤、填料以及其他组分需均匀的熔体，需充分分散润湿，否则容易产生冒料现象。排气段一般连接真空系统，真空系统由真空泵、真空压盖、真空室和相关管道组成。常用的真空压盖有三种，根据物料的黏度特性来选择真空压盖保证排气效果。在塑料合成造粒加工过程，由于从反应釜出来的产品可挥发成分含量很高，挤出机的螺杆通常设计多个排气段用于脱挥，这种挤出机可称为脱挥挤出机。在共混加工过程中，如果一个排气段不能满足脱挥的要求，可以配置多个排气段和多个真空系统来加强脱挥效果。

6.3 放大设计

6.3.1 工艺设计原则

量产工艺工作的前提和设计原则需要我们做到以下几点：熟悉生产车间的机台配置及布局，长径比、混合设备、计量秤、切粒机、在线混色等。在保证有效及稳定的前提下，设法降低员工劳动强度，并减少一切可能会出现的因人的因素造成的错误。了解原材料物性及外观状态，如颗粒或粉体、堆积密度、熔点、燃点、流动性等。在介绍了双螺杆挤出机常用的螺纹元件的类型、功能、设计及适用于各种功能的局部螺杆构型之后，则需要讨论整根螺杆的构型设计。在进行螺杆设计之前，需要弄清楚以下几个问题：

（1）混合作业的目的，最终制品的配方和加入双螺杆挤出机进行混合时各组分的形态、加工性能和配比。不同塑料、不同添加组分和配比对双螺杆挤出过程的要求是不同的，因而选择的螺杆元件和机筒组合就会有差别。

（2）必须对各种螺杆、机筒元件及局部构型的结构、工作原理和性能、应用场合有较全面深入的了解，否则就不能进行正确的选择。

（3）对加料方式、加料顺序等有无特殊要求。在很多情况下，为了达到预期的混合目标，并不总是把参与混合的塑料及添加剂一起由第一个加料口加到挤出机中去，有时要根据物料的加料特性、输送、熔融和混合特性、混合物中各组分应达到的最终混合状态，在挤出过程的不同阶段，在螺杆轴线的不同位置，将塑料或添加剂按一定比例分数加到挤压系统中，这就涉及需要设置几个加料口，是否需要侧加料口和液体添加剂注入口的问题，而这对机筒的选择和整根螺杆的构型设计会有很大影响。

（4）如果挤出过程主要是实现分布性混合，如混合理论所述，其关键变量是应变，则整根螺杆构型除能提供足够的应变外，还应使物料在螺杆中流动时不断的重新取向（或不断调整其流动方向），使其与剪切方向成45°。根据研究和实际经验，在进行螺杆构型设计时，为了获得大的应变，并非剪切元件数量越多越好，而应在剪切元件之间引入混合元件，以使由剪切元件流出的物料截面无规划，这样可以在增加很少或不增减剪切的情况下获得大的界面增长，从而实现良好的分布混合。

（5）如果挤出过程中重点在于分散性混合，将某些组分的粒径减小到所希望的值，则螺杆构型的设计与前面就有所不同。分散混合的关键变量是应力，只有能提供大的剪切力，才能使结块和液滴破裂。这就要在螺杆中设置高剪切区，而且要使物料多次通过这些高剪切区。高剪切区最好设置在物料的熔融阶段，这是因为每通过一次高剪切区，界面与剪切方向不同，可能得到最大的剪切效果也不同，这和物料在开炼机中通过次数越多，分散混合越好一样，故在此时实现高剪切，分散效果最好。

综上所述，螺杆组合是双螺杆挤出工艺的关键环节，在工艺设计如图6-35时应综合考虑配方、物料特性、混合要求、设备特点、操作条件、材料性能等要求，缺一不可。

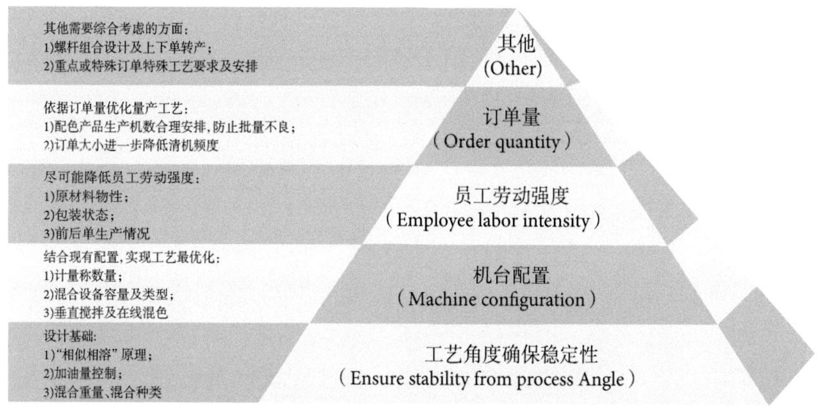

图6-35　量产工艺的原则

在PBAT塑料加工中，加工目的主要是使配方物料树脂与树脂、树脂与填料之间均一混合，如何获得优异的塑料制品与其混合效果息息相关，而加工工艺对PBAT塑料混合效果的优劣可以通过三个方面综合评价。分别是分散混合效果（D）、分布混合效果（D）、加工过程的稳定（S）如图6-36，分散混合评价的是加工工艺对各种配方物料打散大块及团状物效果的优劣，分布混合评价的是加工工艺对小颗粒物料在树脂基体中均匀分布的优劣，而加工过程的稳定是评价加工工艺在大量长时间量产时保证物料分散、分布状态合格稳定的优劣。

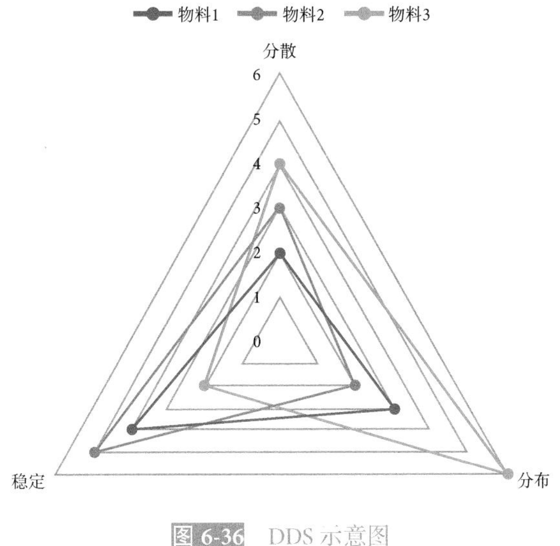

图 6-36　DDS 示意图

通过这三个产品质量维度来对加工工艺的适当性进行综合评价，相较于传统工艺评价手段，DDS 评价体系更侧重于时间尺度上的稳定。在我们大量制造加工实践中发现，我们并不是生产不出合格的塑料产品，而是难以稳定批量生产符合客户需求的产品。这中间当然包括各方面的原因，比如原材料的波动、加工设备状态的异常波动、人为操作手段的波动等等。随着高质量发展大时代潮流的推进，越来越多的客户提出了对产品质量稳定性的迫切要求，甚至产品的稳定诉求高于产品价格、性能等其他要求。作为塑料共混加工中影响产品质量关键的加工工艺，我们需要重新评价其适用性，如何实现稳定制造是我们评价工艺适用性的重要考量指标，也是加工工艺水平不断发展前进的方向。

6.3.2　PBAT 塑料制造产线设计

PBAT 塑料产品的实现高度依赖工艺和设备，配方是设计原材料的最佳组成，通过工艺、设备最终生产出满足客户需求的产品。而工艺是根据配方的特点，通过工艺设计选型，实现配方向产品的转化，设备是在工艺的指导下，通过设备改善和创新实现产品的高效、稳定量产。共混量产工艺流程如图 6-37 所示，主要包括混料、喂料、挤出、冷却造粒、筛分、均化包装，PBAT 塑料制造的重点工艺内容是在混料、喂料和挤出上。

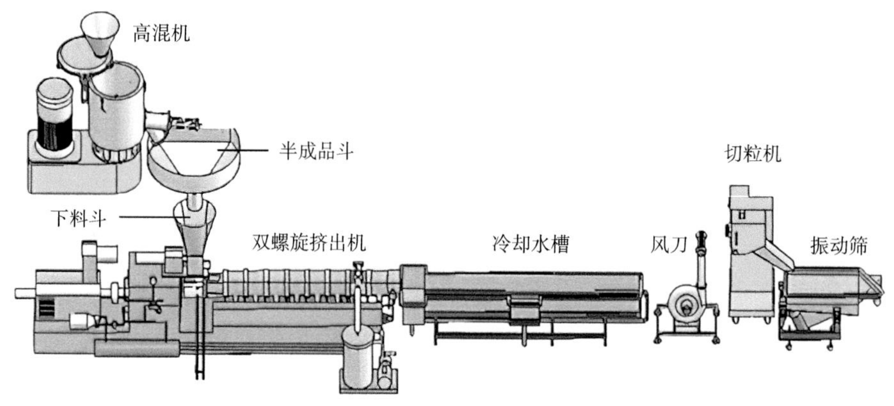

图 6-37 共混量产工艺流程

6.3.2.1 混合设备

PBAT 塑料配方往往比较复杂，物料种类较多，各物料质量分数差异较大，为了使产线设计既保持简便易操作性，又保证产线一定的灵活性，在计量喂料之前我们需要将部分物料进行预混合，通常是将 5% 质量分数下的物料和部分大料一起混合，混合后可以稀释部分添加比例较小的物料，在最终的产品中分散更加均匀，有助于一些特殊物料在挤出机里更好分散。此外预混时通过合适的机数放大，可以有效地降低员工的劳动强度。

那么不同混合设备的选择产生不同的混合效果对产品品质的影响尤为关键，高速混合机如图 6-38 是 PBAT 塑料制造最常使用的混合设备。

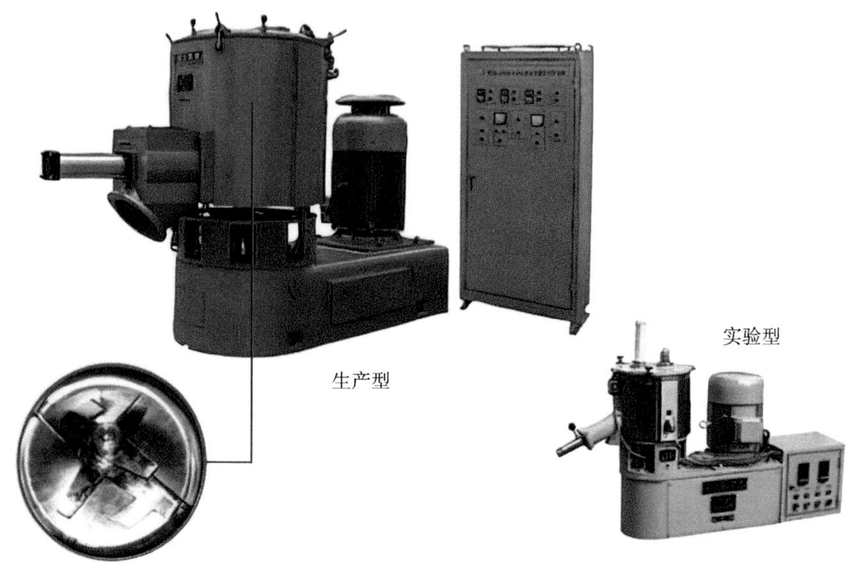

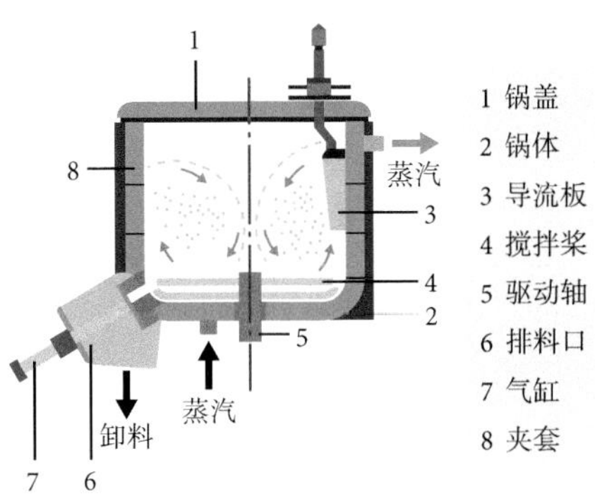

图 6-38　高速混合机

高速混合机组成部分有锅体、导流板、搅拌桨、锅盖、卸料装置、传动装置、底座、控制系统等。其锅体分为内层、夹套、隔热层和外套，夹层中可以通过介质进行加热或者冷却，在部分 PBAT 塑料的配方中，存在少量低熔点粉状物料，而我们的高速混合机在工作过程中会产生大量的摩擦热，混合后的物料会达到 30~50℃，局部甚至会达到 60℃，配方中的低熔点物料会很容易熔融并裹挟住其他物料导致结块，影响配方下料的准确性，可以选择通过夹层的加热或冷却，控制住物料混合时的温度。折流板呈流线形，可以调节物流方向，提高混合效果。高混机的搅拌桨由电机经皮带驱动，按顺时针方向旋转，在桨叶的旋转下，物料在锅体内做多向快速运动，高速混合机的桨叶使物料沿桨叶切向运动，物料沿壁面做上升运动，物料落回桨叶中心，折流板使物料形成无规则运动，并在折流板附近形成很强的涡流。卸料装置由气缸与卸料门组成。

在高混机的工艺参数中，最重要的是高混机的混合频率即搅拌机的转速、混合时间，他们决定产品的混合效率，往往混合时间越长混合频率越高，混合效率也是越好，但是实际是考虑配方中低熔点易结块物料，混合频率混合时间越低越好，但必须保证混料的均匀性。高速混合机的桨叶选择也至关重要，不同的桨叶类型适用不同的物料状态，如图 6-39 是针对不同物料开发选择的桨叶类型。

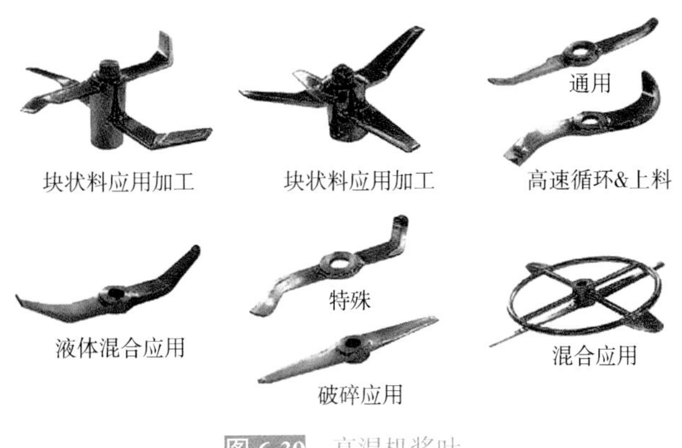

图 6-39　高混机桨叶

低速混合机如图 6-40 适合特殊的产线、配方类型，在加工 PBAT 塑料产品中运用较少，它同样也是由锅体、锅盖、桨叶、传动装置组成。它的工作原理是选择的桨叶使物料沿桨叶切向运动，物料沿壁面做上升运动，最后物料落回桨叶中心循环往复达到混合的效果。它的特点是转速很慢，混合时间长，适合低熔点原料的混合。较于高速混合机，低混机的生产连续性和便捷性都不如高混机，所以在 PBAT 塑料产品用得较少。它适合在喂料量不大的产线中，进行多种大料树脂的混合来弥补产线设计中计量设备的不足。

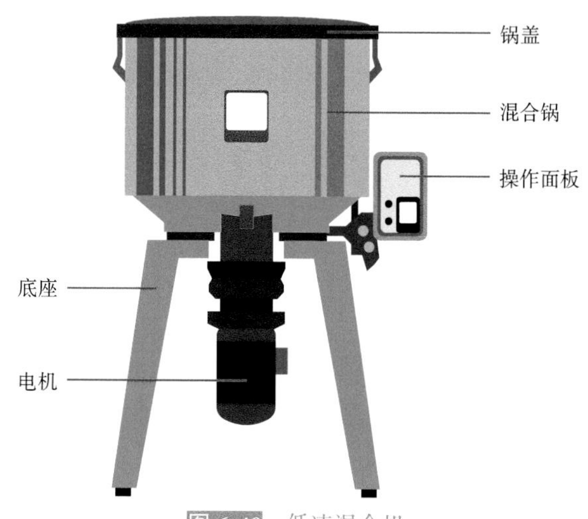

图 6-40 低速混合机

预混机适合多种小料粉体的提前离线混合，在高混机混合投料时，需要将各种高混物料计量分称后投料，通过提前将其中的部分少量粉体精准计量预混合，可以大大提高生产混料效率，提高配方物料比例的精准性。预混机如图 6-41 工作原理是将重力混合与离心混合有效结合在一起预混机罐体以较低速度自转，混料桨叶以很高的速度旋转，并且与罐体的转动方向相反。预混料罐可以在 0~120° 范围内倾斜。

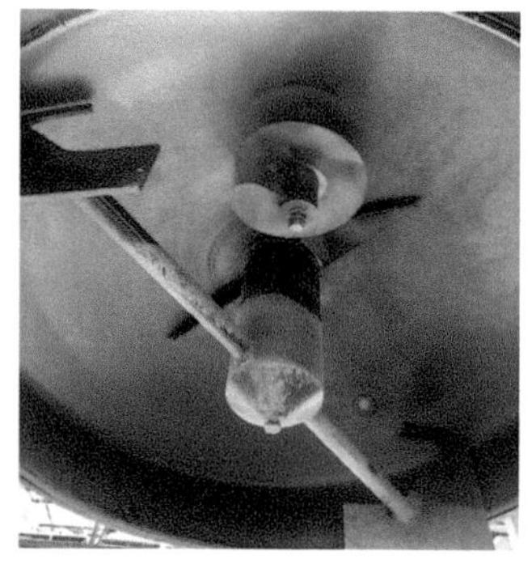

图 6-41 预混机

高剪切混合机如图 6-42，用于混合粉体混合料，用于色粉的稀释。基本不在 PBAT 塑料加工工艺中使用。

图 6-42　高剪切混合机

6.3.2.2　计量设备

计量加料设备可分为体积式计量加料设备和重量式计量加料设备，所谓计量加料，即加料装置给挤压系统加入多少物料，挤压系统就挤出多少物料，挤压系统的挤出量与螺杆转速无关。加料量是挤出过程的一个独立量。其中重量式计量加料设备又有增重式计量加料设备和失重式计量加料设备两种。在实际应用中，可以根据物料的类型、工艺流程的需要选择合适的加料设备。

体积式计量加料设备如图 6-43 所示，结构包括三个部分：调速电机、喂料螺杆和料斗。料斗用于装混合料，调速电机调节喂料螺杆的转速，喂料螺杆把混合料连续、

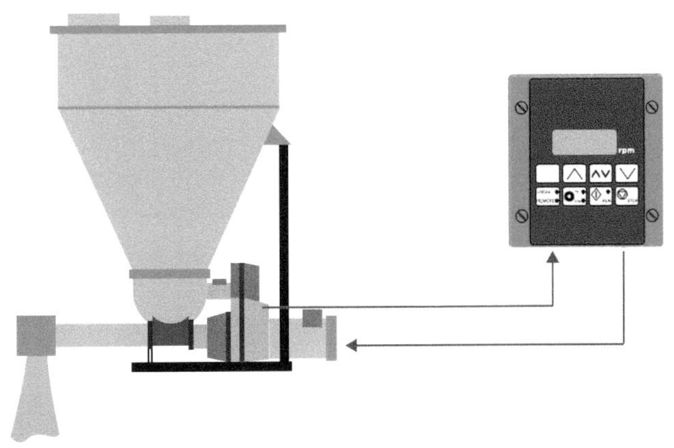

图 6-43　体积式计量加料设备

稳定地加入到挤出机中。体积式加料设备的计量方式采用无级调速的电机，根据喂料螺杆的转速和喂料螺杆大小可以调节喂料量的大小，其中喂料电机既可以选择交流电机，也可以选择直流电机。喂料螺杆有各种各样的类型：单螺杆、双螺杆、实心螺杆、空心螺杆等，可以根据所加物料的形状选择，这在计量称的喂料螺杆中详细介绍。对于某些在加料过程中容易架桥或者分层的物料，在料斗中还设备水平搅拌或者垂直搅拌，保证加料过程的连续性和加料过程中的混合料的均匀性。

失重式计量加料设备简称计量称，是在为了克服体积式加料设备的不足、提高加料精度而发展起来的一种新型计量加料设备，在现代化的大型塑料制造生产线上得到极为广泛的应用。失重式计量称的工作原理和控制流程如图 6-44 所示。重量传感器采集计量称料斗中单位时间内物料减少的重量，并与设定的喂料量进行比较，如果实际减少的重量小于设定值，控制器就增加喂料螺杆的转速，提高喂料量；反之就减少喂料螺杆的转速，从而使物料的实际加入量与设定值接近。因此计量加料的原理是通过物料重量的减少来控制加料量，故称为失重式计量称。从失重式计量称的控制原理可以看出，重量传感器的精确度和采样速度与加料精度息息相关。图 6-44 是重量传感器的工作示意图。从下图可以看出，重量传感器是一种荷重元，荷重元测量整个计量称的重量（包括料桶中的原料），计量称在工作的时候重量会减少，减少的值就是排出的物料的量，在一小段时间内 Δt 的重量的减少量为 ΔG，那么这段时间内的平均喂料量就是 $\Delta G/\Delta t$。如果 Δt 足够小，就可以看作是实时的喂料量。

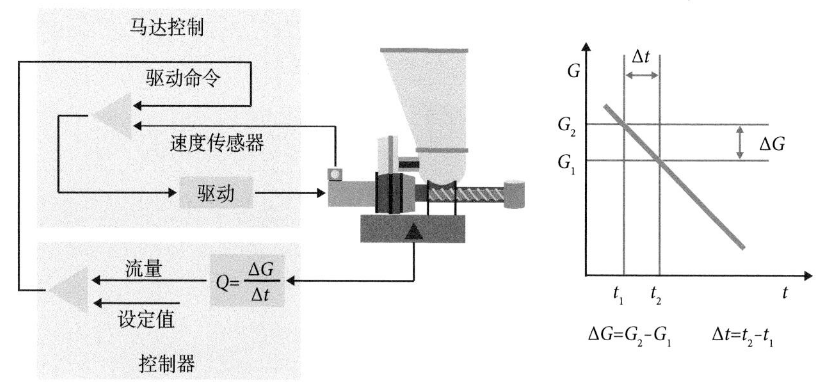

图 6-44　失重式计量称的控制原理图

从计量称的工作原理可知，重量传感器是失重式计量称的核心部件。根据计量称的控制流程图，传感器最重要的性能指标就是测量精度和测量速度。由于计量称工作时重量是不断变化的，要准确测得实际的重量值就要求重量传感器的测量速度极快，计量称的重量稍微有变化时就能及时测到。而我们通常使用的称重组件都是静态称重，测量物放上去后要等一段时间稳定后才能测量准确。这就是为什么普通的测重组件不能用在计量称上，即使它的精度很高。失重式计量称使用的重量传感器一般有模拟传感器和数字传感器两种，数字传感器精度较高。

在塑料制造中，物料的种类包括粉料、粒料以及粒粉的混合料等。每种物料的特性有很大的差别，既有流动性较好的，也有流动性差的，有些物料容易结块，有些物料不容易结块。对于这些复杂的物料，单用一种型号的计量称是无法满足所有需求的，因此需要根据所加物料的类型选用对应型号的计量称。不同的型号的计量称除了重量传感器的型号不同外，对物料喂料情况影响较大的还有喂料螺杆的型号以及料斗的形状。计量称中使用的喂料螺杆分为单螺杆和双螺杆，还有一种分类方法是实心螺杆和空心螺杆。不同形式螺杆的加料性能不同，适用于不同类型的物料。单螺杆可用来喂粉料、粒料、纤维状料、片状料，还可以用来加入部分流动性高的物料、具有黏性的物料。双螺杆除了能喂单螺杆可喂的物料外，还能加入流动性、黏性高的物料，也能加入吸湿性高的物料，并且在加料过程中仍能对物料进行混合。

如图 6-45 是几种常用的双螺杆喂料螺杆。其中图 6-45（b）所示喂料螺杆由螺旋状弹簧和中间轴组合而成，其弹簧和中间轴之间的间隙不固定，在物料阻挡下可适度变化，这样就不易堵塞物料，再加上漏流的效果，该型号的双螺杆的加料效果较好。其中图 6-45（c）（d）所示的喂料螺杆和双螺杆挤出机的螺杆类似，因此，它们的输送计量性能较好，经常用来喂粉体。

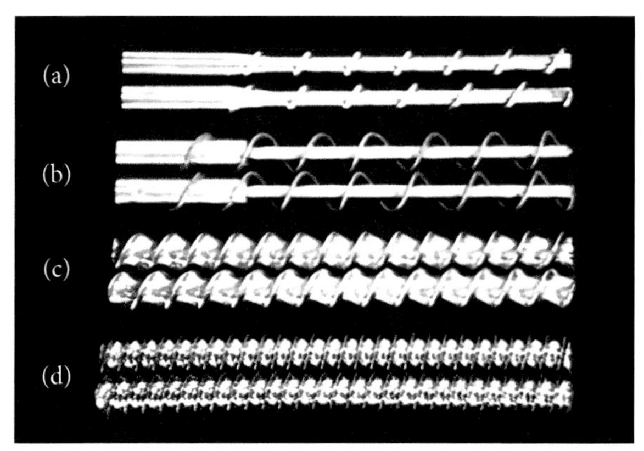

图 6-45　常用的计量称喂料螺杆

失重式计量称是现代化塑料制造生产线上采用最为广泛的计量加料设备。它的主要设备参数包括喂料量范围、重量传感器型号、喂料螺杆的类型、防架桥功能、料斗、电机型号等。喂料量范围是计量称的主要参数，它体现了计量称的喂料能力，这个参数是根据生产线的产量来进行配置的。正常工作时，计量称的喂料量一般不要靠近喂料量范围的上下限，防止喂料精度下降。失重式计量称采用的重量传感器型号包括数字式和模拟式，数字式传感器其测量精度高、反应速度灵敏，而模拟式传感器测量精度没有数字式高。计量称的螺杆有实心螺杆、空心螺杆（也称弹簧）和单螺杆、双螺杆等多种类型，每种螺杆适合加不同类型的物料。防架桥的装置主要包括水平搅拌桨、垂直搅拌桨、拍浆，有些料斗的设计也考虑物料的防架桥功能，例如柔性料斗以及特殊的料斗形状。配有防架桥装置的计量称一般都是喂粉体等一些容易架桥的物料。计量称的料斗主要是形状与容积的区别，料斗一般有 20 L、50 L、100 L、200 L 等不同的规格。另外，计量称都是自动补料的，因此一般都配有气动补料阀来保证料斗里的物料在合适的水平。

6.3.2.3 挤出设备

双螺杆挤出机是 PBAT 塑料制造中最核心最关键的设备，挤出机比扭矩、尺寸型号、长径比、排气侧喂口位置数量、垂直下料口位置、抽真空方式，机头选型等对产品品质、量产影响很大。PBAT 塑料主要共混加工方式有 PBAT 淀粉填充共混，PBAT 矿粉（碳酸钙、滑石粉）填充共混，PBAT 和其他降解材料共混。在购买选用同向啮合双螺杆挤出机时，需要注意以下几点[15]：

（1）购买灵活的高扭挤出机。这是一个革新非常快的行业，有新的想法、新的或改进的原材料，以及新的或改进的添加剂等。PBAT 塑料不同共混配方往往需要适配不同的加工工艺，而较大长径比的挤出机可以实现更多更复杂的工艺条件，满足一机多用的要求。因此，挤出机的设计要确保最大的灵活性，最好购买长径比为 48 ∶ 1 或 52 ∶ 1 的高扭挤出机，如图 6-46 正茂精机高扭挤出机，且需提供多个排气口和进料位置选项。打开或关闭可用的排气口位置，或者从可用的位置添加或卸下一个侧喂料机，都要比在最初购买后再去采购新的机筒或者扩展挤出机容易得多。

扭矩对挤出共混生产工艺影响很大，高扭矩往往带来更低的能耗更高的产能、能实现更低的挤出熔温，这对 PBAT 生物降解材料来说是很重要的，在提高产品性能指标的情况下还能降低制造成本。高扭双螺杆挤出机主流采用目前世界上最先进的传动结构形式，输出轴受力结构为最合理的“双侧齿轮对称驱动形式”，即受到设计空间限制的薄弱轴齿轮由上下两齿轮对称驱动，使该轴齿轮和轴承的径向受力 F_{r1} 与 F_{r2} 相互抵消为零，使该输出轴上的径向力轴承不受力，齿轮仅受扭力 F_{t1} 和 F_{t2}，为纯扭矩输出，两组齿轮的驱动使输出扭矩提升一倍，输出轴 2 的轴承在使用过程中理论磨损为零，从而极大地提高了齿轮箱的承载能力和耐用寿命。

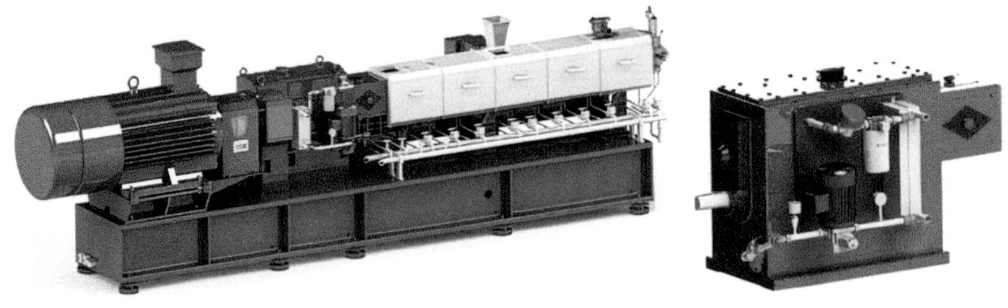

图 6-46　正茂精机高扭挤出机及配套齿轮箱

（2）PBAT 通常具有吸水性，因此，至少要设一个排气口，有时候还需要两个，同时，至少要设有一个真空排气口，有时候还需要两个。总之，由于生物聚合物一般都具有吸湿性，因此需要在加工之前谨慎处理。在挤出加工的早期就设置一个排气口，可以最大限度地减少生物聚合物的水解并避免对材料的预干燥。设置一个真空排气口也是必需的，不要将真空系统视为不必要的附件，它是挤出过程中不可或缺的一部分。精心设计的真空系统还可以解决生物聚合物挥发所带来的腐蚀性问题，从而可以通过减少维护和停机时间以及提高产出来尽快收回成本。

（3）需要考虑 PBAT 对剪切和压力的敏感性。当暴露于过热和 / 或剪切环境中时，生物聚合物会迅速降解。材料所遭受的剪切力与挤出机的螺杆转速成正比，与挤出机螺杆与机筒之间的间隙成反比。因此，需要在给定的挤出量下，尽可能以最低的螺杆转速运行挤出机，直到挤出机扭矩过高（>90%）或达到体积极限，这可通过混料堵塞进料口或排气口来确定。为避免体积限制，可以有策略地设置排气口来排出空气和湿气，以及将限制型捏合段或反向螺杆元件放置在距离进料口或排气口尽可能远的下游。通过将挤出机螺杆设计成带有较长的“轻柔”混合区而不是较短的剧烈混合区，可以避免高扭矩。稳定进料器，使扭矩波动最小化，可以使操作人员以更高的平均扭矩运行挤出机。

（4）虽然同向旋转双螺杆挤出机是一种高效配混设备，但其泵送效率仅为 8%~15%，这带来的转化效应是，因挤出机出口压力高而造成熔体温度明显升高。较高的出口压力还会导致在挤出机出口附近的排气口处产生排气流。增加模孔直径，增加滤网的网目尺寸，并且在水下造粒的情况下，增加水和模头的温度，所有这些，都会使挤出机的出口压力降到最低。节距等于一个直径的输送螺杆元件是最有效的泵送元件。可以在挤出机出口和模头之间使用熔体泵。熔体泵的泵送效率为 25%~35%。使用熔体泵能最大限度地避免熔体温度的过度升高，节省挤出机功率并形成更稳定的挤出流量。有时，可以通过增加挤出机的产量来验证熔体泵成本的合理性。

6.3.2.4 产线设计案例

PBAT 塑料制造典型生产流程如图 6-47 所示，通过高混机混合物料后，与投斗物料通过计量称精准计量下料，经过挤出机熔融共混，然后通过口模挤出冷却造粒，最终上罐打包制得成品。产线设计所需主要设备配置如表 6-2 所列。

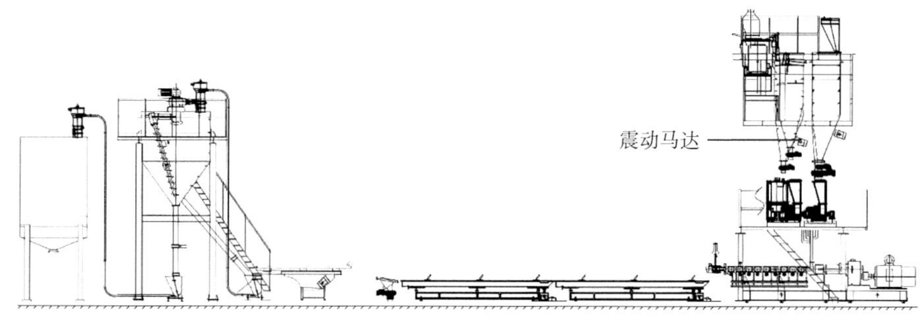

图 6-47 PBAT 塑料制造产线设计

表 6-2 PBAT 塑料制造产线设计主要配置

序号	设备名称	型号 / 规格	数量	单位
1	高混机	400L	1	套
2	储料罐	2T	3	个
3	失重式计量称	开创 T35/S60	3	台
4	双螺杆挤出机	正茂 ZE-62	1	台
5	切粒机	马格 300s	1	台
6	侧喂机	正茂侧喂机	1	台

6.4 共混数字化工厂

6.4.1 塑料共混制造现状

从 2015 年到 2018 年，我国塑料共混行业的塑料产量由 1287 万吨增长到 1783 万吨，同比增长 6.4%，塑料的改性化率为 20.8%。共混塑料下游主要用于家电、汽车、电子电气、办公设备、电动工具、照明等行业，应用最大的两个市场是家电和汽车行业，其中汽车占比 30%，家电占比 29%，两者合计占共混塑料需求近 60%。目前已经在国内设立塑料共混生产基地的国外大企业有 SABIC 公司、杜邦公司、SOLVAY 公司、陶氏公司、德国 BASF 公司、LANXESS、BAYER、Celanese 公司、日本旭化成公司、宝理塑料公司，韩国三星公司、LG 公司、锦湖公司，荷兰 DSM 公司等。我国有超过 3000 家企业从事塑料共混生产，但规模以上企业较少，产能超过万吨规模的企业只有 70 余家。主要生产企业包括金发科技、中国鑫达、道恩股份、银禧科技等企业。其中金发科技作为行业龙头企业，改性塑料产量遥遥领先于同行企业。自动化程度不高、人工效率偏低、劳动环境欠佳、产品质量波动等成为塑料共混行业转型升级的主要瓶颈之一，而行业的智能化、数字化生产技术仍处于示范阶段，国内外高端智能、环保装备差距明显。

6.4.2 塑料共混行业发展方向

技术提升是创新的关键。根据中国塑协编制的《塑料加工业技术进步“十三五”发展指导意见》，塑料加工行业技术包括“前沿技术”“关键共性技术”“重点推广技术”“节能重点与清洁生产技术”“重点装备技术”等 282 项。中国塑料加工业“十三五”规划已把“提高整体塑料加工业产业品质”作为下阶段努力方向和目标，明确了发展速度与品质的关系。塑料加工业产业链长，涉及原材料、加工设备、模具、化工助剂、加工工艺技术等。广东是中国最重要体量最大的塑料工业省份，加快行业和产业科学调整，在保持全行业产业规模稳定发展同时，提升行业产业发展品质，是今后的任务和目标。

《中华人民共和国环境保护税法》《打赢蓝天保卫战三年行动计划》《产业结构调整指导目录（2019 年本）》《产业结构调整指导目录（2019 年本）》等系列环保政策对塑料加工企业要求越来越严格，有利于促进塑料行业的绿色健康规范、可持续与高端化发展。企业也将更加注重生产和应用过程的环境保护和节能减排，加强新型环保生产设备和工艺的研发，依靠科技创新提升生产方式和组织方式水平，加快传统产业低碳化改造，走努力实现集约化、减排化、循环化的转型发展之路。

塑料加工行业的利润空间在人工成本增加、财务费用增加、市场竞争激烈、需求不旺等不利因素下越来越有限，并且国家环保要求越来越严格，促进企业产品升级、工艺设备升级和管理升级。与塑料制品行业发展趋势相应，塑料加工行业也将进入更加自动化、环保化、高效化和智能化的阶段如图 6-48。当前，新一轮科技革命和产业变革正在孕育，信息技术在工业领域广泛渗透引发发展理念、技术体系、制造模式和价值链的重大变革，协同、智能、绿色、服务等正逐渐成为制造业的核心价值体现，工业互联网、大数据、3D 打印等将重构制造业技术体系，产品个性化、高端化、小批量、定制生产将是未来制造业新趋势。塑料加工工业需要继续推进“两化”深度融合，大力落实“中国制造 2025”，推动智能制造，引进数字化、智能化技术，实现塑料加工智能化转型。“十三五”时期是塑料加工业步入成长期的成熟阶段，智能化先进制造、高效稳定精密加工将成为常态。

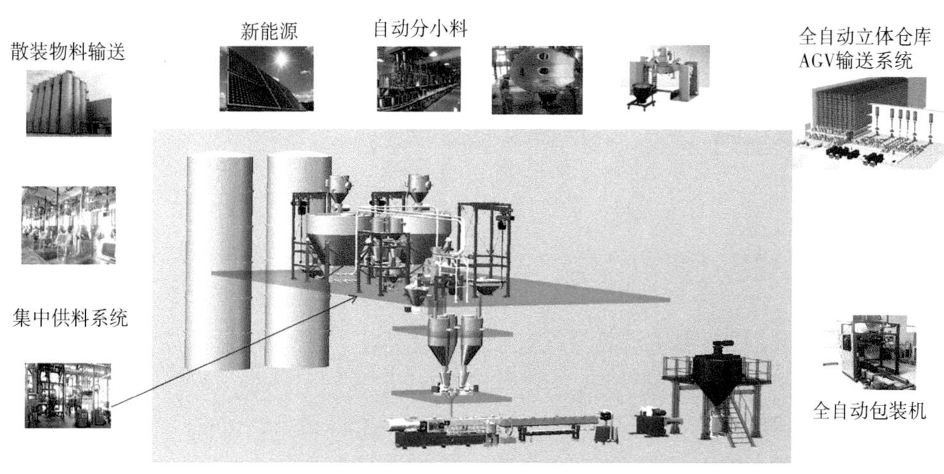

图 6-48 工艺信息化

6.4.3 塑料共混先进数字化技术

数字化技术是指智能工厂在工厂规划设计、工艺装备开发及物流等全部应用三维设计与仿真，通过仿真分析，消除设计中的问题，将问题提前进行识别，减少后期改进改善的投入，从而达到优化设计成本与质量，实现数字化制造和灵活生产的目标，实现真正的精益。在传感器、定位识别、数据库分析等物联网基础数字化技术的帮助下，数字化贯穿产品创造价值链和智能工厂制造价值网络，从研发到运营，乃至商业模式也需要数字化的贯通，从某种程度而言数字化的实现程度也成为智能制造战略成功的关键。工业大数据分析是智能制造的基础。随着“中国制造 2025”国家战略的兴起，中国塑料共混加工工业实现智能生产迫在眉睫。如何做好数据的收集及分析，是摆在塑料共混制造企业的一道难题，更是塑料共混加工设备供应商的难题。为了达到塑料加工机械工业 4.0 标准要求，提高生产效率，并紧跟现代工业技术的发展步伐，国内外塑料装备企业进行了广泛的智能化技术研究和设备开发。

传统以纸质方式统计各设备效率的做法需耗费大量的人工时间成本，且资料的精准度不高，数据间又缺乏关联性，导致管理者难以从中挖掘出影响企业生产效率的真正原因，因而无法制订有效的措施来降本增效。工业 4.0 的目标是智能工厂。智能工厂是对工艺和生产数据的系统使用、对生产单元的联网和整合，是机器、部件以及对自我调整辅助系统的分散使用所带来的更高的产率、机器使用率、质量和灵活性。工业 4.0 的数字化技术包括端到端集成供应链规划、工业物联网、制造执行系统、协作与智能机器人以及预测性维护解决方案等实现运营。当前智能控制系统通常整合了制造执行系统（MES）和 ERP 系统的所有基本功能，集成到现有的 IT 基础系统中。可进行完整的数据采集、订单管理、生产过程记录追溯和跟踪成品等，进而实现对多条生产线进行全面控制。在生产中使用 IT 支持的数字化技术可以使复杂的流程更加高效。智能工厂由先进机械和解决方案组成的工厂，在设备之间通过监管系统相互连接和集成，保证对工艺过程的全面控制。目前在塑料共混方面，由于行业制造的离散、定制特性，以及用户和设备供应商之间的模式及供应商仅能提供塑料共混产线局部设备的行业现状，导致没有哪一家供应商有能力将塑料共混产线实现上下游整合，即尚未有典型的行业智能工厂模式，均为各个厂家结合自身的特点进行的类智能化系统或者升级的 MES 系统；但是，在注塑行业，由于生产流程短且生产过程监控容易实现，全流程设备技术均可以被一些有实力的设备供应商，形成了一些以设备供应商为主导的智能工程系统，已经进行了行业应用。如克劳斯玛菲的 Easytrace 数据系统收集了塑料加工过程中的所有相关生产数据，并将其传输到特定的客户系统进行评估，无论是挤出机、注塑机、自动化系统还是外围设备。博创提出的注塑智能工厂以锁模力 600~68000 kN 的注塑机为主机，各辅机按照设定的指令，使其自动执行各自的任务，并配合上下游完成整个的系统工程。通过注塑成型设备的主控制器与各种辅助设备的通信和控制，实现智能互动。

挤出机是最重要的塑料共混机械。塑料共混加工是决定其复合材料组织形态、聚集态、相形态等的核心环节，并影响其最终功能。然而，挤出机复杂的几何结构和瞬态流动特征导致了挤出加工过程中的流动和混合非常复杂。因此，针对挤出机整体的测控装置，特别是开发即时的线上检测技术尤为重要。如将光谱技术、超声技术和荧光技术等检测技术应用于线上测量挤出停留时间、复合体系相形态和挤出反应与降解。

欧洲挤出生产线制造商的专家正与控制系统制造商和 MES 供应商合作开发标准化信息模型，把挤出生产线作为一个整体进行建模，首先是用于控制整体生产（如产量、产品质量和能耗）以及管理生产工作。

中国塑料挤出机装备行业规模较大，但是不够强，在高端设备方面，仍依赖进口。随着德国工业 4.0、美国回归制造业和中国制造 2025 等国家战略提出，人数据、物联网等概念逐渐被应用在挤出机上，例如制品缺陷自诊断与自调节技术等。挤出机智能化的可能途径是采用智能产线监控系统，将上下游的设备互联互通，建立设备 - 原料 - 工艺 - 过程 - 品质等的关联，实现生产过程稳定，减少故障停机，掌控即时生产数据并利用生产数据进行分析、修复问题，实现连续化生产、自动化过程监控以及品质管理，提高生产效率，从而将生产效益最大化。

为确保从原料处理、喂料、挤出造粒、品质检测等加工工序在精准、节能、高效的环境下进行，数字化设备在先进的配混线中扮演重要的角色。数字化配混设备适用于高质量配混料的自动、清洁、数字化生产，助力企业的盈利能力。塑料共混加工过程中产生大量废气，其成分复杂，主要有硫化物、粉尘、氯化物、烃类和其他有机物等，其中恶臭成分对环境污染严重。通常采用焚烧法、吸收法、吸附法和生物净化法等进行废气治理。如使用紫外光除臭净化塔，将恶臭气体运用高能 UV 紫外线光束及臭氧对恶臭气体进行协同分解氧化反应，使恶臭气体物质其降解化成低分子化合物、水和二氧化碳等。由于不同产品和工序产生的废气成分、废气量以及废气浓度均不同，并且一些废气中含有大量的油烟，影响设备的运行。应该根据具体废气内各种物质的含量和特性制定方案，力求降低废气处理运行成本。

塑料共混产品即改性塑料粒子，主要品质检测为外观和功能方面。平滑、无缺陷表面的质量取决于表面的外观、触感、颜色和形状的一致性，尽管检测员能够快速地识别出大部分表面缺陷，但视觉评估通常是主观的，并受外部环境影响。光学检测技术不断地发展使得塑料检测变得更加高效、精准和智能化。智能化、自动化的 3D 非接触式检测系统用于缺陷检测和检测非反射表面（哑光、未上漆表面、塑料等）的美学外观。高质量的表面检测还可以避免错误检测，并可以根据可靠的事实做出质量决策。Micro-Epsilon 的新型 surface CONTROL 检测系统是基于专利的人工智能 AI 演算法（AI algorithms），用于检测和量化内联工业环境中的产品表面缺陷尺寸，甚至可达到微米级别的检测水准。SIKORA 推出一种用于塑料材料测试的光学实验室测试系统 PURITY CONCEPT V，检测塑料颗粒上表面上的污染物，例如黑色斑点等进行自动检测、检视和资料分析，还可自动检测颗粒的颜色偏差。通过线上检测和光学特性监控系统，制造商可以最高效地提高产品质量。随着塑料产品检测技术的发展，未来检测仪器将更趋智能化、精准化、高效化，助力制造更高品质的塑料产品。

6.4.4 PBAT 塑料共混智造技术

PBAT 塑料制造具有定制化、订单多、单量小、交期短、人工多、环境差和企业规模小等行业特点，造成生产过程中产品牌号多、产线切换多、质量管控难和物料浪费大等痛点。对 PBAT 塑料制造设备的高性能化、数字化、网络化和智能化等技术研究，建立并优化多源异构数据库，开发了全流程节点通联、质量实时智能控制和多要素一体化智能等精益生产关键技术，实现了低成本、小批量、短交期、高质量的 PBAT 塑料大规模定制智能制造。现有塑料制造关键设备包括挤出机、高混机、计量称、切粒机等，主要是单机独立控制方式，生产过程仍存在大量的人工操作环节和车间环境问题，造成管理难度高，人员流失大。塑料制造行业设备供应商德国科倍隆 /AZO/ 布拉本达等，无整线数字化解决方案；国内外企业管理系统和云平台的 IT 业巨头，无法解决管理系统信息与生产现场“最后一公里”连通。金发科技作为智能制造试点示范企业，通过自主开发成套智能化设备，获得多项发明专利和实用新型专利，部件的国产化率达到 80% 以上，解决了行业的卡脖子技术，在打通“智能制造最后一公里”的同时，也为多源异构数据库提供了设备、工艺等丰富信息。

高性能 PBAT 塑料制造核心装备和全套智能化系统，提升设备能力和生产线自动化水平。针对订单信息、配方研发、设备状态、系统控制、工艺参数、在线检测、图像识别、物料解析、物流仓储、能源管理、人员管理、生产统计和上下游交互信息等，建立多源异构数据库，实现互联互通；搭建和优化生产数据模型，通过信息化技术和智能系统畅通了节点，实现单线串通技术（生产设备全流程节点智能化），极大地提高了生产线效率。通过对设备差异的自动检测和建模，实现多线并通技术（解决多线间设备差异引起的质量波动），通过对本地化原材料的工艺仿真和集团工艺数据平台，实现多地联通技术（解决了原材料本地化差异性带来的质量波动），保证了同一产品在不同生产线、不同基地和不同国家间的高品质低成本快交付。

将订单信息、配方研发信息、设备状态、系统控制、工艺参数、在线检测结果、光学检测、物料识别、物流位置、仓储信息、能源管理、人员管理、生产统计、外部设备交互信号和异常信号数据进行分类。三级数据采集系统由 SCADA/SQL Server/MQTT 完成，其中 SCADA 负责采集现场设备和仪表数据，下载订单、配方和工艺数据；SQL Server 负责存储所有多源异构系统的交互数据；MQTT 负责提供实时数据平台，发布 / 订阅实时数据。该多源异构数据库填补塑料制造数字化的空白，具有行业的世界领先水平。通过多源异构数据库开发，实现以挤出机为核心的系统设备集成和互联互通。

基于深度学习框架，对设备、工艺、品质等数据建模，实现工艺参数下达、设备可视化、数据集成展示功能，包括工艺数据传递过程、多源异构数据采集系统网络、生产监控看板，形成单线串通技术路线如图 6-49 并推广实施，降低了 90% 物料错误率，加快了 50% 的交货周期。工厂内不同生产线设备型号规格、关键部件（如螺纹元件）

磨损情况不同，造成不同的生产线的工艺参数需要优化调节。多线并通节点技术的开发，解决了设备间差异性如图 6-50。国内国外的设备差异以及行业中树脂原材料和添加剂的本地化要求，造成不同的配方、生产线、工艺参数之间需要相互匹配和优化，以达到同一牌号在全球的质量结果一致。多地联通节点智能技术的开发，解决了原材料本地化差异性。

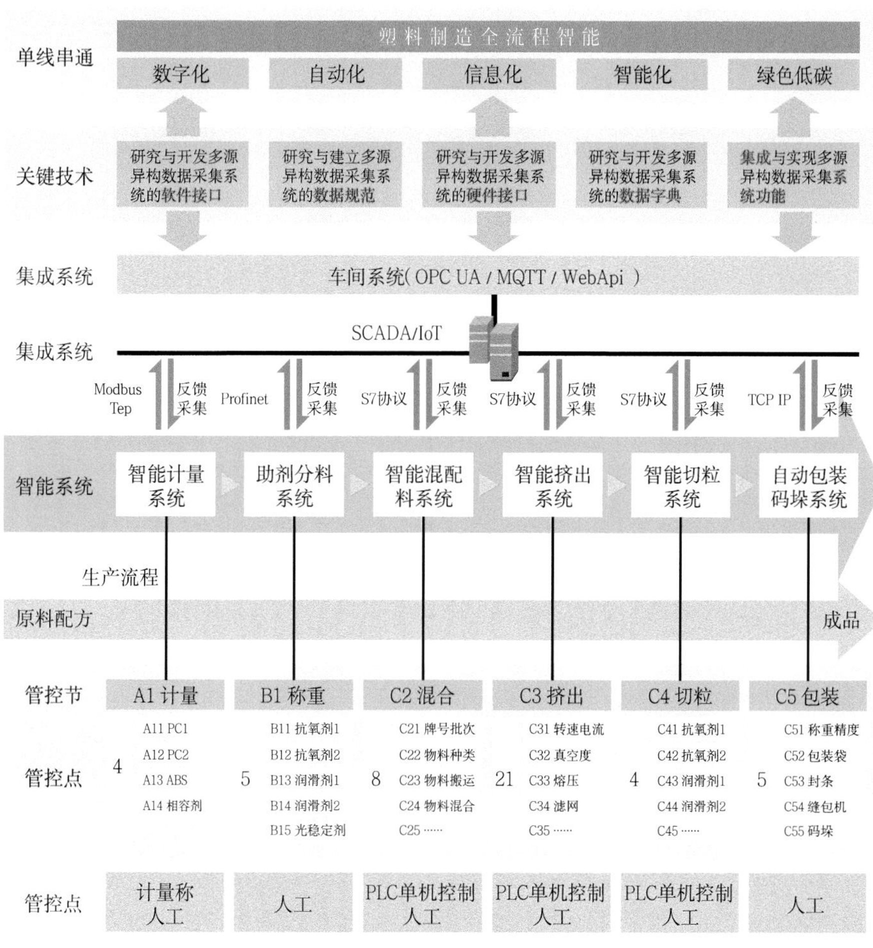

图 6-49 单线串通技术路线

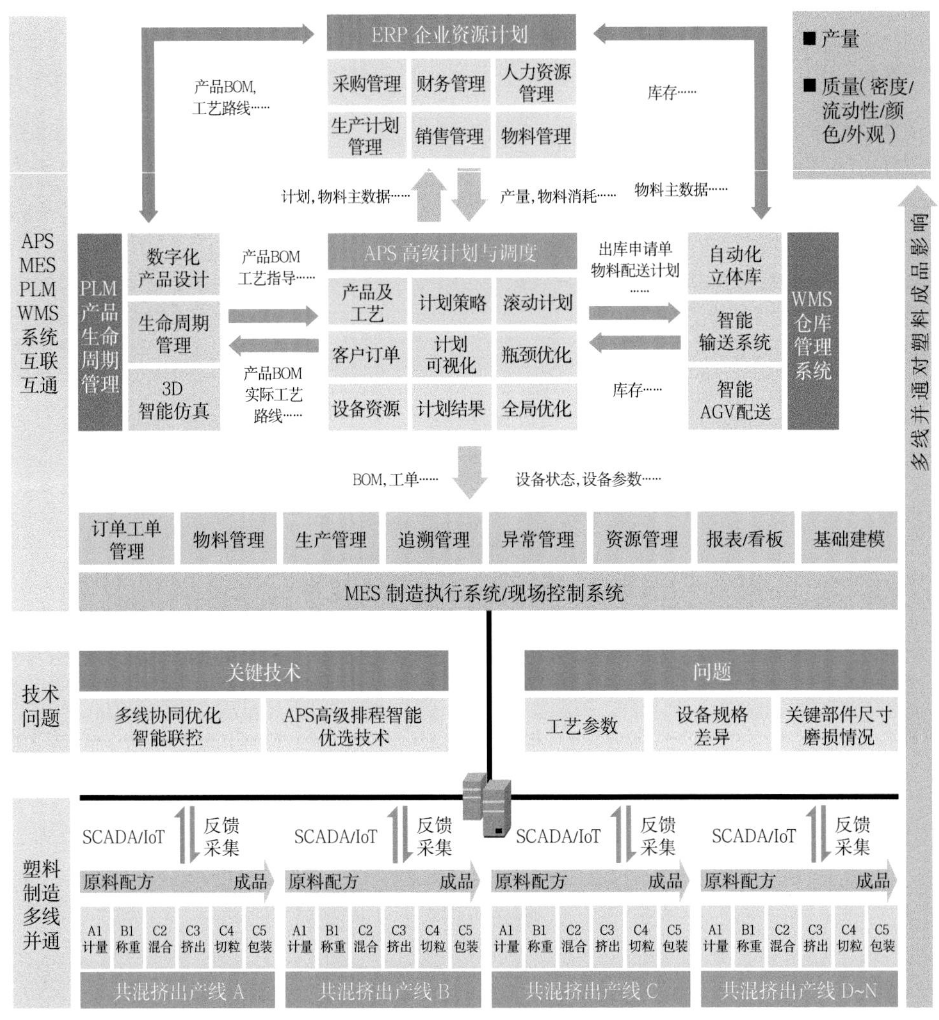

图 6-50　多线并通节点技术路线

针对 PBAT 塑料制造过程中存在的产品物性参数检测时滞性的问题，研究与开发了与产品性质紧密关联的近红外光谱、拉曼光谱、超声波三种信号的高温高压连续采集实时测量装置和技术，基于上述三种信号并通过机器学习方法进行复合建模，实现了 PBAT 塑料制造过程中熔体的密度、组分和分散均匀性的在线准确表征和产品质量的智能实时控制，前移了品质管理，显著提升产品质量稳定性，不合格品率大幅下降。通过在挤出模头上加装光谱信号探头，可以实时采集到挤出产品的近红外信号和拉曼。采集系统如图 6-51 所示。Y 型光纤探头的一段通过特别设计的探测器（保护套）固定在挤出机的模头上，另一端连接光源，光源产生的一段连续光谱信号经过光纤照射到样品上，其反射信号又经由光纤传输到与光纤探头最末端相连的主机中，通过实时采集即可得到光谱数据。使用纵波探头及脉冲反射回波法进行设计与实验，其中信噪比

（SNR）是超声检测系统评价的一个重要指标，噪声过高会导致有效回波信号和杂波无法区分，在 50~260℃导播装置的第一类信噪比最高达 19.82 dB，最低为 19.28 dB；第二类信噪比最高达 13.26 dB，最低为 11.60 dB，整个装置声学信号传输性能优良，满足聚合物长时间加工过程的在线测量需求。

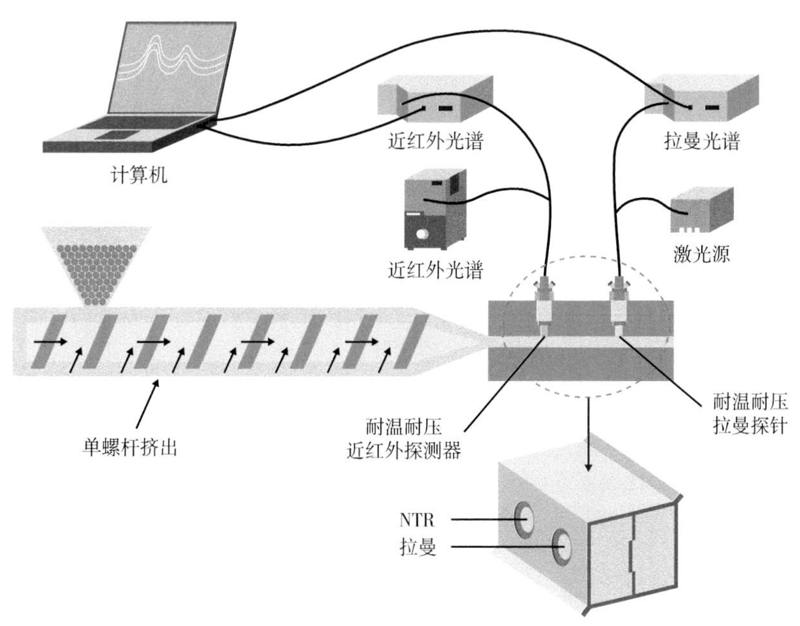

图 6-51　光谱采集系统示意图

通过物联网和智能物流等系统开发，集成了人员、设备、物料和工艺等多要素，实现了生产过程的一体化智能管控，明显减少物料损耗、人工操作失误和延迟；基于边缘计算和私有云平台，建设工艺数据平台和生产数据平台，实现远程工艺设备诊断和生产决策辅助；搭建供应链系统的端到端智能物流，大幅降低上下游的装卸货时间、包装物流成本、供应链库存。开发基于 MES 的人机接口技术，搭建一体化生产平台，实现透明化生产和管理，开发物料识别 / 解析以及管控技术，实现生产过程物料的全程追溯；基于集群调度算法的多车单通道错层自动交互 AGV 系统实现生产过程中人、机、料协同。多车错层 AGV 拓扑图自主开发的 MQTT 服务器发布辅料自动物流运输系统的实时数据，通过解耦的方式获取需求的实时数据，同时通过搭配安全网关与 VPN 可以推送实时数据至 AGV 系统，AGV 系统通过集群调度算法进行运算，最终可得最优路径，实现智能化调度。开发一体化生产数据平台，数据模型与 VR 技术结合，实现远程查询、记录和预警，明显减少物料损耗、人工操作失误和延迟。通过供应链整合和智能化技术，实现了端对端的供应链智能物流，并与生产线直通，杜绝物流过程的物料错误。降低供应链库存同时，装卸货时间降低 60% 以上、包装物流成本降低 55%。基于边缘计算和私有云平台，建设集团级工艺数据平台，结合高分子模拟技术的孪生模型，实现远程工艺设备诊断和生产决策辅助决策。

利用塑料共混智造技术的应用与带动效应，推进 PBAT 塑料制造等基于物料配方的订单定制行业的智能制造发展。辐射整个超过千亿元产值的塑料共混加工产业，助推产业智能化和数字化转型。参照塑料制造中的核心共混制造流程，可水平推广到食品加工、饲料生产等多个存在共混制造生产流程的行业。有利于推动塑料加工装备行业加快技术改造和产业升级步伐，提高信息化水平和装备竞争力，进而带动塑料共混加工企业优化业务流程，提高资源利用效率，改善企业资源利用效率，减少资源、能源消耗。生物降解塑料智能制造，实现了塑料制造行业低成本大规模的定制化生产示范。生物降解塑料可从根本上解决塑料废弃物造成的环境污染问题，是市场潜力巨大的新材料。

参 考 文 献

[1] 王静江 . 同向双螺杆挤出机螺杆组合及喂料工艺在改性塑料中的应用 [J]. 塑料工业 , 2007.

[2] 耿孝正 . 双螺杆挤出机及其应用 [J]. 中国塑料 , 2005,19(1):1.

[3] DARNELL W H. Solid Conveying in Extruders[J]. SPE, 1959(12): 20.

[4] POTENTE H, Melisch U. Theoretical and experimental investigations of the melting of pellets in co-rotating twin-screw extruders[J]. International Polymer Processing Journal of the Polymer Processing Society, 1996, 11(2):101-108.

[5] 冯彦洪 , 瞿金平 , 任鸿烈 . 单螺杆挤出机固体输送机理研究的发展与趋势 [J]. 中国塑料 , 2000,14(11):9.

[6] 袁捷朝 . 同向双螺杆挤出机固体输送段的影响因素研究 [D]. 北京 : 北京化工大学 , 2011.

[7] 朱复华 , 房士增 . 单螺杆塑化挤出理论的研究Ⅱ , 非塞流固体输送理论 (Ⅰ)[J]. 高分子材料科学与工程 , 1987(4): 24-36.

[8] CARROT C, GUILLET J, MAY JF, et al. Modeling of the conveying of solid polymer in the feeding zone of intermeshing co-rotating twinscrew extruders[J]. Polymer Engineering & Science, 1993.

[9] 刘廷华 . 双螺杆挤出可视化实验研究与非充满固体输送及熔融理论研究 [D]. 北京 : 北京化工大学 , 1995.

[10] ANDERSEN P G, HOELZEL M, STIRNER T. Feed enhancement technology for extruders low-bulk-density material into co-rotating twin-screw compounding [C]. SPE NNTEC. Boston: SPE, 2011: 5.

[11] 张超 . 双螺杆固体输送行为及影响因素研究 [D]. 昆明 : 昆明理工大学 , 2020.

[12] 卢和亮 . 挤出机螺旋槽加料段固体输送特性研究 [D]. 广州 : 华南理工大学 , 2011.

[13] 吴培熙 . 聚合物共混改性 [M]. 北京 : 中国轻工业出版社 , 1996.

[14] 梁畅 . 啮合同向双螺杆挤出过程 S 型元件螺杆构型的研究 [D]. 北京 : 北京化工大学 , 2003.

[15] ELLIOTT D. 在双螺杆挤出机上配混生物聚合物需要注意的事项 [J]. 现代塑料 , 2021(6): 14+16.

第 7 章

PBAT 制品

塑料制品具有生物降解功能是治理“白色污染”重要且不可或缺的手段之一[1]，生物降解塑料制品主要应用方向是替代轻量且不易回收的传统塑料制品。一直以来，行业内重点关注生物降解塑料制品的“生物降解”能力，期待它在堆肥和土壤中生物降解，实现真正意义上的绿色环保。

PBAT 作为生物降解塑料的重要一员，一方面具备可生物降解的特性，另一方面，从成型加工和制品使用的角度来看，PBAT 还具有优异的熔体强度和流变特性以及良好的可延伸性、韧性、耐弯折性[2]。到目前为止，全球已经开发的生物降解塑料多达几十种，而 PBAT 作为代表性材料之一，自 20 世纪末以来，人们就积极拓展其用途，现已实现大规模应用。早期的研发方向主要集中于 PBAT 材料与传统塑料相区别的加工领域和应用特性。现今，随着各种加工设备升级和工艺的优化，使得各种具体应用问题得到解决，PBAT 在膜袋类、注塑类、挤出类和其他领域的应用日趋广泛，相应制品不断迭代更新（图 7-1）[3]。

图 7-1 PBAT 制品

7.1 PBAT 成型加工

PBAT 制品生产一般包括配料、成型、机械加工、接合、修饰和装配等。后四个工序是在 PBAT 塑料已成型为制品或半制品后进行的，又称为塑料二次加工。

成型加工是塑料加工的关键环节。将各种形态的塑料（粉、粒料、溶液或分散体）制成所需形状的制品或坯件。成型的方法多达三十几种，它的选择主要取决于塑料的类型（热塑性还是热固性）、起始形态以及制品的外形和尺寸。塑料加工热塑性塑料常用的方法有挤出、注射成型、压延、吹塑和热成型等，塑料加工热固性塑料一般采用模压、传递模塑，也用注射成型。层压、模压和热成型是使塑料在平面上成型。对于 PBAT 塑料而言，比较合适的成型加工方式包括吹膜、注塑、挤出、流延和复合成型等方式。

7.1.1 吹膜成型

吹膜成型是一种常见的塑料加工方法，广泛应用于购物袋、垃圾袋等软包装领域。吹膜成型的基本原理在于将塑料挤出成管状膜坯，在较好的熔体流动状态下通过高压空气将管膜吹胀到所要求的厚度，冷却定型后成为薄膜。

塑料的吹膜成型工艺根据流程划分，可以分为三个阶段：

进料挤出阶段：物料通过进料系统加入挤出机，在螺杆旋转挤压与料筒加热协同作用下将物料熔融，熔融物料在螺杆旋转挤出的作用下，通过口模和风环形成圆形的型坯。

吹胀阶段：圆形的型坯在压缩空气的作用下形成稳定的膜泡，将膜泡拉到旋转的“人”字夹板上，膜泡在“人”字夹板的挤压作用下形成筒状的密闭管。通过调整压缩空气通入量，可以得到适合加工需求的吹胀比，此阶段，膜泡在横向和纵向都受到拉伸的力。

冷却过程：膜泡被压缩空气横向吹胀以及牵引装置纵向拉伸变薄之后，在鼓风机的作用下，使薄膜冷却定型。

吹膜成型的生产方式主要包括：平挤上吹、平挤平吹、平挤下吹。三种生产方式的操作方法和工作原理基本相同，不同点在于膜泡的挤出方向不同[4]。平挤上吹方式和平挤下吹方式相似，都使用直角机头，机头的出料方向和挤出机出料方向垂直，不同点在于，平挤上吹方式中挤出管坯垂直向上引出，平挤下吹方式中挤出管坯垂直向下引出，同时平挤下吹法挤出的管泡，其牵引方向与机头产生的向上的热气流正相反，有利于管泡冷却。平挤平吹法的生产使用直通机头，机头的出料方向和挤出机出料方向一致，挤出管坯水平引出，经吹胀压紧，导入牵引辊，经过导向辊进入卷取装置。平挤平吹法的机头和辅机结构比较简单，设备安装操作也很方便，对厂房要求也不高。但是平挤平吹法的设备占地面积大。

7.1.1.1 吹膜设备

吹膜成型设备的技术水平直接影响到制品的质量，一套完整的吹膜成型设备通常包括四个工段七个单元（图 7-2）。四个工段可分为软件控制区、塑化挤出区、冷却成型区以及收卷区[5]；七个单元包括挤出机、模头、定型单元、厚度测量单元、牵引单元和折叠板、反转单元以及收卷机。

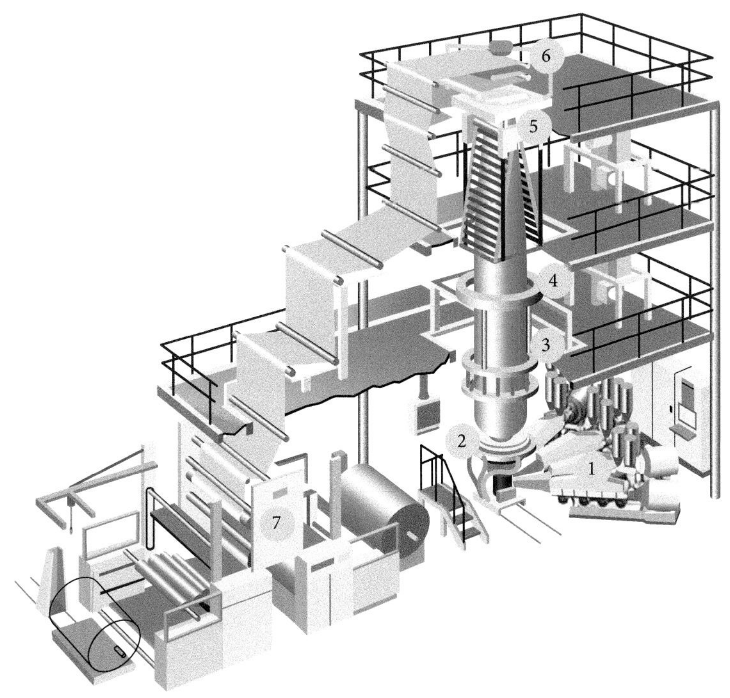

图 7-2 平挤上吹式吹膜生产线

1. 挤出机；2. 带空气冷却环的模头；3. 定型单元；4. 厚度测量单元；5. 牵引单元和折叠板；6. 反转单元；7. 收卷机

挤出机作为塑化挤出区的核心，在吹膜成型过程中具备三个主要功能。第一，使得物料可以充分进行塑化以及均匀混合；第二，使得进入模头的材料在时间和位置上保持温度恒定；第三，保持稳定的熔体压力。重要的挤出系统的设计和操作必须考虑这三个功能，以生产出优质产品[5]。

挤出机一般按螺杆直径进行评级，典型的生产型挤出机的螺杆直径范围尺寸为 2~6 英寸（50~150 mm），螺杆直径决定的是挤出机以一个基本数量（磅 / 小时或 kg/h）为单位的最大吞吐量[5]。2009 年 11 月，德国 W&H 公司在其总部 Lengerich 举行的推介会上展示了多项新产品，其中包括一条新型水冷法吹膜生产设备（图 7-3），该设备在加工生产 3 层、8 μm 厚的聚丙烯基薄膜时，生产速度约为 300 kg/h。该公司表示，根据薄膜结构和厚度的不同，产量可以达到 1150 kg/h[6]。

驱动系统、进料系统、螺杆 / 筒系统、模头系统和仪表控制系统是构成挤出机的五大硬件系统（图 7-4）[5]。

图 7-3 Windmoeller & Hoelscher 水冷法吹膜挤出线

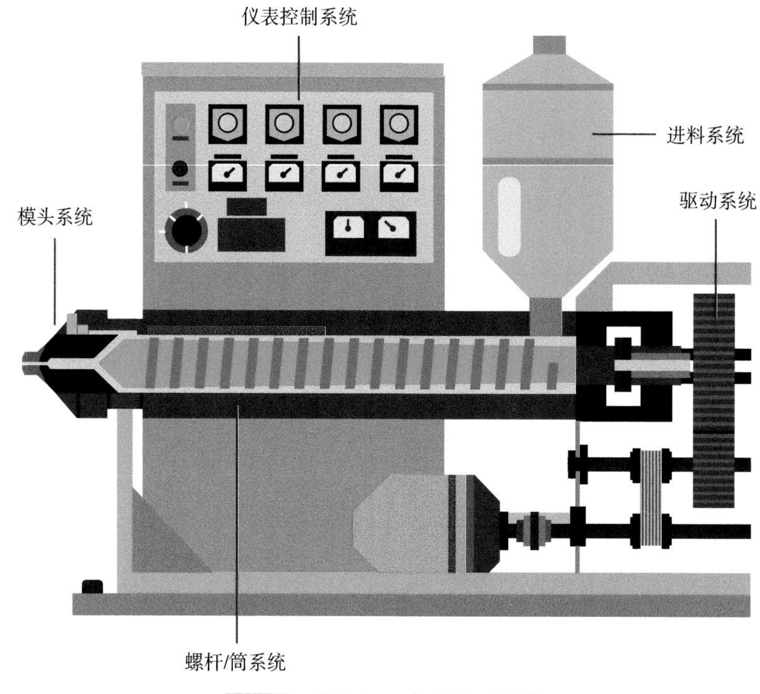

图 7-4　挤出机五大硬件系统 [7]

驱动系统：通过螺杆旋转向塑料材料提供机械能。该系统由电机、减速器和推力轴承组成。

进料系统：将塑料材料输送至挤出机。主要部件是料斗和进料喉部。

螺杆 / 筒系统：被称为挤出机的“心脏”。它不仅起到将塑料材料熔融塑化的作用，而且确保均质化的熔体能以恒定的温度和压力泵送至模头。材料组分、温度或压力的偏差都可能会导致最终产品的变化。

模头系统：熔体流离开料筒时接收熔体流。该系统中的部件包括头部组件、适配器、破碎板、熔体过滤器和模具。

仪表控制系统：测量和控制重要的加工参数。通过仪表控制系统提供的数据，及时解决加工中的问题，确保成型加工过程始终维持安全和高效。

7.1.1.2　吹膜工艺

设备是吹膜成型加工的硬件，工艺则是吹膜成型加工的软件，软 / 硬件的相互配合才能确保生产出高质量、低成本的薄膜产品。吹膜工艺主要是对吹膜生产中涉及的相关操作，如挤出、成型、冷却、牵引和收卷等，进行参数设置与调控，主要目的是保证制品的质量和产量。常规的吹膜工艺参数主要包括挤出温度、露点、吹胀比和牵引比。

挤出温度：挤出温度应高于材料熔点，挤出温度过低会造成塑料材料难以熔融塑化，横纵向的拉伸强度低，不能吹胀定型；挤出温度过高，高分子材料易受热分解成小分子材料，不利于塑料的冷却成型，且熔体强度降低，造成膜泡不稳定，制品厚薄不均。

露点：塑料材料由熔融状态变为固态的分界线。在吹膜过程中，熔融状态的塑料材料在空气压缩力的作用下从口模挤出，通过冷却装置得以快速冷却，固化定型，塑料材料由刚挤出的透明状逐渐变为模糊状，状态变化的临界点称为露点，又名为霜线[4]。在吹膜过程中，露点的高低对薄膜性能有一定的影响。如果露点高，则薄膜的吹胀是在液态下进行的，吹胀仅使薄膜变薄，而分子不受到拉伸取向，这时的吹胀膜性能接近于流延膜。相反，如果露点比较低，则吹胀是在固态下进行的，此时塑料处于高弹态下，吹胀就如同横向拉伸一样，使分子发生取向作用，从而使吹胀膜的性能接近于定向膜。

吹胀比：薄膜吹胀前后膜泡直径之间的比值，是吹塑工艺的控制要点之一。管坯的尺寸和重量一定时，制件尺寸愈大，管坯吹胀比愈大。吹胀比增大，薄膜变薄，虽然可以节约材料，但是薄膜容易出现皱褶，薄膜的强度降低；吹胀比过小，又会使得消耗增加，制品有效容积变小，同时制品变厚，冷却时间变长，使得成本增大。因此，吹胀比的选择应该根据材料种类和性质，制件形状、尺寸和管坯尺寸等来决定。

牵引比：牵引装置牵引薄膜的速度与口模挤出膜泡的速度之间的比值。牵引比和薄膜的纵向拉伸相关。在牵引装置纵向拉伸的过程中，牵引的速度越快，薄膜的厚度越薄；但牵引的速度不宜过快，否则会拉断薄膜，影响产品的制备效率。

吹膜成型设备的发展促进了吹膜工艺的不断优化改进，在保证薄膜质量的前提下，提高产能，降低成本成为吹膜成型加工的主要任务。随着吹膜技术的不断精进，多层共挤的吹膜方式呈现逐步替代单层挤出方式的趋势。多层共挤技术快速发展的原因，一方面在于叠加机头的发展和广泛应用，为多层共挤技术的实施创造了基础条件；另一方面在于通过多层共挤技术制备的薄膜具有高阻隔性和美观性，且产品结构设计更为灵活。美观性主要在于采用多层共挤后，表层可以采用可印刷的材料，中间层可以采用价格低廉的材料，大大降低了产品成本[8]。

21 世纪初，吹膜成型设备已经可以满足三层共挤加工方式的需求，五层、七层及以上的多层共挤成型设备仍是各设备制造商不断追求的目标。2009 年，意大利机械制造商 Colines 为亚洲一家加工厂提供了一条 5 层吹膜生产线，有效宽度为 2200 mm，配备了两台 80 mm、一台 50 mm 和一台 65 mm 螺杆直径的挤出机[9]。该生产线既可用于生产带 EVOH 层的阻隔薄膜，也可用于加工聚烯烃薄膜，制造拉伸罩膜之类的产品。2010 年德国 K 展，Macchi 公司推出了阻隔层夹在茂金属 LLDPE 和 LDPE 结构层之间的复合薄膜产品。Macchi 公司采用的是西门子同步扭矩电机驱动的 9 层复合挤出机（图 7-5），该挤出机螺杆直径为 55 mm，长径比为 30 ∶ 1[10]。

图 7-5 Macchi 公司 9 层共挤生产线

7.1.1.3 PBAT 吹膜成型

BASF 是最早研究脂肪族 - 芳香族聚酯的公司之一。BASF 在其公开的文献中报道，对于脂肪族 - 芳香族聚酯的吹膜成型而言，聚合物的机械性能可以通过定向加工的方式得到改善，如设定不同的吹胀比或牵引比，可以改变薄膜的横向拉伸性能或纵向拉伸性能；高的抗穿刺和抗撕裂性能可以通过双轴定向的加工方式获得 [11]。

PBAT 树脂具有类似 LDPE 的机械性质和加工性能，只需对 LDPE 吹膜成型设备进行适当的改进，再结合 PBAT 自身的理化性质对吹膜工艺参数进行设定，即可满足 PBAT 树脂的吹膜成型需求。

考虑到 PBAT 树脂与通用塑料 LDPE 相比，仍具有明显的差别，因此在 PBAT 树脂成型加工过程中，仍需结合 PBAT 树脂自身的性质对成型设备和加工工艺进行改进。需要考虑以下因素 [11]：

（1）水分敏感性：作为一种聚酯材料，在高水分含量情况下，PBAT 树脂容易发生酯键的断裂而引起材料降解。水解引起的链断裂取决于材料水分含量以及加工温度和停留时间。尽管可以通过降低 PBAT 树脂的羧基含量或者添加抗水解剂的方式来提升 PBAT 树脂或其塑料材料的水解稳定性，但在成型加工前仍需确保材料的水分含量处于较低水平，如珠海金发生物材料有限公司提供的 PBAT 树脂，产品技术指南中指出水分含量应低于 500 ppm。

（2）热稳定性：PBAT 树脂的熔点因其分子结构中对苯二甲酸的含量不同而有所不同，目前市售的 PBAT 树脂一般具有小于或等于 50 mol% 的对苯二甲酸含量，产品熔点介于 110~130℃。成型加工过程中，加工温度需要高于材料熔点，才能保证材料的塑化熔融。过高的加工温度，不仅会导致能耗过高，而且会导致聚酯材料发生热降解。加工温度低于 200℃时，PBAT 树脂熔体强度高，加工过程中熔体黏度基本不发生显著变化。当加工温度超过 230℃时，可以观察到树脂熔体黏度随加工温度的升高发生剪切稀化现象，制品出现黄变。对于以 PBAT 树脂作为基础树脂的塑料材料，加工温度的选择，一方面需要考虑 PBAT 树脂本身的热稳定性，另外一方面还需要考虑其他组分材料，如淀粉、纤维素、聚乳酸（PLA）等组分的热稳定性问题。

（3）结晶性：高分子材料成型加工时的聚集态结构能够直接影响到高分子材料或制品的使用性能，材料的结晶度与材料的机械性能密切相关。PBAT 树脂作为一种结晶型高分子材料，因为结晶速率快，在结晶过程中难以形成完整的结晶形态。随着分子结构中 AA 含量的增加，其结晶速率降低，结晶形态趋于完善。但是，高含量的 AA 会显著降低聚酯的熔融温度和其在高温下的结晶速率，在成型过程中需要更长的冷却时间，限制了产品的工业可加工性。根据材料性能和终端应用需求的不同，选择相应的成型加工方式和加工工艺，调控 PBAT 树脂或其塑料材料的结晶性能是重要的。

（4）相容性：PBAT 树脂就其产品结构而言是一种疏水性基质，不仅与淀粉、纤维素等亲水性基质相容性有限，而且与聚烯烃、聚苯乙烯和聚氯乙烯等传统高分子材料不兼容。相容性问题会导致复合材料成型加工过程中出现挤出膨胀、分层等现象，导致出现不良制品。

不同材料供应商提供的 PBAT 树脂吹膜成型过程中，工艺参数基本相同。以珠海金发生物材料有限公司生产的商品牌号 ECOPOND® KB100 为例，其产品技术指南中推荐的吹膜工艺参数如表 7-1 所示，建议的吹胀比为 3.5~4.0，牵引比为 6~15。

表 7-1 ECOPOND® KB100 产品吹膜成型工艺参数

设定		典型值	范围
熔体温度		135℃	130~140℃
料筒温度	后段	130℃	125~135℃
	中段	135℃	130~140℃
	前段	130℃	125~135℃
模头温度		135℃	130~140℃
加工温度上限		150℃	
预烘干条件		80℃，4h	

通过上述吹膜方式进行生产加工的膜材性能如表 7-2 所示。

表 7-2 ECOPOND® KB100 产品膜材性能数据（膜材厚度 50 μm）

性能		测试标准	国际单位	典型值	
机械性能	拉伸强度	ISO 527	MPa	横向	37
				纵向	38
	断裂伸长率	ISO 527	%	横向	712
				纵向	743
	撕裂强度	ISO 6383-2	mN	横向	2930
				纵向	2380
渗透速率	氧气（23℃，干燥）	ASTM D 3985	$cm^3/(m^2 \cdot d \cdot bar)$	1380	
	水蒸气（23℃，85%RH）	ASTM F-1249	$g/(m^2 \cdot d)$	165	

纯 PBAT 树脂强度低，韧性高，吹膜成型过程中容易粘辊，除对透明度有较高要求的应用领域，如保鲜膜，直接使用 PBAT 树脂作为原料进行成型加工外，其他领域一般使用以 PBAT 树脂作为基础树脂的共混材料进行成型加工。

PBAT 树脂共混材料，因混入了其他成分，在成型过程中，除了要考虑 PBAT 树脂自身的理化特性外，还需要考虑其他组分的加工特性，才能保证成型过程中产品品质的稳定。以珠海金发生物材料有限公司开发的商品名为 ECOPOND® C200 的淀粉基生物降解塑料为例，该产品韧性高，断裂伸长率接近 LDPE，产品熔指 2~3 g/10min（ISO 1133—2，190℃，2.16 kg），熔体强度高，最薄可吹膜至 10 μm 及以下，其产品技术指南中推荐按如下方式进行吹膜成型加工：

吹膜机：采用通用的 LDPE/LLDPE 低膜泡方式进行挤出上吹。可用三层共挤吹膜机进行大产能吹膜生产，但应事先试机以确认风环类型和冷却效率是否合适。

挤出机螺杆：推荐使用带有少量混炼单元的螺杆以增强塑化熔融效果。建议螺杆长径比为 30~32 ∶ 1。

模头：为保证熔体挤出后的分布均匀性，建议使用螺旋流道式模头。

风环：建议使用双口或者多口风环替代传统单风环，以提高冷却效率，增加膜泡的冷却效果和稳定性。

吹膜工艺：建议挤出熔融温度设定值 115~150℃。吹胀比推荐 3.5~4.0。

冷却：使用膜泡内冷（IBC）的吹膜机，应注意控制冷却空气的温度和稳定性，同时要注意调节进气量和出气量的平衡，检查风环和风机的密闭性，以避免膜泡不稳定，如图 7-6 所示。

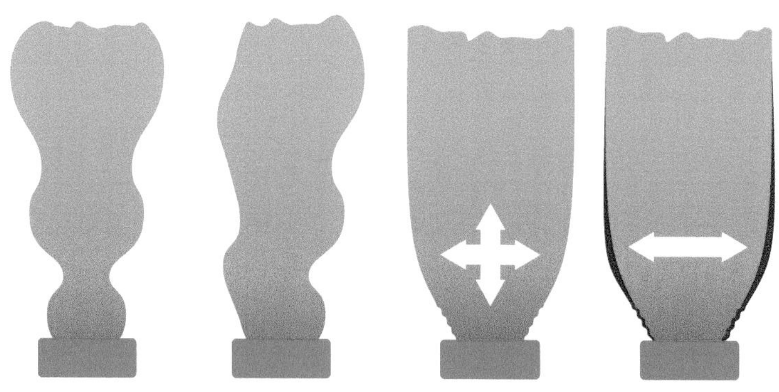

图 7-6　几种膜泡不稳定的类型

同时，考虑到淀粉基生物降解塑料为吸湿性材料，为确保加工正常，操作指南建议配备相应的原料烘干设备和水分检测仪器。干燥温度范围为 80~95℃，干燥时间取决于原料的水分含量，建议范围在 2~8 h。挤出吹膜加工的最大允许水分含量为 1000 ppm，建议将物料烘干至水分含量 600 ppm 以下再进行生产。

一般来说，PBAT 塑料的印刷和热封可以在 LDPE 成型设备上进行。PBAT 树脂因其结构中存在末端羟基和羧基，属于极性高分子聚合物，经测试，酒精基或水基油墨都可以使用。油墨种类的多样性，以及 PBAT 树脂与 LDPE 树脂极性和表面张力的差异，为确保油墨印刷层的复合牢度，在批量印刷之前，应先通过小批量试印或其他形式进行油墨和 PBAT 薄膜的印刷性匹配试验，若出现油墨和 PBAT 系列薄膜适印性不当的情况，应立即更换其他油墨试验。使用水性油墨进行印刷时，应注意提高烘干温度或降低印刷速度以保证油墨的烘干程度。但烘干温度不宜过高，避免导致材料的相应热变化。在套印调整过程中应注意 PBAT 薄膜与 LDPE、LLDPE 等薄膜产品由于力学性能不同而可能导致控制张力等工艺参数的变化。通常情况下，为了保证与常规油墨印刷层复合强度，印刷前，不建议进行电晕处理。但是，如果材料的表面张力低于 38 N/m，则必须进行电晕处理[11]。

PBAT 塑料的薄膜产品可以在通用的凹版或常规印刷设备上进行印刷（图 7-7），可套印的色数和印刷设备及套印系统相关。

(a)

(b)

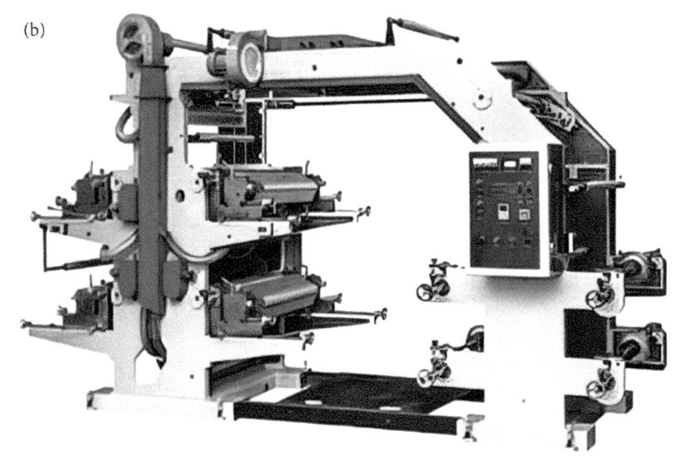

图 7-7 印刷设备

（a）凹版印刷机；（b）四色印刷机

PBAT 塑料吹塑成膜后，其分子内部存在晶体重排的趋势，导致材料结晶度随着存放时间的变化而变化，影响热封效果。为了避免热封失效或者热封强度不足，PBAT 塑料吹膜后应尽快进行制袋，尽量缩短吹膜 - 制袋之间的工序周转时间（图 7-8）。PBAT

制品的热封温度建议 150~250℃，实际最佳的热封温度应根据制袋设备、袋型和薄膜的厚度而进行调整。具体的制袋速度、产品袋型、热封线形状和尺寸等应根据材料实际的热封效果和制袋设备进行相应调整。高填充体系的 PBAT 制品不建议使用于边封制袋（图 7-9）。

图 7-8 制袋机

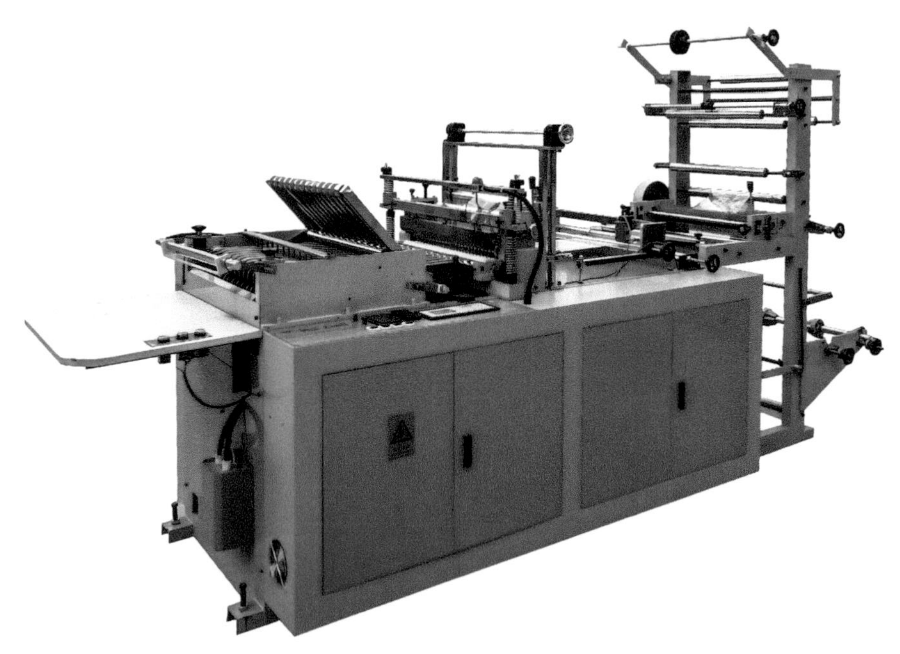

图 7-9 制袋 - 边封一体机

PBAT 塑料可以同 LDPE 和 HDPE 一样，直接在制袋机上进行热封。PBAT 树脂的结晶速度较 LDPE 慢，直接热封时，如果薄膜直接接触热封机表面，可能由于冷却时间不够，导致热封处粘在热封机表面。可以在热封机处加装外冷却装置解决。

从技术发展趋势看，PBAT 薄膜追求向厚度更薄、透明度更高的方向发展。传统的单层吹塑挤出技术往往难以满足这些要求，三层共挤，甚至更多层共挤技术为解决这一技术问题提供了一种可行性方案。德国 BASF 公司在其专利 WO2018233888(A1) 中公开了一种可生物降解的三层薄膜，该薄膜具有 A/B/C 或优选 A/B/A 的层结构，其中 A 层以 PBAT 树脂为主要成分，B 层选用 PBAT 为基础树脂的淀粉基生物降解共混材料。该方案制备的薄膜具有高的撕裂强度和透明度，其氧气渗透率和水蒸气渗透率满足应用需求。意大利 Novamont 公司在其专利 WO2017216150(A1)、WO2017216158(A1) 中同样公开了以一种具有 A/B/A 层结构的可生物降解三层薄膜，其中 A 层为脂肪族 - 芳香族聚酯，B 层为脂肪族 - 芳香族聚酯 / 聚乳酸共混物，产品透光率达到 90% 以上，很好地解决了薄膜的透明性问题。

7.1.2 流延成型

流延成型是聚合物薄膜重要的成型加工方法之一，该工艺生产的薄膜产品广泛地应用于日常生活中，如复合薄膜基材、食品、药品、服装、纺织品、床上用品等包装材料。与吹膜成型相比，流延成型更适用于多层共挤薄膜的生产加工，特别是当共挤膜采用多种材料时，流延成型的生产工艺参数更容易控制。通过流延工艺，可以实现薄膜的高速生产，对于 PP 和 PET 薄膜，其生产的线速度可达 400 m/min，以满足不断增长的市场需求[12]。

塑料薄膜挤出流延成型的主要工作原理在于：将物料干燥后，与需要的其他材料按配比计重混合，吸入料斗，进入料筒，通过螺杆的剪切作用实现材料的熔融塑化，借助螺杆的旋转，将物料向前输送，经过滤网、分配器、均匀从模头处挤出，薄片状熔体流延至平稳转动的辊筒上。为提高冷却效果，在模头前后设置正、负风压刀。正风压刀把压缩空气吹向膜面，而负压风箱将薄膜与流延辊之间的空气抽走，使膜紧贴在辊面上，在流延辊、冷却辊上冷却成型，再经多级牵引、经薄膜测厚仪、电晕处理机、摆幅机构、切边、（消除静电后）卷取成薄膜产品[12]。

从流延成型的工作原理看，其工艺流程可以分为三个阶段：进料挤出阶段、流延阶段、冷却收卷阶段。不同于吹膜成型加工的是，流延成型为了快速提高冷却效果，在模头前后会设置正、负风压刀，收卷前会对薄膜进行切边和消除静电处理。

7.1.2.1 流延设备

典型的塑料薄膜挤出流延成型设备由供料系统、挤出系统、模头、流延冷却系统、薄膜测厚仪、电晕处理机、摆幅机构、切边、多级牵引、卷取机构和电气控制等部分组成（图 7-10）。

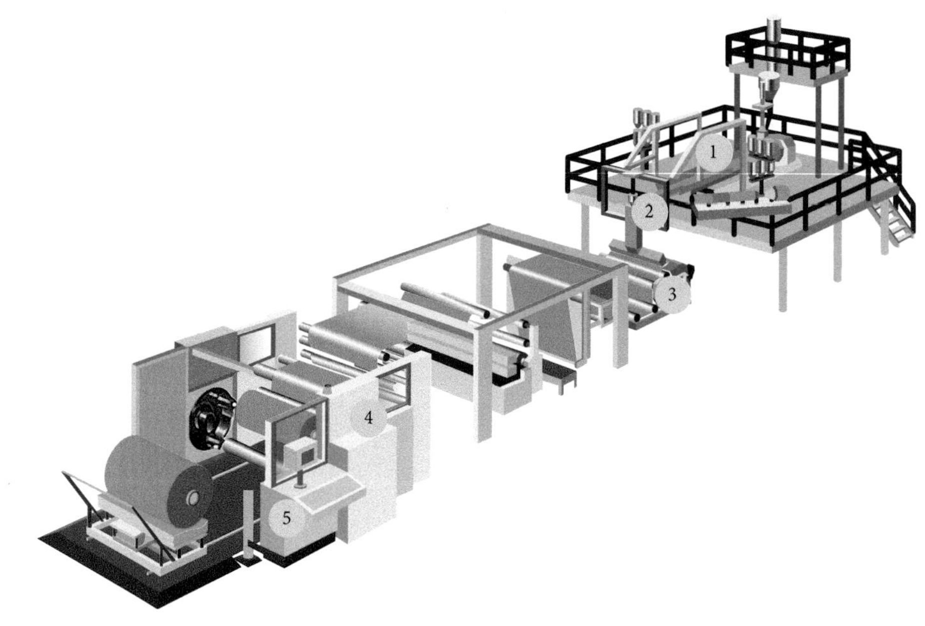

图 7-10　流延膜生产线[11]

1. 挤出机；2. 成型部分 - 适配器进给块；3. 铸造部分 - 薄膜；4. 收卷机；5. 自动化模具

同吹膜成型设备类似，挤出系统是流延设备的核心，其基本硬件组成与吹膜设备一致，包括驱动系统、进料系统、螺杆 / 筒系统、模头系统和仪表控制系统。挤出系统的目的在于，在程序升温的控制下，借助螺杆的剪切作用，实现塑料的熔融塑化，并在螺杆的旋转作用下，将均质化的物料在恒定温度和熔体流速的条件下向模头输送。

高速化、智能化、节能化是近年来流延设备的发展方向。长期以来，多层共挤流延膜高速成型，受收膜机卷取性能及控制技术的制约，卷绕速度只是 400 m/min（弹性膜）和 300 m/min 流延聚丙烯薄膜 CPP）。近年来，流延膜的收膜机卷取性能及控制技术取得了突破，卷绕速度已达到 600 m/min（弹性膜）和 500 m/min（CPP）以上，生产线的生产速度不再受收膜机速度的限制，可以更高的速度和更小的张力将更薄、更宽的薄膜卷绕成直径更大、质量更好的膜卷。德国布鲁克纳机械制造公司制造出了世界上最大的收膜机，可以卷绕 10 m 宽的 PP 卷筒和直径 1524 mm（60″）、重近 12000 kg 的膜卷。Davis-Standard 的 Meridian 收膜机以 635 m/min 的速度卷绕。Battenfeld Gloucester 公司的 1002DS（双轴）型收膜机在最高 500 m/min 的速度下卷绕弹性流延膜，可以生产 8 个 20″ 宽的膜卷或者 6 个 30″ 宽的膜卷[13]。

多层共挤流延膜设备智能化控制以保持成型加工流延膜质量为目标，生产线具有感知、分析、推理、决策、控制功能的“人脑”智能，实现真空上料、机筒加热温度、挤出速度和压力、模头温度、流延压花辊的转速和冷却温度、电晕、薄膜厚度，牵引辊速度、边料回收、断膜、收卷等机组各部件的动作自我协调、工艺参数自动修正、故障自我诊断显示、质量自我检测、加工环境自我适应，实现设定的质量预期目标。

广东仕诚塑料机械有限公司与奥地利的运动控制专家贝加莱公司合作开发了 PowerPanel 系列 HMI 多层共挤流延膜生产线智能控制系统 [14]。

绍兴博瑞挤出设备有限公司为节约能耗，创新流延薄膜装备的节能设计。5.3 m 流延 CPP 薄膜设备采用超小长径比（L/D=22~25）挤出机，相对于 L/D=32 的挤出机来说，需要加热的面积和散热面积同步减少 21.87%~31.25%。在不更改过滤面积的前提下尽可能采用散热面积最小的过滤方式，以达到降低换网器的热损耗 [13]。

7.1.2.2 流延工艺

流延工艺主要是对挤出流延生产中涉及的相关操作，如挤出、流延、冷却、电晕和收卷等，进行参数设置与调控，以保证制品的质量和产量。常规的流延工艺参数主要包括：挤出温度、牵伸比、流延辊温度、风刀压力等 [15]。

挤出温度：挤出温度通常远高于材料熔点，低于材料热分解温度，以确保材料从模头流出时具有足够的流速。挤出温度的设定，除了受材料熔点、热分解温度影响外，还与薄膜加工厚度相关。在满足加工要求的前提下，选择低的挤出温度是有利的，特别是在防止薄膜粘辊方面。

牵伸比：牵引线速度和机头环形间隙出料速度之比。对于 HDPE 材料，提高熔体牵伸比有利于分子链在牵伸方向的取向，促进片晶在垂直于牵伸方向上的生长，从而形成排列更加规整有序的片晶结构。但增大牵伸比相应减少了熔体在拉伸应力场下冷却结晶的时间，导致结晶度和片晶厚度有所降低。

流延辊温度：流延辊温度可以通过影响熔体在拉伸应力场下冷却结晶的冷却速度对流延基膜的结晶度产生影响。当流延辊温度较低时，熔体从流延口模流出后贴附在流延辊面上被迅速冷却，相当于受到淬冷作用，使得熔体在拉伸应力场下的结晶受到了限制，因此结晶度较低。当辊温升高后，一方面流延口模到流延辊面上之间温度场的整体温度升高，熔体在拉伸应力场下的冷却结晶较为充分；另一方面较高的流延辊温度也对贴附在其表面的流延基膜起到热处理作用，由于分子链活动性得到加强，尚未结晶的链段可以继续结晶，晶区缺陷逐渐被完善；因而使得结晶度得到提高。

风刀压力：模头前后设置的正、负风压刀是为了提高流延基膜的冷却效果。通过调节风刀空气流速来改变熔体冷却条件，可以制备出不同冷却条件下的流延基膜，流延基膜的结晶度随风刀压力的改变而改变。

此外，流延工艺对薄膜自身的性质，如拉伸强度、自黏性等，也会产生影响，选择合适的流延工艺是确保成功生产目标产品的关键。

7.1.2.3 PBAT 流延成型

PBAT 树脂具有类似 LDPE 的加工性能，用于 PE 材料流延成型的设备经过适当改进也可以用于 PBAT 塑料的流延成型。PBAT 塑料的流延成型同 PE 材料一样，可以分为五个阶段 [11]。

阶段 1：PBAT 塑料首先在挤出机的作用下熔融塑化，形成均质化的熔体。均质化的熔体在螺筒中形成具有恒定熔体温度和输出率的熔体流。

阶段 2：多个挤出机的熔体流可以通过一个适配器进料口或多层模具进行并流。适配器进料口或多层模具控制每个熔体流的流动以获得均匀的层分布。

阶段 3：熔体流在薄膜模中被转化为平面薄膜，薄膜厚度分布通过膨胀螺栓进行自动控制。

阶段 4：熔体薄膜以规定的角度离开模具，与冷却辊进行切向接触。为了提高冷却效果，可以最大限度地提高薄膜与冷却辊的接触角。在模具出口和冷却辊的接触线之间，薄膜在几分之一秒的时间内被拉伸 10~50 倍。通过静电放电装置将薄膜定位在冷却辊上，在随后的冷却辊上，薄膜的厚度分布由一个厚度测量单元来确定。如果需要，可以用放电工艺对薄膜进行电晕处理，以增加表面张力，从而方便印刷。大多数情况下，PBAT 塑料的表面张力大于 38 dyn (1·dyn=10^{-5} N)，因此在印刷前对薄膜表面进行电晕处理，对于生物可降解聚合物来说并不是强制性的。

阶段 5：使用接触式 / 表面式收卷机将薄膜收卷到膜卷上。为了保持薄膜米重和厚度分布不变，生产过程可以选择自动控制收卷和换卷。

受限于 PBAT 树脂与 PE 材料在产品理化特性上仍存在明显差别，在使用 PE 流延成型设备加工 PBAT 塑料时，必须满足一些具体的要求 [11]。

（1）PBAT 塑料的加工温度要比聚乙烯低。对于 PBAT 树脂，合适的加工温度为 170℃，对于 PBAT 塑料合适的加工温度为 170~190℃。

（2）为了减少粘辊问题，尽量选用表面粗糙度高的冷轧辊。对于以 PBAT 塑料，冷轧辊温度应保持在 30~40℃，而对于 PBAT 树脂，由于其自身的黏性较大，需要在更低的冷轧辊温度下才能顺利进行成型加工。

（3）由于淀粉基生物降解塑料的热稳定性有限，必须避免在进料口适配器或薄膜模具中出现滞留点。基于此，对于淀粉基生物降解塑料，不建议使用金属棒收紧模具以减少薄膜宽度。

7.1.3 挤出成型

挤出成型又称挤压模塑或挤塑成型，是指物料通过挤出机在料筒和螺杆的协同作用下，一边受热熔融塑化，一边被螺杆向前推送，连续通过机头而制成各种截面制品或半制品的一种加工方法。挤出成型是一种高效、连续、低成本、适应面宽的成型加工方法，是高分子材料加工中出现较早的一门技术，经过 100 多年的发展，挤出成型是聚合物加工领域中生产品种最多、生产率高、变化最多、适应性强、用途广泛、产量所占比重最大的成型加工方法。挤压成型过程主要包括加料、熔融塑化、挤压成型、定型和冷却等过程。

挤出过程可分为两个阶段：

第一阶段：使固态塑料塑化（即变成黏性流体）并在加压下使其通过特殊形状的

口模而成为截面与口模形状相仿的连续体。

第二阶段：用适当的方法使挤出的连续体失去塑性状态而变成固体即得所需制品。

按照塑料塑化方式的不同，挤出工艺可分为干法和湿法两种。干法的塑化是靠加热将塑料变成熔体，塑化和加压可在同一个设备内进行，其定型处理仅为简单的冷却；湿法的塑化是用溶剂将塑料充分软化，因此塑化和加压须分为两个独立的过程，而且定型处理必须采用较麻烦的溶剂脱除，同时还得考虑溶剂的回收。湿法挤出虽在塑化均匀和避免塑料过度受热方面存有优点，但基于上述缺点，它的适用范围仅限于硝酸纤维素和少数醋酸纤维素塑料的挤出。

7.1.3.1　挤出设备

挤出成型设备（图 7-11）主要包括挤出主机、辅机（含定型台、牵引机、切割机、放料架）、挤出模（含模头、干式定型模、冷却水箱）等部分[16]。挤出主机是挤出成型设备的核心部分，主要作用在于依靠螺杆旋转产生的剪切力及压力，使物料进行充分塑化以及混合，均质化的物料通过口模成型。根据螺杆的数目，可以基本分类为单螺杆挤出机，双螺杆挤出机，以及多螺杆挤出机和无螺杆挤出机。

最基本和最通用的挤出主机是单螺杆挤出机，主要包括传动装置、加料装置、料筒、螺杆、机头和口模等六个部分。

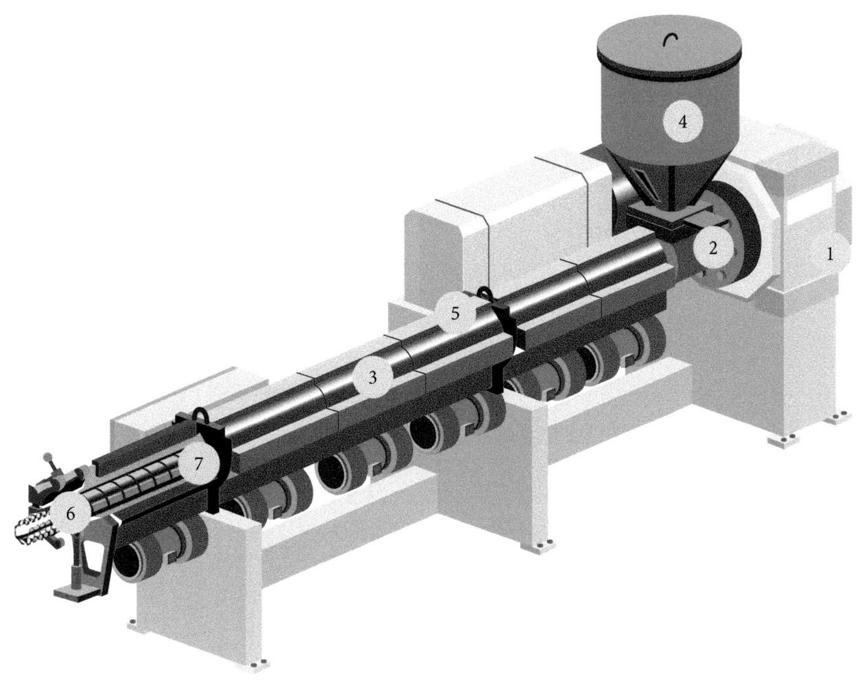

图 7-11　挤出成型机[11]

1. 驱动装置；2. 机筒入口；3. 温度控制；4. 喂料斗和计量装置；5. 真空排气口；6. 机筒；7. 螺杆

螺杆是挤出机的关键部件，螺杆的性能好坏决定了一台挤出机的应用范围、生产效率、塑化质量、添加剂的分散性、熔体温度、动力消耗等。通过螺杆的转动，塑料在料筒中才可以发生移动、增压以及从摩擦中获取部分热量，获得混合和塑化。

代表螺杆特征的基本参数包括以下几点：直径、长径比、压缩比、螺距、螺槽深度、螺旋角、螺杆和料筒的间隙等。

最常见的螺杆直径 *D* 大约为 45~150 mm。螺杆直径增大，挤出机的加工能力也相应提高。

螺杆长径比是指其工作部分有效长度与直径之比（表示为 *L*/*D*），通常为 18~25。一般来说，*L*/*D* 增大，对物料温度分布有改善作用，有利于塑料的混合和塑化，并能减少漏流和逆流，同时能提高挤出机的生产能力。*L*/*D* 大的螺杆适应性较强，能用于多种塑料的挤出；但 *L*/*D* 过大时，会延长塑料受热时间进而导致降解，同时因螺杆自重增加，自由端挠曲下垂，容易引起料筒与螺杆间擦伤，并使制造加工困难；增大了挤出机的功率消耗。*L*/*D* 过小，又容易引起混炼的塑化不良。

螺杆压缩比（compression ratio of screw）是螺杆进料段内每个螺槽的容积与计量段内每个螺槽的容积之比。可表征螺杆对物料的压缩程度和做的功，不同形态（粉状、粒状或片状）的物料其堆砌密度不同，压缩和熔融后体积的变化也不同，螺杆压缩比的设计与选用应与此相适应。熔体纺丝用螺杆挤出机的压缩比一般为 3~35，可通过改变螺距或螺槽深度或两者同时改变来获得所需的压缩比。压缩比越大，塑料收到的挤压比也就越大。由于在螺杆制造中改变螺距的加工较困难，常用改变螺槽深度的方法来改变压缩比。

螺距是沿螺旋线方向量得的相邻两螺纹之间的距离。一般指在螺纹螺距中螺纹上相邻两牙在中径线上对应两点间的轴向距离。

螺槽和螺棱是螺杆的两个最主要特征，观察与螺杆轴向垂直的截面，可以发现螺杆是由几段曲线组成的。常见的双头螺纹元件就是由 8 段曲线组成，其中两段以螺杆轴为圆心的半径较大的圆弧旋转而成的结构即为螺棱，两段以螺杆轴为圆心的半径较小的圆弧旋转而成的结构即为螺槽。螺槽浅时，能对塑料产生较高的剪切速率，有利于料筒壁和物料间的传热，物料混合和塑化效率越高，反而生产率会降低；反之，螺槽深时，情况刚好相反。因此，热敏性材料（如聚氯乙烯、生物降解塑料）宜用深螺槽螺杆；而熔体黏度低和热稳定性较高的塑料（如聚酰胺），宜用浅螺槽螺杆。

螺旋角 Φ 是螺纹与螺杆横断面的夹角，随 Φ 增大，挤出机的生产能力提高，但对塑料产生的剪切作用和挤压力减小。通常螺旋角介于 10°~30°，沿螺杆长度的变化方向而改变，常采用等距螺杆，取螺距等于直径，Φ 的值约为 17°41′ 。

料筒内径与螺杆直径差的一半称间隙 δ，它能影响挤出机的生产能力。δ 增大，生产率降低；δ 减小，物料受到的剪切作用增大，有利于塑化，但 δ 过小，强烈的剪切作用容易引起物料出现热机械降解，同时易使螺杆被抱住或与料筒壁摩擦，而且 δ 太小时，物料的漏流和逆流几乎没有，在一定程度上影响熔体的混合，通常控制 δ 在 0.1~0.6 mm 左右为宜。

随着制造技术的发展，挤出成型装备呈现如下几方面发展的趋势[17]：

高速、高产化。“高速、高产”一直是挤出成型机发展的主要方向，以直径为 90 mm 单螺杆挤出机为例，它的单机产能从 1961 年的 90 kg/h，提高到 1995 年的 600 kg/h，34 年间共提高了 6.7 倍。WP 公司生产的同向平行双螺杆挤出机从 1995 年 ZSKMC 型到 2001 年的 ZSKMV 型，六年间螺杆转速从 600 r/min 提高到 1800 r/min，产能相应提高了 2.5 倍。

高效、多功能化。挤出机的高效性能主要体现在高产出、低能耗、低制造成本方面。此外，将混炼造粒与挤出成型工序合二为一的“一步法挤出工艺”，也值得引起重视。“一步法挤出工艺”在缩短工艺流程，节省能耗，减少设备投资和占地面积，减少操作人员等方面比传统的两步法工艺具有明显的优势。

大型化和精密化。有数据统计显示，2000 年中国挤出机的总数量达 7784 台，其中同向平双 844 台，异向平双及锥双 1255 台。在进口的 1817 台挤出成型机中绝大部分是大型的、精密的机器。

模块化和专业化。“模块化”生产可以适应不同用户的特殊要求，缩短新产品的研发周期，争取更大的市场份额；而“专业化”生产可以将挤出成型装备的各个系统模块部件安排定点生产甚至进行全球采购，这有利于保证整机质量、降低成本、加速资金周转。

智能化和网络化。发达国家的挤出机已普遍采用现代电子和计算机控制技术，操作台设有荧光屏监测，对整个挤出过程的工艺参数（如熔体压力及温度，各段机身温度，主螺杆和喂料螺杆转速、喂料量，各种原料的配比，电机的电流电压等）进行在线检测，并采用微机闭环控制。

7.1.3.2　挤出工艺

挤出制品的质量和生产效率是同原料配方、挤出成型设备及挤出工艺条件等密不可分的，实际生产中需要根据原料的挤出成型工艺性和挤出成型设备结构（主要是螺杆结构、模头结构特点），合理调整挤出工艺参数。挤出工艺参数主要有机筒温度、口模温度、螺杆转速、挤出速率和牵引速率等。

机筒温度：机筒各加热段温度的要根据挤出机的结构特点、所用塑料的配方体系及固体物料的形状（如粒状、粉状等）进行选择。单螺杆挤出机主要用粒状原料成型，机筒分为三段即加料段、压缩段、均化段。加料段温度为最低，压缩段、均化段温度逐渐上升。

口模温度：口模是制品横截面的成型部件，口模温度过高或过低所产生的后果与机头的影响相似，所不同的是口模温度直接影响产品的质量。口模处的温度比机头温度稍低一些，口模与芯模温度差不应过大，否则挤出的制品会出现向内、向外翻或扭曲变形。口模温度的设定除了需要考虑所用塑料的配方体系外，还应考虑制品界面的几何形状。

螺杆转速和挤出速率：挤出速率是指单位时间内挤出机从口模中挤出的制品的重量或长度。螺杆转速是控制挤出速率和制品质量的重要工艺参数，转速增加，机筒内物料的压力增加，导致挤出速率增加，产量提高，并强化了对物料的剪切，提高料温，降低熔体黏度，有利于物料的充分混合与均匀塑化，但螺杆转速过高、挤出速率过快会造成物料在口模内流动不稳定、离模膨胀加大，使制品表面质量下降，并且可能会出现因冷却时间过短造成制品变形、弯曲；螺杆转速过低，挤出速率过慢，物料在机筒内受热时间过长，会造成物料降解，使制品的物理力学性能下降。

牵引速率：牵引速率直接影响制品壁厚、尺寸公差和性能外观。冷却后的制品在纵向上牵引速率越快，制品壁厚越薄，牵引速率越慢，制品壁厚越厚，且容易导致口模与定型模之间积料。牵引速率必须稳定且与制品挤出速率相匹配。正常生产时，牵引速率应比挤出线速率略快，以克服型材的离模膨胀[13]。

随着聚合物加工的高效率和应用领域的不断扩大以及延伸，挤出成型制品的种类不断出新，挤出成型的新工艺层出不穷，其中振动挤出等塑料挤出成型方法取得了令人瞩目的成就[18]。

7.1.3.3 PBAT 挤出成型

PBAT 是一种韧性高强度低的半结晶型聚酯，因分子结构中存在较高含量的 AA 单元（超过 50 mol%），导致其在成型过程中冷却慢，需要较长的时间才能冷却定型。PBAT 塑料在树脂添加量较高（添加量大于 50%）的情况下，仍具有较高的韧性，其他成分的添加有助于缩短成型冷却时间，广泛应用于线材制备领域。

通常情况下，现有的用于聚烯烃、PS、PVC 或聚对苯二甲酸乙二醇酯（PET）等传统聚合物的挤出成型设备也适用于 PBAT 塑料。考虑到 PBAT 塑料不同于传统聚合物的特性，需要通过选择适当的挤出机来克服生物降解聚酯的局限性。

（1）由于传统聚合物与生物降解聚酯不相容，因此必须制定适当的清机程序。

（2）由于生物降解聚酯对水分更敏感，需要以预干燥的形式除去挥发性成分，再进行挤出加工。

（3）加工生物降解聚酯类产品时，因为此类材料对热降解敏感，应避免高剪切力和热滞留时间过长[11]。

7.1.4 注塑成型

注塑成型又称注射模塑成型，它是一种注射兼模塑的成型方法。注塑成型方法的优点是生产速度快、效率高，操作可实现自动化，花色品种多，形状可以由简到繁，尺寸可以由大到小，而且制品尺寸精确，产品易更新换代，能成形状复杂的制件，注塑成型适用于大量生产与形状复杂产品的成型加工领域。注塑机的工作原理在于它是借助螺杆（或柱塞）的推力，将已塑化好的熔融状态（即黏流态）的塑料注射入闭合好的模腔内，经固化定型后取得制品。

注射成型是一个循环的过程，每一周期主要包括：定量加料—熔融塑化—施压注射—充模冷却—启模取件。取出塑件后又再闭模，进行下一个循环。

注射成型过程大致可分为以下 6 个阶段（下面只介绍三个）：合模、射胶充模、保压补缩、冷却定型、开模、制品取出[19]。

射胶充模过程：螺杆在传输系统的作用下在螺杆头部产生注射压力，将螺筒中均质化的熔体经过喷嘴、模具流道、浇口注入型腔，最后充满型腔。

保压过程：高温熔体充满模腔后，即进入保压补缩阶段，此阶段一直持续到浇口冷封为止。保压阶段，熔体在高压下慢速流动，螺杆有微小的补缩位移，模腔内熔体被压缩和增密，制品逐渐成型。

冷却定型阶段：冷却定型过程从保压阶段结束开始到制品脱模终止。冷却定型过程确保了模内制品在脱模之前具有一定的强度和刚性，从而防止脱模过程中出现顶出变形，损伤制品。

上述工艺反复进行，就可批量周期性生产出制品。热固性塑料和橡胶的成型也包括同样过程，但料筒温度较热塑性塑料的低，注射压力却较高，模具是加热的，物料注射完毕在模具中需经固化或硫化过程，然后趁热脱膜。

就注塑工艺而言，现今的趋势正朝着高新技术的方向发展，这些技术包括水辅注塑、泡沫注塑、高填充复合注塑、微型注塑、薄壁注塑、模具技术、仿真技术等。

7.1.4.1 注塑设备

注塑机是整个注塑成型加工过程中的核心部件，注塑机又名注射成型机或注射机。它是将热塑性塑料或热固性塑料利用塑料成型模具制成各种形状的塑料制品的主要成型设备。注塑机按照注射装置和锁模装置的排列方式，可分为立式、卧式（图 7-12 和图 7-13）。

立式注塑机

卧式注塑机

图 7-12 不同注塑机类型

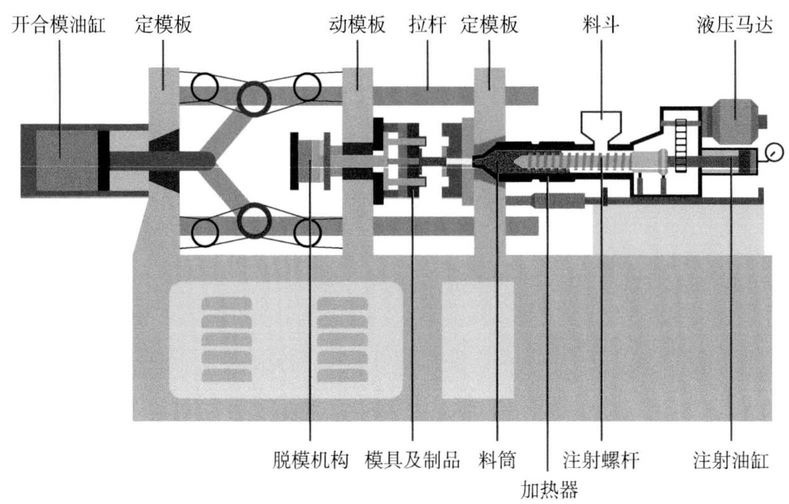

图 7-13　注塑机构造图

常规的注塑机由注射系统、合模系统、液压传动系统、电气控制系统、润滑系统、加热 / 冷却系统、安全监测系统等组成。其中注射系统、合模系统和加热 / 冷却系统是注塑机最重要的组成部分。

注射系统：注射系统是注塑机的“心脏”，其作用包括两方面：一方面，在注塑成型周期中，将额定数量的塑料加热塑化后，在一定的压力和速度下，在规定的时间内通过螺杆将均质化的熔融塑料注入模具型腔中；另一方面，注射结束后，对注射到模腔中的熔料保持定型。注射系统通常由塑化装置和动力传递装置组成。按注射方式分类，一般有柱塞式、螺杆式、螺杆预塑柱塞注射式 3 种主要形式，其中应用最广泛的是螺杆式。螺杆式注塑机塑化装置主要由加料装置、料筒、螺杆、过胶组件、射嘴部分组成。动力传递装置包括注射油缸、注射座移动油缸以及螺杆驱动装置（熔胶马达）。

合模系统：合模系统的作用是保证模具闭合、开启及顶出制品。同时，在模具闭合后，供给模具足够的锁模力，以抵抗熔融塑料进入模腔产生的模腔压力，防止模具开缝，造成制品的不良形状。合模系统主要由合模装置、机绞、调模机构、顶出机构、前后固定模板、移动模板、合模油缸和安全保护机构组成。

加热 / 冷却系统：加热系统是用来加热料筒及注射喷嘴的，注塑机料筒一般采用电热圈作为加热装置，安装在料筒的外部，并用热电偶分段检测，热量通过筒壁导热为物料塑化提供热源。冷却系统主要是用来冷却油温，油温过高会引起多种故障出现，所以油温必须加以控制。另一处需要冷却的位置在料管下料口附近，防止原料在下料口熔化，导致原料不能正常下料。

普通卧式注塑机仍是注塑机发展的主导方向，其基本结构几乎没有大的变化，除了继续提高其控制及自动化水平、降低能耗外，生产厂家根据市场的变化正在向组合系列化方向发展，如同一型号的注塑机配置大、中、小三种注射装置，组合成标准型和组合型，增加了灵活性，扩大了使用范围，提高了经济效益。

随着塑料原材料价格和性能的提高，塑料制品向小型化、轻量化以及多功能化方向发展趋势明显。一方面，加工附加值高的精密制品；另一方面，一些日用品、医疗器械等使用的一次性耗材等，为了降低成本普遍要求减少壁厚，减少原材料消耗，从而对注塑机提出了更高的要求。

第一，注塑机向高速精密、高效节能、环保洁净方向发展。

高速精密成型有两类产品：一种是尺寸精度高，另一类是制品的壁很薄，因此必须高速注射精密成型。锁模精度是成型薄壁产品的一个最主要技术难点，如果合模精度差会导致壁厚不均，这在厚壁产品中影响不太明显，但当产品的壁厚只有 0.1~0.2 mm 的范围时，壁厚相差 0.02~0.03 mm 也会严重影响制品的成型。

节能是注塑机近几年的一个突出要求。许多注塑机厂采用伺服电机取代普通电机驱动油泵从而显著节省能耗，这已经被实践检验。

机台洁净环保是注塑机另一个发展方向。传统肘杆式注塑机需加油润滑，既浪费材料又污染环境，单缸充液式的大油缸容易漏油也需要改进。不但生产医疗器械、电子产品等要考虑洁净要求，我们还要考虑机器对周围环境的影响。塑料在高温下排放的气体有些是有害的，必须过滤并处理后才能排放。采用电磁加热机筒的设备其电磁辐射对操作者是有害的，必须加以保护。

第二，注塑机的锁模结构从三板式向二板式发展。

最近十几年，大型注塑机的锁模结构已经向复合二板式发展，二板式不但减少了后模板，节省了钢材的消耗，连机身也缩短了，减少了厂房车间的占用空间，而且二板式还有一个很重要的优点，那就是作用在模具 4 个角的 8 个点的力几乎是相等的，这是三板式不具有的优点。另外，二板式的合模的平行度误差几乎为零，在高压锁模时可以根据模具的精度自适应。二板直压式的锁模结构是未来最有发展潜力的锁模结构。二板直压式由于技术难度高，目前国外也只有德国等少数几家厂家能够生产，国内虽然也有许多厂家在研发，但产业化仅有一两家而已。

第三，注塑机从单一驱动方式向电液混合驱动方式发展。

第四，注塑机为满足特殊产品的成型而创新结构成为未来趋势。克劳斯 - 玛菲公司用在二板直压式锁模结构上安装水平旋转模具配合双头注射来成型双组分产品及中空产品这种方案，比现有的垂直旋转模具的双组分制品的方案，可成型面积更大的产品，速度快，效率高。

第五，注塑机与周边设备，如模具、机械手等的有机结合是未来的趋势。

未来许多模具上的功能可能被分拆固化在设备的模板上，如热流道装置、冷却装置等。另外，机械手和设备的有机结合也是未来的方向。将机械手直接安设在机器上，并由机器统一控制。甚至，还可以将破碎干燥等作为注塑机的一部分，将模具的加热冷却和机器的加热机筒、冷却油等进行能量交换从而创新节能方式，这也是未来的发展方向。模内标贴和模内装配现在已经成为注塑机的一个有机组成部分。

第六，注塑机向智能化、网络化的方向发展。

未来注塑机会更加容易操作，更加智能化，操作者不需要具备很多专业的知识，只需要输入简单的参数，如塑料的型号、制品的名称、规格等，机器就可以自动生成工艺参数并自动调节。未来注塑机应该有专家系统远程监控，对注塑机进行诊断、答疑并及时排除故障。在智能化上，未来注塑机还有很多创新和发展 [18]。

7.1.4.2 注塑工艺

注塑成型是一门十分重要的工程技术，其工作内容在于将相关塑料转换成为相应制品，同时还可以使其具有的原有性能得到保持。在塑料加工过程当中，注塑成型工艺具有十分重要的作用，而且该工艺对产品的质量、形状以及外观等具有直接影响，通过合理设置注塑工艺参数可以得到高质量塑料制品。

在对塑料注塑成型工艺应用前，相关工作人员需要深入分析影响注塑成型工艺的各类因素，具体需要从温度、时间、压力、应力、收缩率等方面进行充分考虑，以此来全面保证注塑成型工艺的有效运用，提高塑料制品的加工质量和效率 [20]。

温度：在塑料注塑成型工艺当中，温度是十分重要的一项影响因素，一般来说，当温度相对较高时，会导致产品的弯曲模量、洛氏硬度、断裂伸长应力以及悬臂梁冲击强度等降低。

（1）模具温度。在塑料注塑成型工艺的实际应用过程中，模具温度对其产品质量具有重要影响。现如今，相关工作人员主要采取加热法、风冷、自然散热法以及水冷等控制模具温度。而模具温度出现变化时，将会对结晶度以及结晶条件等产生影响。当模具的温度相对较高时，其冷却速度较小，具有较大的结晶速率，而且高温模具温度可以使 PET 分子键保持松弛，使分子取向有所减小。

（2）料筒温度。在注塑工艺应用过程中，料筒温度往往会影响到塑料的塑化性和流动性。在料筒当中加入原料，在受到加热后会逐渐熔化，在高温条件下原料会出现氧化现象，最终对产品性能产生影响。

（3）喷嘴温度。注塑工艺当中的喷嘴温度对塑料流动性以及塑化性具有直接影响。具体来说，当喷嘴温度发生变化之后，将会显著影响到制品的力学性能和成型条件，尤其在喷嘴温度过高时，将会增加制品光泽度，并降低熔料黏度。但同时，当喷嘴温度提高后，还会加速熔料分解，进而对制品性能产生影响。

时间：在塑料注塑工艺当中，时间因素也会对工艺产生影响，其具体表现在冷却时间、注射时间、保压时间等方面。针对流道系统的注射时间，一般需要将其控制在 0.5~1.5 s，在控制保压时间时则需要对其浇口大小进行考虑，当浇口越大时，其保压时间也应得到延长。熔体温度、冷却效率以及部件厚度对冷却时间具有决定性的影响。

压力：压力在注塑成型工艺当中是十分重要的一项因素。针对塑料注塑工艺当中的压力类型进行分析，其具体包括注射压力、塑化压力、保压压力等。

（1）针对塑化压力进行分析，当该压力增加后，将会导致熔体温度有所增加，进而使塑化温度减小。而在塑化压力增加以后，可以进一步保证熔体温度的均匀性。通过增加塑化压力，可以使制品结构性能得到提高。

（2）注射压力。为了使熔体的流动性得到提高，使流体冲模速度得到改善，并使成型期间的收缩率得到降低，需要对注射压力进行增加。具体来说，注射压力在注塑成型工艺当中，是十分重要的一项参数，压力大小和保压时间直接影响到制品性能，而且压力速度对塑件质量也具有重要影响。

（3）保压压力。为了避免塑料在冷却时出现回流现象，需要对塑料增加相应的保压压力。通过保压压力，可以使树脂冷却时的收缩率得到减少，而在将保压压力提高后，可以使熔体在模具当中得到更充分的填充，进而充分保证制品制备质量。但当保压压力过大时，将会对脱模产生困难。所以，在实际操作过程中，需要结合具体工艺合理设置保压压力。

收缩率：在塑料注塑成型工艺当中，在熔体注射过程当中，聚合物分子流动方向的收缩率要大于垂直方向，这也导致翘曲变形。在注塑成型过程中，如果出现严重变形问题则可能会导致成品变成废品，所以需要对变形原因进行分析，从而使制品质量得到保证。对注塑制品的收缩率产生影响的因素较多，具体包括工艺参数（压力、时间以及温度等）、设备以及模具等。

近年来，随着技术的进步和注塑设备的改进，形成了多组分注塑成型技术、气体辅助注塑成型技术和微孔发泡注塑成型技术等多种新的注塑工艺[20]。

7.1.4.3 PBAT 注塑成型

PBAT 树脂因分子结构中脂肪族二羧酸含量高，结晶速度慢，成型加工中需要较长时间才能冷却定型，此外，PBAT 树脂黏度高，脱模效果差，难以连续化生产。目前市面上使用纯 PBAT 树脂进行注塑加工的产品相对较少。对于 PBAT 塑料而言，在助剂添加量不高的情况下，PBAT 树脂是良好的增韧剂，相关材料可以在传统的注塑成型设备上进行加工。在 CHINAPLAS 2013 国际橡塑展上，BASF 推出了面向注塑成型的 ecovio® IS1335 产品（图 7-14），该产品属于可堆肥、部分生物基塑料。ecovio® IS1335 可使用装备或未装备热流道的单腔或多腔模具进行加工。该材料具有中等流动性和良好的尺寸稳定性，适于通过注塑成型工艺生产形状复杂的优质可堆肥薄壁包装[21]。

近年来，随着人们对制品轻量化、可降解、低成本的追求，以及微孔发泡注塑成型技术的发展，以 PBAT/PLA 共混材料为基础树脂的可生物降解聚酯广泛应用于微孔发泡注塑成型加工领域[22]。为了获得具有高孔隙率和良好机械性能的聚合物泡沫材料，利用高效的气泡成核剂以促进泡孔成核对于在最终泡沫产品中获得大量泡孔至关重要。BASF 专利 WO2017211660(A1) 公开了一种制备可膨胀的含聚乳酸的颗粒的方法，以异戊烷作为有机发泡剂，以氮气、二氧化碳、氩气、氦气及其混合物为共发泡剂，通过微孔发泡注塑成型的方式对包含 5~35 重量 PBAT 的聚乳酸组合物进行加工，制备得到了堆积密度为 580~750 kg/m^3 的泡沫颗粒。

图 7-14　ecovio® IS1335 注塑成型咖啡胶囊

7.1.5　复合成型

除了常规的吹膜成型、流延成型、挤出成型和注塑成型外，适合 PBAT 塑料的加工方式还包括挤出复合成型等。

所谓挤出复合是指 PBAT 等热塑性塑料在挤出机中熔融塑化，均质化的物料经 T 型模头挤出后，复合在一种基材表面或者两种基材之间，冷却定型后，制备复合材料的方法。DuPont 公司于 1945 年发明了挤出复合加工技术，之后在发达国家得到迅速发展，所涉及的行业越来越广，应用的产品领域越来越多。从市场发展情况看，挤出复合加工技术现已广泛应用于涂层制品的彩印、复合材料包装制品的生产、加工等产业，并保持持续、稳定的增长。随着中国对包装材料的需求量日益增长，人们对复合材料包装制品的需求量也越来越多，为我们挤出复合加工技术的发展提供了广阔的市场前景[23]。

挤出复合薄膜是指把相同或不同种类的薄膜材料通过一定的成型加工方法进行两层或两层以上的贴合加工，达到单层薄膜难以达到的性能，提高薄膜所需的相关性能，拓展多层薄膜制品的应用范围。挤出复合薄膜材料种类的选择包含了 PBAT、LDPE、HDPE、PP、EVA、乙烯 - 丙烯酸共聚物（EAA）等热塑性树脂在内的几乎所有合成树脂材料。

通过挤出复合的产品通常具有如下性能特点：①优异的耐撕裂、耐穿刺和抗磨损能力；②优良的水气阻隔和防潮性能；③提升的耐油脂和化学品能力；④良好的热封性能。

7.1.5.1　复合设备

挤出复合机（图 7-15）是一种由单螺杆挤出机或双螺杆挤出机（甚至是三螺杆以上也有）和一个复合机模头组成，各台挤出机将熔融的塑料向复合机头输送，并在机头定型部分汇合的器械。复合挤出设备广泛应用于纸张、布类、BOPP 膜、液体奶灌装、医药包装等各种软包装行业。复合共挤出加工可以在一个工序内完成多层复合材料的挤出复合成型工艺。

图 7-15 挤出复合生产线[24]

一条完整的复合挤出生产线通常包括放卷单元、电晕单元、底涂烘干单元、挤出单元、复合单元、切边单元和收卷单元。

放卷单元：控制复合基材的放卷，可通过自（手）动边缘调节、自（手）动换卷、自（手）动张力调节、拼接等操作，完成基材放卷的所有动作。

电晕单元：为了提高薄膜与基材的黏附力，在覆膜前，通常需要通过电晕处理的方式对基材进行表面处理，通过调整电晕电极放电间隙和放电电压可以调控电晕效果。

底涂烘干单元：底涂烘干单元主要功能是为需要涂胶的基材进行涂胶和烘干。

挤出单元：挤出单元通常由单螺杆挤出机、连接体、T 型口模构成，其作用在于通过螺杆和螺筒的协同作用，使塑料良好地熔融塑化形成厚度均匀的薄膜，一边更好地与基材复合。

复合单元：通常由复合辊、橡胶压辊、不锈钢支撑辊、橡胶分离辊构成。压辊、支撑辊、分离辊可以通过气压调节压力，复合辊的位置也可以通过调节螺栓来调节淋膜的切入位置。

切边单元：由风机、切刀和其他调节装置组成，切边的宽窄和切刀压力可以通过调节装置来调节。

收卷单元：控制薄膜的收卷，通过张力调节，接触辊压力调节，手自动换卷，计数器来完成收卷的所有动作。

挤出复合设备正在向多联化、共挤出化方向发展。为了适应多层结构产品的复合，提高生产效率，挤出复合机一般采用多个挤出机和复合结构串联，实现产品的一次性生产，由于各种功能性原料的出现，挤出复合也在向共挤出复合方向发展[25]。

7.1.5.2 复合工艺

对于挤出复合加工工艺，可以依据所用的不同的涂层级树脂熔体情况，分为两种情况用途。其中一种被称为无胶黏剂体系，是选择涂层级树脂成为热熔材料，使之与PBAT、PE 薄膜、铝箔、纸张、双向拉伸聚丙烯（BOPP）等材料直接复合，过程中不添加胶黏剂。另外一种加工过程需要胶黏剂，被称为有胶黏剂体系。这种加工情况是将涂层级树脂作为涂覆的材料，和已经涂过胶层的薄膜进行复合。但是即使选择了这种体系的加工工艺，也比干法复合过程中添加的胶黏剂的使用量要少得多。对这两种加工过程而言，尽管它们在工艺上会存在一定的差异，然而复合机理却是相同的，都是相互粘接过程的体现。

所谓的“粘接”是指胶黏剂和被黏结物外面发生接触后，产生分子之间力作用的结果。一般用于复合加工的胶黏剂必须是液体状态，可以自由的流动的。这样能够保证胶黏剂和被黏结物外面达到最好接触方式——面接触，达到尽可能大的接触面积的目的。在粘接过程的早期，粘接物的表面需要被胶黏剂进行浸润。在特殊的条件下，当胶黏剂和被黏结物外面在接触后，还发生一定的化学反应生成一些新的化学共价键。在达到与界面初步粘接的基础后，胶黏剂的固化使得胶黏剂和被黏结物外面完成了内聚粘接，同时界面粘接也进行了补充加强[22]。

按工艺流程划分，挤出复合生产工艺的一般流程见图 7-16。

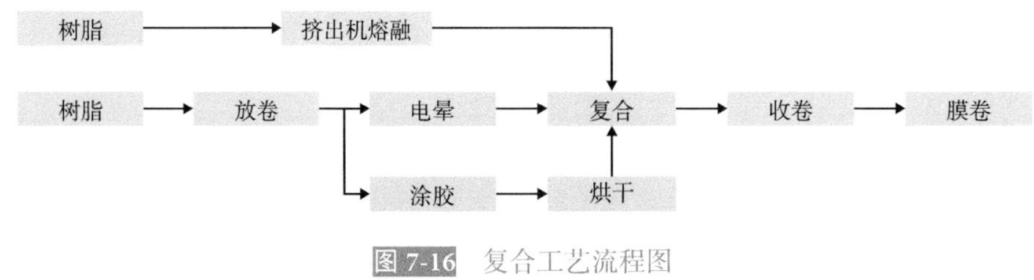

图 7-16 复合工艺流程图

涂层级合成树脂的各项性能会对挤出复合膜加工工艺产生重要影响，也决定着加工过程的工艺条件。其主要包括合成树脂的基础性能、微观结构性能、热学性能及加工性能等等。这些性能从微观到宏观以不同角度决定了挤出复合加工工艺的温度、速度、缩幅、稳定性以及制品的剥离强度和其他产品质量。因此，涂层级合成树脂的各项性能是挤出复合膜加工工艺选择、设定的重要参考依据，也是对挤出复合加工工艺产生影响的重要因素[23]。

7.1.5.3 PBAT 复合成型

对于复合挤出成型而言，为了保证生产的顺利进行，需要保证在复合阶段，黏合有薄膜的基材能很好地与不锈钢支撑辊分离。影响分离效果的因素主要包括两方面，一方面在于树脂与不锈钢支撑辊的黏粘能力，黏粘能力强，分离效果差；另一方面在于加工工艺，加工工艺一方面取决于加工速度，加工速度越快，冷却时间越短，越容易发生黏粘；另一方面取决于不锈钢支撑辊的温度，温度越高，冷却越慢，分离效果越差。树脂与不锈钢支撑辊的黏粘能力与树脂的分子量、结晶能力相关。分子量越高的树脂，黏度越大，黏粘能力越强；结晶能力越弱的树脂，冷却效率越低，越容易发生黏粘。

目前市售的PBAT树脂数均分子量一般在6万~9万之间，分子量较高，产品黏度大；另外，由于分子结构中存在高含量的AA，因此PBAT树脂结晶速度相对较慢。基于这方面的缺陷，纯PBAT树脂很少直接应用于挤出复合领域。

对于可生物降解聚酯而言，通过挤出复合方式进行加工的树脂产品以PBS、PLA为主。PLA树脂虽然具有很好的挤出复合能力，但PLA树脂刚性高，性脆，往往需要对材料进行增韧处理，才能很好地满足产品的使用需求（图7-17）。

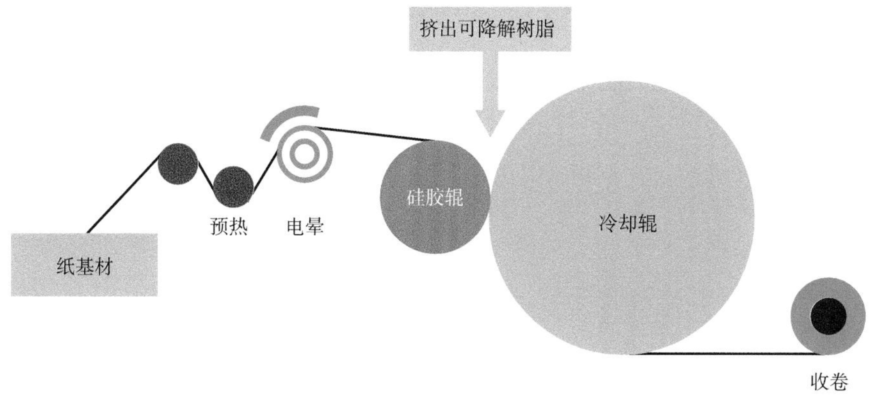

图7-17 生物降解材料PLA淋膜示意图[24]

PBAT树脂强度低韧性高，在低添加量（≤40%）情况下，能很好地与PLA相容，起到增韧效果。已有技术公开了包含40%PBAT的聚乳酸复合材料应用于涂布纸张领域，不仅解决了纯PBAT树脂与纸张的黏粘问题，实现了高速平稳生产，而且解决了使用纯PLA树脂生产时出现的薄膜缩卷问题和加工不稳定产生的荡边问题，相关产品广泛应用于一次性纸杯领域（图7-18）。

图7-18 复合成型纸杯

7.2 PBAT 的应用

PBAT 具备生物降解的特性，从成型加工和制品使用的角度来看，PBAT 还具有优异的熔体强度和流变特性以及良好的可延伸性、韧性、耐弯折性 [26]。PBAT 优异的加工性和良好的物理力学性能，使其广泛应用于膜袋类、注塑类、挤出类、吹塑类、无纺布等领域。

7.2.1 膜袋类应用

PBAT 特有的韧性和优异的成膜性，使其常用于包括提携袋（购物袋、垃圾袋等）、快递包装、农用覆盖地膜、复合膜袋、热收缩膜和保鲜膜等膜袋应用领域。

膜袋类产品从广义上来说是属于包装（进一步来说，是软包装）的一部分。膜袋类软包装的基本功能就是盛装各种商品、货物、配件甚至垃圾等物品。盛装的目的是通过一定的包裹作用将相应需求的物品从一处位置移动或搬运至另一处位置。整个盛装过程所涉及的内容物品可以是零散或者小件的固体产品（购物袋、食品包装袋、快递袋等），也可以包含液体（饮料包装、医药包装等）和气体（缓冲包装，如气泡垫、气柱袋等）。除了盛装功能之外，膜袋类软包装还有一个重要作用是将内容物品做充分的保护避免其受到外部条件的破坏。

膜袋类软包装从大类上可以分为袋（各种包袋）和膜（保鲜膜、缠绕膜、收缩膜等）[26]。袋指的是将单层、两层或者两层以上的多层薄膜用特定的工艺在特定的位置或者以特定的结构进行封合，形成可以包装内容物品的空腔的一类制品。袋的开口和封口有不同的形式，部分袋制品为单侧开口（一般为向上开口），如购物袋、垃圾袋和在装填之前的快递袋、工业袋、食品袋等；而相对地，部分袋制品为完全封口的包装形式，如装填之后的食品包装袋、医药包装袋、缓冲包装等。膜指的是将单层或多层薄膜以单段或者多段的形式，自粘缠绕、封合、收缩、涂覆等工艺进行自闭合，从而将内容物固定保护的一类制品。还有一类不属于软包装领域的膜类制品，即农业用膜，包括大棚膜和覆盖地膜等。

PBAT 作为生产和应用技术最为成熟的一类生物降解塑料，除了具备完生物降解性能，还具备较好的延伸性和较强的力学性能 [27]。PBAT 和传统膜袋软包装中使用的 PE（LDPE、LLDPE）相比，在熔融状态、流变性能、柔韧性、耐冲击耐穿刺、制品手感和挺度等方面，都极其相似（表 7-3）。

表 7-3　PBAT 与 LLDPE 的性能对比（15 μm）

性能	ECOPOND® KB100	LLDPE7042
熔点 /℃	115	110
拉伸强度（纵向）/MPa	26	23
伸长率（横向）/%	500	550
弹性模量 /MPa	120	150
耐穿刺力 /N	0.8	0.9
热封强度 /（N/15mm）	4	4

7.2.1.1　提携袋

提携袋是 PBAT 应用最为广泛的一类膜袋产品，具体包括对商品或其他物品具有盛装功能，尤指具有提携功能且通常为上端开口的袋制品 [28]。生活中常见的提携袋包括购物袋（商场、超市、便利店、书店和药店等）、连卷袋（果蔬袋）、餐饮打包袋（饮料杯袋、电商送菜、外卖送餐等）、宠物垃圾袋（宠物粪便袋）、垃圾袋（厨余垃圾等分类垃圾用袋）等，如按照盛装内容物的不同则可主要分为购物袋和垃圾袋两类。

2010 年以来，欧洲部分国家在环保政策上持续优化，陆续通过立法、政策鼓励、政府采购、消费引导等方式，对生物降解塑料购物袋等环境友好产品的使用进行了大力支持和推广 [29]。而作为代表性材料的 PBAT，由于其优异的成膜加工性和贴近聚乙烯的膜袋使用性能和力学性能，成为了绝大部分市售的生物降解塑料购物袋和垃圾袋的主要基材。中国虽然在环保和环境友好型政策上相比于欧洲等国家略有滞后，但 2012 年之后，随着国家对可持续发展以及环境优化材料的调研摸索、消费者环保意识和对生物降解材料的认识逐渐普及以及国内生物降解塑料技术研究和产业建设的蓬勃发展，国内绿水青山的可持续发展政策推广取得了日新月异的进展，特别是在 PBAT 等生物降解材料和制品产业上取得了突破 [30]。

1）购物袋

购物袋作为消费者出门购物的必备品，通过独特的结构设计以及具备相应力学性能的材质选择，无论是商超购物袋、连卷袋、餐饮外卖打包袋还是饮料奶茶杯袋，都给消费者的携带和搬运提供了非常大的便利。

目前国内外市面销售的购物袋按照是否具备生物降解性可以分为非降解购物袋和降解购物袋。使用量占比最高的非降解购物袋的塑料材料均以聚烯烃为主，主要为聚乙烯（HDPE、LDPE、LLDPE 等）和聚丙烯（PP）等，由于传统塑料的不可降解性，大量的塑料购物袋在丢弃后，造成了严重的白色污染。另一类广泛使用的不可降解购物袋为无纺布购物袋，通常使用不可降解的聚丙烯纤维或者 PET 聚酯纤维制造，可反复多次使用和清洗，具备透气性，提吊能力出色，有一定的印刷性和装潢效果，但由于其材质仍为不可降解的传统树脂制造，并没有解决和改变购物袋丢弃后污染程度较高、自然环境中残留时间过长的问题与现状。

在国内外降解环保政策的驱动下，可降解材质的购物袋取得了一定程度的普及使用，现有产品主要包括纸袋、棉布袋 / 麻布袋、PBAT 生物降解袋（图 7-19）等。纸袋在餐饮打包袋领域应用极为广泛，但是纸的耐水性能差，干强和湿强也都较低，且原料来源为木材木浆，生产过程涉及洗涤和染色，对环境资源的浪费和对环境的污染性成为了纸袋使用的弊端。针对纸袋耐水性差的问题，通常会通过淋膜进行改善，同时考虑到货架期和使用周期问题，常以聚乙烯淋膜为主而未使用降解材料淋膜，这直接导致了纸袋由纯纸的可降解性到纸塑复合后的不可降解性的转变。棉布袋和麻布袋在国外禁塑市场特别是印度的商超市场有比较广泛的应用，材质都来源于可再生资源，属于生物基材质。棉布袋和麻布袋具有优异的强度，和无纺布袋相似之处为可以重复多次使用，但是其耐水性也较差。PBAT 生物降解购物袋作为目前降解购物袋的主流产品，具备类似于聚烯烃的物理力学性能，并能够完全生物降解，是传统塑料购物袋的优选替代。

图 7-19 PBAT 生物降解购物袋

随着国内外政策推行以及消费者对生物降解材料的环境友好性的兴趣增长，来源于商超等市场终端对于PBAT生物降解购物袋的需求逐渐显现和增长。在国外，2009 年，随着德国一家大型超市开始提供由德国巴斯夫公司生物降解塑料 Ecovio（PBAT/PLA 改性材料）的购物袋，PBAT 生物降解购物袋开始陆续登上商超购物袋舞台。虽然 PBAT 来源于石油基，但是其分子结构决定了 PBAT 具备在特定条件下被微生物完全分解成二氧化碳和水的生物降解特性 [31]。当 PBAT 首次在超市购物袋领域崭露头角，其优势很快被消费者广泛认可：不仅做到了足够的结实耐用，而且多次使用之后还可用作有机厨余垃圾的分类收集处理，该用途也在大多数欧洲禁塑国家的社区通过许可。在国内，2020 年国家发展改革委和生态环境部发布的《关于进一步加强塑料污染治理的意见》[32]中第二点规定：到 2020 年底，直辖市、省会城市、计划单列市城市建成区的商场、超市、药店、书店等场所以及餐饮打包外卖服务和各类展会活动，禁止使用不可降解塑料袋，集贸市场规范和限制使用不可降解塑料袋；到 2022 年底，实施范围扩大至全部地级以上城市建成区和沿海地区县城建成区。该项政策直接推动了 2021 年 1 月开始全国范围内主要城市商超和餐饮行业开始大规模使用 PBAT 生物降解购物袋（含餐饮打包袋和饮料杯袋等）。

购物袋（包括餐饮打包袋和果蔬袋等）的使用特性比较特殊，一般在从购物环境中将商品包装完成并搬动至目的地，其中的内容物品被取出后，它的提携功能就实现完毕了。之后消费者可以再将 PBAT 生物降解购物袋用于厨余垃圾的盛装。而作为垃圾袋使用时，它就可以实现二次利用 [33]。这种多次使用的方式大大延长了 PBAT 生物降解购物袋的生命周期，提升了它的环境友好性。

PBAT 生物降解购物袋具备以下特性：

（1）环境友好性：适用于购物袋的 PBAT 改性料除具备完全生物降解能力之外，根据其单体来源或改性组分的不同，还可能具有部分生物基。

（2）优异的力学性能：提吊承重可以达到袋重的一千倍以上。

（3）优良的耐穿刺性能：适合于装盛类似盒装饮料等带有棱角的纸盒包装的商品。

（4）优异的成膜性、力学性能和承重能力：购物袋适合于减薄至 15~40 μm，降低成本。

（5）印刷的精美性：可印刷性强，使用推荐的降解认证水墨，可通过凹版或柔版工艺印刷八色及以内的精美图案，具备很强的产品宣传效果和美感。

（6）优异的热封性：适用于高速制袋工艺。

（7）可重复多次使用，购物袋提吊功能下降后还可作为生物降解垃圾袋使用，如作为冰箱储存袋、垃圾袋等。一般建议降解购物袋放置于垃圾分类中的厨余垃圾。

（8）外观多样性和选择性：多种不同外观和透明性，包括本色、乳白色、半透明等不同牌号材料可供选择。还可以通过添加不同颜色的生物降解专用色母生产外观丰富多彩的购物袋产品。

PBAT 生物降解购物袋除了外观效果和光学性能（透明程度和光泽度）以及由此带来的印刷效果之外，还具有与传统 PE 购物袋极其相近的使用体验。PBAT 生物降解购物袋在商超、餐饮等行业的普及使用以及被消费者的逐渐认可，也证明了 PBAT 及其改性材料用于购物袋是非常合适的。在意大利、法国、西班牙等已经实施禁塑立法的国家以及中国的大部分超市，目前均在规模化使用以 PBAT 或者其改性料为基材的购物袋。中国的餐饮打包袋和饮料杯袋等提携类购物袋也开始在大中城市推广普及使用 [34]。

适用于购物袋的 PBAT 改性材料主要分为三类材质，PBAT/ 淀粉体系、PBAT/ 矿粉体系、PBAT/PLA 体系。这三类 PBAT 改性体系材料在购物袋应用方面各有相应特性，见表 7-4[35]。

表 7-4　不同材质 PBAT 购物袋对比

材质	PBAT+ 淀粉	PBAT+ 矿粉	PBAT+PLA
外观	不透明，白色偏黄	不透明，雾状	有一定的透明度和光泽度
力学性能	延展性强，韧性好，热封性能优异	性能较高	优异的挺度
提吊能力	偏弱	较强	强
货架期	偏短	长	长
劣势	提吊能力是短板，较重的负荷下容易拉伸变长	密度较高	成本较高，性价比略低

2021 年 1 月以来，随着国内禁塑令的深入推广和实施执行，北京、上海、广州、

深圳和其他省会城市以及各计划单列城市中的国内主流超市和便利店等基本上都投入使用了 PBAT 生物降解购物袋，具体材质涵盖了上述三类，即 PBAT/ 淀粉、PBAT/ 矿粉以及 PBAT/PLA 体系的购物袋。根据实际使用情况，以 PBAT/ 淀粉和 PBAT/ 矿粉体系的生物降解购物袋为主，其中各大商超以及便利店根据对材质外观手感和提吊能力、耐穿刺等性能要求的不同而有所选择。

2）垃圾袋

垃圾袋是人们生活中非常重要的一类塑料制品，在小区、家庭、办公、公共场所等环境的垃圾收集、清洁和环卫等各环节具有相当广泛的用途，给千家万户带来方便的同时也为防止环境污染提供了重要保障（图 7-20）。

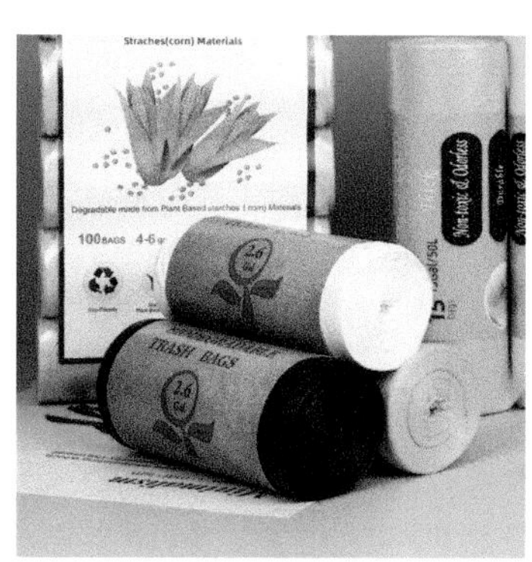

图 7-20　PBAT 生物降解垃圾袋

垃圾袋由于其特殊的使用方式和环境，其材质基本上都是不可降解的聚乙烯塑料，其大量使用加剧了本已相当严重的白色污染，进一步加重了对自然环境的危害。聚乙烯由于结构稳定不可降解，在随垃圾填埋处理之后难以被天然微生物降解，长期存在于自然环境中，改变了土壤的酸碱值，对土壤等生态环境的危害很大，产生严重污染，影响了土地的可持续利用。如采用垃圾焚烧的方式进行垃圾和塑料垃圾袋的处理，也会由于焚烧技术的缺陷而导致有害烟尘与其他有毒物质的产生，对大气环境造成污染[36]。

传统塑料不可降解，一次性塑料制品的大量使用以及塑料消费后难以管控，特别是垃圾袋、购物袋和一次性餐具等快速消耗品的需求迅猛增长[37]，加剧了塑料的白色污染。目前世界上主流通行的垃圾处理方式主要有三类，回收、填埋和焚烧。垃圾回收可以再生利用变废为宝，能够带动循环经济行业的发展；填埋技术成熟，处理费用低，是目前城市垃圾最基本的处置方法；而垃圾焚烧处理快捷，焚烧产生的热值可以利用，实现局部资源化，是欧洲和日本等国家主要的垃圾处理方式。但以上三类现有的垃圾处理方式存在分类要求高、管控难度大以及易产生二次污染等不足。

2010 年以来，堆肥处理成为一类新兴的垃圾处理方式（图 7-21 和图 7-22）。堆肥处理是利用自然界广泛分布的细菌、放线菌、真菌等微生物，在一定的人工条件下，有控制地促进固体废物中可降解有机物转化为稳定的腐殖质的生物化学过程。在堆肥过程中，有机碳被微生物呼吸代谢因而降低碳氮比，经过堆积后较松软而利于撒布；制成堆肥后不但没有臭味而且具有泥土的芳香[38]。

图 7-21 家庭堆肥

图 7-22 工业堆肥

如上所述，堆肥处理是目前用于消费后有机废弃垃圾的最优处理方式。一些欧洲国家已经成功建立了专用堆肥场并陆续投入使用，世界其他国家也在开展堆肥场的建设和使用工作。荷兰和德国是在推行堆肥设施方面最为领先的国家，在荷兰和德国分别有 95% 和 60% 的包括厨余垃圾在内的家庭垃圾进入到工业堆肥场处理。在欧洲，有机垃圾大概占了所有废弃物的 30%~40% 总量[39]。随着欧洲各地堆肥场的持续建立和扩展，以 PBAT 为代表的可堆肥生物降解塑料作为新材料替代传统 PE 塑料袋的普及使用，就备受期待。

从技术角度来看，PBAT 及其改性料作为可堆肥垃圾袋的成型材料具有以下特性和优势：

（1）堆肥处理后的完全生物降解性，满足 BSEN 13432、ASTMD 6400、AS 4736、AS 5810、GB/T 19277.1、GB/T 38082 等降解和堆肥测试要求。

（2）优异的物理性能，类似于 PE 的柔韧性和热封强度，盛装密闭性能优异，厨余垃圾搬运和处理过程不易发生泄漏。

（3）优异的成膜性和使用性能，使得 PBAT 垃圾袋可以减薄至 10~30 μm，家庭用小型垃圾袋的厚度可以低至 10~12 μm；减薄后的 PBAT 垃圾袋可以在至少 3~4 天的垃圾装盛状态下不会出现破孔破袋等影响使用的损坏情况。

（4）PBAT 较低的水分 / 气体阻隔性，使得 PBAT 生物降解垃圾袋具备一定的“可呼吸性”，有助于提高堆肥后的有机垃圾与降解垃圾袋的降解速率，是一项适应于堆肥处理的性能优势。

（5）低温低湿（低于 50%RH）条件下，PBAT 生物降解垃圾袋可以在较长时间内完好地保持其物理力学性能和使用性能（表 7-5）。

表 7-5 ECOPOND® C200 S21 典型性能

特性	测试方法	测试条件	单位	测得值 *
颗粒				
熔体流动速率	ISO 1133	190℃，2.16kg	g/10 min	2.0~6.0
密度	ISO 1183	23℃	g/cm^3	1.25~1.30
熔点	DSC	—	℃	110~130
薄膜			厚度 15μm	
拉伸强度纵向（横向）	ISO 527	25℃	MPa	15/8
断裂伸长率纵向（横向）	ISO 527	25℃	%	250/300
撕裂强度纵向（横向）	ISO 6383-2	25℃	mN	1000/2000
落镖冲击	ISO 7765-1	25℃	g	130

* 所列出数据仅作为测试规范和参考用途

PBAT 生物降解垃圾袋常采用 PBAT/ 淀粉的改性配方材料，主要是基于该配方体系制袋后的产品所具备的优势：具有可堆肥性和相应堆肥条件下的完全生物降解性；材料体系中，PBAT 树脂补充提供了淀粉所不具备的加工性和使用性能，包括从吹膜到制袋的加工流程中的可加工性和稳定性，低至 10 μm 仍具备的完全满足使用要求的物理力学性能及实用性能（韧性、强度、提吊能力、抗穿刺等）；没有 PBAT 树脂作为基体材料，淀粉单独进行成型加工的能力较弱，常规的挤出吹膜、流延和注塑、吹塑等工艺无法直接使用淀粉进行加工；而淀粉在 PBAT/ 淀粉改性体系中则提供了区别于 PBAT 的表面质感（淀粉给部分膜袋产品带来的独特外观与手感）以及延展性和亲水性，而 PBAT 改性材料中亲水性的提升有利于堆肥体系中（在家庭堆肥处理中尤为明显）降解速率的提升。由于 PBAT 树脂在高低温外部环境下所体现出来的优异的稳定性，PBAT/ 淀粉生物降解垃圾袋在仓储和可堆肥垃圾收集过程中表现出很好的稳定性，在库存期间并不随着室温的高低变化产生变脆现象（即使在冬季低温下）。金发科技所开发的 ECOPOND® C200 S21 产品满足 PBAT 生物降解垃圾袋的这些基本要求，普遍用于欧美和中国的堆肥处理垃圾袋（用于垃圾分类后的厨余垃圾或者其他堆肥垃圾的收集）。

垃圾袋中有一类相对比较“小众”的分支为宠物拾便袋。根据相关统计，全球塑料类垃圾的数量在过去的 50 年急剧增加，2018 年塑料垃圾的总量就超过了 3.5 亿吨，而宠物拾便袋虽然从数量上只占了全球塑料垃圾中非常不起眼的比例（2022 年，约 0.6%），但是实际影响并不小。宠物拾便袋常使用传统石油基塑料 PE 制造，一般为处理包装完宠物粪便（通常为户外遛狗过程产生）后，被直接丢弃在普通垃圾中，后续处理要么填埋要么焚烧，几乎无法进行回收，也不能降解。仅仅在欧洲，目前大约就有八千五百万只宠物狗，而这个数量在几年内还会继续增加。据估算每只狗每年会产生 68 kg 的粪便，按照欧洲的宠物狗数量计算每年会产生五百万吨的狗粪便。如此数量巨大的宠物粪便残留，给城市环境带来了严重的影响，除了造成环境脏污之外，还有病菌传播等风险。因此，之前针对城市宠物粪便垃圾往往都需要市政进行单独收集并集中填埋处理。Drózdż 等[40] 对 PBAT 材料的加工制袋，对 PBAT 宠物拾便袋进行了四个星期的实验堆肥测试，结果表明 PBAT 宠物拾便袋能够在 90 天的实验堆肥条件下 100% 分解。

PBAT 生物降解一次性宠物拾便袋（图 7-23）可以很好地替代非降解的传统塑料袋。通常建议将 PBAT 降解宠物袋与有机厨余垃圾一起分类收集并进行堆肥处理，可以很好地缓解宠物粪便收集和丢弃带来的环境污染和卫生问题。

图 7-23 PBAT 生物降解宠物拾便袋

7.2.1.2 快递包装

国内各大电商平台的蓬勃发展、人们消费水平的明显提高和消费习惯的改变，使得中国快递业务规模快速发展。经统计，从 2018 年到 2020 年，国内的快递包装量从 930 万吨增长到 2200 万吨，增长了 1270 万吨，增长率为 137%[41]。快递量的快速增长导致了包装废弃物特别是塑料包装废弃物的大幅增长，给生态环境造成了巨大负担，引起了社会各界对快递包装废弃物现象的关注。2020 年新冠疫情在全球暴发以来，由于出行的不便利性，消费者逐渐转为线上消费购物，快递收寄件数大幅增加。2020 年统计全国快递的件数将近 835 亿件，2021 年全国快递量则达到了 1083 亿件，人均快递件数迅速增长至 77 件。快速业务量快速增长也导致了快递包装的废弃物总量也越来越高。

国家发改委通知于 2022 年底率先禁止使用不可降解塑料包装袋的省市包括北京、上海、江苏、浙江、福建和广东，是由于这六个省市的塑料类快递包装的总量和人均消耗量均排在了全国前六，且远高于全国消耗量的均值。2020 年，北京、上海、江苏、浙江、福建和广东六个省市的塑料类快递包装消耗量就达到了 95 万吨。在这六个省市采用 PBAT 生物降解快递包装进行替代传统塑料包装，意义重大。

快递包材主要可分为塑料类包装材料和纸类包装材料，使用数量最大的为塑料包装袋和瓦楞纸箱。塑料包装包括泡沫箱、塑料编织袋以及一次性塑料快递袋，其中一次性塑料快递袋中有 30.4% 为软包装。塑料包装采用的材质主要有聚乙烯、聚丙烯、聚对苯二甲酸乙二醇酯（PET）和聚苯乙烯（PS）等，其中一次性塑料快递袋的主要材质为聚乙烯（图 7-24）。

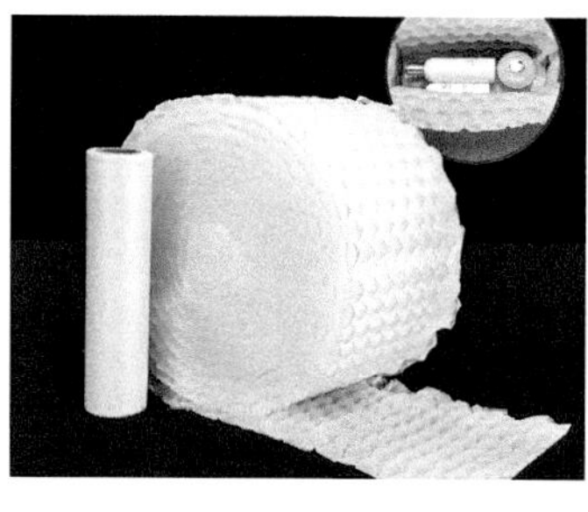

图 7-24　PBAT 生物降解快递包装

消费者在享受拆取快递之余，一次性塑料快递包装基本都被直接丢弃。大部分的一次性快递塑料包装由不可降解的石油基聚乙烯树脂和聚丙烯树脂制备，大大增加了快递包装废弃物处理的困难。一次性快递塑料包装废弃物的循环再生成本高难度大，据统计大约有 99% 的快递一次性塑料包装废弃物无法再生，直接进入了常规垃圾处理环节，大大增加了垃圾处理的数量和难度，也导致了资源的极大浪费和生态环境的巨大压力。目前绿色循环包装在国内部分快递企业逐步开展，但整体得以实施的数量与全国快递废弃包装总量相比有相当大的差距，距离规模化效应尚有距离。

因此，解决一次性塑料快递包装污染最为行之有效的方式即为使用以 PBAT 为代表的生物降解产品，同时结合部分针对不可降解包装的循环回收利用措施。各大电商和快递企业对生物降解塑料的使用也加快了试运行速度。大部分生物降解塑料由于材料性能在库存和常规存储一定期间内的稳定性，以及在堆肥处理甚至暴露于环境中的完全降解性，应用于快递包装后可以使得废弃物在环境中无毒无害无残留。目前已在世界各国快递行业展开评估试用或批量投入使用的生物降解塑料包括 PBAT、PBS、PLA、聚羟基脂肪酸酯类（PHAs）等。其中，PBAT 具有高度适应性的加工性和良好的防水防潮及密闭和稳定性，应用最为广泛，前景最被看好。

国内对于 PBAT 生物降解类快递袋和其他快递包装的探索和试推广已经进行了较

长时间。2016 年，阿里巴巴启动菜鸟绿色联盟——“绿动计划”，推动生物降解快递袋，承诺到 2025 年替换 50% 的包装材料，填充物为 100% 可降解绿色包材 [42]。金发生物公司配合快递袋生产企业供给的 PBAT 生物降解快递袋在阿里巴巴菜鸟体系中实行了试运行。2017 年，国家邮政局下文开展快递行业全降解快递袋试点。同年，京东启动“青流计划”，计划到 2025 年，京东物流 50% 以上的塑料包装将使用生物降解材料 [43]。2020 年，国家发改委和生态环境部发布了《关于进一步加强塑料污染治理的意见》，其中第二项“禁止、限制部分塑料制品的生产、销售和使用”中说明：“到 2022 年底，北京、上海、江苏、浙江、福建、广东等省市的邮政快递网点，先行禁止使用不可降解的塑料包装袋、一次性塑料编织袋等，降低不可降解的塑料胶带使用量。到 2025 年底，全国范围邮政快递网点禁止使用不可降解的塑料包装袋、塑料胶带、一次性塑料编织袋等。”响应该政策的要求，中国邮政、京东和顺丰均在 2022 年启动了生物降解塑料快递袋（均采用以 PBAT 树脂为主要基材的生物降解材料）项目的招标，并在规定城市率先进行了 PBAT 一次性生物降解快递袋以及 BOPLA、PLA/PBAT、纤维素等生物降解胶带的推广使用。

常见的快递包装组成按照其功能性和材质大概可以分为包装袋、纸箱、缓冲填充和胶带四类。目前，以 PBAT 为代表的生物降解一次性快递包装主要应用于包装袋、缓冲材料和胶带这三个领域。PBAT 快递包装袋一般采用的材料为 PBAT/PLA 共混体系 [44]，具有热塑性和优异的加工性，可以采用传统的吹膜 - 制袋工艺进行生物降解快递包装袋的生产。它具有无臭无味无毒的特性，手感挺度与传统 PE 快递包装袋相近，具备优异的化学稳定性、耐低温性优异、印刷精美、胶黏密封和热封强度优异，是不可降解聚烯烃快递包装袋最优的替代产品。缓冲填充方面，目前已有 PBAT/PLA 和 PBAT/ 矿粉体系的材料用于双层或多层气泡膜产品和充气填充包产品，具备良好的气体密闭性和装填再次封口的性能，可以实现优异的填充防撞防震效果，可以对快递物品实现完美的保护功能（图 7-25）。

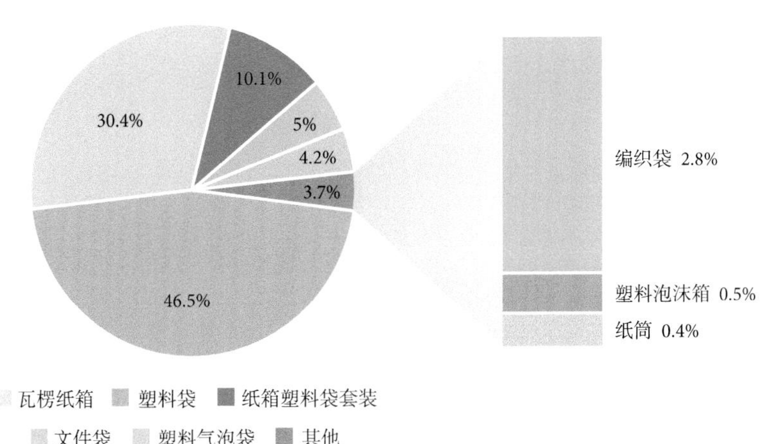

图 7-25 快递包装的材质类型比例（基于快递件数统计）

7.2.1.3 农用覆盖地膜

随着科技的发展和进步，越来越多的先进技术和新材料应用于各个农业领域，显著地提升了国内的种植业。中国是农业大国，拥有众多的农业人口，但是人均收入却相对低下，农业生产方式以小农经济模式为主，基础设施欠发达，人均耕地面积低且单产较低。而农用覆盖地膜、大棚膜等塑料薄膜在农业种植方面发挥了巨大作用，利用有限的耕地面积明显提高了作物产量，提高了耕地和灌溉的利用率。将一定厚度和宽度的塑料地膜覆盖于即将实施播种的农用耕地之上，能够使作物的循环状态维持正常，并具有显著的保墒和保温作用[45]。农用覆盖地膜技术是从 20 世纪 70 年代开始传入中国（从日本引进）。技术的引入使得农户对覆盖地膜优异的保墒保温作用赞不绝口。农用覆盖地膜在实现保温保墒作用的同时，还具备了对杂草的明显抑制作用。农用覆盖地膜五十多年来在农业领域逐渐普及，覆盖栽培作物已由最早期的蔬菜延伸到了玉米、小麦、棉花、马铃薯等粮食作物，目前已基本覆盖了经济作物和粮食作物[46]。在国内部分省市的特定作物的地膜覆盖应用上，也由原来的一年一季的生长周期提升至一年两季和多季，这极大地提升了相应作物的亩产。随着化工和材料制造产业的蓬勃发展，地膜制造成本日趋降低，而地膜性能和品质则逐步提高，1986 年中国的地膜产量和使用量均达到了世界第一位，2014 年的全国农用地膜覆盖面积达到了 2000 万 hm^2，使用量达到了 144 万吨。中国农用覆盖地膜的生产及使用发生了迅猛的发展，显著改善了中国的农业种植结构和生产形式，对农业现代化的发展起到了不可估量的作用（图 7-26）。

图 7-26 农用覆盖地膜的人工铺膜和机械铺膜

传统覆盖地膜的成分主要为聚乙烯。聚乙烯是石油裂解后聚合的产物，物理性能和化学稳定性优异。但普通聚乙烯农用覆盖地膜由于其不可降解性，在耕地土壤中有非常高的残留率，而且聚乙烯塑料地膜在土壤的残留时间可以达到 300 年以上。另一方面，传统聚乙烯塑料地膜的残留还受到了其自身厚度的影响。越薄的地膜，物理力学性能就越低，在自然环境如光照、水分和土壤微生物等多重因素的影响下容易发生破裂，这也导致了地膜回收再生措施难以开展进行。回收普通聚乙烯地膜（特别是厚度较低的地膜），成本高，清洗过程繁杂，且回收再生率低下，这导致了覆盖之后的地膜无法进行回收或者面临回收不彻底的问题。此外，传统聚乙烯地膜残留比率还受到了农作物种类、地膜配方和性能、作物所需覆膜时间、耕种模式以及地域气候环境等因素的影响。聚乙烯地膜的残留问题导致了一系列的农业耕作和耕地土壤与环境的问题。残留的不可降解地膜在一定程度上阻隔了水分进入耕地土壤的渗透，降低了水分对作物的迁移速率，耕地孔隙率下降提高了土壤的容重，也在一定程度上导致了土壤盐碱化产生，影响了微生物在土壤中的活动。聚乙烯地膜的残留还容易对作物种子和根系产生不同程度的包裹，导致了土壤中根系吸水不足，种子难以萌发并穿透包裹的地膜，这也降低了出苗率从而导致耕种作物的减产。传统聚乙烯地膜在残留之后往往随风飘移，悬挂于树枝或者作物植株，会造成牲畜的误食用，影响牲畜的健康甚至威胁到其生命，从而产生严重的财产损失[47]。欧美发达国家为了改善和解决传统覆盖地膜的残留问题，推行了焚烧、地膜回收再生、填埋等等方案，但实际执行效果并不理想（图 7-27）。

图 7-27 传统聚乙烯地膜的残留问题

传统不可降解覆盖地膜的用量和残留问题日益凸显，农业种植相关科学家为了解决普通地膜的诸多问题，改善和缓解农用田地面临的严重问题，开始寻找和探索传统农用覆盖地膜的替代材料和技术。20 世纪 70~80 年代，英国、加拿大、日本、以色列、德国、美国和中国率先开始了降解地膜替代方案可行性的研究[48]。目前，国内外的研究和评估工作在降解地膜的机理、种类、组成、工艺和覆盖后的评价方面取得了非常明显的进展和效果。经过多年的实验、示范、推广以及投入使用，采取降解覆盖地膜被证明是可以有效解决传统地膜残留和对土壤严重负面影响的重要途径。

降解地膜指的是在自然环境的微生物、水分、光照、氧气等外部条件下可以发生分子量降低产生分解的一类薄膜。按照降解程度的不同，降解地膜可以分为完全降解和部分降解（或者称为崩解）。按照材质分解机理的不同，降解地膜可以分为生物降解地膜、光降解地膜、光 - 生物降解地膜、天然高分子型降解地膜、微生物合成型降解地膜和液态喷洒型降解地膜等[49]。其中生物降解地膜指的是能够在自然环境中的微生物和酶等作用下，完全分解成二氧化碳、水和有机肥的一类地膜，材质主要有 PBAT、PBS、PLA、PPC、PBSA、PCL 等。光降解地膜指的是通过一定种类的添加剂，使得传统聚乙烯地膜能够在光照和氧气环境作用下发生碎片化从而产生崩解效果的一类地膜，其实质为非完全降解地膜。根据工艺的不同，光降解地膜一般分为添加剂型和共聚型。

添加剂型是在聚乙烯覆盖地膜的生产中添加了金属络合物等光敏剂，经济性较强，操作便捷，但地膜的降解过程难以控制，降解时间存在不确定性，降解彻底性存在疑问；共聚型是通过光敏单体和天然高分子聚合共聚而成，由于成本过高以及制备工艺的复杂性，其研发和推广应用受到了较大限制。天然高分子型降解地膜指的是通过淀粉、甲壳素、纤维素、蛋白质等从动植物中提取的高分子材料制备而成的地膜。微生物合成型降解地膜指的是其材料通过微生物发酵生产聚合而成，以多糖类和聚酯类为主，代表性的一类材料为聚羟基脂肪酸酯（PHAs），但微生物合成型降解材料的生产流程复杂，制备成本高昂，单体提炼技术难度大，而生产制造成薄膜后性能的稳定性、降解周期也比较难控制。液态喷洒型降解地膜指的是将具备分解性的高分子材料通过一定的工艺和添加剂（成膜剂、交联剂等）制备成高分子悬浮液，覆盖工艺采用的是增强压力喷洒的方式，使其均匀覆盖于耕地泥土表面之上，待蒸发干燥后即形成一定面积的覆盖地膜，也称为液态地膜。由于采用的是可完全生物降解的材料，这一类地膜在凝固成型后兼具了保温保墒和生物降解的特性。因为液态地膜的原材料、施工设备、剂量、固化时间长、性能偏低和环境雨水等影响，它的推广使用也受到了相当大的制约和限制。

PBAT 生物降解地膜（图 7-28）的降解是物理、化学和生物等多方作用协同的过程，而不是单一的变化过程 [50]。物理作用为：PBAT 生物降解地膜在覆盖后，被植物位于土壤中的根茎破坏，发生破裂之后表面积增大，从而逐渐丧失了力学性能；化学作用为：地膜的聚合物组分在接触水分之后发生水解作用，电离产生质子化，性能继续下降，分子量降低发生裂解形成碎片；生物作用为：水解发生之后，酶细胞通过攻击分子链活性点并吸收寡聚片段，通过细胞酶解作用生成低聚物，并最终转化为二氧化碳、水和有机质并释放于土壤内部和表面（图 7-29）。PBAT 生物降解地膜不含任何未经允许的重金属，在自然环境下完全降解且降解产物无毒副作用，是目前应用最广泛、示范和推广效果最为优异的生物降解地膜。

相关研究表明，PBAT 生物降解地膜能够起到与传统聚乙烯塑料地膜类似的良好保温和保墒性，还能够提高土壤中的部分养分（如硝态氮的含量），有助于耕地土壤中养分从缓效态向速效态转化，能够提高土壤中相关指标，提升土壤质量。吴思等 [51] 研究发现，烟草种植中使用 PBAT 生物降解覆盖地膜可以提升烟草生长初期的根系活力，显著提升烟株的叶片面积和范围，增加根系中钾的含量，还可以明显提高酶在土壤中的活性，改善肥力状况。张生原等 [52] 在马铃薯种植中进行了 PBAT 生物降解地膜的应用效果研究，研究结果表明 PBAT 生物降解覆盖地膜有明显的增温作用，在部分条件下甚至优于聚乙烯地膜；PBAT 地膜的覆盖促进了马铃薯的生长发育，使生育期提前，其产量相比普通聚乙烯地膜增加了约 6%。买尔旦·阿不都热依木等 [53] 研究报道了降解地膜对棉花生长的影响，结果表明生物降解地膜覆盖后保持了土壤水分充足，地膜保温效果也比较适中，对提高棉花的生育进程、株高、茎粗、绿叶数和花数等均有明显的积极增进作用。

图 7-28　金发科技 PBAT 生物降解地膜

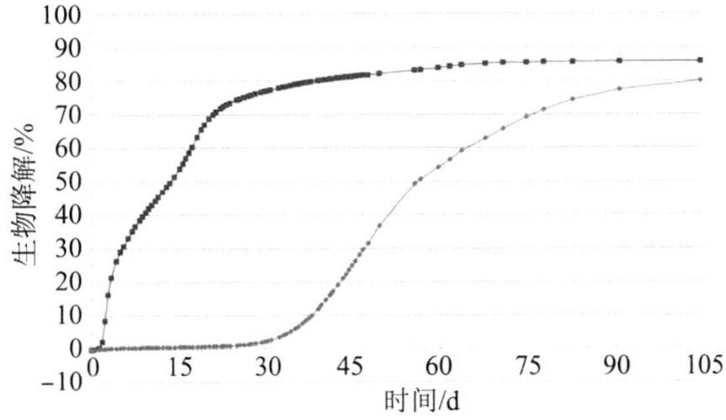

图 7-29　PBAT 生物降解地膜的降解速率和毒理无害化验证

PBAT 生物降解覆盖地膜目前在国内的农用地膜领域基本完成了基础研究和技术成果向终端产品转化的重要使命。以 PBAT 为代表的环境友好材料是新材料产业发展中的重要一环，应用于地膜领域可以从根本上解决传统塑料覆盖地膜造成的土壤环境污染问题，是市场潜力巨大的新材料。通过 PBAT 生物降解塑料地膜专用料和产品的研发以及应用示范，突破了目前生物降解地膜的应用瓶颈，增强了农业领域使用 PBAT 生物降解塑料地膜产品的信心，可推动传统不可降解地膜替代技术产品的开发，培养人们环保意识和绿色产品使用习惯，带动其他行业塑料垃圾固体废弃物减量和绿色产品替代，助力国家相关政策的顺利实施，有望从源头上解决塑料废弃物污染问题，促进白色污染问题的治理。

7.2.1.4　复合膜袋

多层复合膜袋指的是将不同材质的塑料、纸、金属等以多层共挤出、干式复合、挤出复合等工艺进行组合制备，利用不同组成层相互的外观和性能特点进行互补和组合，形成了兼具不同特性的薄膜 / 袋。复合膜袋广泛应用于农用大棚膜、快递袋以及食品和药品包装等领域。复合膜袋技术实现了包装材料的多层复合、薄壁化和高性能，可以实现耐穿刺、耐冲击、耐腐蚀、高封口性、高阻隔性和特定外观需求等多项功能的组合，同时还起到了降低成本和提高效率的作用，是推动包装行业特别是软包装行业的强力技术[54]。但复合膜袋在实现外观和功能多样化，满足消费者多重需求的同时，由于其采用的不同材料多层复合的结构特点，也造成了对其回收再生利用的几乎不可能性。复合膜袋难以回收、回收成本高昂、高厚度、多色艳丽印刷等特点，使其在使用丢弃后成为生活、工业和医疗垃圾领域固体废弃白色污染的重要源头。因此，PBAT 为代表的生物降解塑料在多层复合膜袋应用领域，通过与其他可降解材料（如纸、PLA、PPC、PBS、PCL 等）进行多层复合制成相应性能要求的制品，可以实现堆肥和填埋等处理条件下的复合膜袋的完全降解，有效减少复合膜袋对环境污染的恶性影响（图 7-30）[55]。

图 7-30　PBAT 生物降解复合膜袋的应用

另一方面，由于 PBAT 等生物降解塑料本身的性能具有一定的局限性，其单层膜袋应用于对强度、阻隔性和其他多重性能有相应要求的制品中，就存在明显的瓶颈。

利用多层复合膜结构的不同，可以很好地避免单个材质单层膜的缺点。因此，将 PBAT 和其他降解材料以相应的工艺进行复合，利用性能优势互补，可以实现类似于传统复合膜袋的性能与应用要求。

在生物降解多层复合膜袋的高强度研究方面，Lee 等[56]将 PBAT 与 PLA 进行交替共挤出，制成的多层共挤膜实现了 PLA 单层膜所不具备的高韧性，研究结果表明加入 PBAT 可以提高 PLA 的柔性，而且韧性会随着多层膜的层数增加而明显提高，论证了一种通过共混不可能实现的 PBAT 和 PLA 交替多层共挤出的制备高透明完全生物降解膜的方法。在生物降解多层复合膜袋的高阻隔研究方面，许思兰等[57]以多层共挤吹膜的方法，将 PBAT 与 PPC 材料制备为三层复合膜，该薄膜的三层结构为 PBAT/PPC/PBAT，薄膜具备了高阻隔性和生物降解性。该研究结果表明，三层薄膜的厚度对阻隔性影响很大，另外，以一定的牵引速度进行加工时，分子链取向度达到最大后，PBAT/PPC/PBAT 三层复合膜的加工性、力学性能和阻隔性都可以达到最优效果。

目前，PBAT 与 PLA、PPC、纸等材料经过共挤、干式复合或挤出复合（淋膜）等工艺制成的食品包装直立袋、高阻隔食品袋、农用棚膜或地膜以及纸巾和餐具的纸塑包装袋已在中国以及欧美、东南亚等国家普遍推广使用。在生物降解复合膜袋中，PBAT 提供良好的延展性、柔韧性、耐穿刺和内层热封性等，PLA、纸等其他复合材料则提供了 PBAT 所欠缺的硬挺度、强度和特殊的外观与印刷效果等性能。

7.2.1.5　热收缩膜

热收缩膜是塑料薄膜中在市场需求方面增长速度较快的一类应用[58]。它的收缩机理与高分子材料分子链热运动相关。由于聚合物材料在不同温度下表现出来的玻璃态、高弹态和黏流态等不同的形态特征，热收缩膜在玻璃化转变温度（T_g）以上时进行外力作用下的拉伸（单向或者双向），此时聚合物分子链发生取向，之后立即进行冷定型。而当定型之后的热收缩膜进入一段加热烘道内，在短时间内被加热至熔点以上温度，此时分子链发生解取向而收缩至被拉伸之前的状态，形成对包装内容物品的收缩包覆的保护作用[59]。

收缩膜产生的巨大收缩力可以将数件物品一次性包装在同一整体里，如图 7-31 所示即是将六瓶听装饮料收缩成为一个包装整体，方便搬运、堆叠和摆放。热收缩膜在松弛之后产生的热收缩力关系到被包装物品在仓储和整个物流过程的完整性，因此热收缩膜需要满足如下特性要求：

（1）纵向（薄膜挤出方向，MD）收缩率应大于 65%；

（2）横向（垂直于纵向，TD）收缩率应小于 25%；

（3）进入加热烘道后应产生较强的收缩效果；

（4）烘道受热过程中头尾相接的薄膜应实现足够强度的热封；

（5）松弛之后的高收缩应力。

图 7-31 PE 热收缩膜与 PBAT 生物降解热收缩膜

传统热收缩膜一般采用两种工艺成型，包括一步法挤出吹膜和两步法二次拉伸取向。常用的材料包括单一组分的聚乙烯热收缩膜、聚氯乙烯热收缩膜、聚乙烯醇热收缩膜、双向拉伸聚对苯二甲酸乙二醇酯热收缩膜以及多层复合的聚烯烃多层热收缩膜（POF）。传统热收缩膜的不可降解性以及相当庞大的市场用量，使得近几年来热收缩膜的废弃问题受到了行业内外的热议。针对生物降解的环保需求，近年来大力开发了 PBAT 热收缩膜。PBAT 生物降解热收缩膜一般采用单层结构，采用 PBAT/PLA 共混材料[60]，通过挤出吹膜一定厚度制成。PBAT/PLA 生物降解热收缩膜具备了优异的拉伸强度和一定的耐热性，表现出较强的热收缩率。相关测试显示，20 μm 的 PBAT/PLA 热收缩膜的收缩率可以和 50 μm PE 热收缩膜相近，通过减薄也可以带来更好的经济性。

7.2.1.6 保鲜膜

家庭、超市、食品加工厂和仓储物流等环境下的食品品质随着环境和时间发生下降，表现状态往往在三个方面：一为外观的变化，逐渐失去光泽，表面变得粗糙或者颜色发生改变；二为营养成分的损失，如蛋白质、碳水化合物、维生素、脂肪等；三为食用体验的变化，如气味、口感、味道等[61]。而塑料保鲜膜由于应用在包裹食品后可以延长其保质期，保持食品品质的功能性，在各场所的食品保鲜方面广泛使用，已经成为现今不可或缺的一类食品保鲜包装材料，市场用量巨大。塑料保鲜膜具备良好的水分和气体阻隔性以及抗氧化活性，同时还有优异的拉伸强度和耐热性，而通过添加抗菌剂、抗氧化剂等功能性助剂，还能够提高对于包装食品的抗菌和抗氧化功能。

由于全球白色污染等环境问题的劣化以及传统塑料保鲜膜的巨大需求和用量，采用生物降解保鲜膜替代普通塑料保鲜膜就成为了研究热点和行业趋势。生物降解保鲜膜近年的研发热点主要包括 PBAT、PLA 和 PCL 等。由于兼具完全生物降解性和良好的自粘包裹性，以 PBAT 为代表的生物降解聚酯材料成为了传统塑料保鲜膜替代研究和推广的热点。随着固体废弃物处理的环境压力的增加以及生物降解塑料研发水平和产能的提升，PBAT 生物降解保鲜膜有望逐渐成为保鲜膜市场的主流（图 7-32）。

图 7-32 PBAT 保鲜膜及其生产

在 PBAT 生物降解保鲜膜的研究方面，王治洲等[62] 发现 PBAT/PCL 共混保鲜膜具备适宜的阻隔性，可以有效抑制蔬果的呼吸作用，阻隔水分的流失，同时还可以通过较大的氧气透过率调节包装内的气体组分，有效防止双孢菇的褐变，贮存期延长两倍以上，达到了货架期延长的目的。李月明等[63] 的研究表明，生物降解保鲜膜可靠、稳定、安全、高效，降解材料配合添加缓释的抗菌剂成分，可以有效抑制肉类表面微生物的生产，延长货架期，生物降解膜在肉品保鲜包装中的应用具备良好的前景。朱东波等[64] 的实验结果显示，PBAT 保鲜膜在模拟常温储存条件下的各项检测结果均符合标准限量要求，包括总迁移量、特定迁移量（PTA、BDO）、邻苯二甲酸二乙酯（DEHP）和邻苯二甲酸二丁酯（DBP）等，相应条件下安全可靠，无食品接触安全风险。

7.2.1.7 其他膜袋类应用

1）淋膜类应用

淋膜，也称为挤出复合，是将不同材质的基材通过挤出机进行挤出，使其熔体相互黏合而成的多层结构复合膜（或与其他底层基材黏合，如无纺布等）的一种工艺技术。纸质包装外观精美，印刷效果好，挺度优良，但由于纸张耐水性和其他阻隔性差，不适宜作为密闭性包装使用[65]。而淋膜纸通过在纸张上下表面进行挤出涂布一层或多层塑料，实现了纸质包装功能性的提升，包括油和水的阻隔性以及可热封性等。淋膜纸广泛应用于餐饮和食品包装行业的纸袋、纸盒、咖啡杯、水杯和纸碗等制品领域。

淋膜纸制品的应用是 PBAT 生物降解领域另一个潜力较大的市场。目前，像纸碗、纸杯等纸质包装都是使用特定牌号的低密度聚乙烯（LDPE）进行挤出复合，由于 PE 的不可降解性和阻隔性，复合之后淋膜纸制品的纸张层的降解性能被大大削弱了。因此，在淋膜层采用 PBAT 为代表的生物降解塑料进行替代，使得纸张层与塑料膜层降解性能具有相当理想的协同效果，可以制成生物降解的纸质包装制品。PBAT、PLA 和 PBS 及其改性料是常用于生物降解淋膜纸的代表材料[66]。PBAT 用于淋膜纸生产制造，可以完全替代原有的 PE 层的功能，大大增强淋膜纸的韧性、防油防水性和耐温性，同时还具备不低于 PE 层的强热封性，可以用于纸袋等产品的制备。PBAT 生物降解淋膜纸实现了生物降解性能和纸张层阻隔性提升的多重功能性（图 7-33）。

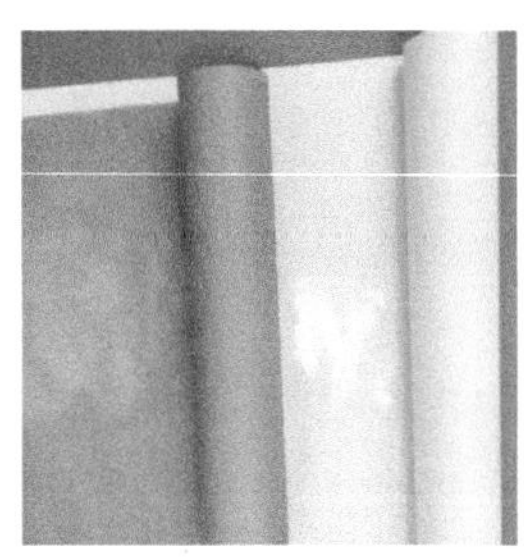

图 7-33　生物降解淋膜纸和制品

2）卫生材料用膜

卫生材料用膜指的是用于女性护垫、卫生巾以及成人和婴儿纸尿裤等一次性产品中的薄膜产品，从结构和功能性区分主要有底膜（普通流延膜和透气底膜）和小包膜等。卫生材料用膜通常都需要具备柔软、渗透性、强度和轻薄等特征：①需要有柔软的触感；②透气不透水，确保穿戴舒适感；③具备一定的强度，能够与其他卫材在高速生产状态下实现多层黏合成型（纸尿裤和卫生巾等制品生产加工）；④轻薄且耐用，兼顾制品的长效生命周期与经济性；⑤能够满足肌肤接触的安全性标准和认证要求。

目前卫生材料用膜常应用于纸尿裤的底膜，通常为线型低密度聚乙烯和碳酸钙的矿粉材料共混制备[67]，经过单向或双向拉伸以获得渗透性（透气不透水）和力学性能的均衡。由于具备了类似于 LLDPE 的特性，PBAT 是作为生物降解底膜非常理想的替代选择材料。使用 PBAT 及其改性料制成的生物降解卫生用品底膜，可以满足上述的各项触感、渗透性、力学性能、经济性、接触安全性的要求，同时还具备了完全生物降解性，有助于改善一次性卫生用品废弃后的环境污染问题（图 7-34）。

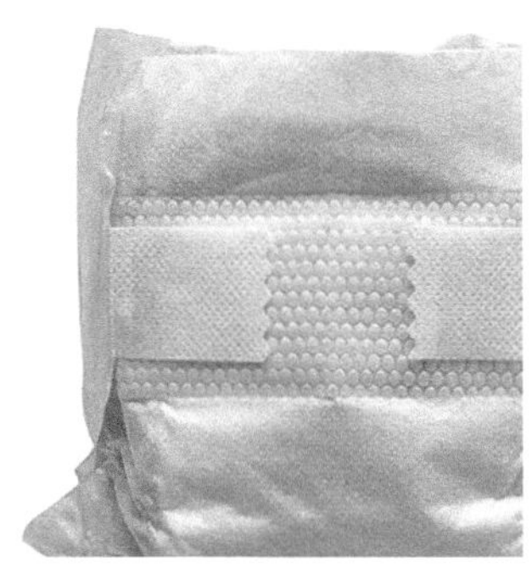
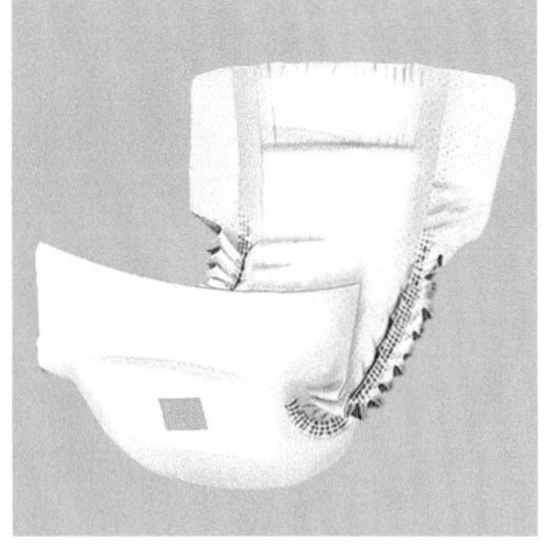

图 7-34　PBAT 生物降解底膜的应用

3）其他应用

PBAT 及其改性料由于挺度和柔韧性的可调整性，也经常能够满足其他一些膜袋

制品的使用性和物性需求并有相应的开发和应用推广，例如降解胶带、一次性手套、网兜等（图 7-35）[68]。在完全满足使用要求之余还能够实现制品的完全生物降解，为改善塑料废弃残留问题做出了相当的贡献。胶带方面，目前最常用的生物胶带材质为双向拉伸聚乳酸薄膜（BOPLA）[69]。将 BOPLA 膜按照常规工艺进行压敏胶水涂布即可以制备成生物降解塑料胶带，具备了以下优点：生物基来源且完全生物降解、优良的印刷性、良好的热封性能、高透光低雾度和极佳的表面光泽度、加工性能优良、良好的拉伸性能。

图 7-35　PBAT 胶带、手套和网兜袋应用

7.2.2　注塑类应用

来源于石油基且不可降解的聚合物制品的大量使用，正在造成日益严重的白色污染问题，同时在“限塑令”、“碳达峰、碳中和”（双碳政策）等政策背景的影响下，可生物降解聚合物迎来一个高速发展的机遇。而 PBAT 和 PLA 作为其中最典型的代表，不但广泛应用于如前文所提的农膜、购物袋、骨袋、包装等膜袋类产品领域，而且在如餐具、容器、一次性用品等注射成型类制品领域也有着广阔的前景。

注射成型又称为注塑，是指物料在注塑机料筒内加热熔化后变为黏流态，然后由螺杆施加压力注射入模具内，再经过冷却和固化形成制品的成型方法。

然而 PBAT 因其韧性高、质地软的特点，主要适合于吹膜，一般不直接应用于注塑类制品。在注塑类应用领域主要采用 PLA 对不可降解聚合物进行替代。

纯 PLA 树脂虽然有着高透明度、高光泽度等众多优点，但是由于其存在性能较脆、韧性差、断裂伸长率小、结晶慢、热稳定性差、成本高等一系列问题，极大地限制了其应用范围。因此，在使用之前需要对 PLA 进行改性，在牺牲一定透明度的代价下，大大提高其耐热性、柔韧性、抗冲击性等性能。而本身同属于可降解聚合物的 PBAT 具有优异的拉伸性能和柔韧性，且 PBAT 和 PLA 加工条件接近，可以采用相同的方法加工成型，所以将 PBAT 与 PLA 进行共混过机，或将 PBAT 作为增韧剂添加到 PLA 中对其进行改性，是一种有效的增韧 PLA 的方法，正在可生物降解塑料注塑领域获得广泛应用[70-72]。

7.2.2.1 餐具

2008 年 6 月 1 日，国家开始颁布“限塑令”，自实施以来，人们防治塑料污染的意识已经越来越强。然而，随着网络时代的来临，电商及外卖行业飞速发展，全国的快递和外卖的塑料用量也开始呈现指数型增长。由此带来的不可降解的塑料制品的大幅增加，这给环境造成了巨大的压力 [73]。

外卖行业是典型的一次性餐具的消费大户。近些年来，国内外卖订单量呈现出井喷式的增长，2020 年全国外卖订单总计高达 171.2 亿单，同比增长了 7.5%。以餐盒、塑料杯、汤勺等为代表的一次性外卖餐具，按照每单外卖消费 120 g 塑料来估算，2020 年外卖行业总计消费约 205 万吨塑料 [74]。

而随着中国人逐渐过上了小康生活，政府对于环境问题的要求也越来越严格。2020年1月,国家发改委连同生态环境部发布了《关于进一步加强塑料污染治理的意见》。其中关于一次性餐具领域提出要求：到 2020 年底，地级以上城市建成区、景区景点的餐饮堂食服务，禁止使用不可降解一次性塑料餐具。到 2022 年底，县城建成区、景区景点餐饮堂食服务，禁止使用不可降解一次性塑料餐具。到 2025 年，地级以上城市餐饮外卖领域不可降解一次性塑料餐具消耗强度下降 30%[75]。

为了实现政府对于环境问题的战略规划，更关键的是，为了尽早防治“白色污染”给我们的环境造成的危害，实现可持续发展，造福子孙万代，使用可生物降解塑料对现有一次性餐具材料体系进行替代势在必行。

使用 PBAT 和 PLA 或 PGA 等生物降解塑料进行复合，可以兼顾 PBAT 的高柔韧性、高耐热性以及 PLA 的高拉伸强度、高透明度等各自的优良特性，在刀、叉、勺、餐盒、水杯、筷子、碗、盘子等一次性餐具用品领域具有非常大的应用潜力。其力学性能与现在一次性餐具领域使用的主流材料改性 PP 非常相似，可以通过接近于现有的工艺和加工方法进行加工，尽可能地避免了因材料的变动带来的工艺、参数变化对生产企业的成本、设备等方面的影响。

其中，金发科技生产的 ECOPOND® G800/G700/G600 系列，为注塑级可堆肥、生物降解的改性材料。既在国际上拥有美国 BPI 和比利时 OK Compost 认证，符合美国 ASTM D6400、欧盟 EN 13432、ISO 17088 的法规要求，又在国内满足 GB/T 19277.1 生物分解率≥ 90% 的要求。同时亦满足 EU(NO.) 10—2011、GB/T 4806.7—2016、FDA 21 CFR 等食品接触标准或法规的要求，主要应用于注塑成型的一次性餐具餐盒等制品，由 G800 材料制备的一次性餐具、餐盒兼具一定的挺度和韧性，并且能够通过二次结晶提高耐热性，能够很好地符合餐饮用具的使用要求（图 7-36）。

图 7-36　可生物降解塑料餐具

7.2.2.2　咖啡胶囊

咖啡是历史悠久、广受喜爱的低糖和非酒精饮料，一份由著名的企业和机构数字市场提供商 Market Inspector 的研究报告指出，在 2019 年，芬兰人均消费 11.7 kg 咖啡，而在每 10000 名葡萄牙人中，就拥有多达 41.6 家咖啡店。

咖啡胶囊这个名字完全是从英文名称翻译过来，capsule 的英文含义就是胶囊，与在生物医药领域使用的胶囊类似，是将咖啡豆磨成一定粒度的咖啡粉后，再装入咖啡胶囊的杯体，通过咖啡机制成咖啡饮料。由于咖啡胶囊的杯体一般为金属铝或者 PP 等硬度较高的塑料，不会在高温下发生形变，因此在使用时可以将高压水蒸气注入胶囊中，通过压力的作用下将带有咖啡脂的、浓郁的浓缩咖啡从咖啡粉中完全析出 [76]。因为其非常易于保存、使用起来非常便利以及冲泡出的咖啡能最大限度地保留住咖啡最原始的香醇味道，从而得到越来越广泛的使用（图 7-37）。

1976 年，咖啡胶囊是由著名的咖啡鉴赏家瑞士人 Eric Favre 在意大利不同咖啡馆品尝各具特色的不同咖啡时，产生的灵感，从而发明出了现代的咖啡胶囊制品。

1986 年，雀巢公司将其中的咖啡胶囊部门，独立成为了 NespressoSA 公司，而上文提到的咖啡胶囊的发明人和创始人 Eric Favre 出任首席执行官。而 1989 年，Eric Favre 又从雀巢公司离开，自己成立了的全新的咖啡胶囊公司——MONODOR，期待将其用毕生精力研究的咖啡技术发扬光大。

近些年来，随着人们的生活节奏越来越快，对效率和时间的要求越来越高。传统的速溶咖啡虽然冲泡起来非常方便快捷，但无法保留咖啡豆的原味，口感和味道方面远逊于现磨咖啡。咖啡胶囊的出现，大大缩短了冲泡一杯咖啡所需的时间，节约了精力，提高了效率。

咖啡胶囊使用方便快捷，推动了咖啡胶囊市场的快速增长。以德国为例，每年消耗咖啡胶囊的数量已经超过了 40 亿只，并且扩展到世界范围内每年更是会消耗掉超过 480 亿只咖啡胶囊。而全世界的咖啡胶囊市场规模，预计会从 2021 年的 99 亿美元以上，以 24.2% 的年复合增长率增长，到 2022 年会超过 123 亿美元。2022 年之后增速会逐步放缓，但年复合增长率仍预计会达到 7.9%，到 2026 年可高达 167 亿美元。

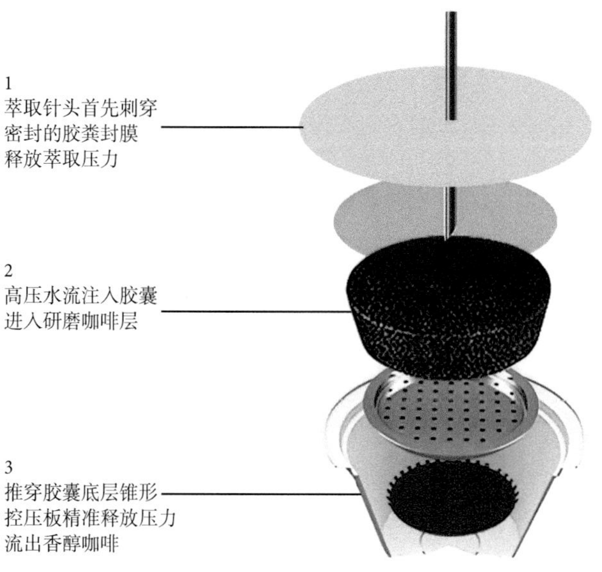

图 7-37　咖啡胶囊的结构和工作原理

现在已经实现咖啡胶囊商品化的公司主要有 MONODOR 摩娜多、雀巢的 nespresso 胶囊、LAVAZZA 的 BLUE 胶囊、GAGGIA 的 ecaffe 和 Chaffetiziano 胶囊等几大厂家，其中不乏著名的咖啡生产企业。

咖啡胶囊这种新颖而又便捷的方式，虽然为全球咖啡胶囊市场带来了爆发式的增长，但不可忽视的是，它同时也带来了制作这种咖啡胶囊所使用的包装材料相应增长的问题。

现有的咖啡胶囊通常是使用具有良好耐热性和阻隔性的 PP 或 PBT 材料制作杯体（图 7-38），但是由于咖啡胶囊本质上仍是属于一次性产品，使用后就会被丢弃，无法进行再利用，会产生大量的不可降解的废弃塑料，造成了资源的大量浪费，同时也会对环境造成污染。

图 7-38 咖啡胶囊制品

理论上来讲，如果用可生物降解塑料制品来包装食品等物品，这些可生物降解塑料包装可连同食品残渣直接送至堆肥厂堆肥。而对于使用过后准备丢弃的咖啡胶囊，其残留的咖啡粉占有相当大的比例，如果用可生物降解塑料制成咖啡胶囊的杯体，就可以不经额外分离处理连同咖啡粉直接送至堆肥厂堆肥降解，有效地避免了环境污染问题[77]。所以，人们才致力于研究一种可生物降解、可堆肥、环境友好型的咖啡胶囊。

而以 PBAT 增韧的改性 PLA，具有较强的刚性和耐热性，同时可生物降解，是替代现有咖啡胶囊材料的完美选择。

英国 Biome Bioplastics 公司，发出一种可生物降解咖啡胶囊，对市场上的不可降解塑料制成的咖啡胶囊产品进行替代。在该种咖啡胶囊中，不但使用了可生物降解塑料作为主体材料，还利用了如淀粉和木粉等可再生的天然生物基高分子材料作为填料，这种可生物降解塑料可在国际标准要求下实现堆肥和降解。

同时奥地利包装制造商 Alpla 与材料生产商 Golden Compound 也合作开发出一种新型的完全可生物降解材料的咖啡胶囊。其包括胶囊本身、过滤层和盖子的所有制品均是来源于可生物降解塑料，在家庭堆肥的条件下，不到半年就可实现完全降解。

意大利咖啡烘焙公司 Covim 近期也与包装供应商 FloS.p.A 合作推出了采用全生物基材料、可进行工业堆肥的以改性 PLA 为主体材料的咖啡胶囊[78]。

由此引申，采用相同的萃取原理的生物降解塑料胶囊，还可应用于中药、茶饮、果汁等更多的饮品领域。

7.2.2.3 其他注塑类应用

1）一次性生活用品

如上文所提到的 2020 年初发布的《意见》同时对一次性生活用品提出了具体要求：到 2022 年底，全国范围星级宾馆、酒店等场所不再主动提供一次性塑料用品，可通过设置自助购买机、提供续充型洗洁剂等方式提供相关服务；到 2025 年底，实施范围扩大至所有宾馆、酒店、民宿。

以人们生活中常用的牙刷为例，牙刷是人们日常口腔清洁和护理的重要工具。早在 2009 年，由卫生部提出的中国居民口腔健康指南中，就已经建议，如果每 3 个月左右更换一把牙刷会更有助于健康。如果以全球 77 亿人口计算，每人一年换 4 支牙刷，这样全球一年就会有超过 300 亿支牙刷被丢弃[79]。而我们日常旅游、出差入住的酒店、宾馆和民宿提供的一次性牙刷，更是属于快消品，寿命更短至只有几日。

而目前从成本考虑，牙刷的主体材料仍为 PP 等石油基聚合物，使用完毕直接丢弃后，无法在自然界中直接降解，从而成为固体垃圾，造成了白色污染，给地球生态环境和可持续发展带来了巨大压力，同时因为这些原材料的生产中还消耗了大量的不可再生的化石类资源，也造成了地球资源的巨大浪费。

经 PBAT 改性的 PLA，是一种具有可生物降解性能的塑料，在堆肥条件下，可在自然界微生物的作用下完全降解，实现生态循环，对环境极其友好。同时，该材料的部分原料还来源于生物基，亦可减少对不可再生的化石资源的依赖，对缓解人类资源危机有着积极的意义。因此开发可生物降解牙刷能有效地减少废弃牙刷对环境的负担。

著名的牙刷和牙膏制造商好来化工（原黑人牙膏）已经于 2020 年 7 月研发上市了一款由 PBAT 与 PLA 复合材料制作的刷柄的牙刷[80]。

丽圳国际贸易（上海）有限公司，是口腔护理产品的专业制造商和出口商，该公司也开发了多款可生物降解塑料牙刷（图 7-39）。

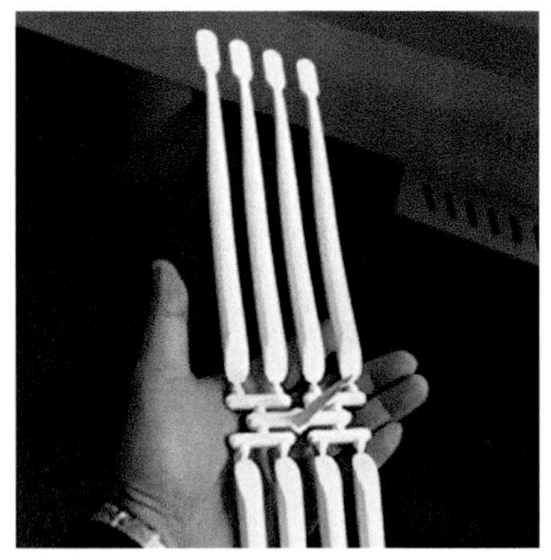

图 7-39　可生物降解塑料牙刷

同理，无论是酒店提供的一次性生活用品，还是日常生活中常用到的易消耗品，例如牙线、一次性剃须刀、梳子等（图 7-40 和图 7-41），目前其主流原料均来源于不可再生的化石基塑料，且消耗量巨大，无法降解，给资源和环境造成巨大压力。逐步推动可生物降解塑料在这些领域的替换，对人类未来的生存和发展有着巨大意义。

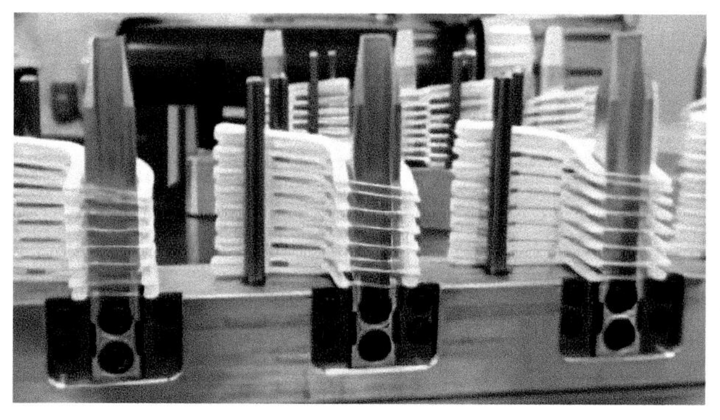

图 7-40　可生物降解塑料牙线

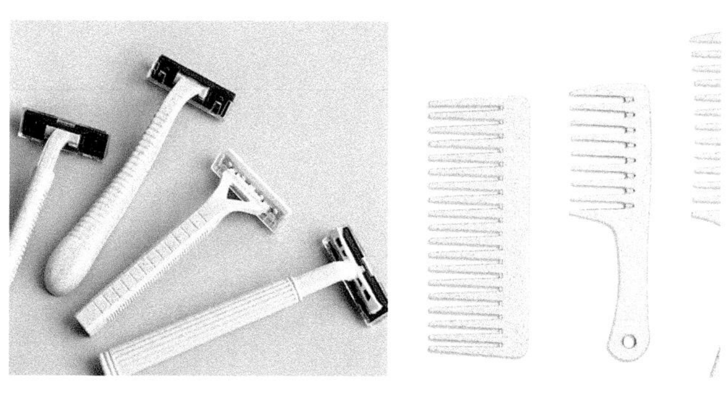

图 7-41　可生物降解塑料剃须刀和梳子

2）常用易耗品

在日常生活中，还存在较多的非一次性的塑料易耗品，如纽扣、服装吊牌等（图 7-42），它们的体量虽不如一次性用品这么庞大，但积少成多，也会给资源和环境造成一定程度的负担，使用可生物降解塑料进行替代亦可为碳减排贡献一份绵薄之力。

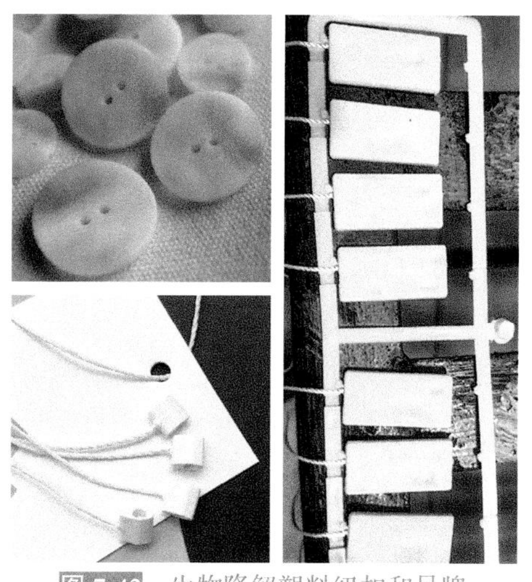

图 7-42　生物降解塑料纽扣和吊牌

和传统的化石基聚合物相比，一些经过共混改性的可生物降解塑料，在包装性能上经常能达到甚至超过前者的水平，同时后者兼具了高透明度、高光泽度的特点，可应用于化妆品瓶、药瓶等容器领域。

有调查显示，在欧洲，有超过 70% 的消费者愿意为环保包装支付更多费用，从而为环境保护出一份力。在这种背景下，爱丁堡赫瑞瓦特大学采用了由其他可生物降解塑料（如 PBAT）与 PLA 整合在一起作为主体材料，开发出了一种用于有机化妆品的生物降解包装。该包装绝大部分原料来源于生物基，可生物降解和堆肥，经测试对皮肤无刺激性。由于其与有机、天然的护肤品牌理念完美相呼应，在化妆品市场的潜力巨大。

参天制药株式会社是日本眼科处方药的龙头企业，有着百年的历史。近期计划将初步开始推广环保生物质塑料材料制眼药水瓶，并在之后逐渐扩大公司产品的使用范围。这种生物质塑料是一种合成塑料，来源于生物质材料。这种包装使用过后，无论是丢弃还是焚烧均不会导致大气中二氧化碳的排放量增加，对于实现碳减排和碳中和有着重要意义，还有助于减缓化石资源枯竭。

此外，德国药品包装供应商 Sanner 也推出了一款全新的生物材料包装 BioBase，主要用于泡腾片的包装。据介绍，这些生物塑料来源于生物基可再生材料。同时，这款新型的生物塑料包装的阻隔性更高，对泡腾片的保质期提供了更高的保证。另外，这种新型包装，质感十足，更符合现代人的审美标准（图 7-43）[78]。

图 7-43　新型可生物降解塑料包装

3）电子产品、玩具等其他应用

还有一些可生物降解塑料，具有优异的光泽度和透明度，易成型、压花和印刷，具有较好的尺寸稳定性和刚度，可用于一些简单和常规的电子电器领域，如手机壳、办公用品、冰箱内衬等（图 7-44）。

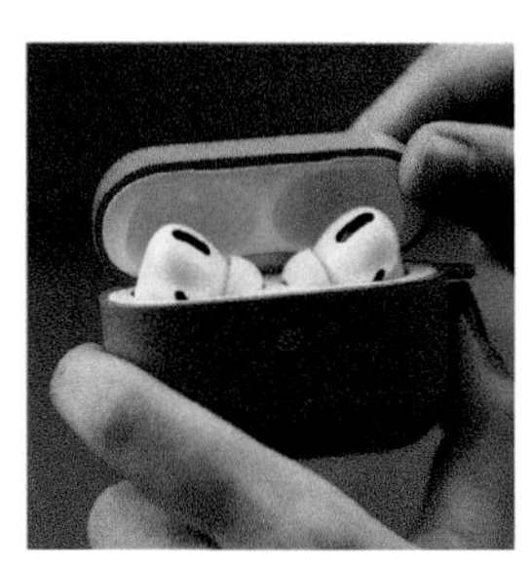 

图 7-44　生物降解塑料电子产品

随着可生物降解塑料改性技术的不断发展，还有以阻燃剂为主的助剂体系不断完善，生物降解塑料在高端电子产品领域和汽车行业，如笔记本电脑、收音机外壳、非接触 IC 卡、汽车内饰获得更多的关注，拥有更广阔的前景。

7.2.3　挤出类应用

由于材料本身的性能原因，挤出类应用和注塑类应用类似，一般不直接使用纯 PBAT 树脂，而是通过 PBAT 与以 PLA 为主的其他可生物降解聚合物进行共混改性，得到新的PBAT塑料，实现多者特性的互补，从而获得更优良的性能，应用于更广阔的范围，包括片材吸塑、3D 打印、熔融纺丝、吸管等领域。

7.2.3.1　吸管

传统的塑料吸管一般是由 PP 等通用塑料经加热熔融、模具挤出、弯管成型等工序加工而成，主要用于牛奶、饮料、奶茶、咖啡等饮品的吸食，是一种常用的一次性日用具，可视为上文提到一次性餐具的一个延续。在日常生活中，吸管的用量庞大，但因其价格低廉、使用范围宽广、体积小无太大的回收价值，且不易回收，使用后往往被直接丢弃，成为白色污染，影响着我们赖以生存的地球环境[81]。

一家名为 Eco-Cycle 的废弃物回收利用组织，曾经发布了关于世界各国吸管消耗量的报告。以美国为例，美国人均每日使用 1.6 支吸管，全美每天会消耗掉 5 亿支吸管，全年更是可达到 1825 亿支（表 7-6）[82]。由于传统的塑料吸管原料来源于不可再生的化石基资源，造成了严峻的资源浪费，同时在塑料吸管加工过程中，也会产生有害气体污染大气环境。更为严重的是，这些吸管中的大部分被丢弃后，自身无法降解，会变成给土壤和海洋生态圈造成巨大破坏的微塑料，对土壤造成不可逆的破坏，影响了土壤生物的生存环境，造成严重的生态环境问题，同时，这种微塑料也很可能会被海洋中的生物误食，从而影响整个海洋的生态系统。通过“蝴蝶效应”，最终很可能对人类的生存环境造成影响[83]。基于以上原因，世界上大多数国家已经开始或计划淘汰塑料吸管。

表 7-6　世界各国家和地区每年吸管消耗量[82]

国家或地区	每年平均吸管消耗量
美国	1825 亿支
中国	460 亿支
英国	85 亿支
德国	48 亿支
法国	32 亿支
意大利	20 亿支
波兰	12 亿支
荷兰	11 亿支
瑞典	10 亿支

2019 年中国的塑料吸管产量已接近 3 万吨，大约相当于 460 亿支吸管，平均每人每年使用超过 30 支。随着目前人们生活水平日益提高，对生活品质的追求也在不断提升，各种品牌、形形色色的奶茶店如雨后春笋一般在国内相继出现，可以预见未来吸管市场，特别是耐高温和低温的奶茶吸管市场，会经历一次爆发式的发展。目前，中国各地已经开始逐步推行环保政策，首先就是在餐饮行业中禁止和限制一次性不可降解塑料吸管的使用，鼓励生产、销售和使用可降解材料吸管进行替代。在众多的可生物降解材料中，PLA 因具有良好的相容性、生物可降解性等优点，经常被应用到生物降解材料的共混研究中。可降解材料吸管一般采用 PLA 为主体材料，但因为 PLA 的脆性较大，在制造吸管的过程中容易造成挤出开裂、成型不良等问题，无法满足持续和稳定的大批量生产，通过将 PLA 与 PBAT 或其他可生物降解聚合物进行共混或改性，增加材料韧性，能有效地解决挤出开裂和成型不良的问题（图 7-45）。

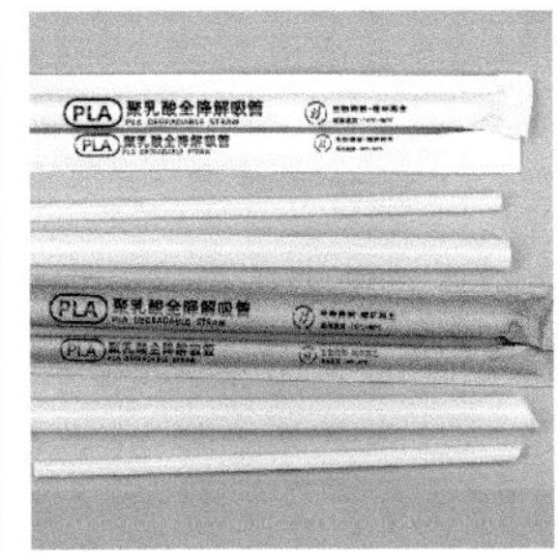

图 7-45　可生物降解塑料吸管

最初的可降解吸管插入温度较高的热饮一段时间，就会发生软化变形等情况，只能适用于冷饮，主要源于可降解吸管配方中使用了大量的 PLA。PLA 作为使用性能与 PP 十分接近的替代聚合物，具有足够的强度和硬度、耐水性好、抗溶剂性好、天然抗菌、无毒无味等优点；同时 PLA 存在多晶型的特点，使得结晶和熔融行为较为复杂。结晶速率慢和结晶度低等不足，导致了 PLA 制品耐热性能差。工业化生产的 PLA 产品的热形变温度（HDT）只有 58℃左右，极大地限制了其应用。提高 PLA 耐热性主要有共聚、共混、交联、提高结晶度等几种方法。

目前，可降解吸管的重大技术革新就是 PLA 的再结晶技术，主要概括为，将吸管机制备的成品吸管，再投入至结晶机中，经历一个高温结晶的过程，最终达到一个二次结晶的结果。经历过二次结晶的 PLA 吸管，耐高温性能明显提升，同时能降低单个吸管的克重，最终达到降低成本的作用。

再结晶 PLA 吸管能够满足各种热水或热饮条件下的使用需求，成为目前市面上茶饮店供应的可降解吸管主流选择。

可以选择金发科技生产的 ECOPOND G200/L200 系列用于奶茶吸管等应用。其既在国际上拥有美国 BPI 和比利时 OK Compost 认证，符合美国 ASTM D6400、欧盟 EN 13432、ISO 17088 的法规要求，又在国内满足 GB/T 19277.1 生物分解率≥ 90% 的要求。

并且具有低气味特性，满足食品接触要求，具有优异的加工性能。

7.2.3.2　吸塑片材

吸塑片材也是一种重要的塑料材料，其流程是，先按最后成品的要求将塑料通过片材挤出机制成符合要求的片材，片材加热变软后，经吸塑机，将片材真空吸附于模具表面，冷却后即可成型，广泛用于塑料包装、灯饰、广告、装饰等行业。

常用的吸塑片材包括 PVC、PET、PP、PS 等几大最常用塑料。

PVC 是传统意义上最主流的吸塑材料，质地较软、拥有良好的韧性和可塑性，既可用于透明制品，又可结合不同色母粒用于各种颜色的制品，常用于对电子、化妆品、玩具礼品等产品的外保护包装。

PET（A-PET）的材质比较硬，具有高韧性、高强度、高光泽、低毒性等优点，同 PVC 相似也可用于透明和染色两种制品中。但 PET 缺点是价格远高于 PVC，往往在高端产品中作为 PVC 的替代品来使用。

PS 具有轻量化的特点，可塑性好、毒性低，但韧性比较差，寿命比较短，不易回收，仅适用于非透明制品，常用于底托类制品。

PP 材质比较软，韧性好，毒性低，有一定热稳定性，和前文提到的注塑类餐具类似，也经常用于餐具或其他耐温溶剂，但是 PP 的可塑性不佳，表面光泽度差，而且加工时会有色差等缺点制约了其应用范围。

以上这几种通用塑料，已经广泛应用于日常生活的各个领域，但随着人民的生活水平不断提高，对于生活品质的要求也不断上升。我们对于塑料制品，特别是与食品、饮料等直接接触的餐具等制品的食品接触安全格外关注。经 PBAT 改性的 PLA 制品，食品接触迁移量远低于传统的化石基塑料，部分制品的使用温度更是可宽泛至 –30~110℃，可广泛地应用于包装材料领域。

同时，基于和上文中注塑类制品相同的原因，将吸塑类可生物降解塑料产品应用于餐盒、餐具、水杯、酸奶杯、果冻杯、水果盘、食品包装、雪糕盒、鸡蛋托等制品中，对环境保护和可持续发展，也有着重大意义（图 7-46）。

PLA 作为较硬的热塑性塑料，和 PET 及 PS 比较相似，和 PE 及 PP 差异较大。它有很多独有的有利特性，比如良好的透明性、良好的表面光洁度、高硬度和较好的印刷显示效果。经计算得出，与 PS、PP、PET 等传统化石基塑料相比，使用可生物降解塑料进行替代，可以减少 64%~78% 的二氧化碳排放，可以降低 42%~56% 的不可再生资源的消耗。

除了在食品安全和环保方面的优势，可生物降解塑料在使用性能上也有自己独特的优势。以 PBAT/PLA 共混改性聚合物为例，其透氧性仅为 PS 的 10%~15%，能有效地把食物和氧气更好地阻隔开来，使食材具有更长的保鲜期。并且，其产品具有较高的透明度，已经很接近于 PET 的水平，显著地优于 PS 和 PP。另外，与 HIPS 和 PET 相比这种材料具有非常优异的强度，在满足相同承重条件下，能将制品的厚度减薄至少 30% 以上，实现了制品的薄壁化，具有很高的性价比，在同类产品中具有很强的竞争力。

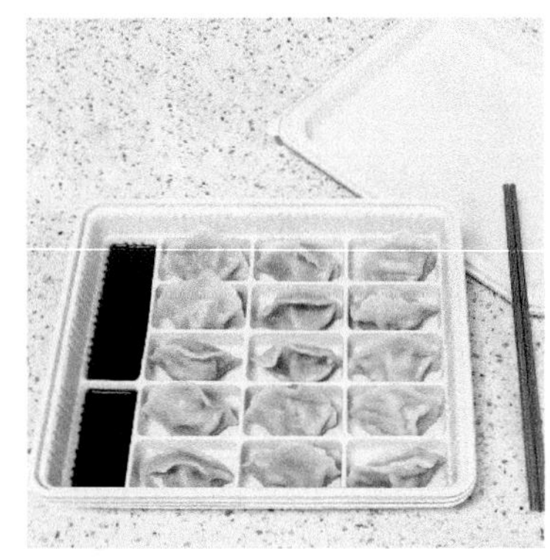

图 7-46 可生物降解塑料吸塑片材制品

7.2.3.3 线材

1）3D 打印线材

3D 打印技术是一种基于增材制造的新型快速成型技术，首先在电脑端通过特定的建模软件对目标打印模型进行积分和切片来建立 3D 数字模型文件，其次通过计算机控制金属、塑料等 3D 打印耗材一层又一层连续堆叠并固化，最终把 3D 打印数字模型转化成实物制品。早期的 3D 打印技术主要应用于模具、模型等产品的工业设计领域，随着科技的不断进步，包括 3D 打印材料以及 3D 打印设备在内的 3D 打印技术越来越完善，3D 打印技术已经逐渐开始应用于直接制造产品[84]。

和传统的以注塑成型等工艺为主的减材技术相比，3D 打印技术优势在于：首先，这种一体化成型方式，避免了装配等步骤，在比较烦琐复杂的制件制造中拥有明显优势；其次，通过 3D 打印技术得到的制件，因为是经过专业的结构设计软件进行设计的，具有非常好的结构强度；最后，3D 打印技术几乎将所有材料用于制件，大多数情况下不含固定或连接部分，只有极少的废料产生，材料利用率高，具有很高的自动化程度，同时因为其成型过程不需要定制额外的标准模具，大幅降低了材料和设备的成本。

3D 打印技术按其不同的工作原理目前可分为熔融沉积式（FDM）、电子束自由成型制造（EBF）、直接金属激光烧结（DMLS）、电子束熔化成型（EBM）、选择性激光熔化成型（SLM）、选择性热烧结（SHS）、选择性激光烧结（SLS）、石膏 3D 打印（PP）、分层实体制造（LOM）、立体平板印刷（SLA）、数字光处理（DLP）等多种技术[85]。

3D 打印技术可使用的材料范围十分广泛，以 ABS、尼龙玻纤、耐用性尼龙、PEEK 塑料为代表的可塑性材料，石膏材料，以钛合金为代表的金属材料，还有以橡胶为代表的弹性体材料，均可作为 3D 打印材料。

理论上来说，3D 打印技术几乎可以“打印”出任何现实中的物体，随着 3D 打印材料的不断丰富，3D 打印可以依据其使用材料的特性和用途，应用于我们日常生活中的各个领域。目前 3D 打印技术已经在珠宝、玩具、电子产品、服装鞋帽、建筑施工、汽车、航空航天、军工产业、医疗产业以及其他领域都获得广泛应用。

目前 3D 打印技术中最常用、最贴近我们日常生活的主要采用的是 ABS、尼龙等热塑性树脂的熔融沉积技术。

与 ABS、尼龙这类传统可用于 3D 打印的塑料相比，可生物降解 PBAT/PLA 改性聚合物具有更低的加工温度，同时具有良好的生物相容性，在熔融打印时也不会产生刺激性的气味。而且这类材料对于细节和色彩的把握更胜一筹，可以在最终的成品中，给人以更出色的表现力和视觉感受。

可使用金发科技生产的 ECOPOND® E800/E700/E600 系列作为熔融沉积成型法桌面级 3D 打印专用耗材的挤出线材。挤出线材成型过程具备良好的线径和外观稳定性，打印性优异，制件不翘曲变形，打印过程无烟低味，具有良好的安全性和环保性（图 7-47）。

图 7-47 3D 打印机、线材及制品

2）纺丝和纤维

某些具有特殊性能的常用聚合物可通过熔融纺丝、溶液纺丝和静电纺丝等方法制备成纤维，如聚酯纤维（涤纶）和聚酰胺纤维（锦纶），其织物更是因为其优良的特性广泛应用于各种服装、体育用品和卫生用品等领域。

以 PBAT/PLA 共混改性材料为代表的可生物降解塑料纤维也具有很多优异的性能，和 PET、涤纶、锦纶等传统塑料纤维相比，它的特点在于：①具有更高的亲水性；

②具有良好的悬垂性，在人穿着时带来更好的体感和舒适感；③它的回弹性好、卷曲性和卷曲持久性均表现更好，同时收缩率可控；④具有良好的透明度更好的抗辐射性能；⑤密度更低；⑥热性能优异，加工和染色性能优良；⑦物理性能介于涤纶和锦纶之间，相近拉伸强度，低模量；⑧可燃性低，发烟量低；⑨良好的生物相容性，对人体无毒无害，不会刺激皮肤[86]。

这些特性促进了可生物降解塑料纤维在各领域的应用，可生物降解塑料纤维和包括短丝、单丝、长丝以及织物在内的制品，在服装市场、家用及装饰市场、生物医学等领域有潜在的市场价值。

举例说明，目前，可生物降解塑料纤维通过与棉、羊毛等其他纤维混纺，可用于替换服装类的织物原料，生产出来的 T 恤、茄克衫、衬衫、长袜及礼服，和原有的产品质地高度相似。这些产品形态非常稳定，性能接近，光泽度更佳。且穿着起来与人体皮肤直接接触极其舒适，对人体皮肤毫无刺激性（图 7-48）。

图 7-48 其他常用生活用品的可生物降解塑料纤维应用

可生物降解塑料纤维，由于其可堆肥、可降解性，丢弃后在自然界中能够分解，是一种可持续发展的生态纤维。因而，在其他快消品和日常生活易耗品中，可生物降解塑料纤维也获得越来越多的应用，如上文中提到的可生物降解塑料牙刷，其刷柄采用的是注塑成型的可生物降解塑料，而其刷毛采用的是可生物降解塑料纤维，从而实现整支牙刷上可生物降解塑料的全覆盖。其他包括沐浴使用的浴花，化妆品刷，还有清洁丝球，也已经开始慢慢出现可生物降解塑料纤维制品。

3）其他线材

骨袋又称为自封袋，具有良好的密封性和耐酸碱性，同时能够隔绝空气以及空气中的水分、飞虫、灰尘，广泛应用于五金、珠宝首饰、电子元件、文件、玩具等小商品的储存中。是日常生活中比较常见和使用非常方便的塑料包装制品，在袋子的边缘开口处，一凹一凸两条骨条，可实现不借助任何外部工具和机器即可进行密封，并可以反复多次使用，所以命名为骨袋。

而采用食品级材料制成的骨袋更是可用于药店、日常生活、超市、餐厅等各个场景存放各种零食、茶叶、药材、海产品等食材，用于防止食材与氧气、水分、微生物接触而发生变质，影响食用的口感和人体的健康。

骨袋的主体部分，属于膜袋类制品，在上文膜袋类制品的介绍中已经提到过，可生物降解塑料在骨袋制品中已经获得广泛应用，而其中的骨条部分亦可以采用可生物降解塑料线材来进行替代，从而实现骨袋整体的生物降解（图 7-49）。

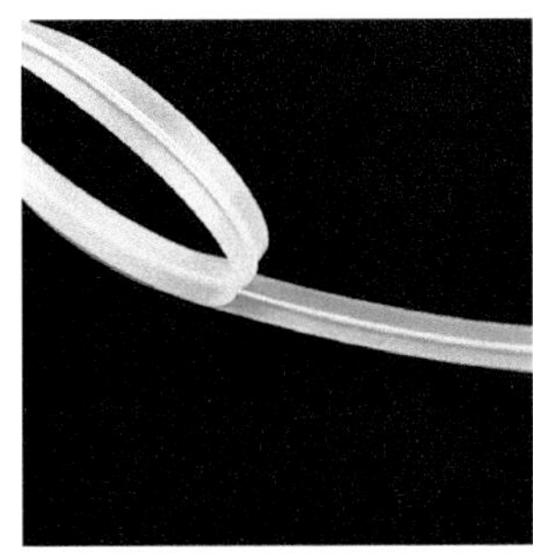

图 7-49　生物降解塑料骨条

7.2.4　其他类应用

7.2.4.1　发泡类应用

聚合物发泡材料是指以改性聚合物树脂为主体材料，制成的内部含大量微小泡孔的一种塑料制品。具有轻量化、高韧性、隔绝性能优异、相对强度较高等各种特点，在餐饮、日用品、工农业品、交通运输等领域有着广泛的应用，主要用于缓冲、包装、建筑、阻隔、器皿等材料的制造[87]。

目前，按发泡成型加工技术来分类，在发泡塑料的制造中主要有以下 3 种加工技术：

1）挤出发泡技术

将聚合物喂入双螺杆挤出机，然后同时注入发泡剂，使高压的气体逐渐溶入聚合物熔体中，随后溶解的气体在聚合物熔体中起到塑化作用，形成均匀的聚合物 / 气体共混物并随着螺杆的推进一同前进。当该共混物从挤出机的机头中挤出时，内外压降的产生就会在机头口引发聚合物发泡。

2）注塑发泡技术

注塑发泡技术具有显著降低原材料成本、制品形状较为稳定、成型速度快，生产效率高等优点，同时对材料的耐疲劳性和抗冲击性等力学性能有着显著的提高。注塑发泡主要采用氮气作为发泡剂。和二氧化碳相比，氮气有着更强的泡孔成核能力。特别是随着超临界氮气使用，使体系的塑化能力更强，对于熔融状态下的聚合物黏度有着明显的降低作用，从而可以降低聚合物的加工温度，可以有效地降低产品的生产能耗和削减材料加工成本。这种加工温度的降低，对一些不适合高温条件下加工的生物基高分子材料比较友好，扩大了这种加工技术的应用范围。

3）珠粒发泡技术

总结归纳以上两项发泡技术，可以发现，挤出发泡技术主要适用于形状简单的低密度发泡产品，注塑发泡技术主要适用于较为复杂的高密度发泡制品。而第三种珠粒发泡技术，分别结合了二者的优点，适用于形状复杂的低密度发泡产品，该技术的特点为将低密度的发泡珠粒填充到目标制品的模具中，通过模压成型来获得最终的产品（图 7-50）。

图 7-50　发泡类生物降解塑料制品

PLA 泡沫塑料，作为一种可再生的生物降解聚合物，成为替代目前广泛应用于包装的主流传统石油基聚合物泡沫塑料的第一选择。聚乳酸泡沫塑料在包装、缓冲、建筑、阻隔、餐饮器皿等领域中已经得到了广泛应用。由于其具有良好的生物相容性，还可以应用于如支架、组织工程等医学领域中。但是，PLA 发泡材料在使用过程中，仍存在较多问题，由于 PLA 熔体强度不高、结晶速率不够，对高质量泡沫的产生起着消极的影响，故将 PBAT 加入到 PLA 中进行共混改性，可以有效地弥补上述缺点，使材料的发泡倍率、泡孔的均匀性和整洁度都有显著的提高[88]。

7.2.4.2　无纺布

2019 年底，突如其来的新冠病毒如暴风般迅速席卷全球。在疫情初期，随着新冠病毒传染的愈演愈烈，口罩成为每个家庭必不可少的一次性消耗品。口罩的使用能明

显阻断病毒传染的途径，有效地降低病毒传染的概率。一时间一次性口罩及其原材料熔喷布极其短缺，给中国的防疫工作造成巨大困难。

2020 年初面对口罩核心材料熔喷布需求井喷，国务院国资委指导推动相关中央企业加快生产线建设，尽快投产达产，扩大熔喷布市场供给，为疫情防控提供保障。

与此同时，以做改性塑料起家的金发科技深知自己肩负的社会使命，勇于承担责任，以惊人的速度在极短的时间内迅速建立数条熔喷布以及一次性口罩的生产线，为全国人民早日战胜疫情贡献了自己的一份力量。

熔喷布又叫无纺布，是生产口罩最核心、最关键的原材料，熔喷布主要以 PP 等塑料为原料，在螺杆挤出机内加热熔融并从模头挤出聚合物熔体，并用高速热空气进行牵伸，从而将形成的超细纤维凝聚在凝网帘或滚筒上，再经过自然冷却的同时依靠自身黏合而成为非织造布，这也是熔喷布这个叫法的来源（图 7-51）。

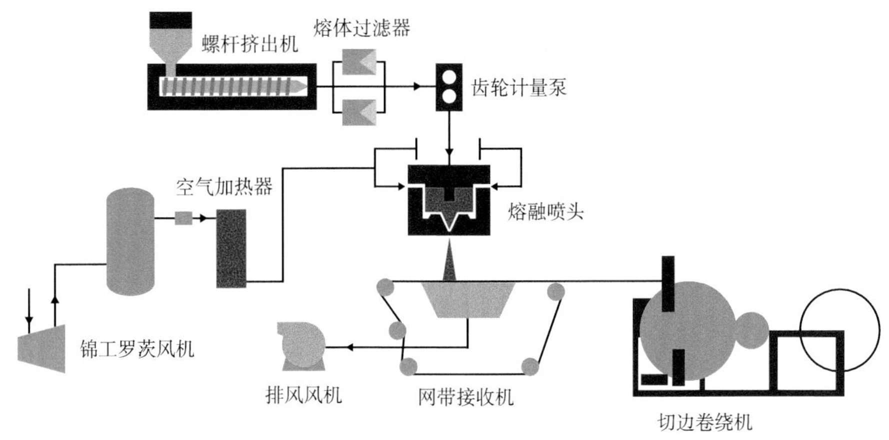

图 7-51 熔喷生产工艺流程图

熔喷布具有独特毛细结构的超细纤维能增加单位面积纤维的数量、孔隙率和表面积，其纤维直径约为 1~5 μm。使得熔喷布空隙多、结构蓬松、抗褶皱能力好，表面较为平整，从而具有很好的过滤性、屏蔽性、绝热性和吸油性。可用于空气、液体过滤材料、隔离材料、吸纳材料、口罩材料、保暖材料、吸油材料及擦拭布等领域。

目前，人们对于公共卫生、医疗健康、个人防护等愈发重视，对医疗、口罩相关的熔喷布的需求还会在很长一段时间内维持高位。但是现有熔喷布的主要来源还是 PP 等不可降解塑料，每天大量使用的口罩、医疗用布多为一次性的，用完无法回收，直接丢弃后也长时间无法降解，加剧了白色污染问题。

以 PBAT 和 PLA 为代表的可生物降解塑料，同样由于其生物降解性能以及良好的生物相容性，有望在以下领域对传统的熔喷布进行替换（图 7-52）：

（1）医疗卫生用布：手术衣、防护服、消毒包布、口罩、尿片、妇女卫生巾等；

（2）家庭装饰用布：贴墙布、台布、床单、床罩等；

（3）服装用布：衬里、黏合衬、絮片、定型棉、各种合成革底布等；

（4）工业用布：过滤材料、绝缘材料、水泥包装袋、土工布、包覆布等；

（5）农业用布：作物保护布、育秧布、灌溉布、保温幕帘等；

（6）其他：太空棉、保温隔音材料、吸油毡、烟过滤嘴、袋包茶叶袋等。

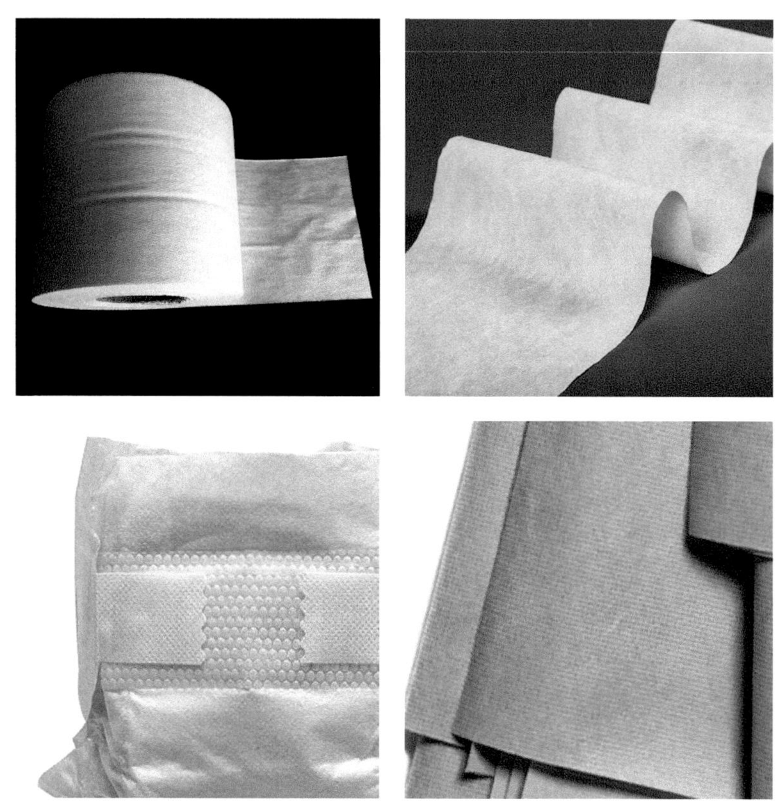

图 7-52　生物降解塑料熔喷布及其制品

7.2.4.3　吹塑类应用

PBAT 及其共混改性材料也常应用于瓶罐等容器类的吹塑类应用领域。

吹塑成型工艺有三种，即注射吹塑成型、挤出吹塑成型、拉伸吹塑成型。

注射吹塑成型主要用于由金属型芯支撑的型坯加工，其优点如下：加工过程中不会有废料产生；可以控制制品的壁厚和物料的分散情况；产品成型精度高，表面光洁；可进行小批量生产。注射吹塑的缺点在于成型设备成本高，不适用于体型较大的吹塑制品。

挤出吹塑成型是先用挤出法将塑料制成有底型坯，然后再将型坯移到吹塑模具中制成中空制品，主要用于未被支撑的型坯加工。其优点如下：生产效率高；设备成本低；模具和机械的选择范围广。其缺点是废品率较高；废料的回收、利用差；制品的厚度控制以及原料的分散性受限制；成型后必须进行修边操作。

拉伸吹塑成型有两种加工方法，一种是挤出—拉伸—吹塑，另一种是注射—拉伸—吹塑，可加工双轴取向的制品，能够极大地降低生产成本，改进制品性能。利用该种成型方法制作的产品具有透明度高、抗冲击性强、表面硬度大、刚性好的特点。

在吹塑类制品中，使用 PBAT/PLA 共混的可生物降解塑料，对传统的来源石油基的塑料进行替换，同样有助于缓解白色污染造成的环境压力，实现可持续发展(图 7-53)。

图 7-53 吹塑类生物降解塑料制品

阿联酋食品零售业巨头 Agthia 集团在其旗舰产品——AlAin 瓶装水使用了其自主研发的中东地区首款低能耗、使用可生物降解塑料的包装，整个塑料包装经过堆肥后可在 80 天内降解。据介绍，AlAin 包装瓶的制造过程也对环境更友好，比其他包装方案减少了 60% 的能源消耗，节省了 50% 以上的不可再生能源，并减少了 60% 的二氧化碳排放 [89]。

参 考 文 献

[1] 刘香丽 . 白色污染治理现状与对策 [J]. 当代化工研究 , 2017, (12):65-66.

[2] 丁泽强 , 袁博 , 李飞 , 等 . PBAT 应用及研究进展 [J]. 山西化工 , 2022, 42(5):39-40+59.

[3] 和晓楠 . 降解塑料的发展现状分析 [J]. 高科技与产业化 , 2020, (2):56-62.

[4] 乔梦霞 , 徐文总 , 覃忠琼 . 薄膜成型工艺及其性能研究 [J]. 安徽化工 , 2022, 48(2):71-73+77.

[5] CANTOR K. Blown film extrusion: An introduction[J]. Plastics Technology, 2006, 9(52):21-23.

[6] 牛建岭 . 新型水冷式吹膜设备 [J]. 国外塑料 , 2010, 28(1):54-55.

[7] 罗华 , 莫健华 , 张玲玲 . 浇注型耐热聚氨酯树脂材料的合成及性能 [J]. 高分子材料科学与工程 , 2005, (3):113-116.

[8] 常伟 . 三层共挤吹膜设备简介及在国内的发展 [J]. 塑料包装 , 2005, (4):43-45+32.

[9] 佚名 . 满足环保与高性能要求的吹膜新技术 [J]. 国外塑料 , 2010, 28(1):56-57.

[10] 佚名 . K 2010 展示的新设备 [J]. 国外塑料 , 2010, 28(10):54-61.

[11] SIEGENTHALER K O, KüNKEL A, SKUPIN G, et al. Ecoflex® and Ecovio®: Biodegradable, Performance-Enabling Plastics [J]. Synthetic Biodegradable Polymers, 2011: 91-136.

[12] 杭连强 . 薄膜流延成型数值模拟关键技术研究及其工艺分析 [D]. 济南 : 山东大学 , 2017.

[13] 张友根 . 多层共挤流延膜成型设备与技术的创新现状和进展 (上)[J]. 橡塑技术与装备 , 2018,

44(16):21-25.
[14] 张友根 . 多层共挤流延膜成型设备与技术的创新现状和进展 (下)[J]. 橡塑技术与装备 , 2018, 44(18):22-27.
[15] 沈鹏 , 杨兴成 , 朱梦冰 , 等 . 流延工艺条件对聚乙烯流延基膜取向片晶结构和拉伸成孔性的影响 [J]. 高分子材料科学与工程 , 2015, 31(5):129-134.
[16] 查安平 . 塑料挤出成型智能化生产技术探讨 [J]. 模具工业 , 2016, 42(10):1-4.
[17] 邹本杰 . 对塑料挤出成型设备发展的几点分析 [J]. 科技信息 , 2010, (12):578.
[18] 蔡侃 . 基于制品质量的注塑成型过程控制研究 [D]. 杭州 : 浙江大学 , 2012.
[19] 黄步明 . 精密注塑机的最新技术进展及发展趋势 [J]. 中国医疗器械信息 , 2012, 18(3):23-26.
[20] 蓝炜 . 塑料注塑工艺的影响因素 [J]. 新型工业化 , 2021, 11(9):18-19+27.
[21] 国际橡塑展 : 巴斯夫生物基塑料推广可注塑、热成型新品 [J]. 塑料工业 , 2013, 41(6):63.
[22] 曹雪凯 . 可降解塑料二次开模微孔发泡注塑工艺优化研究 [D]. 济南 : 山东大学 , 2020.
[23] 高杨 . LDPE 挤出复合加工技术研究 [D]. 大连 : 大连工业大学 , 2016.
[24] 梁艳艳 , 林海泉 , 许锦才 , 等 . 聚乳酸挤出淋膜纸关键技术 [J]. 塑料包装 , 2022, 32(1):41-45.
[25] 张以利 . 软包装挤出复合工艺设备的现状和发展趋势 [J]. 印刷工业 , 2009, (7):35-37.
[26] KHAN F R M. Business opportunities of ecological packaging: The Biobag® shopping bag[J]. 2017.
[27] BARBOSA CAMARGO LAMPARELLI R D C, MONTAGNA L S, BERNARDO DA SILVA A P, et al. Study of the Biodegradation of PLA/PBAT Films after Biodegradation Tests in Soil and the Aqueous Medium[J]. Biointerface Research in Applied Chemistry, 2022, 1(12):833-846.
[28] MUSA H M, HAYES C, BRADLEY M J, et al. Measures aimed at reducing plastic carrier bag use: A consumer behaviour focused study[J]. Natural Environment, 2013, 1(1):17-23.
[29] NIELSEN T D, HOLMBERG K, STRIPPLE J. Need a bag? A review of public policies on plastic carrier bags–Where, how and to what effect?[J]. Waste Management, 2019, 87:428-440.
[30] 刁晓倩 , 翁云宣 , 宋鑫宇 , 等 . 国内外生物降解塑料产业发展现状 [J]. 中国塑料 , 2020, 34(05):123-135.
[31] KHOO H H, TAN R B, CHNG K W. Environmental impacts of conventional plastic and bio-based carrier bags[J]. The International Journal of Life Cycle Assessment, 2010, 15(3):284-293.
[32] 广东省发展改革委 广东省生态环境厅印发《关于进一步加强塑料污染治理的实施意见》的通知 [J]. 广东省人民政府公报 , 2020, (24):17-23.
[33] 巴斯夫生物降解塑料购物袋现身德国超市 [J]. 上海化工 , 2009, 34(4):47.
[34] 马科锋 , 曹佳梦 , 周淑美 , 等 . 可降解塑料购物袋质量比对分析 [J]. 绿色包装 , 2022, (3):26-30.
[35] 张九天 . PLA/PBAT、PLA/PP 及 PLA/PE 共混食品连卷袋理化性能与降解性能研究 [D]. 长春 : 吉林农业大学 , 2019.
[36] DI BARTOLO A, INFURNA G, DINTCHEVA N T. A review of bioplastics and their adoption in the circular economy[J]. Polymers, 2021, 8(13).
[37] 程辉 . 塑料快递包装引发的环境问题与应对措施 [J]. 塑料助剂 , 2022, (3):71-74.
[38] ZHAO C, XIN L, XU X, et al. Dynamics of antibiotics and antibiotic resistance genes in four types of kitchen waste composting processes[J]. Journal of Hazardous Materials, 2022, PartC(424): 127526.
[39] MOSHOOD T D, NAWANIR G, MAHMUD F, et al. Sustainability of biodegradable plastics: New problem or solution to solve the global plastic pollution?[J]. Current Research in Green and Sustainable Chemistry, 2022:100273.
[40] DRóŻDŻ D, MALIŃSKA K, POSTAWA P, et al. End-of-life management of biodegradable plastic dog poop bags through composting of green waste[J]. Materials, 2022, 15(8):2869.
[41] 林丽金 . 循环经济下的快递包装绿色化 [J]. 物流科技 , 2020, 43(12):63-66.
[42] 杨琪 . “绿动计划”——解锁环保物流新篇章 [J]. 河北企业 , 2018, (12):110-111.
[43] 席悦 . 京东物流：将青流计划进行到底 [J]. 中国物流与采购 , 2021, (17):14-15.

[44] 尚荣, 刘刚. 环保型快递包装材料在物流包装中的应用 [J]. 塑料助剂, 2021, (6):12-14.
[45] MORENO M M, MORENO A. Effect of different biodegradable and polyethylene mulches on soil properties and production in a tomato crop[J]. Scientia Horticulturae, 2008, 3(116):256-263.
[46] 蔡子睿, 杨相龙, 刘人杰, 等. 农用地膜残留及其防治技术研究 [J]. 绿色科技, 2020, (24):89-91.
[47] 严昌荣, 梅旭荣, 何文清, 等. 农用地膜残留污染的现状与防治 [J]. 农业工程学报, 2006, (11):269-272.
[48] AKHIR M A M, MUSTAPHA M. Formulation of biodegradable plastic mulch film for agriculture crop protection: A review[J]. Polymer Reviews, 2022, 4(62):890-918.
[49] 山立, 韩冰. 可降解农用地膜国内外研究推广进程与存在问题 [J]. 陕西农业科学, 2015, 61(12):73-77.
[50] WANG H, WEI D, ZHENG A, et al. Soil burial biodegradation of antimicrobial biodegradable PBAT films[J]. Polymer Degradation and Stability, 2015, (116):14-22.
[51] 吴思. PBAT 生物降解地膜对土壤养分及微生物学性质的影响 [D]. 南京: 南京农业大学, 2020.
[52] 张生原. 可控全生物降解地膜在马铃薯上的应用效果研究 [D]. 呼和浩特: 内蒙古农业大学, 2020.
[53] 买尔旦·阿不都热衣木. 降解地膜的降解特性研究及对棉花生长的影响 [D]. 阿拉尔市: 塔里木大学, 2020.
[54] 甄竹云, 王煜雯, 龙云瑞, 等. 多层共挤复合膜的研究进展 [J]. 高分子通报, 2022, (10):33-40.
[55] 李结瑶, 罗文翰, 张雪琴, 等. ESO 对 PLA/PBAT 复合膜的增容效果研究 [J]. 当代化工研究, 2022, (17):70-72.
[56] LEE D-Y, LEE S H, CHO M S, et al. Facile fabrication of highly flexible poly(lactic acid) film using alternate multilayers of poly[(butylene adipate)-*co*-terephthalate][J]. Polymer International, 2015, 4(64):581-585.
[57] 许思兰, 许国志, 孙辉. PBAT/PPC 多层共挤薄膜的制备及其阻透性能研究 [J]. 中国塑料, 2016, 30(3):38-42.
[58] 柳峰, 徐冬梅. 塑料热收缩膜的发展 [J]. 包装工程, 2008, (3):213-215+218.
[59] 雷凯文, 王克俭. 热收缩膜的发展近况 [J]. 塑料包装, 2019, 29(3):20-24.
[60] 卢卫红, 金少瑾, 周凯, 等. 一种可完全生物降解的热收缩膜材料, 可完全生物降解的热收缩膜及制备方法 :CN114262503A[P]. 2022-04-01.
[61] 蒋佳男. 鲜榨米贮藏脂质抗氧化研究及专用保鲜膜研制 [D]. 天津: 天津科技大学, 2020.
[62] 王治洲, 道日娜, 徐畅, 等. PBAT/PCL 可降解气调保鲜膜对双孢菇的保鲜效果 [J]. 食品工业, 2018, 39(4):118-124.
[63] 李月明, 刘飞, 姜雪晶, 等. 生物可降解膜在肉品保鲜中的应用研究进展 [J]. 肉类研究, 2017, 31(6):51-54.
[64] 朱东波, 吴雄杰, 陶强, 等. PBAT 作为食品用塑料自粘保鲜膜的食品安全性分析 [J]. 塑料工业, 2022, 50(4):123-127.
[65] 郝晓秀, 周云令, 付春英, 等. 包装用淋膜纸的研究进展 [C]. 中国造纸学会第十八届学术年会, 2018: 202-207.
[66] 梁艳艳, 许锦才, 黄伟伦, 等. 挤出复合在包装领域的应用和新技术 [J]. 塑料包装, 2020, 30(3):4-8+52.
[67] 范建. 我研发出首款聚乳酸材料的无纺布和底膜 [N]. 2014-06-30(001).
[68] 崔译. 降解塑料国际风行全球受宠 [J]. 绿色包装, 2018, (1):79-81.
[69] 佚名. 国内首款生物基可降解双向拉伸聚乳酸薄膜（BOPLA）在厦门投入量产 [J]. 橡塑技术与装备, 2021, 47(16):59-60.
[70] 胡纵, 范冰, 蓝滨, 等. PLA/PBAT/HNT 三元复合体系的微注塑成型 [J]. 塑料工业, 2022, 50(6):131-135+190.

[71] 姚异渊 . 静电纺丝法制备 PLA/CDA/HA 三元复合材料及其性能研究 [D]. 长沙 : 湖南大学 , 2016.
[72] 林杉 . 聚乳酸 / 聚（己二酸 - 对苯二甲酸丁二酯）共混物材料的制备与性能研究 [D]. 太原 : 中北大学 , 2012.
[73] 尚晓煜 , 刘晓南 , 谢锦辉 , 等 . PLA/PBAT 复合材料研究进展 [J]. 工程塑料应用 , 2021, 49(6):157-164.
[74] 许文 , 李晔 , 王亚楠 . PBS 系列可降解塑料市场分析 [J]. 化学工业 , 2021, 39(4):49-57.
[75] 周海晨 . 限塑令对纸包装行业需求前景的影响分析 [J]. 中华纸业 , 2020, 41(7):66-67+12.
[76] 周锐 . 一种用于咖啡胶囊杯体的全生物降解高阻隔片材及其制备方法 :CN201911372771.2[P]. 2020-05-08.
[77] 菲普拉斯特公司 . 用于制备包装食品特别是包装咖啡胶囊的薄膜的热塑性聚合物和填充剂形成的复合物 :CN201580028450.4[P]. 2020-05-01.
[78] 生物塑料的高光时刻 , 市场开始布局 [J]. 中国包装 , 2020, 40(8):25-27.
[79] 黄晓文 , 郭秀元 , 潘楚斌 . 生物可降解牙刷的安全性评估 [J]. 口腔护理用品工业 , 2021, 31(2):38-40.
[80] 潘楚斌 , 黄晓文 , 蒋船银 , 等 . 可降解复合纤维在牙刷上的应用与研究 [J]. 口腔护理用品工业 , 2021, 31(5):16-19.
[81] 李进 , 潘小虎 , 吴立丰 , 等 . PBAT 改性 PLA 吸管性能研究 [J]. 合成技术及应用 , 2021, 36(1):23-26+34.
[82] 朱友胜 , 张俊苗 , 邓加云 , 等 . 生物质可降解吸管研究进展 [J]. 纸和造纸 , 2022, 41(1):14-20.
[83] 程纪龙 , 王曼 , 李寒冰 , 等 . 塑料吸管的替代研究综述 [J]. 安徽化工 , 2022, 48(1):17-19+23.
[84] 党乐 , 张梦雨 , 成艳娜 , 等 . 3D 打印技术在复合材料中的应用与发展 [J]. 科技创新与应用 , 2022, 12(24):166-169.
[85] 刘杰 , 孙令真 , 李映 , 等 . 3D 打印技术的发展及应用 [J]. 现代制造技术与装备 , 2019, (3):109-111.
[86] 翁云宣 . 聚乳酸合成、生产、加工及应用研究综述 [J]. 塑料工业 , 2007(S1):69-73.
[87] 陈立鑫 . 聚乳酸复合发泡材料的制备与性能研究 [D]. 沈阳 : 沈阳工业大学 , 2021.
[88] 陈壮鑫 , 雷彩红 , 薛南翔 , 等 . 发泡工艺对 PLA/PBAT 复合材料发泡结构的影响 [J]. 塑料 , 2022, 51(5):102-107.
[89] Agthia 集团成功研发植物基包装瓶装水 [J]. 中国包装 , 2020, 40(4):12.

第 8 章

PBAT 生物降解性能评价与认证

为了解决环境问题和满足市场需求，设计新型生物降解聚合物是发展生物降解塑料的基础。在开发可生物降解聚合物的过程中，聚酯是一类备受关注的聚合物，已成为生物降解塑料的主流类型 [1]。一方面，脂肪族聚酯由于其软链上的酯键对水解敏感而易于生物降解。不幸的是，脂肪族聚酯，如 PCL 和 PHB，表现出较差的机械和热性能 [2]。另一方面，PET 和 PBT 等芳香族聚酯具有非常好的物理性能，但对微生物攻击不敏感 [3]。因此，为了设计出既具有令人满意的力学性能又具有良好的生物降解性的新型聚酯，人们合成并研究了一些由脂肪族和芳香族单元组成的脂肪族 - 芳香族共聚酯 [4]，在这些脂肪族 - 芳香族共聚酯中，PBAT 是最具应用价值的一种，其兼具良好的力学机械性能和生物降解性能。

PBAT 聚合和共混，赋予了 PBAT 塑料优良的力学机械性能和应用价值，但对其生物降解性能的评价和认可，则是判定一个生物降解材料是否合规的先决条件 [5]，本章将对 PBAT 树脂及其塑料的生物降解性能、测试方法及认可认证流程等展开介绍。

8.1 PBAT 的生物降解性能

作为一个含有三种单体的共聚酯，PBAT 的单体含量、排列方式等不但影响着其机械性能，还对其生物降解性能产生显著影响，因此，不同配方和工艺聚合得到的 PBAT 树脂可能具有不同的化学结构，因而生物降解性能也将产生差别。另一方面，共混改性后的 PBAT 塑料，因组分的不同，最终生物分解效果也将有所区别，在不同环境下也具有不同的生物降解性能。

8.1.1 PBAT 树脂的生物降解

PBAT 芳香链上脂肪族成分的存在增加了水解敏感性和生物降解性。对苯二甲酸酯单元含量在 30~50 mol% 范围内，可以兼顾应用性能和生物降解性能的要求 [6]。PBAT

的生物降解性能也与分子量、结晶含量等有关，结晶度的降低提高了生物降解性。

PBAT 的生物降解结构为最初的水解降解，随后是微生物同化和矿化 [7]。在最初的水解步骤中，微生物酶的作用促进了脂肪族单元的非结晶部分的降解。随着温度的升高，降解明显增强。在非酶降解的情况下，由于水与羰基反应导致酯链断裂，PBAT 发生水解降解，而 β-C–H 氢转移反应沿链随机发生。然后，水解产生的低聚物和单体通过微生物细胞膜并被同化以产生能量、二氧化碳、水和新的生物质。

1995 年，Witt 等 [8,9] 首次报道了共聚酯 PBAT 在 60℃的堆肥模拟试验中降解至 PTA 含量约为 50 mol%。与初始摩尔质量相比，残余材料的重均摩尔质量显著降低，表明共聚酯内部发生了明显的化学水解和表面生物分解。一年后，Witt 等 [10] 再次发表数据表明 PBAT 的生物降解速率取决于聚合物中 PTA 的含量。随着共聚物中 PTA 含量的增加，即使生物降解率不断下降，但在 PTA 含量为 50 mol% 左右时，降解率仍然满足需要，该材料适合在堆肥过程中降解。

Müller 等 [11] 研究了 PBAT 中芳香族序列对生物降解的影响。结果表明，即使是较长的芳香族低聚物也可以在高温下通过化学水解在堆肥中生物降解，但含有一个或两个对苯二甲酸酯的低聚物容易快速降解。

Witt 等 [12] 还对决定生物降解材料能够完全生物降解的关键因素是其来源还是化学结构展开了讨论。对于完全生物可降解性的明确证据，必须选择性地证明共聚酯中较长芳香序列的降解行为，因为众所周知，高分子量纯 PBT 不是生物可降解的塑料。如果聚合物链因生物降解而断裂，较长的芳香序列可能会作为不可降解或难以降解的残基留下（图 8-1）。

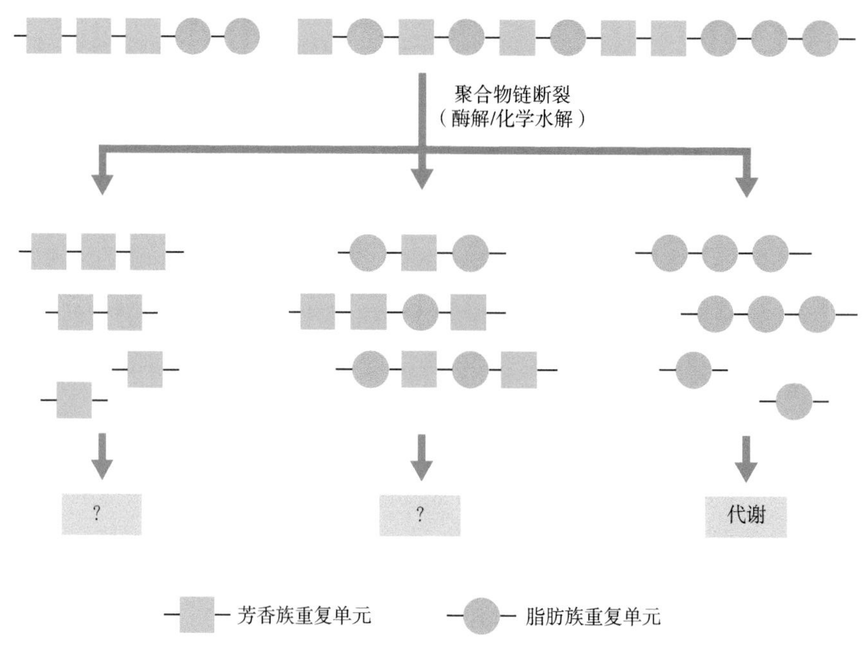

图 8-1 一种单体沿聚合物链随机分布的脂肪族 - 芳香族共聚酯的降解 [12]

为了回答完全生物降解性的问题，人们从堆肥中分离出能够降解共聚聚酯的特殊微生物[13]（图 8-2），得以在水生测试系统中使用这些生物，这是分析聚合物残留物的极好介质。这些微生物在几天内将 PBAT 的聚合物链断裂，在测试结束时只发现水溶性中间体。虽然共聚链的断裂非常快，但微生物不能矿化这些片段，中间体因此在水介质中积累。在不同时间停止试验，衍生化后用 GC/MS 表征产生的水溶性片段，以显示降解过程。结果表明，所分离的微生物能够将聚合物链完全降解为单体。随后，通过添加微生物的混合培养物，可以实现单体的完全代谢，这些微生物代表了从堆肥到测试溶液的全系微生物。在这些测试溶液中，GC 分析未检测到中间产物。

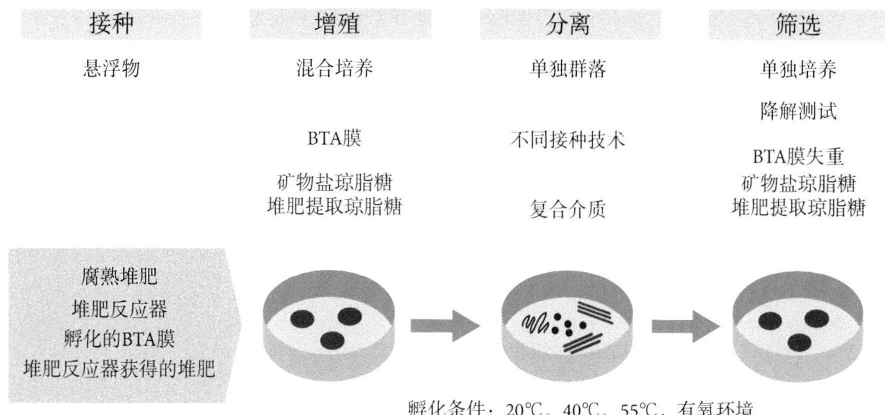

图 8-2　筛选和分离能够降解共聚酯的微生物的方案[12]

单个生物体只能进行一个降解步骤，其他生物体进行下一个降解步骤，并且微生物以其他生物体的代谢产物为生的过程称为共生（这意味着不同的生物体为了相互利益而生活在一起）。在这种情况下，共生关系是否真的发生了还没有得到证明。很可能，共聚酯的结构碰巧看起来像天然底物的结构，这意味着聚合物链可以被排出的酶降解，但微生物不能消化细胞内的可溶性片段。上述降解试验表明，堆肥中普遍存在的微生物能够降解 PBAT 等来自石化原料的物质，使其成为天然产物，因此，决定生物降解性的关键因素是化学结构，而不是原料的来源。

8.1.2　PBAT 塑料的生物降解

PBAT 塑料的生物降解性能不但受其结构与组成的影响，还与其所处环境密切相关。许多研究集中在土壤、家庭和工业堆肥条件下能够降解 PBAT 的细菌上。如果嗜热细菌（通常属于放线菌菌株）能够在相对较高的温度（50~60℃）下快速切割酯键，那么在温和的温度（25~30℃）下，由真菌菌株或中温细菌（如厚壁菌门和变形菌门）引发的 PBAT 降解非常缓慢[14,15]。

填料的存在可能是一种有趣的方式来加速 PBAT 的生物降解速率。事实上，在土壤（根据标准 ASTM D5988-12 控制的堆肥）中起降解作用的好氧细菌是亲水的。因此，当复合材料暴露在土壤中时，微生物会消耗填充物，使聚合物基质更加多孔，从而加快材料的生物降解速度[6]。关于 PBAT/PLA 共混物，最近的研究证实了这些材料的极好堆肥性，在堆肥条件下 90 天内能够损失 75%。使用具有催化活性的填料，如氧化锌颗粒，可以进一步提高降解率[16]。Ruggero 等[17]报道了在模拟工业堆肥（20 天的嗜热期和 40 天的成熟期）下对 PBAT/ 淀粉塑料的降解研究。他们发现，天然多糖中的淀粉颗粒首先降解产生空腔，这通过增加表面积来促进整个聚合物的降解。相反，PBAT 组分需要较长的时间才能被微生物完全吸收并转化为稳定的产物，并且对润湿含量不足和亲热期短等工艺条件更为敏感。

PBAT 塑料在环境中生物降解的跟踪，特别是芳香结构的转化，是生物降解塑料受关注程度最大的话题之一，目前主要通过荧光标记和同位素示踪等方法进行验证。Liu 等[18]受共轭基团聚集可以赋予聚合物固有荧光这一事实的启发，发现 PBAT 在紫外线照射下发出明亮的蓝绿色荧光。该研究开创了一种降解评价方法，通过荧光跟踪 PBAT 的降解过程。在碱液降解过程中，荧光波长随 PBAT 膜的厚度和分子量的减小而发生蓝移。随着降解的进行，降解液的荧光强度逐渐增大，与过滤后含苯环降解产物的浓度呈指数相关，相关系数高达 0.999，提出了一种具有可视化和高灵敏度的降解过程监测新策略。Zumstein 等[19]提出了一种同位素标记的方法，跟踪碳从可生物降解聚合物到二氧化碳和微生物生物质转化的过程，如图 8-3 所示。该方法基于 ^{13}C 标记的聚合物

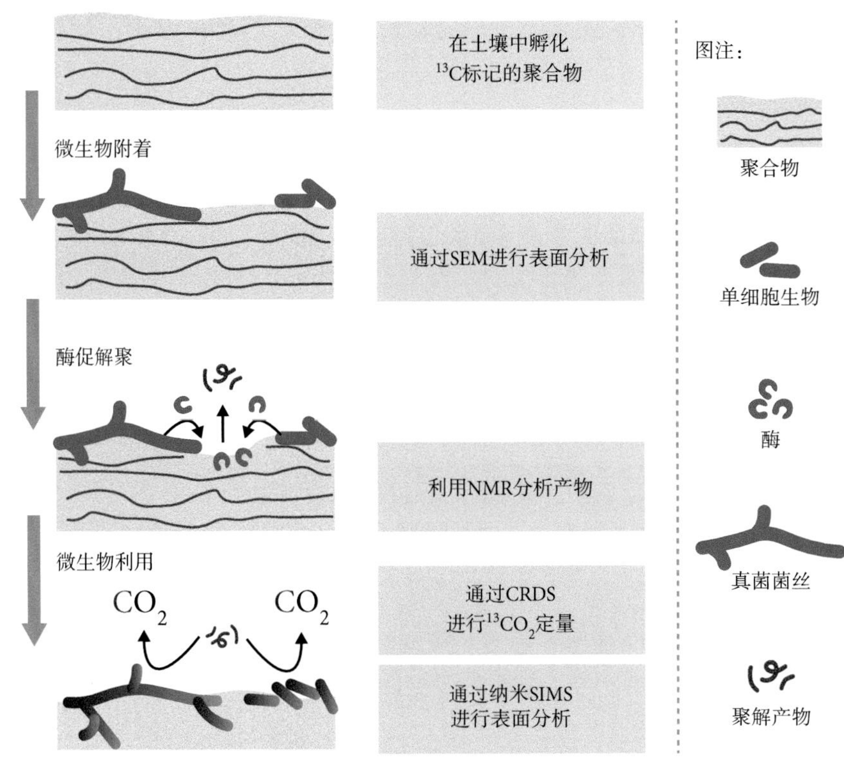

图 8-3 聚合物在土壤中生物降解的关键步骤[19]

和同位素特异性分析方法，包括纳米级离子质谱法（nanoSIMS）。该研究结果明确地证明了 PBAT 在土壤中的生物降解性。PBAT 的每个单体单位的碳被土壤微生物（包括丝状真菌）用来获取能量并形成生物质。这项工作促进了我们对聚合物生物降解的概念理解以及在自然和工程环境中评估这一过程的方法能力。

8.2　生物降解性能测试

根据 PBAT 塑料可能最终进入的环境不同，可在堆肥、土壤、厌氧环境、水体等条件下对其进行生物降解性能的测试。PBAT 塑料可生物降解并不意味着建议在消费后对其可任意丢弃，可控的堆肥环境是最适合处理废弃后 PBAT 塑料产品的条件，随着应用逐渐推广，泄漏到其他环境的部分生物降解性也备受关注。

8.2.1　堆肥降解测试

堆肥化是产生堆肥的一种需氧处理方法，是利用自然界广泛存在的微生物，有控制地促进固体废物中可降解有机物转化成为稳定的腐殖质的生物化学过程。可堆肥，是指在堆肥过程中，材料被生物分解的能力。堆肥的原料可以是城乡的有机固体废弃物，如农业作物秸秆、农村养殖粪便、城市生活垃圾、厨余垃圾、食品工业废渣等。一种材料如宣称有堆肥能力，必须说明材料在堆肥化体系中（如标准试验方法所示）可生物分解和崩解，并且在堆肥最终使用中是完全可生物分解的。堆肥必须符合相关的质量标准，如低重金属含量、无生物毒性、无明显可区分的残留物。测试项目一般包括生物分解率、崩解率、重金属及特定元素含量、降解产物毒理特性等。

工业化堆肥是指在控制条件下，微生物对固体和半固体有机物质进行好氧中温或高温（~58℃）降解，产生稳定腐殖质的过程。一般周期为 180 天，但随着好氧堆肥技术变化，最短时间也有到 30 天甚至更短。目前国际上常用的工业堆肥控制标准有 EN 13432、ISO 17088、ASTM D6400、AS 4736 等。

家庭堆肥是指主要利用家庭厨余或园林垃圾，进行好氧堆肥（~25℃），用于生产供自家使用的堆肥过程。家庭堆肥的时间较工业堆肥时间长，但一般最长不超过一年。目前国际上常用的家庭堆肥控制标准有 AS 5810、NFT 51-800、prEN 17427 等。

8.2.2　厌氧降解测试

另外一种在可控环境下的生物降解性能评估方法是厌氧降解测试，厌氧降解也叫厌氧消化或生物气化，是一种可再生生物质能源生产的生物技术方法。值得注意的是，虽然大多数生物可降解塑料可以通过厌氧消化降解，但它们的降解时间是工业厌氧消化工厂保留时间的三到六倍。由各种可降解塑料厌氧消化产生的沼气中，48%~63% 的沼气产出的是甲烷，剩下的是二氧化碳。

根据具体处理环境的不同，厌氧降解测试一般可分为污泥厌氧消化降解和高固态厌氧消化降解。污泥厌氧消化降解常用使用的测试标准是 ISO 13795，高固态厌氧消化降解与前者环境差异较大，通常湿度和微生物含量更低，因此生物降解更慢，常用的测试标准是 ISO 15985。

8.2.3 土壤降解测试

土壤是塑料泄漏到环境的最常见去处之一，如地膜这类型塑料制品，使用废弃后很难从土壤中去除，因此也成为 PBAT 塑料最适合的应用场景之一。土壤环境相比上述可控环境，在温度、湿度、微生物浓度等条件下更不利于生物降解的进行。调查发现大多数可降解材料在田间土壤条件下是可降解的，如 PBAT、PHA、PCL、PBS 等。在正常气候条件下可完全降解，埋于土壤中 5 个月，不会影响植物，像 PLA 这样的材料降解相对较慢，需要很长时间，但与 PBAT 等材料混合后，大约半年内就可以完全崩解。在土壤湿度充足、北方春夏秋季温度适宜的情况下，可降解材料可以自然降解。

土壤降解性能测试需要在标准条件下进行，测试项目除了需氧降解的生物分解率、崩解率、重金属及特定元素含量、降解产物毒理特性等项目之外，还包括蚯蚓测试和高度关注物含量等，常用的测试标准包括 ISO 17556、ISO 23517 等。

8.2.4 水体降解测试

泄漏到环境中的生物降解塑料难免部分最终进入到水体环境中，包括淡水环境和海洋环境。水体环境是最复杂的环境之一，不但存在厌氧和需氧的差别，水体理化特性和生物存在情况都千差万别。水体降解测试项目通常包括生物分解率、生态毒性、重金属及特定元素含量和高度关注物质含量等，常用的测试标准有 ASTM D6691（海洋远洋，30℃）、ISO 14851（淡水好氧生物降解，21℃）、ISO 11734（水生厌氧消化，35℃）、ISO 23977（海洋降解）等。

8.3 生物降解认证

生物降解认证是 PBAT 塑料生物降解性能评价和认可的必备环节，也是有利于生物降解塑料推广应用的重要环节。产品通过国际认证有如下意义：第三方认证机构保证质量、获得授权使用的认证标志增加了消费者的购买信心，由此获得竞争优势；国际认证的受认可度高，借此获得走向国际市场的通行证。

8.3.1　主要认证类型

生物降解认证的类型主要与目标使用的环境有关，最基础的生物降解认证的类型是工业堆肥认证和家庭堆肥认证，随着行业的发展，逐渐有更多的认证类型在推出。农用地膜是生物降解塑料最适用的场景，为了满足这方面产品管控的需要，人们推出了土壤降解认证，而近年来世界上对海洋环境关注热度的提高，进一步催生了海洋降解认证。

8.3.2　常见的认证机构

8.3.2.1　欧洲机构及认证

DIN CERTCO 是 TÜV 莱茵集团的认证机构，是颁发 DIN 标志和其他认证标志的认证机构。它的独立性、中立性、能力和在该领域 40 多年的经验在国内外受到高度评价。DIN CERTCO 现在颁发的生物降解相关认证包括欧洲生物塑料协会授权的可堆肥认证（Seedling）、可工业堆肥认证、可家庭堆肥认证等，如图 8-4 所示。

图 8-4　DIN CERTCO 颁发的生物降解认证

TÜV 奥煌（前身为 vinotte）是欧洲另一家权威认证机构，由欧洲生物塑料协会授权，同样可以将幼苗标志（Seedling 认证）授予符合 EN 13432 标准的产品。通过授予

OK Compost 堆肥认证和幼苗标志，TÜV 奥煌公司的证书持有者可以在整个欧洲市场认可他们的堆肥产品。TÜV 奥煌现在颁发的生物降解相关认证包括欧洲生物塑料协会授权的可堆肥认证（Seedling）、可工业堆肥认证、可家庭堆肥认证、可海洋降解认证、可土壤降解认证、可淡水降解认证等，如图 8-5 所示。

可堆肥认证　　可工业堆肥认证

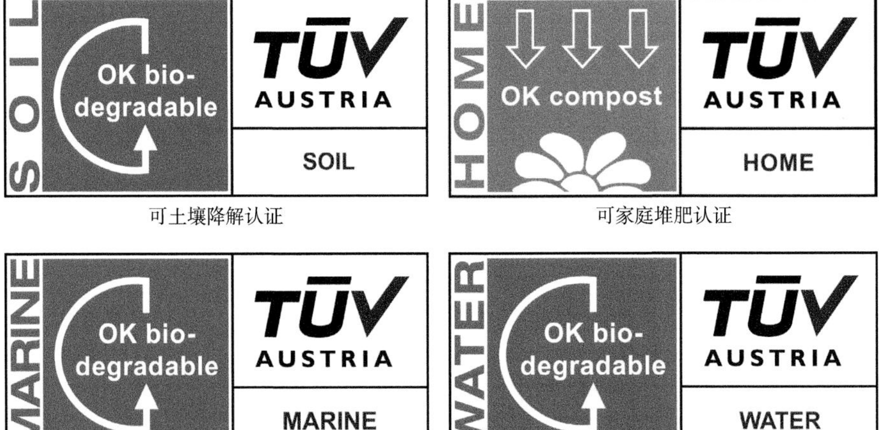

可土壤降解认证　　可家庭堆肥认证

可海洋降解认证　　可淡水降解认证

图 8-5　TÜV 奥煌颁发的生物降解认证

8.3.2.2　美洲机构及认证

美洲的生物降解塑料认证主要由美国生物降解产品研究院（BPI）颁发，它是为可堆肥产品和包装提供认证的领导者。BPI 是一个由来自政府、工业界和学术界的关键个人和团体组成的非营利性协会。BPI 认证计划应用基于科学的测试来证明材料将在市政或商业设施中堆肥，并且不会在土壤中留下有毒或挥之不去的塑料残留物。

当包装获得 BPI 认证时，客户以及工业级的堆肥商可以保证其可堆肥性已通过合适的测试，消费者可以毫不犹豫地把包装扔进堆肥箱。BPI 认证意味着人们可以就如何处理他们购买的产品及其包装做出更明智的决定。通过 BPI 认证产品或包装的过程是全面的，涉及多个步骤，可能需要许多个月才能完成。

按照产品类别，BPI 认证可分为农用地膜、袋子（咖啡袋、垃圾袋、封口袋等）、组件（胶黏剂、涂料、咖啡胶囊、墨水、色母粒等）、餐饮类用具（纸杯、围裙、接触食物的手套等）、纤维模压制品（食物容器、托盘、披萨盒等）、包装材料（纸板、薄膜、一次性包装袋）、树脂（吹塑树脂、热成型树脂、注塑树等）。BPI 颁发的认证如图 8-6 所示。目前，BPI 认证的技术审核由 DIN CERT-CO 技术专家完成。

图 8-6　BPI 的可生物降解认证

8.3.2.3　大洋洲机构及认证

大洋洲生物塑料协会（ABA）是唯一被认可的该地区生物降解认证颁发机构。大约从 2003 年开始，人们认识到需要一个代表澳大利亚和新西兰生物塑料行业的行业机构，作为政府、行业、教育工作者、媒体和更大社区的联络点。今天，ABA 已经发展到来自澳大利亚和新西兰的 28 个成员，并通过其在生物塑料领域的领导地位影响政府政策和行业。该协会的自愿验证计划得到了平行行业协会的认可，如澳大利亚有机回收协会（AORA）和新西兰废物管理组织（WasteMINZ）的有机材料部门集团。ABA 颁发包括幼苗标志（Seedling）、可工业堆肥认证、可家庭堆肥认证、可土壤降解认证等在内的生物降解塑料相关认证，如图 8-7 所示。ABA 认证的技术审核同样由 DIN CERTCO 技术专家完成。

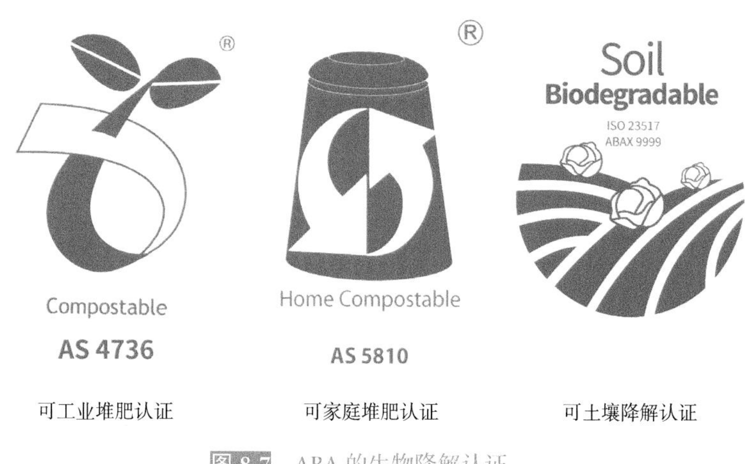

可工业堆肥认证　　可家庭堆肥认证　　可土壤降解认证

图 8-7　ABA 的生物降解认证

8.3.2.4　亚洲机构及认证

日本可降解材料认证为“GreenPla”认证，由日本生物塑料协会（JBPS）发起，认证标准为 OECD 301C、JIS K 6950JS K 6951、JIS K 6953。JBPS 的研究和计划委员会负责制定战略性行动项目计划，技术委员会主要发展 GreenPla 评价方法，认证体系委员会则执行 GreenPla 认证和标签体系工作。要想申请该认证，须是 JBPS 成员，因为该认证只接受 JBPS 成员的申请。通过该认证的产品以及原料可以使用 GreenPla 标识。

自 2000 年以来，日本生物塑料协会 (JBPA) 一直在运作 GreenPla 标志识别和标签系统，目的是促进可生物降解塑料产品的正确使用和推广。然而，监管部门指出“GreenPla”这个名字让人联想到来自植物的塑料，一般消费者可能不理解它是可生物降解的塑料。”希望考虑把这个名字改成一个能容易被识别为可生物降解的塑料。此外，在生物降解塑料中，符合协会生物质塑料标识和标签标准的产品应被称为可降解生物质塑料。GreenPla 绿色塑料标志将被废除，并将建立两种新的标志：可生物降解塑料标志和可生物降解生物质塑料标志。如图 8-8 所示。

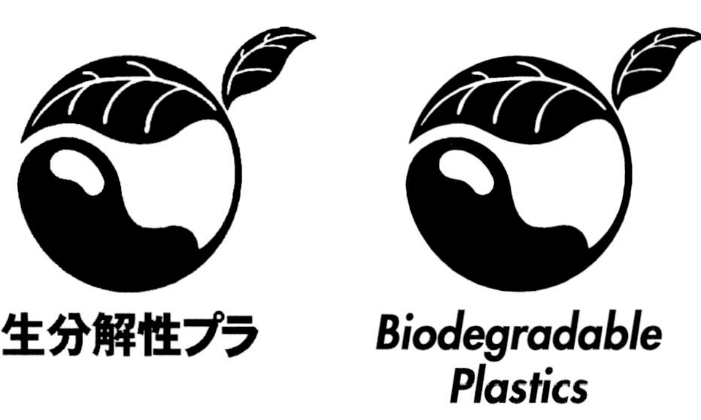

可生物降解塑料标志

可生物降解生物质塑料标志

图 8-8　JBPA 的生物降解认证

中国自 2020 年推出新版限塑令后，生物降解行业开始飞速发展，目前，国内还未形成普遍认可的第三方认证体系。在原有生物降解测试和产品认证基础上，2021 年 11

月 26 日，国家市场监督管理总局、国家标准化管理委员会发布公告，《生物降解塑料与制品降解性能及标识要求》（GB/T 41010—2021）标准将于 2022 年 6 月 1 日实施。通过检测证明符合该标准中降解性能要求的材料和制品，都可以使用“JJ”标识，如图 8-9 所示。

图 8-9　中国生物降解产品使用的标识

8.3.3　基本认证流程

不同的产品、不同的认证机构和认证类型的认证流程有所不同，基本的认证流程如下：

第一步，填写认证申请表。

第二步，申请者将产品送至指定实验室进行测试。

第三步，对样品进行记录（拍照、测量厚度 / 密度、FTIR、安全技术 / 数据说明书等），并提供给认证机构进行审核。

第四步，技术资料审查，认证机构对申请表、产品配方、测试报告，SDS，以及样品记录表进行审核、分析，审核通过后，BPI 发送账单。申请者提供产品清单（SKU），并与认证机构签订许可协议。

第五步，申请者完成付款，认证机构授予使用相关认证图标，确认有效期。申请者将标签应用于产品包装及市场营销等。认证机构将定期测试和检查市面上的产品是否符合规定。

认证机构对新材料或者新产品的认证流程通常如图 8-10 所示。

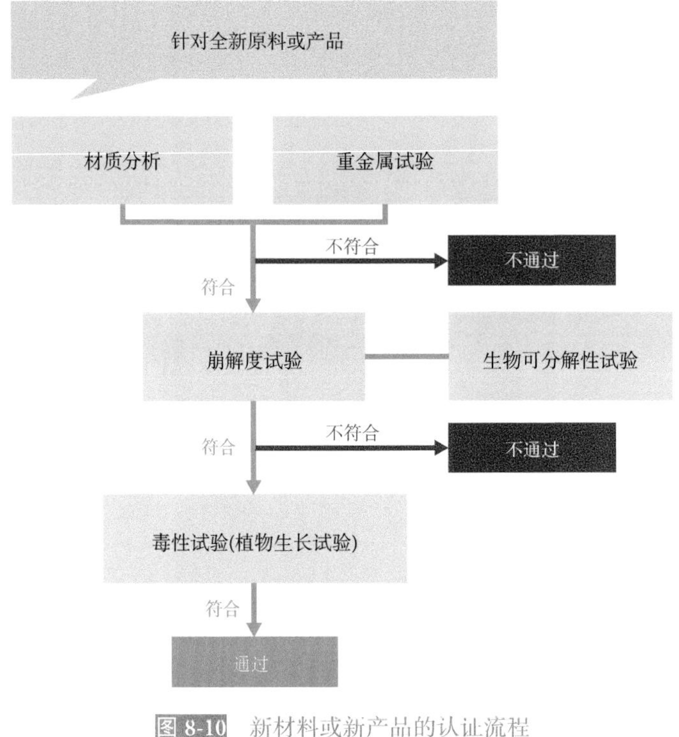

图 8-10 新材料或新产品的认证流程

参 考 文 献

[1] CHANDRA R, RUSTGI R. Biodegradable Polymers[J]. Materials Review, 1998.

[2] MOCHIZUKI M, HIRAMI M. Structural effects on the biodegradation of aliphatic polyesters[J]. Polymers for Advanced Technologies, 1997, 8(4).

[3] MUELLER R J. Biological degradation of synthetic polyesters—Enzymes as potential catalysts for polyester recycling[J]. Process Biochemistry, 2006, 41(10):2124-2128.

[4] MüLLER R-J, KLEEBERG I, DECKWER W-D. Biodegradation of polyesters containing aromatic constituents[J]. Journal of biotechnology, 2001, 86(2):87-95.

[5] JIAN J, XIANGBIN Z, XIANBO H. An overview on synthesis, propertiesand applications of poly (butylene-adipate-*co*-terephthalate)–PBAT[J]. Advanced Industrial and Engineering Polymer Research, 2020, 3(1).

[6] FERREIRA F V, IDANES L S, GOUVEIA R F, et al. An overview on properties and applications of poly (butylene adipate-*co*-terephthalate)–PBAT based composites[J]. Polymer Engineering & Science, 2019, 59(S2):E7-E15.

[7] GIOIA C, GIACOBAZZI G, VANNINI M, et al. End of life of biodegradable plastics: composting versus Re/upcycling[J]. ChemSusChem, 2021, 14(19):4167-4175.

[8] WITT U, MULLER R, DECKWER W. Biodegradable polyester copolymers with adaptable application properties based on mass chemical-products[J]. Chemie Ingenieur Technik, 1995, 67(7):904-907.

[9] WITT U, MüLLER R, DECKWER W-D. Biodegradation of polyester copolymers containing aromat-

ic compounds[J]. Journal of Macromolecular Science, Part A: Pure and Applied Chemistry, 1995, 32(4):851-856.

[10] WITT U, MüLLER R-J, DECKWER W D. Evaluation of the biodegradability of copolyesters containing aromatic compounds by investigations of model oligomers[J]. Journal of Environmental Polymer Degradation, 1996, 4(1):9-20.

[11] MüLLER R-J, WITT U, RANTZE E, et al. Architecture of biodegradable copolyesters containing aromatic constituents - ScienceDirect[J]. Polymer Degradation and Stability, 1998, 59(1-3):203-208.

[12] WITT U, YAMAMOTO M, SEELIGER U, et al. Biodegradable polymeric materials—Not the origin but the chemical structure determines biodegradability[J]. Angewandte Chemie International Edition, 1999, 38(10):1438-1442.

[13] KLEEBERG, HETZ, M R, et al. Biodegradation of aliphatic-aromatic copolyesters by Thermomonospora fusca and other thermophilic compost isolates[J]. Applied and Environmental Microbiology, 1998.

[14] SOULENTHONE P, TACHIBANA Y, MUROI F, et al. Characterization of a mesophilic actinobacteria that degrades poly(butylene adipate-*co*-terephthalate)[J]. Polymer Degradation and Stability, 2020:109335.

[15] A U W, B T E, A M Y, et al. Biodegradation of aliphatic-aromatic copolyesters: evaluation of the final biodegradability and ecotoxicological impact of degradation intermediates[J]. Chemosphere, 2001, 44(2):289-299.

[16] CAMPO A D, LUCAS-GIL E D, RUBIO-MARCOS F, et al. Accelerated disintegration of compostable Ecovio polymer by using ZnO particles as filler[J]. Polymer Degradation and Stability, 2021.

[17] Rugger A F, B E C, A R G, et al. Monitoring of degradation of starch-based biopolymer film under different composting conditions, using TGA, FTIR and SEM analysis[J]. Chemosphere, 246.

[18] LIU T-Y, ZHEN Z-C, ZANG X-L, et al. Fluorescence tracing the degradation process of biodegradable PBAT: Visualization and high sensitivity[J]. Journal of Hazardous Materials, 2023, 454:131572.

[19] ZUMSTEIN M T, SCHINTLMEISTER A, NELSON T F, et al. Biodegradation of synthetic polymers in soils: Tracking carbon into CO_2 and microbial biomass[J]. Science advances, 2018, 4(7):eaas9024.

第 9 章

PBAT 生命周期评价

碳足迹（carbon footprint）是指企业机构、活动、产品或个人通过交通运输、食品生产和消费以及各类生产过程等引起的温室气体排放的集合。它描述了一个人的能源意识和行为对自然界产生的影响，号召人们从自我做起。目前，已有部分企业开始践行减少碳足迹的环保理念。碳足迹的计算主要是利用生命周期评价（life cycle assessment，LCA）法。

LCA 起源于 1969 年美国中西部研究所受可口可乐委托对饮料容器从原材料采掘到废弃物最终处理的全过程进行的跟踪与定量分析。LCA 已经纳入 ISO 14000 环境管理系列标准而成为国际上环境管理和产品设计的一个重要支持工具。根据 ISO 14040：1999 的定义，LCA 是指“对一个产品系统的生命周期中输入、输出及其潜在环境影响的汇编和评价，具体包括互相联系、不断重复进行的四个步骤：目的与范围的确定、清单分析、影响评价和结果解释。生命周期评价是一种用于评估产品在其整个生命周期中，即从原材料的获取、产品的生产直至产品使用后的处置，对环境影响的技术和方法”。

本章选取 LCA 方法对传统 PBAT 的环境影响进行了初步分析。采用 GaBi10.6 软件的功能进行特征化和归一化，选取 CML 作为本研究影响评价方法进行 12 种指标的特征化分析。CML2001-Aug. 2016 的评价模型包含了不同的基准值，包括荷兰、欧洲和全球范围的基准值，本章选用全球环境影响作为基准值进行归一化计算。以 Global，CML 2016，excl biogenic carbon 为归一化基准计算出工业化 PBAT 产生的环境影响总值为 5.157 kg CO_{2e}/kg PBAT。对总的碳足迹贡献最大的工艺过程为打浆（包含原材料碳足迹数据），达到 95.23%，其次是终聚，达到 1.60%。对总的碳足迹贡献最大的因素是原材料，达到 93.58%，其次是电力，达到 4.86%[1]。

9.1 生命周期研究起源

LCA 也可以叫环境协调性评价，以及寿命周期评价等；是一种用于评估产品和流程各种环境影响的工具[2,3]。早期曾采用单因子方法来评价塑料的环境影响，到 20 世纪

90 年代初，专家提出了综合评价方法——生命周期评价。LCA 现已是国际上通行的环境影响评价方法，并有 ISO 国际标准，也有转化的 GBT 国标[4,5]。

如图 9-1 所示，LCA 自 20 世纪 70 年代起就开始慢慢引起关注[6,7]。紧接着国际环境毒理和化学学会（SETAC）推动了 LCA 发展：① 1990 年，SETAC 正式将 LCA 作为环境评价提出；② SETAC 的重点在工业系统的空气和水体排放，介绍 LCA 的概念；③ 1993 年，《LCA 指南：操作规则》给出了 LCA 方法的定义与理论框架，具体实施细则和建议。同时国际标准化组织（ISO）也在不断完善相关标准：① 1992 年成立环境战略顾问组 SAGE，研究制定一种环境管理标准的可能性；② 1993 年发布 ISO 14000 环境管理系列标准。

经过标准化的 LCA 最终成为最重要的评价产品环境表现的方法。LCA 特点具有定量化、系统化、对比分析的特点，其研究目的是防止环境影响在多个生命周期阶段、在多种环境影响类型之间转移，寻找最有效的改进[8,9]。

循环经济的目标是提高资源效率以及降低环境影响。LCA 可以用于评估产品、流程以及服务的不同环境影响。

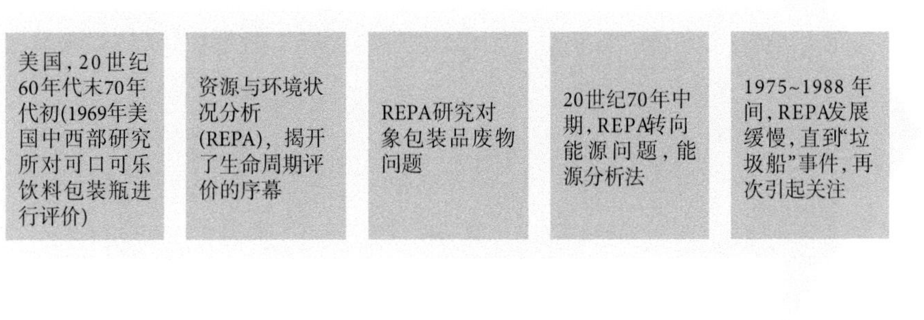

美国，20 世纪 60年代末70年代初(1969年美国中西部研究所对可口可乐饮料包装瓶进行评价)

资源与环境状况分析(REPA)，揭开了生命周期评价的序幕

REPA研究对象包装品废物问题

20世纪70年中期，REPA转向能源问题，能源分析法

1975~1988 年间，REPA发展缓慢，直到“垃圾船”事件，再次引起关注

图 9-1 LCA 起源

9.2 生命周期研究方法和标准

目前 LCA 标准主要是国际标准，这些标准并未对具体的塑料产品碳排放计算进行详细说明或指导。目前 LCA 国际标准主要是 ISO 14040（GB 24040）系列和 ISO 14060 系列[10-18]。ISO 14040 环境管理 - 生命周期评价：原则与框架；ISO 14041 环境管理 - 生命周期评价：清单分析；ISO 14042 环境管理 - 生命周期评价：影响评价；ISO 14043 环境管理 - 生命周期评价：评价和改进。ISO 14064-1 详述了设计、开发、管理和报告组织级 GHG 库存的原则和要求；ISO 14064-2 详细说明了确定基线以及监测、量化和报告项目排放的原则和要求；ISO 14064-3 详细说明了核实与 GHG 库存、GHG 项目和

产品碳足迹相关；ISO 14065 为验证和核实 GHG 声明的机构规定了要求的 GHG 声明的要求；ISO 14066 规定了验证团队和验证团队的能力要求；ISO 14067 温室气体产品的碳足迹量化要求和指南；ISO/TR 14069 协助用户应用 ISO 14064-1。国内外塑料碳足迹相关标准如表 9-1 所示。

表 9-1　国内外塑料碳足迹相关标准

序号	标准号	标准名称	转化的国标
1	ISO 14040:2006	环境管理 生命周期评价：原则与框架	GB/T 24040—2008
2	ISO 14044:2006	环境管理 生命周期评价：要求与指南	GB/T 24044—2008
3	ISO 14025:2006	环境标志和声明 Ⅲ型环境声明：原则和程序	GB/T 24025—2009
4	ISO 14020:2000	环境管理 环境标志和声明：通用原则	GB/T 24020—2000
5	ISO 14024:2018	环境管理 环境标志和声明 Ⅰ 型环境标志：原则和程序	GB/T 24024—2001（ISO 14024:1999）
6	ISO 14021:2016	环境管理 环境标志和声明：自我环境声明（Ⅱ型环境标志）	GB/T 24021—2001（ISO 14021:1999）
7	ISO 14067:2018	温室气体 产品碳足迹 量化要求和指南	
8	ISO 14065:2020	温室气体 认证或承认的其他形式用温室气体确认和验证机构的要求	
9	ISO 14064-1:2018	温室气体 第 1 部分：组织层级温室气体排放与移除量化及报告	

LCA 评估一般参考 ISO 14040 和 PEF 指南。如图 9-2 所示，ISO 14040 方法框架包括[12]：

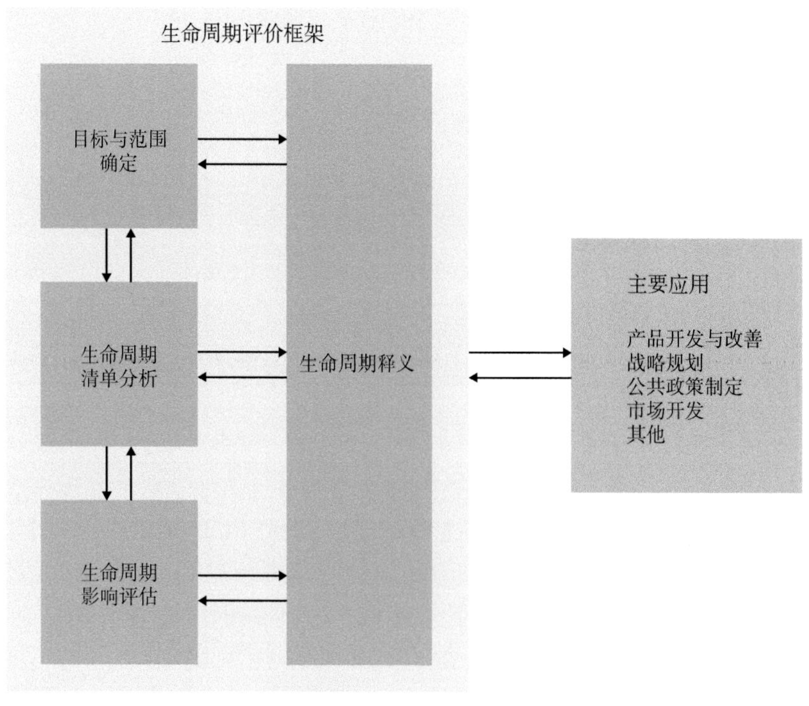

图 9-2　LCA 方法框架

（1）目标与范围确定：研究目的、研究范围、功能与功能单位、系统边界、数据质量的要求、系统间的比较、批判性评审。

（2）生命周期清单分析：一般性描述、数据收集和计算程序。

（3）生命周期影响评估：清单分析数据与环境影响类别相对应、根据影响类别建立清单数据的处理模式、结合具体案例将结果集合化。

（4）生命周期释义：将清单分析和影响评估发现与研究目的和范围综合分析得出结论和建议。

9.3　生命周期研究数据库和软件

目前 LCA 的评估比较复杂，人工完成很难，离不开软件和数据库工具，国内外都有相关的软件和数据库可以选择。表 9-2 主要分析了国内外大的软件情况和数据库情况。目前国际上使用较多的软件有 GaBi、OpenLCA 和 SimaPro，其中 OpenLCA 是一个部分开源的软件，但需要将数据库嵌入、计算方法嵌入才能正常使用；SimaPro 软件最大特点是整合不同的数据库，SimaPro 其画面依照 LCA 理论编排，可嵌入使用的数据库为 ELCD，ELCD 中涵盖了欧盟 300 多种大宗能源、原材料、运输的汇总 LCI 数据集；GaBi 整合产业界与研究单位的清单数据库，主要优点是自动计算复杂流程图，可嵌入使用 GaBi 拓展数据库和 ecoinvent 数据库，可进行成本分析，GaBi 数据库整合产业界与研究单位的清单数据库，包括 800 种不同能源与材料流程，数据库有能源与物质流及生产技术两大项，ecoinvent 数据库对于教育者免费，涵盖了欧洲以及世界多国 7000 多种产品的单元过程和汇总过程数据集。而国内使用较多的是四川大学王洪涛教授带头研发的 WebLCA，可嵌入使用 CLCD、ecoinvent，ELCD 数据库，CLCD 包含中国本地化的清单数据，是线上交互形式。

表 9-2　国内外 LCA 软件数据库情况

类别	名称	国家	特点	使用的数据库
国外	OpenLCA	德国	OpenLCA是一个用于可持续性和生命周期评估的开源免费软件，但需要嵌入数据库、计算方法才能使用	Ecoinvent ELCD ……
	SimaPro	荷兰	软件最大特点是整合不同的数据库，SimaPro 其画面依照 LCA 理论编排，使用上只要依照 LCA 流程，找到 SimaPro 对应的项目即可开始操作	ELCD ……
	GaBi	德国	主要优点：自动计算复杂流程图；数据库的分类整理完善，容易找到数据；可进行敏感度分析、冲击分析与成本分析；由数据质量指数加强数据可靠性	GaBi Ecoinvent
国内	WebLCA（eBalance）	中国	包含中国本地化的资源特征化因子、归一化基准值、节能减排权重因子等参数，能源、原材料、运输的清单数据，是线上交互形式 CLCD 数据库	CLCD ELCD Ecoinvent ……

GaBi 软件是一款依照 LCA（生命周期评价）方法论原则设计的环境影响分析软件，由德国斯图加特大学 LBP 研究所和 PE 公司共同研发。GaBi 具有数据集含量世界第一、图形界面透明和灵活等特点。提供了根据生命周期评价和生命周期工程的各项目阶段进行系统评价或分步评价的方法、解释与劣势分析以及敏感性分析，能够应用于产业界、研究领域和环境咨询领域。

GaBi 软件是一个模块化系统，需要各个模块相互配合才能完成建模评价。flow、process、plan 这三个模块是建模的主要对象。简单来说是 flow 模块组成 process 模块，process 模块组成 plan 模块，相互嵌套。其中 flow 是 process 模块的输入流和输出流，能够传递数量；而 process 类似生产工艺过程，每个单元过程都会建立 1 个 procoess，process 之间通常按照生产顺序连接便构成了 plan。因此从某种程度上来讲，plan 可以看作是一个可以展开多个层级并查看内部工艺情况的 process。用户需要建立好相应的 plan 层级关系，再将具体的工艺 process 建好，放入对应的 plan 内。在 Flow 中输入物料清单，选择 GaBi 数据库中相应材料的 LCI（life cycle inventory，生命周期清单）数据条，在连接时 GaBi 会自动将 Flow 中的材料与 Process 数据进行连接，然后进行核算，最终得到结果。

生命周期评价（LCA）是评价各种产品与技术全过程资源环境影响的国际标准方法。LCA 能够科学、全面、量化地探究各种资源环境影响问题，包括资源消耗、气候变化、生态毒性等十多种常用评价指标，避免资源环境问题在不同阶段和不同类型之间转移。基于 LCA 的产品碳足迹核算正在成为支撑碳中和目标实现的关键评价方法。

9.3.1 研究范围的确定与数据来源

9.3.1.1 研究目的

本研究将以 1 吨的 PBAT 树脂作为研究对象，选用德国 Sphera 公司研发的 GaBi10 软件为工具，选取 CML 2001 作为评价指标，进行工业化 PBAT 的生命周期评价。根据评价结果确定制备 PBAT 生命周期内的最重要的影响类别，分析造成环境影响的主要过程和清单物质，探究制备 PBAT 的环境效益。

9.3.1.2 研究范围

以下部分描述了为实现既定目标而进行的研究范围，包括功能单位、系统边界、影响评估方法。

1）功能单位

LCA 研究是一种定量评估，需要以功能单位为统一口径。功能单位是确定环境影响时要参考的产品类别单元。本研究定义了 1 吨的 PBAT 塑料产品为功能单位，也就是计算的参考流量。

2）系统边界

本研究的系统包括用于按规定功能单位制造产品的所有相关的上游加工、材料和能源，即从摇篮到大门。

排除的过程：本研究未考虑分销、使用和报废（回收）阶段，这些阶段在工厂之外，无法提供数据。

关键假设和限制：①对于缺失的次级数据，缺失数据的替代是使用类似于次级数据的方法来弥补差距；②关于 PBAT 生产的 LCI 数据是基于实验清单；③废水处理设施属于公用设施，不仅仅用于 PBAT 生产；④不包括市场机制或对技术发展的二次影响；⑤只关注环境方面，不包含社会、经济和其他特征；⑥涉及一些并非纯粹基于科学的技术假设和价值选择。

3）影响评估方法

影响评估，尤其是特征化评估将清单结果转换为公共单位，以及将转换后的结果汇总到同一影响类别中。影响评估一般有特征化和归一化两个步骤，特征化是指将产品的生命周期过程分解为一系列环节，并对每个环节的输入和输出进行描述和量化，以评估其对环境的影响。归一化是将不同环节的输入和输出数据转换为具有相同单位的数据，以便比较它们的影响大小。这可以通过将数据除以相应的参考值来实现，例如，将每个环节的能源消耗除以国家平均能源消耗。一些生命周期评估的研究集中在一个影响类别。例如，碳足迹被认为是一种生命周期评估的形式，只是通过全球升温潜能值在中点水平解决气候变化问题。在另一个极端，一些生命周期评价研究纳入了 15 个或更多的影响类别。出于一致性原因，影响类别的选择通常是根据推荐的影响评价指南或其在软件中的实施情况作出的。

如表 9-3 所示 LCA 研究使用较多的有“CML 2001”，“IPCC AR5”，“RECIPE2016”，“EPD”，“TRACI 2.1”，“IMPACT 2002+”，“EF 3.0”，“ISO 14067”，“Ecoindicator 99”等。上述方法分为两类：面向问题（中间点）的方法和损害为主（终结点）的方法。Mid-point 即中间点方法应用较多。中间点的方法是对与气候变化、酸化、富营养化、潜在的光化学臭氧生成和人类的毒性相关的环境影响进行评价可以使用。End-point 终结点的方法是划分为各种环境主题对每一个和人类、自然环境和资源相关的主题造成的损害进行建模。所有这些方法都包括一套建议的影响类别，其中包括一个类别指标和一套特征化因素。国际标准化组织在这些问题上没有指明任何选择。而本研究所使用的 GaBi10.6 软件推荐的广泛应用的为“CML2001 -Aug. 2016”，是由荷兰莱顿大学环境科学研究所研究提出的方法，为中间点评价方法，减少了假设的数量和模型的复杂性，主要包含 12 种特征化指标，如表 9-4 所示，分别是 ADP elements 非化石资源消耗，ADP fossil 化石资源消耗，AP 酸化潜力，EP 富营养化潜力，FAETP 淡水生态毒性，GWP 100 years 全球变暖潜力，GWP 100 years excl 全球变暖潜力排除生物碳，HTP 人类毒性潜力，MAETP 海洋水生生态毒性，ODP 臭氧层消耗潜能，POCP 光化学臭氧产生潜力，TETP 陆地生态毒性潜力。

GaBi 软件是以生命周期评价（LCA）方法论为基础设计的界面操作系统，对各类产品从原材料到终端产品销售进行数据采集，以及对参数进行设置，可自动分析整个循环中产品对环境的量化影响的操作性软件。应用 GaBi 软件可以计算所有产品及工艺的全生命周期的资源、能源消耗以及环境影响。软件对当前各个行业和相关研究单位的数据进行整合形成了 GaBi 数据库，GaBi 数据库是当今市场上最全面最大的数据库之一。

表 9-3　环境影响评价类别

LCA 影响评估指标	提出机构	方法类别	
CML 2001	荷兰莱顿大学环境科学研究所	mid-point	—
IPCC AR5	联合国气候变化委员会	—	—
RECIPE 2016	荷兰拉德堡德奈梅亨大学环境学院 水与湿地研究所	mid-point	end-point
EPD	瑞典环境管理委员会	—	—
TRACI 2.1	美国环境保护局	mid-point	
IMPACT 2002+	瑞士联邦技术研究所	mid-point	end-point
EF 3.0	欧盟委员会	mid-point	—
ISO 14067	国际标准化组织	mid-point	—
Ecoindicator 99	瑞士和国家公共卫生与环境研究所 (RIVM)	mid-point	end-point

表 9-4　CML2001 - Aug. 2016 的特征化指标

特征化指标	简写	单位
Abiotic Depletion	ADP elements	kg Sb eq.
Abiotic Depletion fossil	ADP fossil	MJ
Acidification Potential	AP	kg SO_2 eq.
Eutrophication Potential	EP	kg Phosphate eq.
Freshwater Aquatic Ecotoxicity Pot. inf.	FAETP	kg DCB eq.
Global Warming Potential	GWP 100 years	kg CO_2 eq.
Global Warming Potential excl biogenic carbon	GWP 100 years excl	kg CO_2 eq.
Human Toxicity Potential inf.	HTP	kg DCB eq.
Marine Aquatic Ecotoxicity Pot. inf.	MAETP	kg DCB eq.
Ozone Layer Depletion Potential, steady state	ODP	kg R11 eq.
Photochem. Ozone Creation Potential	POCP	kg Ethene eq.
Terrestric Ecotoxicity Potential inf.	TETP	kg DCB eq.

9.3.1.3　数据的收集与整理

数据收集包括生产过程中与物料或能量流相关的具体数据，部分工艺背景数据来源于 GaBi10.6 和 Ecoinvent 3.8 数据库。所收集数据的类型，通过测量或计算得到，无法通过测量或计算得到的从生命周期数据库中获取。在这项研究中，生产原始数据的关键参数基于产量和对特定机器和工厂的测量值的推断。具体生产数据是指使用 2022 年 1 月至 2022 年 12 月平均 12 个月的数据，包括不同场景的原材料、生产和运输的输入数据，以及排放的输出数据。使用背景数据时，基本材料所需的大部分生命周期清单都可以在 GaBi10.6 和 Ecoinvent 3.8 数据库中找到。

输入和输出的排除遵循以下程序：①（单元）过程的所有输入和输出都将包括在可用数据的计算中。数据缺失可以通过平均或背景数据的保守假设来填补。对此类选择的任何假设都将记录在案。②在单元过程输入数据不足或数据缺失的情况下，辅料重量 < 0.3% 产品重量时，以及废物重量 < 1% 产品重量时，可忽略该物料的数据；总共忽略的物料重量不超过 5%。

采取了一些流程来确保生命周期清单数据的可靠性和代表性。根据 ISO 14044 和 ISO 14040 的数据质量要求进行确认，数据质量通过其精确性、完整性、一致性、再现性和代表性（地理、时间段、技术）来判断。

9.3.2 工业化 PBAT 的 LCA 分析

工业化 PBAT 生产工艺主要分为共酯化、分酯化和串联酯化，其中分酯化方法工业化应用更广。其次 PBAT 的工业生产路线可以分为一步法和两步法，其中两步法制备的 PBAT 产品品质更好，并且产能更高。因此选取两步法工艺路线，以及分酯化合成方法的工业化 PBAT 产品进行对比分析，具体的系统边界如图 9-3 所示。为进行 LCA 对比分析，该研究使用了行业典型 PBAT 产品的生产活动数据。工业化 PBAT 的 LCA 模型如图 9-4 所示，用于描述传统合成路线中各个单元过程的详细信息和原材料消耗等数据。

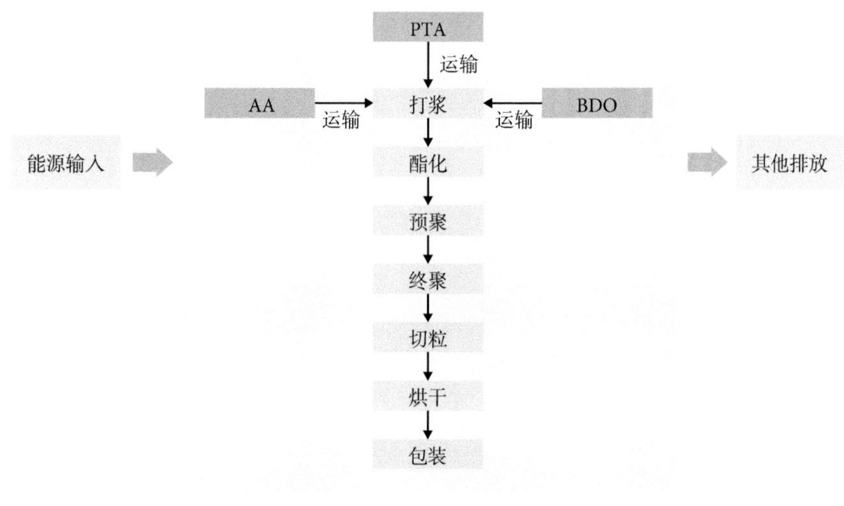

图 9-3 PBAT LCA 系统边界

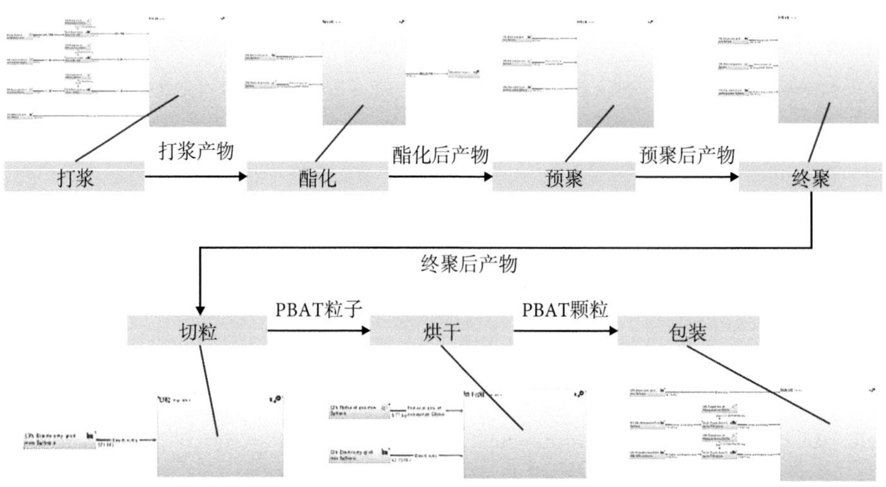

图 9-4 工业化 PBAT 的 LCA 模型图

PBAT 产品的 LCA 数据主要来源于上游原材料，即三个单体，包括 BDO、PTA 和 AA，是对其碳足迹贡献最大的因素。但是目前国内上游单体供应商基本没有进行产品 LCA 计算，相关数据比较缺乏，所以暂时是引用 Gabi 数据库的数据。因此相关数据存在一定偏差，主要原因如下：一是数据收集时间较为久远；二是相关数据收集采用的是欧洲相关产业的数据，可信度不足，故而本章计算得到 PBAT 的 LCA 数据，仅供大家参考。PBAT 产品 LCA 数据如表 9-5 所示。

表 9-5 PBAT 产品 LCA 数据

清单名称	GWP/kg CO_{2e}(1 kg PBAT)	碳足迹贡献百分比 /%
运输	0.080	1.56
能耗	0.251	4.86
原材料	4.826	93.58
总计	5.157	100

在本报告中，我们评估并计算了珠海金发生物生产的生物降解聚酯 PBAT 树脂的碳足迹值。计算并展示每个过程和清单数据的碳足迹贡献。分析结论如下：

（1）1 kg 的 PBAT 树脂产品碳足迹为 5.157 kg CO_2 eq。

（2）对总的碳足迹贡献最大的工艺过程为打浆（包括原材料碳足迹数据），达到 95.23%，其次是终聚，达到 1.60%。

（3）对总的碳足迹贡献最大的因素是原材料，达到 93.58%，其次是能耗，达到 4.86%。

参 考 文 献

[1] PBAT 碳足迹报告 [R]. 国高材高分子材料产业创新中心有限公司 . 报告编号 G2208250008C01. 2022.

[2] 陈亮 , 刘玫 , 黄进 . GB/T 24040—2008《环境管理 生命周期评价原则与框架》国家标准解读 [J]. 标准科学 , 2009(2):76-80.

[3] 王洪涛 , 杜鹃花 . 再生循环的生命周期建模方法与案例研究 [R]. 中国电子节能技术协会全生命周期绿色管理专委会研究报告 .

[4] GB/T 24040—2008 环境管理 生命周期评价 : 原则与框架 [S].

[5] GB/T 24044—2008 环境管理 生命周期评价 : 要求与指南 [S].

[6] GHG protocol: 2011 温室气体议定书 .

[7] PAS 2050: 2008 商品和服务在生命周期内的温室气体排放评价规范 .

[8] BROUWER MT, CHACON FA, VELZEN EUTV. Effect of recycled content and rPET quality on the properties of PET bottles, part Ⅲ : Modelling of repetitive recycling[J]. Packaging Technology AND Science,2020.

[9] ISO 14067:2018 温室气体 产品碳足迹 量化要求和指南 (Greenhouse gases — Carbon footprint of product — Requirements and guidelines for quantification Product).

[10] ISO 14064-1: 2018 温室气体 第 1 部分 : 组织层级温室气体排放与移除量化及报告 (Greenhouse gases — Part 1: Specification with guidance at the organization level for quantification and reporting of greenhouse gas emissions and removals).

[11] Suhariyanto T T, Wahab D A, Rahman M N A. Multi-Life Cycle Assessment for sustainable products: A systematic review [J]. Journal of Cleaner Production, 2017, 165: 677-696.

[12] ISO 14040:2006 Environmental management — Life cycle assessment — Principles and framework.

[13] ISO 14044:2006 Environmental management — Life cycle assessment — Requirements and guidelines.

[14] ISO 14025:2006 Environmental labels and declarations—Type Ⅲ environmental declarations-Principles and procedures.

[15] ISO 14020:2000 Environmental labels and declarations—General principles.

[16] ISO 14024 Environmental labels and declarations—Type I environmental labelling-Principles and procedures.

[17] ISO 14021:2016 Environmental labels and declarations-self-declared environmental claims (Type Ⅱ environmental labelling) .

[18] ISO 14065:2013 Greenhouse gases—Requirements for greenhouse gas validation and verification bodies for use in accreditation or other forms of recognition.

附　录

附录 A　生物降解塑料常用缩略语及代号

序号	生物降解塑料名称	英文名称	缩略语	代号
1	聚对苯二甲酸己二酸丁二醇酯	Poly (butylene adipate-*co*-terephthalate)	PBAT	53
2	聚乳酸	Polylactic acid	PLA	92
3	聚乙醇酸	Polyglycolic Acid	PGA	84
4	聚丁二酸丁二醇酯	Poly (butylene succinate)	PBS	56
5	聚己内酯	Polycaprolactone	PCL	60
6	聚 -3- 羟基丁酸酯	Poly-3-hydroxybutyric acid	PHB	86
7	聚 -3- 羟基丁酸 -3- 羟基戊酸酯	Poly-3-hydroxybutyrate-3-hydroxyvalerate	PHBV	87
8	聚对二氧环己酮	Polydioxanone	PPDO	100
9	聚碳酸亚丙酯	Polypropylene carbonate	PPC	99
10	聚丁二酸 -AA- 丁二醇酯	Adipic acid-1,4-butanediol-succinic acid copolymer	PBSA	
11	聚对苯二甲酸癸二酸丁二醇酯	Poly (butylene sebacate-*co*-terephthalate)	PBSeT	
12	呋喃二甲酸	Furan dicarboxylic acid	FDCA	
13	醋酸纤维素	Cellulose acetate	CA	
14	淀粉	Starch	St	

附录 B 生物降解塑料常用标准

B.1 产品类标准

标准号	标准名称
GB/T 18006.3—2020	一次性可降解餐饮具通用技术要求
GB/T 20197—2006	降解塑料的定义、分类、标志和降解性能要求
GB/T 27868—2011	可生物降解淀粉树脂
GB/T 28018—2011	生物分解塑料垃圾袋
GB/T 28206—2011	可堆肥塑料技术要求
GB/T 29284—2012	聚乳酸
GB/T 29646—2013	吹塑薄膜用改性聚酯类生物降解塑料
GB/T 30293—2013	生物制造聚羟基烷酸酯
GB/T 30294—2013	聚丁二酸丁二酯
GB/T 31124—2014	聚碳酸亚丙酯（PPC）
GB/T 32163.2—2015	生态设计产品评价规范 第 2 部分：可降解塑料
GB/T 32366—2015	生物降解聚对苯二甲酸 - 己二酸丁二酯（PBAT）
GB/T 33798—2017	生物聚酯连卷袋
GB/T 33897—2017	生物聚酯 聚羟基烷酸酯（PHA）吹塑薄膜
GB/T 34255—2017	聚丁二酸 - 己二酸丁二酯（PBSA）树脂
GB/T 35795—2017	全生物降解农用地面覆盖薄膜
GB/T 37642—2019	聚己内酯（PCL）
GB/T 37836—2019	聚乳酸 / 聚丁二酸丁二醇酯复合材料空气过滤板
GB/T 37857—2019	聚乳酸热成型一次性验尿杯
GB/T 38082—2019	生物降解塑料购物袋
GB/T 38727—2020	全生物降解物流快递运输与投递用包装塑料膜、袋
GB/T 40553—2021	塑料 适合家庭堆肥塑料技术规范
GB/T 41008—2021	生物降解饮用吸管
GB/T 41010—2021	生物降解塑料与制品降解性能及标识要求
AS 4736—2006	Biodegradable plastics — Biodegradable plastics suitable for composting and other microbial treatment
AS 5810—2010	Biodegradable plastics — Biodegradable plastics suitable for home composting
ASTM D6400—21	Standard Specification for Labeling of Plastics Designed to be Aerobically Composted in Municipal or Industrial Facilities
EN 13432: 2000	Packaging — Requirements for packaging recoverable through composting and biodegradation — Test scheme and evaluation criteria for the final acceptance of packaging
NF T51—800	Plastics — Specifications for plastics suitable for home composting
ISO 17088: 2021	Plastics — Organic recycling — Specifications for compostable plastics
ISO 22403: 2020	Plastics — Assessment of the intrinsic biodegradability of materials exposed to marine inocula under mesophilic aerobic laboratory conditions — Test methods and requirements
ISO 23517: 2021	Plastics — Soil biodegradable materials for mulch films for use in agriculture and horticulture — Requirements and test methods regarding biodegradation, ecotoxicity and control of constituents

B.2 方法类标准

标准号	标准名称
GB/T 16716.6—2012	包装与包装废弃物 第 6 部分：能量回收利用
GB/T 16716.7—2012	包装与包装废弃物 第 7 部分：生物降解和堆肥
GB/T 18006.2—1999	一次性可降解餐饮具降解性能试验方法
GB/T 19275—2003	材料在特定微生物作用下潜在生物分解和崩解能力的评价
GB/T 19276.1—2003	水性培养液中材料最终需氧生物分解能力的测定 采用测定密闭呼吸计中需氧量的方法
GB/T 19276.2—2003	水性培养液中材料最终需氧生物分解能力的测定 采用测定释放的二氧化碳的方法
GB/T 19277.1—2011	受控堆肥条件下材料最终需氧生物分解能力的测定 采用测定释放的二氧化碳的方法 第 1 部分：通用方法
GB/T 19277.2—2013	受控堆肥条件下材料最终需氧生物分解能力的测定 采用测定释放的二氧化碳的方法 第 2 部分：用重量分析法测定实验室条件下二氧化碳的释放量
GB/T 19811—2005	在定义堆肥化中试条件下塑料材料崩解程度的测定
GB/T 21809—2008	化学品 蚯蚓急性毒性试验
GB/T 21831—2008	化学品 快速生物降解性：密闭瓶法试验
GB/T 22047—2008	土壤中塑料材料最终需氧生物分解能力的测定 采用测定密闭呼吸计中需氧量或测定释放的二氧化碳的方法
GB/T 27849—2011	化学品 降解筛选试验 化学需氧量
GB/T 27850—2011	化学品 快速生物降解性 通则
GB/T 27851—2011	化学品 陆生植物 生长活力试验
GB/T 27857—2011	化学品 有机物在消化污泥中的厌氧生物降解性 气体产量测定法
GB/T 32106—2015	塑料在水性培养液中最终厌氧生物分解能力的测定 通过测量生物气体产物的方法
GB/T 33797—2017	塑料在高固体份堆肥条件下最终厌氧生物分解能力的测定 采用分析测定释放生物气体的方法
GB/T 38737—2020	塑料受控污泥消化系统中材料最终厌氧生物分解率测定 采用测量释放生物气体的方法
GB/T 38787—2020	塑料 材料生物分解试验用样品制备方法
GB/T 40367—2021	塑料暴露于海洋沉积物中非漂浮材料最终需氧生物分解能力的测定 通过分析释放的二氧化碳的方法
GB/T 40611—2021	塑料海水沉沙界面非漂浮塑料材料最终需氧生物分解能力的测定 通过测定密闭呼吸计内耗氧量的方法
GB/T 40612—2021	塑料海水沙质沉积物界面非漂浮塑料材料最终需氧生物分解能力的测定 通过测定释放二氧化碳的方法
ISO 846: 2019	Plastics — Evaluation of the action of microorganisms
ISO 5148: 2022	Plastics — Determination of specific aerobic biodegradation rate of solid plastic materials and disappearance time (DT50) under mesophilic laboratory test conditions
ISO 7827: 2010	Water quality — Evaluation of the "ready", "ultimate" aerobic biodegradability of organic compounds in an aqueous medium — Method by analysis of dissolved organic carbon (DOC)
ISO 9408: 1999	Water quality — Evaluation of ultimate aerobic biodegradability of organic compounds in aqueous medium by determination of oxygen demand in a closed respirometer
ISO 9439: 1999	Water quality — Evaluation of ultimate aerobic biodegradability of organic compounds in aqueous medium — Carbon dioxide evolution test
ISO 9887: 1992	Water quality — Evaluation of the aerobic biodegradability of organic compounds in an aqueous medium — Semi-continuous activated sludge method (SCAS)
ISO 9888: 1999	Water quality — Evaluation of ultimate aerobic biodegradability of organic compounds in aqueous medium — Static test (Zahn-Wellens method)
ISO 10210: 2012	Plastics — Methods for the preparation of samples for biodegradation testing of plastic materials
ISO 11268—1: 2012	Soil quality — Effects of pollutants on earthworms — Part 1: Determination of acute toxicity to Eisenia fetida/Eisenia andrei
ISO 11268—2: 2012	Soil quality — Effects of pollutants on earthworms — Part 2: Determination of effects on reproduction of Eisenia fetida/Eisenia andrei

续表

标准号	标准名称
ISO 10707: 1994	Water quality — Evaluation in an aqueous medium of the "ultimate" aerobic biodegradability of organic compounds — Method by analysis of biochemical oxygen demand (closed bottle test)
ISO 10708: 1997	Water quality — Evaluation in an aqueous medium of the ultimate aerobic biodegradability of organic compounds — Determination of biochemical oxygen demand in a two-phase closed bottle test
ISO 11733: 2004	Water quality — Determination of the elimination and biodegradability of organic compounds in an aqueous medium — Activated sludge simulation test
ISO 11734: 1995	Water quality — Evaluation of the "ultimate" anaerobic biodegradability of organic compounds in digested sludge — Method by measurement of the biogas production
ISO 13975: 2019	Plastics — Determination of the ultimate anaerobic biodegradation of plastic materials in controlled slurry digestion systems — Method by measurement of biogas production
ISO 14592—1: 2002	Water quality — Evaluation of the aerobic biodegradability of organic compounds at low concentrations — Part 1: Shake-flask batch test with surface water or surface water/sediment suspensions
ISO 14592—2: 2002	Water quality — Evaluation of the aerobic biodegradability of organic compounds at low concentrations — Part 2: Continuous flow river model with attached biomass
ISO 14593: 1999	Water quality — Evaluation of ultimate aerobic biodegradability of organic compounds in aqueous medium — Method by analysis of inorganic carbon in sealed vessels (CO_2 headspace test)
ISO 14851: 2019	Determination of the ultimate aerobic biodegradability of plastic materials in an aqueous medium — Method by measuring the oxygen demand in a closed respirometer
ISO 14852: 2021	Determination of the ultimate aerobic biodegradability of plastic materials in an aqueous medium — Method by analysis of evolved carbon dioxide
ISO 14853: 2016	Plastics — Determination of the ultimate anaerobic biodegradation of plastic materials in an aqueous system — Method by measurement of biogas production
ISO 14855—1: 2012	Determination of the ultimate aerobic biodegradability of plastic materials under controlled composting conditions — Method by analysis of evolved carbon dioxide — Part 1: General method
ISO 14855—2: 2018	Determination of the ultimate aerobic biodegradability of plastic materials under controlled composting conditions — Method by analysis of evolved carbon dioxide — Part 2: Gravimetric measurement of carbon dioxide evolved in a laboratory-scale test
ISO/TR 15462: 2006	Water quality — Selection of tests for biodegradability
ISO 15985: 2014	Plastics — Determination of the ultimate anaerobic biodegradation under high-solids anaerobic-digestion conditions — Method by analysis of released biogas
ISO 16221: 2001	Water quality — Guidance for determination of biodegradability in the marine environment
ISO 16929: 2021	Plastics — Determination of the degree of disintegration of plastic materials under defined composting conditions in a pilot-scale test
ISO 17556: 2019	Plastics — Determination of the ultimate aerobic biodegradability of plastic materials in soil by measuring the oxygen demand in a respirometer or the amount of carbon dioxide evolved
ISO 18606: 2013	Packaging and the environment — Organic recycling
ISO 20200: 2015	Plastics — Determination of the degree of disintegration of plastic materials under simulated composting conditions in a laboratory-scale test
ISO 21701: 2019	Textiles -Test method for accelerated hydrolysis of textile materials and biodegradation under controlled composting conditions of the resulting hydrolysate
ISO 22403: 2020	Plastics — Assessment of the intrinsic biodegradability of materials exposed to marine inocula under mesophilic aerobic laboratory conditions — Test methods and requirements
ISO 22766: 2020	Plastics — Determination of the degree of disintegration of plastic materials in marine habitats under real field conditions
ISO 23977—1: 2020	Plastics — Determination of the aerobic biodegradation of plastic materials exposed to seawater — Part 1: Method by analysis of evolved carbon dioxide
ISO 23977—2: 2020	Plastics — Determination of the aerobic biodegradation of plastic materials exposed to seawater — Part 2: Method by measuring the oxygen demand in closed respirometer
OECD 208	Terrestrial Plant Test: Seedling Emergence and Seedling Growth Test
ASTM E1676—12(2021)	Standard Guide for Conducting Laboratory Soil Toxicity or Bioaccumulation Tests with the Lumbricid Earthworm Eisenia Fetida and the Enchytraeid Potworm Enchytraeus albidus

附录 C　生物降解塑料权威检测机构

机构名称	网址 / 联系方式
塑料制品质量检验检测中心（北京）	http://www.ntsqp.org.cn/
莱茵技术（上海）有限公司	https://www.tuv.com/greater-china/cn/
广州海关技术中心	020-38290655
广东中科英海科技有限公司	http://www.zkenhealth.com
中国科学院理化技术研究所抗菌材料检测中心	http://lhjc.ipc.cas.cn/
吉林省产品质量监督检验院	http://www.jlszjy.cn
上海市质量监督检验技术研究院	http://www.sqi.org.cn/
广东省科学院微生物研究所	http://www.gdim.cn/
广州质量监督检测研究院	http://www.qmark.com.cn/
深圳市计量质量检测研究院	https://www.smq.com.cn/
华测检测	https://www.cti-cert.com/
OWS	https://www.ows.be/lab-consulting-services/
AIMPLAS	http://www.aimplas.es/
ISEGA	https://www.isega.de/
ITENE	http://www.itene.com/
MERIEUX NutriSciences	http://www.merieuxnutrisciences.com/it/
ARCHALAB Srl	http://www.archa.it/
INNOVHUB SSI	http://www.innovhub-ssi.it/
MTEC	https://www.mtec.or.th/en/
SCION	https://www.scionresearch.com/
APESA	https://www.apesa.fr/
ARCHALAB Srl	http://www.archa.it/
ECOL STUDIO	http://www.ecolstudio.com/
WESSLING France S.A.R.L.	https://fr.wessling-group.com/fr/

附录 D 生物降解塑料规模公司及产品系列

D.1 国内外 PBAT 树脂规模公司

企业名称	现有产能 /（万 t/a）	在建产能 /（万 t/a）	规划总产能 /(万 t/a）
金发科技股份有限公司	18	12+30	60
新疆蓝山屯河化工股份有限公司	12	24	36
Novemont	10	—	—
BASF	7.4	—	—
恒力营口康辉石化有限公司	3.3	6	48
浙江华峰环保材料有限公司	3	—	33
山西金晖兆隆高新科技有限公司	2	12	14
甘肃莫高聚和环保新材料科技有限公司	2	—	2
杭州鑫富科技有限公司	1.5	—	1.5
台湾长春化学有限公司	1.3	—	1.3
中石化仪征化纤股份有限公司	1	3	22
宁波长鸿高分子科技股份有限公司	—	12	60
青州天安化工有限公司	—	12	20
江西聚锐德新材料股份有限公司	—	12	12
新疆曙光绿华生物科技有限公司	—	12	12
济源市恒通高新材料有限公司	—	12	36
洛阳海惠新材料股份有限公司	—	12	12
山东华鲁恒升化工股份有限公司	—	12	12
广安宏源科技有限公司	—	10	30
安徽昊源化工集团有限公司	—	10	30
河南鹤壁莱润新西兰科技有限公司	—	10	10
中科启程（海南）生物科技有限公司	—	10	50
内蒙古东源科技有限公司	—	10	20
彤程新材料集团股份有限公司	—	10	10
中化学东华天业新材料有限公司	—	10	40
浙江三维橡胶制品股份有限公司	—	10	10
山东斯源新材料科技有限公司	—	10	10
安徽昊源化工集团有限公司	—	10	30
安徽优赛特科技有限公司	—	9	9
河南开祥精细化工有限公司	—	8	8
河南恒泰源新材料有限公司	—	8	8
阳煤集团华阳新材料科技集团有限公司	—	6	48
山东瑞丰高分子材料股份有限公司	—	6	42
山东道恩高分子材料股份有限公司	—	6	12

续表

企业名称	现有产能 /（万 t/a）	在建产能 /（万 t/a）	规划总产能 /（万 t/a）
山东睿安生物科技有限公司	—	6	18
河南金丹乳酸科技股份有限公司	—	6	6
新疆中泰集团美克化工股份有公司	—	6	6
万华化学集团股份有限公司	—	6	6
湖北宜化生物降解新材料有限公司	—	6	18
惠州博科环保新材料有限公司	—	6	30
内蒙古华恒能源科技有限公司	—	6	6
山西同德化工股份有限公司	—	6	6
山东昊图新材料有限公司	—	6	6
广西华谊新材料有限公司	—	6	30
新疆华泰重化工有限公司	—	6	12
山西华阳新材料生物降解新材料有限责任公司	—	6	6
北京化工集团华腾沧州有限公司	—	4	4
江阴兴佳塑化有限公司	—	4	12
重庆鸿庆达产业有限公司	—	3	20
浙江联盛化学股份有限公司	—	3	3
江苏科奕莱新材料科技有限公司	—	2.4	2.4
南通正盛化工科技有限公司	—	1	1
四川能投化学新材料有限公司	—	1	1
江苏和时利新材料股份有限公司	—	1	1
内蒙古君正化工有限责任公司	—	—	200
鹤壁宝来化工科技有限公司	—	—	50
恒德集团（中国）有限公司	—	—	18
山西恒力新材料股份有限公司	—	—	36
山东聊城茌平信发华兴化工有限公司	—	—	18
总计	61.4	405	1276

D.2 PBAT 类改性公司

序号	公司名称	主要产品	应用领域	地址	产能 /（t/a）
1	金发生物材料	PBAT 淀粉改性料 PBAT 矿粉改性料 PLA 改性料 PBS 改性料 PCL 改性料	商超购物袋、奶茶袋、快递袋、吸管、刀叉勺、3D 打印	中国珠海	180000
2	Novemont	PBAT 淀粉改性料	商超购物袋、边封袋等	意大利	100000
3	BASF	PBAT 淀粉改性料 PBAT 矿粉改性料	商超购物袋、边封袋等	德国	50000
4	蓝山屯河	PBAT 淀粉改性料 PBAT 淀粉改性料	商超购物袋、奶茶袋、快递袋	中国新疆	30000
5	金晖兆隆	PBAT 淀粉改性料	商超购物袋、边封袋等	中国山西	20000

续表

序号	公司名称	主要产品	应用领域	地址	产能 /（t/a）
6	万华化学	PBAT 淀粉改性料 PBAT 矿粉改性料 PLA 改性料 PBS 改性料	商超购物袋、奶茶袋、吸管	中国山东 中国四川	20000
7	会通新材料	PBAT 矿粉改性 PLA 改性料 PBS 改性料	商超购物袋、奶茶袋、吸管	中国安徽 中国重庆	20000
8	恒力康辉	PBAT 矿粉改性	商超购物袋、奶茶袋	中国辽宁	10000

附录 E　塑料来龙去脉图

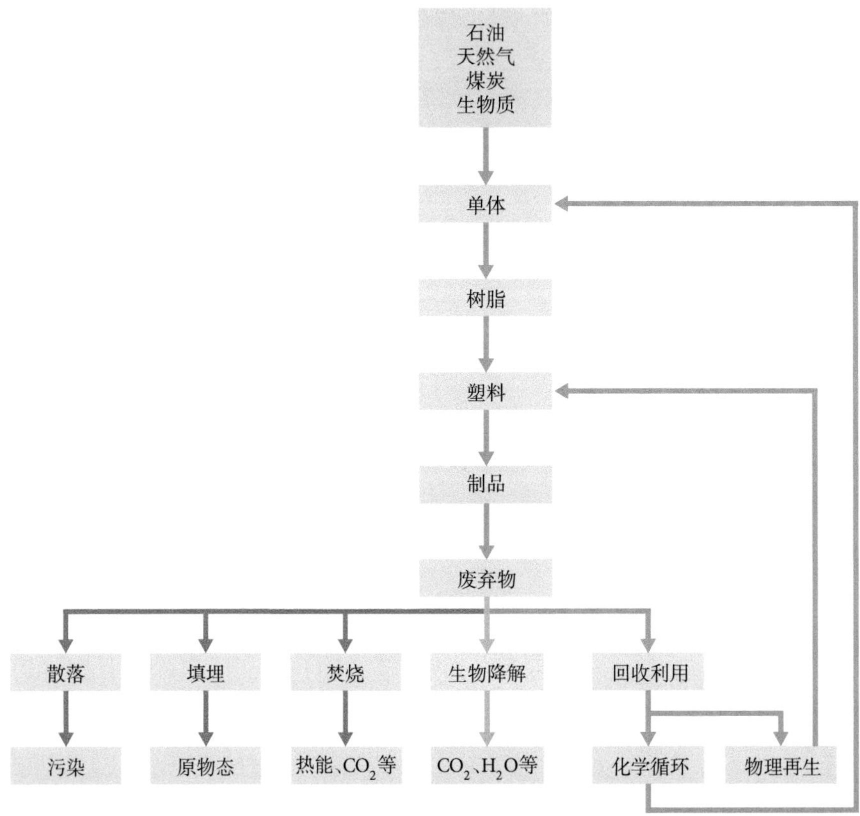
石油
天然气
煤炭
生物质
单体
树脂
塑料
制品
废弃物
散落
填埋
焚烧
生物降解
回收利用
污染
原物态
热能、CO_2等
CO_2、H_2O等
化学循环
物理再生

附录 F 生物降解塑料来龙去脉图

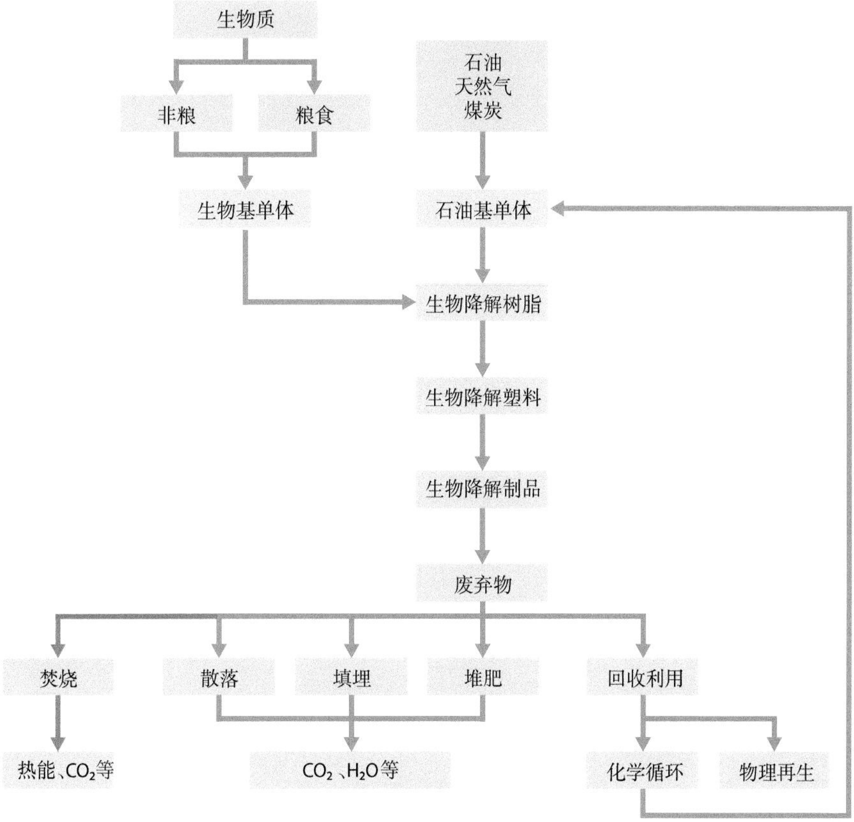

附录 G　生物降解塑料家族图

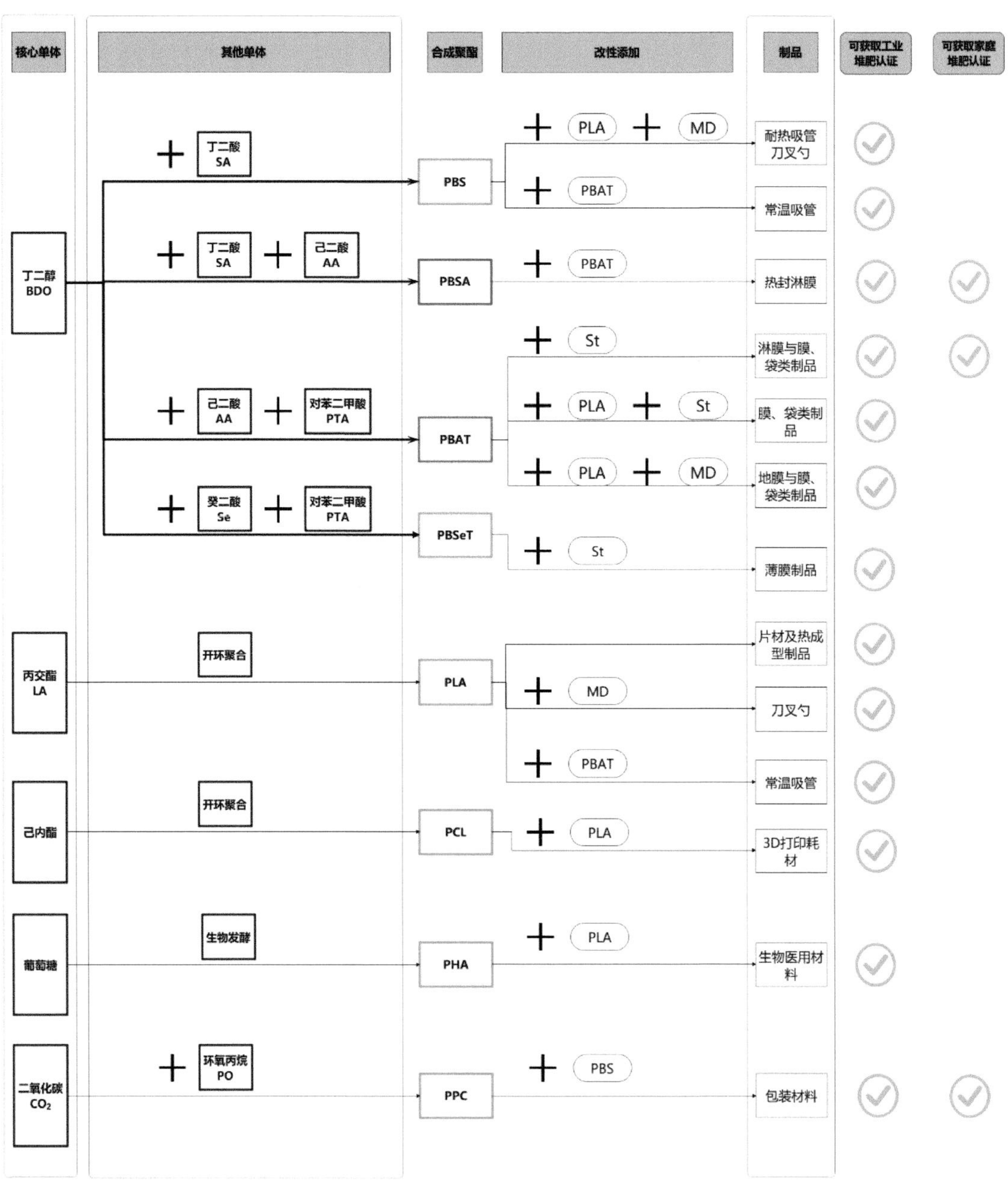

附录 H 生物降解塑料“PB”家族图

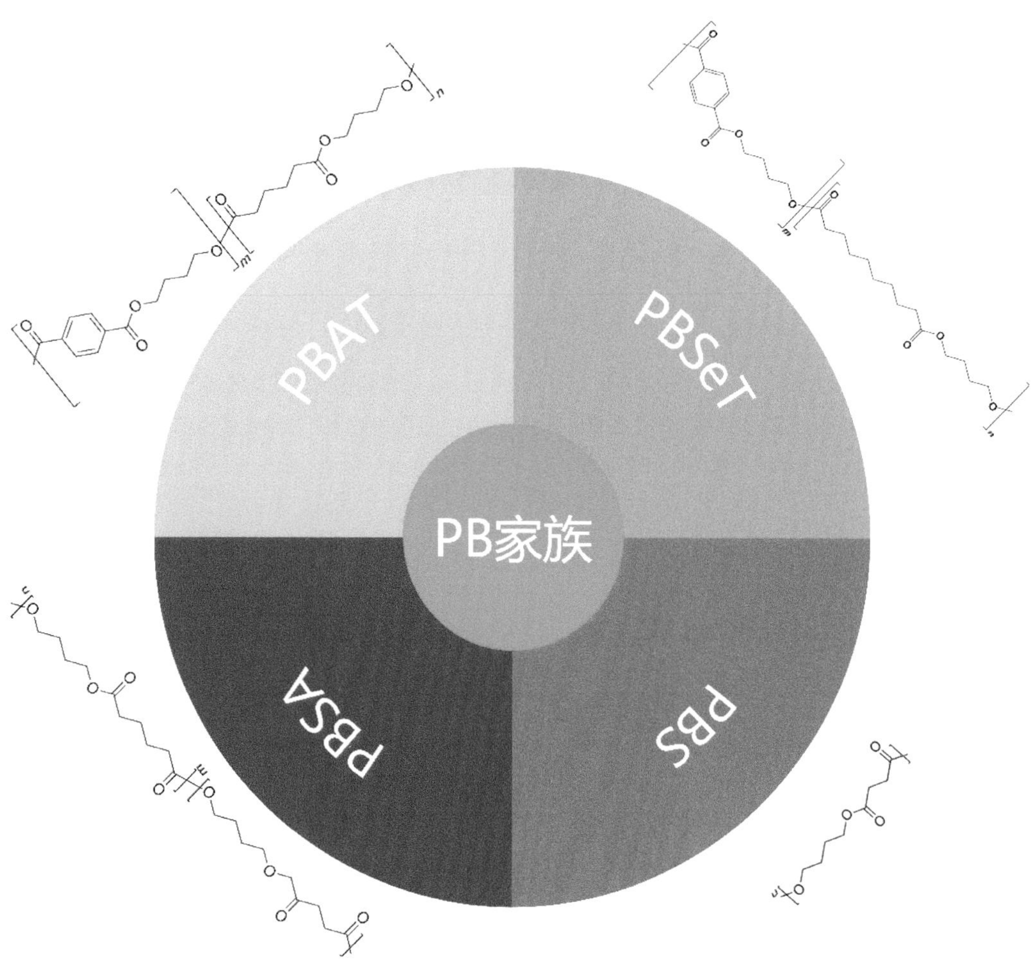